1	2	3
4		

1. 12岁左右的朱乾根
2. 1955年大学毕业照
3. 朱乾根教授
4. 朱乾根在办公桌前

1. 1955届南京大学气象系毕业生合影
2. 1961年国庆在南京大学校门
3. 1978年在福建古田考察合影
4. 1955–1956年在中央气象台作预报
5. 1970年南京气象学院天气学教研室合影
6. 1967年与陈隆勋、王得民在南京玄武湖
7. 1982年在乐山考察（罗漠、王鹏飞、顾松山、朱乾根）
8. 1985年6月第二届中美季风研讨会——访问美国海军研究学院
9. 1985年朱乾根教授与翁笃鸣教授访问英国爱丁堡大学并签订教学科研合作协议
10. 1985年南京气象学院首次组织教育考察代表团赴美国考察
11. 1987年陶诗言、叶笃正、周秀骥、吕达仁等来访，冯秀藻、王鹏飞、朱乾根、张培昌陪同

1	2	7	8
3	4	9	10
5	6	11	

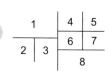

1. 1991年11月孙家正、陈万年来校考察
2. 1990年与章基嘉、张培昌、幺乃庭在南京气象学院21届运动会上
3. 1992年3-6月在国家高级教育行政学院参加第四期高等学校领导干部马克思主义理论进修班学习
4. 1997年在安徽省气象局考察
5. 1998年访问美国与部分校友合影
6. 时任中国气象局副局长温克刚来南京气象学院视察
7. 1995年11月南京大学同学毕业40周年聚会
8. 1992年全国气象院校改革研讨会代表合影

中国气象局温克刚副局长与科教司
导来院视察工作时与院领导合影

1. 1994年9月14日WMO区域气象培训中心在南京气象学院挂牌，时任中国气象局局长邹竞蒙参加揭牌
2. 1994年3月与何金海访问日本筑波大学
3. 1992年10月暴雨洪涝国际研讨会（黄山）担任共同主席
4. 1989年与陶诗言、黄士松、伍荣生在东亚与西太平洋气象与气候国际会议上
5. 1994年WMO亚培中心国际气象卫星培训班结业（南京气象学院）
6. 1993年10月访问韩国气象部门并被当地媒体报道
7. 1991年12月参加全国热带气象学委员会成立大会（广州）
8. 与福建省气象局原局长叶荣生、山东省气象局原局长蒋伯仁等合影
9. 1986年叶笃正教授访问南京气象学院，与陪同人员合影

1	2	5	
		6	7
3	4	8	9

西紀 1993年 10月 20日　木曜日

"황해 대기 개선위해 공동노력을"

中 기상청 학술위원장
朱 乾根 교수

열린 세미나에서 "중국의 기상과
학의 현황과 전망"을 주제발표하
는는 바쁜 일정을 보내고 있다.

"황해를 공유하고 있는 한국과
중국은 저기압 호우등 基기상의
발생원인을 함께 연구함으로써
이익을 얻을 수 있으며 양국이
함께 피해를 보고 있어 환자에
대해서도 정보를 교환해야 합니
다. 특히 황해연안인의 대기상태
개선을 위해서는 양국간 공동노
력이 필수적입니다.

朱교수는 남경대학 기상학과
졸업후 기상청 본부에서 5년간
실무경험을 쌓고 1960년 南京기
상대학 설립때 교수로 부임했으
며 1983년부터 92년까지 학장을
지냈다. 南京기상대학은 학생수
2천명에 이르는 중국 최대의 기
상 교육기관으로 중국에는 남경
외에 북경과 청드에 기상대학이
설치돼 있다.

朱교수는 "양국이 함께 연구해
야 할 과제를 이밖에도 대기오염
산성비등 산적해 있는 실정이라
며 "다음달 북경내에 中·韓대기
과학연구센터가 설치되면 양 연
구소를 중심으로 앞으로 기상분
야의 양국간 협력이 크게 늘어날
것으로 기대된다고」 밝혔다.

〈李先敏기자〉

1	2	7	8
3	4	9	
5	6	10	

1. 1995年5月，在出国留学人员回国讲习研讨班上
2. 1996年5月参加东亚西太平洋气象与气候国际会议（台湾中央大学）
3. 1995年校庆与校友合影
4. 1995年5月博士生导师领导小组在研究教学计划
5. 朱乾根教授指导研究生做科研
6. 1997年首届博士研究生毕业典礼（从左至右为：徐建军、何金海、朱乾根、孙照渤、郭品文）
7. 在1997年普通高等学校国家级教学成果奖励大会上
8. 1995年参加学校35周年校庆
9. 2002年参加第十二届全国热带气旋科学讨论会
10. 1991年11月，参加全国季风会议（前排李崇银、黄士松、陶诗言、黄荣辉、朱乾根、孙照渤、吴国雄等）

1997年普通高等学校国家级教学成果
奖励大会

第十二届全国热带气旋科学讨论会全体代表合影

2002年4月于宁波

热烈祝贺全国季风学术研讨会在我校召开

南京气象学院颂

日去龙山翠
波听大江流
读荷塘畔
满鹅茅园
碧水叔百年
理欲仰桥头
欲未同几楼
文我再

2003.夏

溧潼吟

蝶镇海江呈史
晚古汉多衔药树恋
临近研证石迳茶直陵远柳湖云挽网冲
江淮陆东南奉讯苏历槐曲绿渡堤崔水畦河菜

长莺和流风声色楼文纵来横出

2003.秋

1. 2000年考察山东，与蒋伯仁合影
2. 与徐祥德合影
3. 与邹竞蒙、章基嘉、张培昌等在一起观看35周年校庆演出
4. 2000年在张家界与周伟灿在一起
5. 2003年，朱乾根诗稿
6. 朱乾根在书桌前忘我地工作
7. 1990年在老家溧潼与父母子侄合影
8. 与夫人、岳母合影
9. 1961年春节与父母、兄弟在老家溧潼合影

1	2	6
3		7	
4	5	8	9

1	2	5	6
3	4	7	8

1. 1996年5月全家合影
2. 与夫人、儿子、儿媳合影
3. 与妻子相濡以沫
4. 在家乡溱潼与母亲、夫人、弟弟、弟媳合影
5. 1961年于南京
6. 2004年5月于南京钟山下小九华山
7. 朱乾根夫妇与长子朱彤全家
8. 朱乾根夫妇与次子朱彬全家

天气学原理和方法获奖证书

天气学原理和方法1–4版

天气学手稿

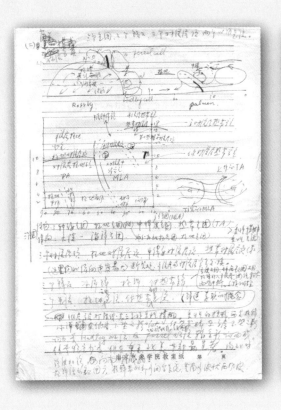

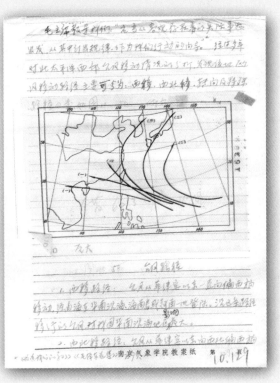

获奖证书

朱乾根纪念文集

矫梅燕　张明华　智协飞　朱　彬　兰红平　编

气象出版社
China Meteorological Press

内容简介

朱乾根老师是原南京气象学院院长、党委书记，教授，博士生导师。我国著名的气象教育家和气象学家，《天气学原理和方法》的主要作者，他对大气科学教育、科研做出了开创性的突出贡献。

本书收录了三部分内容：第一部分是论文，选出其学生的学术论文和近期研究成果；第二部分是学生、同事和亲友的回忆文章；第三部分是朱乾根老师不同时期的 10 篇代表性论文，汇集了低空急流与暴雨、东亚季风、天气系统的动力过程等方面的研究成果。

本书对关心朱乾根教授气象教学和科研成就的人们，以及对从事天气、暴雨、季风、大气环流等方面工作的人员有重要参考价值。

图书在版编目(CIP)数据

朱乾根纪念文集/矫梅燕等编. —北京：气象出版社，2014.9
ISBN 978-7-5029-5991-3

Ⅰ.①朱… Ⅱ.①矫… Ⅲ.①气象学-文集 Ⅳ.①P4-53

中国版本图书馆 CIP 数据核字(2014)第 202446 号

Zhuqiangen Jinian Wenji

朱乾根纪念文集

出版发行：气象出版社

地　　址：北京市海淀区中关村南大街 46 号	**邮政编码**：100081
总 编 室：010-68407112	**发 行 部**：010-68409198
网　　址：http://www.cmp.cma.gov.cn	**E-mail**：qxcbs@cma.gov.cn
责任编辑：杨泽彬	**终　　审**：章澄昌
封面设计：博雅思企划	**责任技编**：吴庭芳
印　　刷：北京中新伟业印刷有限公司	
开　　本：787 mm×1092 mm　1/16	**印　　张**：19.75
字　　数：493 千字	**彩　　插**：10
版　　次：2014 年 9 月第 1 版	**印　　次**：2014 年 9 月第 1 次印刷
定　　价：180.00 元	

本书如存在文字不清、漏印以及缺页、倒页、脱页等，请与本社发行部联系调换

序 一

我与朱乾根教授是南京大学 1952 级、1951 级（实为浙大地理系气象专业 51 级）的上下级同学，在学校期间我们就互相认识，但接触的不多。毕业后，他分配到中央气象台短期预报科工作，我则在次年留校南京大学气象系工作，我们分别从事天气学方面的业务和教学工作，由于专业相近，彼此才有了较多接触。1960 年中央气象局建立南京气象学院，作为业务骨干，他被选派参加学院的创建工作，成为南京气象学院第一批教师。从此他在南京气象学院工作了 40 多年，历任教师、气象系副主任、院长、党委书记。朱乾根到南京后我们工作上的接触更多，我经常向他请教天气分析、天气学教学中的一些问题，得到了他的热情指导和帮助，他确是我的良师益友。"文革"后恢复高考，我们科研上的联系和合作越来越多，工作上双方相互交流、互相帮助，也经常参加双方研究生论文的评阅与答辩工作。我任南京大学气象系主任时，他已任南京气象学院院长，在大气科学教学和学科建设问题上我们也经常相互交流与共同探讨，得到了他很多的支持与帮助。为了我国大气科学人才的培养，我们共同努力，也进一步建立了深厚的友谊。

由于工作需要，朱乾根大学毕业后就再也没有脱产进修深造过。他边工作边学习，边实践边总结。他善于独立思考，经常为搞懂一个问题翻阅大量资料，日夜苦思冥想，这样虽然耗去大量时间，但所学知识比较扎实，能融会贯通，理解深透。他教学相长，不断提高教学水平。朱乾根教授在南京气象学院建院之初即开始承担天气学、天气分析等课程的教学。通过授课，他萌发了应该把描述性为主的天气学改造成为实践与理论相结合的天气学的设想，由此他与合作者在"文革"期间就开始编写《天气学原理和方法》一书，该书也体现了其教学和科研工作的结合，后来被评为国家级优秀教学成果一等奖，至今仍是许多气象院校的必修教材和广大气象业务、科技工作者的参考书，发行量为气象专业书之首。他严谨缜密、实事求是的治学作风，使他在教学和科研中均取得显著成就，成为我国著名的气象教育家和气象学家，在我国气象界享有很高声誉。

他学术思想活跃、常能抓住问题的实质。他对科学研究充满极大的兴趣。在科研工作中，他富有创新精神，不满足于常规，立论常新。往往能够提出一些新的观点、新的概念，因而常能开辟一些新的研究方向和研究领域。1972 年应邀在安徽省气象局主持暴雨中尺度系统研究，在这项研究中首次发现了与中国暴雨紧密联系的低空急流。1975 年正式发表了"低空急流与暴雨"一文，获全国科学大会奖。此后 10 年，他继续着重研究中国暴雨，成为中国暴雨专家之一。

1983 年开始，他的研究重点转入亚洲季风。1985 年，在美国旧金山召开的第二次中美季风学术讨论会上，首次提出了东亚夏季风可以划分为南海—西太平洋热带季风、中国东部大陆—日本副热带季风的观点，受到与会者的重视。现在这个观点已为广大气象工作者接受。此后除在这个方面继续深入研究外，又对东亚冬季风进行了不懈的探讨，成为我国最早进行冬季风研究的少数学者之一。在他生病去世的前一年还推导出正斜压涡度拟能和正斜压散度拟能方程,并发表两篇文章。在他生病后住院前两天,还完成了科技部"973"15个项目的评审工作。

朱乾根教授长期担任南京气象学院领导工作,在学院工作和科学研究上都有较强的组织能力和凝聚力。他重视和关心青年人的成长和培养,以他为核心形成或组建了一个个优秀的科研和学科团队。他对学界后生谆谆教导,体现出宽厚仁德的长者风范。

朱乾根教授学生众多,有些得到他直接指导,有些听过他的课,更多的间接地从书和文章中学习受益。他们中的很多人都已成长为国内国际气象业务的骨干、领导,大气科学教育和研究的教授、专家。他的学生们的评价是对他一生教书育人的最好写照:"以朱乾根老师为首编著的《天气学原理和方法》一书不仅仅只是荣获了全国高等院校优秀教学成果一等奖,更是朱老师留给大气科学学科的宝贵财富(南京气象学院留美校友会)""他刚中有柔的工作方式、实事求是的求学风格影响了一大批学子。我在校时师从他所学到的知识和思想,在我个人成长和发展中起了重要作用(美国纽约州立大学张明华教授)"。

不经意间,他离开我们将要10年了。这本文集即是由其学生们发起,以纪念他对大气科学教育、科研做出的突出贡献。本文集汇集了其学生的代表性学术论文,学生、同事和亲友的回忆文章,以及他不同时期的10篇代表性论文。其中的学术论文质量高,体现了当今大气科学研究的很多重要领域。回忆文章朴实真切,也使我更全面地认识朱乾根先生的高尚品质和人格魅力,相信读者也必能从中感受到他诚恳务实的工作态度和严谨创新的治学精神。他是我们广大高等教育和科技工作者学习的榜样。

伍荣生

南京大学

序　二

朱乾根和我都是南京气象学院第一批教师,我们参加了南京气象学院的创建工作,从此我们一起共事了三十多年。特别是1983年11月朱乾根同志任南京气象学院副院长后,我们在学院领导班子内一起携手共事八年多。在这期间我们分别任正副院长,1987年他任院长,我又任党委书记,直到1992年初我从院领导岗位上退下来。虽经30多年岁月流逝,但回首一些印象较深的往事,它们不仅是我们生命中难以割舍的部分,有些也已成为学院发展的里程碑。

1985年中国气象局利用世界银行贷款组织了一个中国气象教育考察团,赴美国几所高校进行考察、调研,我们分别任正副团长,成员包括北京气象学院的两位同志在内共七人。我们每到一处均认真考察调研,在怀俄明大学他作了"中国梅雨锋暴雨"的学术报告,受到美国同行教授的好评。当时,出国考察的生活费标准并不高,考察结束后发现生活费还有结余,为了节省国家开支,我与他及团员们商量达成共识,将省下来的钱做上交处理。之后他还和翁笃鸣教授赴英国的大学考察,与爱丁堡大学签订了教学科研协议。再之后,我院派出很多老师、学生赴国外深造、留学,他们中大部分已成为我校(南京信息工程大学)、我国大气科学的中坚,以至国际大气科学的重要人才。1991年中国气象局局长、世界气象组织主席邹竞蒙陪同世界气象组织秘书长奥巴西,来学院商谈设立世界气象组织(WMO)亚洲培训中心事宜,我与乾根同志积极支持并着力落实,于1993年在学院正式挂牌设立世界气象组织(WMO)亚洲培训中心。这些工作是我院国际合作与教育的开端,为我校今日的国际化氛围打下了良好基础。

也是在1985年,为贯彻国家"教育要面向现代化、面向世界、面向未来"的战略方针,以适应气象事业发展对高级气象人才的急需,学院领导班子在认真分析学院学科、师资和当时硕士研究生培养水平的基础上,向国家气象局提出拟向教育部申报南京气象学院为博士学位授予单位。之后若干年,学院始终把博士点申报当作学科建设的重点工作来抓,经多方努力,终于在1993年南京气象学院和中国气象科学研究院联合获批天气与动力气象学博士学位授予点,学院获得博士学位授予权,朱乾根也成为我院第一位由国务院批准的博士生导师。

乾根同志不仅是学院的领导,他首先还是一位非常优秀的的教师和科研工作者。自建院初期,我们这些年轻教师都十分重视努力提高教学水平和质量,以获取尽可能好的教学效果。虽然我与乾根同志在气象方面分属不同专业,但我悉知他是建院初期教学水平最好的年轻教师之一。在我的记忆中,他为了培养好学生,总是积极编写讲义、承担教学任务、改进教学方法。之后,以他为首编写出的《天气学原理和方法》一书,至今仍是大气科学专业发行量最大、最受读者欢迎的一本优秀教材。他还十分热爱科学研究,由于他在中央气象台有5年的预报员工作经验,即使在"文革"期间他也能开展一些与业务结合的研究工作。我觉得他深刻认识到为了提高气象业务与教学水平,必须积极开展科研,因此,他是真心热爱科研,毫无功利之心。改革开放后,他的科研能力和兴趣得到了更大的发挥,成为我院科研的带头人。

乾根同志十分注意团结同志,开展教学和科研的团队建设,与他相处总让人感受到浓浓的学者气息、科学理性和奉献精神。在他周围总能凝聚一批教学和科研骨干,在天气学教学、暴雨研究和季风研究等领域都带出了梯队。他关心年轻教师的成长,注意培养青年人才和年轻干部。当他发现一些有觉悟、有能力的年轻干部或教师时,总是一方面向党委推荐,一方面自己加以关心培养。记得有一次可以有一个教师名额向省教委申报授予荣誉称号时,他本人完全符合条件,但为了支持和培养年轻人,他向我表示应该让给某一位年轻教师申报,他还曾经主动放弃学院首个"全国有突出贡献中青年专家"名誉,把机会留给了其他专家。这些事都充分反映了他虚怀若谷、正直谦逊和乐于奉献的品格。

1989 年 4—6 月对于我院也是"多事之春",先是发生校内普通班学生与民族班学生因小事引起的聚众打架事件,再是全国发生的"六四"事件。根据当时的形势与思想情况,局面很难控制,我和乾根同志及时带领干部及教师做好维持学院秩序和解释工作,维护了学校安定及民族团结。在重大问题上,我与乾根同志总是同心同德一起把事件处理好,以维护党的政策与学校的稳定,并不考虑事情该由谁主管而推委。中国气象局对我们能迅速果断处理一系列重大事件而感到满意与放心。

在发扬艰苦朴素的优良校风方面,乾根同志与其他院领导坚持与教职员工一起乘坐学院班车上下班,这样既可节省能源开支,又能经常倾听群众意见和建议,及时沟通及化解一些矛盾。

总之,在我与乾根同志共事的岁月,尤其在我任党委书记他任院长期间,我们两个主要负责人能相互信任、相互关心,工作上相互支持,经常沟通。即使在某个问题上出现不同意见时,也是首先通过认真换位思考,并在进行调查研究基础上达成一致的处理意见。对于一般性的问题,各自尊重对方的处理权限,对于重大问题,则由党委集体讨论决定,并坚持个人只是一票,做到少数服从多数。

如今,乾根同志的学生发起以出版文集的方式纪念他对大气科学人才培养、科学研究和南京气象学院事业发展做出的突出贡献,我认为这是一种很好的方式。通过这本文集我们能从不同的方面再次体味他教书育人、治学治校的功绩,他严谨求实、仁爱真诚的品格,这也是我们那个时代优秀知识分子留给后来人的一笔财富。

张培昌

南京信息工程大学

编者的话

　　在朱乾根老师离开我们10年之际,这本纪念文集面世了。我们用这样一种意义非常的方式缅怀、纪念朱老师,追忆他对气象科学和气象教育事业的突出贡献,表达对一位气象学者和教育家之敬意和缅怀,也是给气象学界乃至全社会的一份精神馈赠。

　　作为一名卓越而纯粹的气象学者,朱老师毕生醉心于他所热爱的气象科学研究,追求创新、立论常新。老师专于暴雨和季风的研究,在低空急流与暴雨、东亚季风、天气系统的动力过程等方面造诣精深,均是当之无愧的著名专家。纵观老师一生累累著述,无一不是令人珍视的学术佳作。其中,《天气学原理和方法》自1979年出版至今,便被国内(含港澳台)众多气象院校、气象站作为教材或教学参考书广为采用;1997年该教材被评为国家级优秀教学成果一等奖,在表彰大会上,朱老师受到原国家主席江泽民的接见。该教材被海内外校友公认为一部理论联系实际的好著作,是朱老师留给大气科学学科的宝贵财富。究其经久不衰之原因,在于其渊博的气象科学理论知识与深入的业务实践经验之完美融合。正是在"指导实践的理论"理念指导下,老师的学术成就和理论贡献才能永葆学术生命力,不仅时时启迪今人,亦将历久弥新、惠泽后世。

　　在气象教学广阔的天地间,朱老师是一位不知疲倦的耕耘者。观其学术研究,笔耕不辍、成果丰硕。论及教书育人,他甘为人梯、诲人不倦,深受广大师生的尊敬和爱戴。在大家眼里,朱老师不仅是开创学术的真学者,更是引领研究的真导师。执教四十余年间,老师以教书育人为乐,为本科、硕博士研究生开设过10多门课程,授课深入浅出、引人入胜。他勇于尝试教学改革,提出将描述性为主的天气分析教学与理论性强的动力气象相结合,改革天气学教学体系。他尤其重视和关心青年人的成长和培养,为国内外大气科学培养了大批优秀人才,桃李满天下。他特别重视将科研成果应用于实际业务,在培养业务、服务和科研相结合的高层次人才方面贡献尤著,广受全国各地气象台站和高等院校赞誉。

　　朱老师不仅是一位智者,更是一位仁者。对待弟子,在学习科研上严加教导、因材施教,言传身教、耳提面命;在生活上精心呵护、细致入微、倾听心声、倾力相助。传治学之道,授为人之方,解成长之惑,他以宽厚仁爱给学生以智慧的启迪、精神的激励和生活的鼓励。教泽绵延,即使在很多学生毕业参加工作、走上科研管理岗位,他仍念念不忘、牵挂在心。直至生命的最后时刻,老师还对学界后辈谆谆教导,真挚之情令人感佩至深。老师的人生就像一部大气磅礴的书,怎么翻也翻不完,怎么读也读不够……

　　回望来路,朱老师的科研、教学经历,与气象科学学科的发展历程相重叠,也与气象教育事业的腾飞共脉动。朱老师长期担任南京气象学院(现为南京信息工程大学)的主要领导工作,他始终以强烈的事业心和奉献精神推动学院事业的建设和发展,为大气科学人才培养做出杰出贡献。在他与其他领导的有力带领下,南京气象学院迈向多学科型综合院校,并实现与国际接轨。即使退休后,朱老师还对学校发展建设充满信心和期待,曾于2003年夏天深情吟颂:"日出龙山翠,波涌大江流。听读荷塘畔,香满藕芳园。寒暑数十载,文理百科全。我欲仰天问,再上几层楼。"豪情壮志洋溢于字里行间。

在我们发出倡议征集朱老师文集文章和纪念文章后,他的学生和同事旧友纷纷从海内外踊跃投稿。我们向所有关心和支持本文集出版的同志亲友表示诚挚的谢意！限于篇幅,本文集最后征集文章的类型和范围是:在学术论文方面,一是老师不同时期的部分代表性学术论文;二是老师直接指导过的学生的近期研究成果。其中大部分文章充满新知新论,与老师主张的求新理念和求精气质相契合,体现出其学术思想的延续;在回忆纪念文章方面,是由在科研工作和生活中与老师有紧密关系的亲朋好友所撰写。一件件如烟往事折射出老师儒雅睿智、至真至善的大家风范,也让我们进一步感受到他高尚的道德品质、务实的作风、谦和的为人,以及更多不为常人了解的另一面。

细细品读这些情真意切的文字,更让我们感到朱老师并未走远。他似乎还在孜孜不倦地指导着学生们在气象科学殿堂里探索,仍在辛勤地忙碌着学院的工作……老师在研究学问方面,在为人师表方面,在推进学校发展建设方面,为我们留下了一笔又一笔丰富的遗产,值得我们永远铭记、继承和发扬,他的魅力永存！而今,千言万语凝成一句话,为老师献上一炷心香:朱老师,我们永远怀念您！

文集是大家的成果。再次向各位支持者表示感谢,也向为文集付出辛勤工作的编辑人员表示感谢。由于水平所限,错漏之处在所难免,请海涵。我们相信,本文集必将以其重要的学术价值和纪念意义,引发诸多新的思考,并且激励后人继承和发扬朱老师乐于奉献、宽厚仁德的高尚品格,为大气科学事业的发展做出更大贡献。

目　录

第三部分　朱乾根的代表作

第一部分　论文

平衡态和瞬变气候对人类活动强迫的响应[*]

张明华

(美国纽约州立大学石溪分校　海洋和大气科学学院,纽约　11794)

摘　要:海陆气耦合模式,是用来定量描述过去气候变化的成因和预报未来气候变化的唯一数学工具。由于大气反馈过程的差异,特别是云辐射反馈的差异,这些模式对外强迫的平衡态响应有相当大的差异。然而,参加政府间气候变化专门委员会(Inter-governmental Panel on Climate Change,IPCC)第 4 次评估报告(Assessment Report,AR4)的所有耦合模式,对 20 世纪气候的模拟结果均非常相似。本文研究了这种相似性的产生原因及启示。结果表明,若大气反馈越大,则气候对外强迫的响应时滞越长、与深海的热交换越多、模式中海洋涌升流的影响越大。这三种同样重要的物理机制共同作用,降低了瞬变气候变化对模式差异的敏感性;然而,在较长的时间尺度上,模式间大气反馈过程差异将在多个方面显现出来。

关键词:平衡态气候响应;瞬变气候响应;人类活动强迫;大气反馈过程

0　引言

　　气候敏感度是指全球平均表面温度对某种特定外强迫的响应程度。人类燃烧化石燃料导致了大气中的温室气体不断增加,认知全球表面温度对人类活动响应的程度,即气候系统的敏感度,是近 30a 的研究热点之一(Randall et al.,2007)。

　　耦合模式(Coupled General Circulation Models,CGCMs)是研究气候敏感度的少数几个有效工具之一。早期研究采用的是带有海洋混合层的大气环流模式。在定常外强迫条件下,人们通过积分模式到平衡态去研究气候敏感度(Hansen et al.,1984;Wetherald et al.,1988)。这种敏感度是指气候模式的平衡态敏感度。大气反馈过程特别是云反馈,在决定气候系统或者气候模式的敏感度上有重要作用(Cess et al.,1990;Senior et al.,1993)。各模式在云反馈上的差异性可导致模式对外强迫有几倍之差的响应,其中外强迫是因大气中 CO_2 浓度倍增所致,约为 3.7 W/m^2(Andreae,2005)。

　　然而,IPCC AR4 中多模式集合的模拟结果表明,尽管这些模式的大气反馈过程显著不同(Soden et al.,2006;Dufresne et al.,2008),但它们模拟的 20 世纪全球温度变化幅度却很相似(Meehl et al.,2007)。图 1(a)给出了观测(Brohan et al.,2006)和两个耦合模式模拟的 140 a(1860—2000 年)的温度变化情况,两个模式分别为美国国家大气研究中心(NCAR)的 CCSM3 和美国地球流体力学实验室(GFDL)的 CM2。图 1(b)给出了相应的气候强迫的最佳估算(Hansen,2001),气候强迫包括温室气体强迫(GHG)、温室气体和对流层气溶胶的共同

---

　　* 本文发表于《大气科学学报》,2011 年第 34 卷第 3 期,257-268。

强迫(GHG+Aer)和全部强迫(包括温室气体、对流层气溶胶、太阳活动和火山气溶胶;Total)。人类工业化产生了约 2.5 W/m² 的温室气体强迫;在相同时段,对流层气溶胶的增加,导致了约 1 W/m² 的负强迫,其他成分时气候强迫相对较少,从而,这 140 a 的全部净强迫大约为 1.5 W/m²。图 1(a)中两个模式使用了图 1(b)中气候强迫的变异情况。

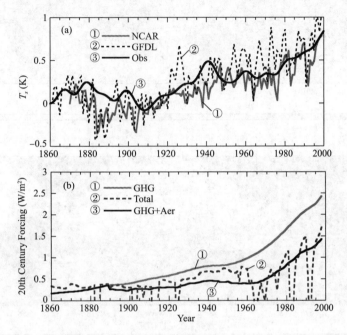

图 1 观测的以及 NCAR CCSM3 和 GFDL CM2 模式模拟的 1860—2000 年全球平均表面温度异常变化(a)以及 1860—2000 年气候强迫结果(b;GHG 为温室气体强迫,GHG+Aer 为温室气体和对流层气溶胶共同强迫,Total 指温室气体、对流层气溶胶、太阳活动和火山气溶胶等全部强迫)

Fig. 1 (a)Simulation of globally averaged surface temperature anomalies from the NCAR CCSM3 and the GFDL CM2 and from observations from 1860 to 2000, and (b)climate forcing from 1860 to 2000 from greenhouse gases(GHG), the sum of greenhouse gases and tropospheric aerosols (GHG+Aer), and total forcing from greenhouse gases, tropospheric aerosols, solar variability and volcanic forcing

但是,NCAR CCSM3 和 GFDL CM2 模式具有不同的云反馈:NCAR CCSM3 为负的云反馈,而 GFDL AM2 为正的云反馈(Wyant et al., 2006)。如图 2 所示,对大气层顶(TOA)云辐射强迫的变化进行了归一化处理后(即以 60°S—60°N 平均的表面温度为 1 个单位进行归一化处理),就 60°S—60°N 平均而言,当表面温度改变 1 K 时,NCAR CCSM3 模式中的云变化将导致 1.2 W/m² 能量的损失,而在 GFDL CM2 模式中云变化将导致 0.2 W/m² 辐射能量的增加。结合这些数据以及约 0.7 K 模拟到的温度变化,可以推断:外强迫和 NCAR CCSM3 模式中云强迫之和约为 0.7 (1.5−0.7×1.2)W/m²,比图 1(b)中 1.5 W/m² 少很多,而 GFDL CM2 模式中的云强迫却大于 1.6 (1.5+0.7×0.2)W/m²。在这些差异下,两个模式为何模拟出相似的 20 世纪气候变化?

本文研究瞬变气候对外强迫的响应。其目的就是回答一个简单问题:具有不同平衡态气候敏感度的模式,在观测到的外强迫下,为什么模拟出相似的 20 世纪气候?回答了这个问题,我们就能推测在几十年到 100 a 的时间范围内,什么是决定气候变化的最重要因子。与此有关的,本文还要讨论能否从已经观测到的温度变化推算得到云反馈的强度。

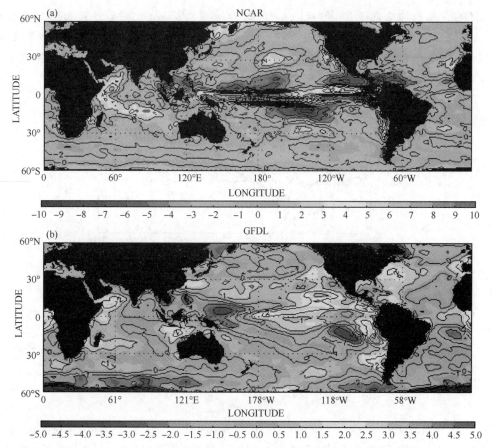

图 2　平衡态气候变化模拟中的经过归一化处理的云强迫变化

（以 60°S—60°N 平均的表面温度为 1 个单位进行归一化处理；单位：W/(m² · K)）

(a)NCAR CCSM3；(b)GFDL CM2

Fig. 2　Change of cloud forcing in equilibrium climate change simulations normalized by
a unit change of averaged surface temperature from 60°S to 60°N (units：W/(m² · K))

(a)from the NCAR CCSM3；(b)from the GFDL CM2

　　Kiehl(2007)利用集合模式的模拟结果讨论了同样的问题。他认为不同的模式采用了不同的大气气溶胶强迫，即高敏感度（正的云反馈）的模式用了较强的气溶胶冷却效应，而低敏感度（负的云反馈）的模式用了较弱的气溶胶冷却效应。本文将要给出与此不同的潜在物理原因，以此来解释不同模式模拟的 20 世纪气候变化情况。

　　内容安排如下：第 1 部分为模式介绍；第 2 部分是外强迫和敏感度的描述；第 3 部分为结果分析（包括特殊情形和一般情形）；第 4 部分为结论。

1　模式介绍

　　就平均状况而言，大气可以用一个简单的能量平衡模型来描述。对于单位表面积，有以下公式：

$$\frac{\partial h_a}{\partial t} = N_s - N_t \tag{1}$$

式中：h_a 是大气的湿静力能。即

$$h_a = \int_{p_t}^{p_s} \left(\frac{c_p T_a + gz + Lq}{g} \right) dp \qquad (2)$$

式中：N_s 和 N_t 分别为地球表面的净向上能量通量和模式层顶（TOM）的净向上能量通量；p_s 为地球表面气压；p_t 为大气层顶气压；T_a, z, q 分别是气温、高度和水汽混合比；c_p, g, L 分别是比定压热容、重力加速度和蒸发或凝结潜热常数。方程（1）只适用于静力大气。p_t 不必是真实大气层顶的气压，相反，它通常由外强迫所在层的气压来代替。

假定地球表面由海水覆盖，海水的混合层深度为 D，则混合层的热力学方程表示为：

$$c_w \rho_w D \left(\frac{\partial T_s}{\partial t} + u_s \frac{\partial T_s}{\partial x} + v_s \frac{\partial T_s}{\partial y} \right) = -N_s + N_D \qquad (3)$$

式中：T_s 为混合层温度，也就是 SST（sea surface temperature，海面温度）；u_s 和 v_s 为水平海流流速；c_w 和 ρ_w 分别是海水的比热容和密度；N_D 为混合层底的向上热通量。N_D 可以用海洋混合层底的夹卷速度 w_e 来进行描述，就如同大气边界层顶热量和水汽的湍流夹卷一样（Lilly，1968）。N_D 表达为：

$$N_D = c_w \rho_w \overline{w'T'} \big|_{z=-D} = -c_w \rho_w w_e (T_s - T_0) \qquad (4)$$

式中：T_0 为紧邻混合层下面的深水温度。

在混合层以下，当 $z < -D$ 时，海水温度由下式控制：

$$\frac{\partial T}{\partial t} + u \frac{\partial T}{\partial x} + v \frac{\partial T}{\partial y} + w \frac{\partial T}{\partial z} = \frac{\partial}{\partial z} \left(k \frac{\partial T}{\partial z} \right) \qquad (5)$$

式中：k 为垂直扩散系数；u, v 和 w 分别是海流的速度分量。深海的上边界条件表达为：

$$c_w \rho_w k \frac{\partial T}{\partial z} = -N_D（当 z = -D 时） \qquad (6)$$

其他边界条件就是深海的底边界。它有两种形式：一种是没有热通量，另一种是有固定的温度值，相当于 Dirichlet 或 Neumann 边界条件：

$$\frac{\partial T}{\partial z} = 0（当 z = -H 时） \qquad (7)$$

或者

$$T = T_b（当 z = -H 时） \qquad (8)$$

式中：H 为海洋深度。更准确的海洋底部边界条件是使海洋底部的净热通量等于地壳的热量通量，然而这又将涉及有关地壳另外的变量。从实用观点出发，就研究 100 a 时间尺度左右的气候变化而言，方程（7）和（8）同样有效，这是因为进入深海的热量扩散过程是一个非常缓慢的过程。这些假设等价于将海洋深度设为无穷大，以此来研究大气的强迫作用。因此，本文采用 $H = -\infty$。

在外强迫作用下，控制方程（1）、（3）和（5）描述了气候系统的 3 个组成部分——大气（T_a）、混合层（T_s）和深海（T_0）。图 3 给出了这 3 个组成部分的示意图。这样的模式在过去有过不同形式的应用（Cess et al.，1981；Raper et al.，2001；Wigley，2005）。本文将只涉及热带地区，因为热带地区占有地球表面的最大部分。为了简化处理，本文将忽略热带地区热量的水平输送，而只

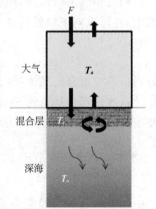

图 3 模式 3 部分（大气、混合层和深海）的示意图

Fig. 3 Schematics of the three components of the model

考虑涌升流的热量输送。

　　大气和海洋混合层通过净海表热通量 N_s 相耦合；混合层和深海通过混合层底的湍流热通量 N_D 相耦合。没有洋流时，联合方程（1）和（3），可以得到大气和海洋混合层的热量收支方程：

$$\frac{\partial}{\partial t}\left[\int_{p_t}^{p_s}(c_p T_a + gz + Lq)\,\frac{\mathrm{d}p}{g} + c_w \rho_w DT_s\right] = -N_t + N_D \tag{9}$$

2　气候强迫和敏感度

2.1　强迫和反馈方程

　　方程（9）中模式层顶（TOM）的净向上热量通量 N_t，为短波和红外长波辐射之和。它仅仅是表面温度和大气状态的函数，表达如下：

$$N_t = N(T_s, T_a - T_s, q, q_{CO_2}, V_{sea\ ice}, V_{aerosol}, V_{clouds}, V_{solar}) \tag{10}$$

式中：T_a 和 q 分别为三维气温和水汽；q_{CO_2} 为温室气体浓度；V 代表其他变量，由其下标得到解释。

　　为了研究外强迫下的气候变化，所有状态变量均写成相对于参考状态的扰动形式。上述方程可以线性化为：

$$N_t = \frac{\partial N}{\partial T_s}T_s + \frac{\partial N}{\partial(T_a - T_s)}(T_a - T_s) + \frac{\partial N}{\partial q}q + \frac{\partial N}{\partial q_{CO_2}}q_{CO_2} +$$
$$\frac{\partial N}{\partial V_{sea\ ice}}V_{sea\ ice} + \frac{\partial N}{\partial V_{aerosol}}V_{aerosol} + \frac{\partial N}{\partial V_{clouds}}V_{clouds} + \frac{\partial N}{\partial V_{solar}}V_{solar} \tag{11}$$

式中所有偏导数均取自参考状态，即当前气候平均状态。这里用 CO_2 代替所有的温室气体。

　　人为事件或自然事件导致的自变量变化对气候产生强迫作用。人为强迫包括大气的温室气体强迫和气溶胶强迫，而自然强迫包括太阳变化。这些强迫项可以联合起来作为一个总强迫项，并写成向下辐射通量形式：

$$F = -\frac{\partial N_t}{\partial q_{CO_2}}q_{CO_2} - \frac{\partial N_t}{\partial V_{aerosol}}V_{aerosol} - \frac{\partial N_t}{\partial V_{solar}}V_{solar} \tag{12}$$

方程（11）中所有的其他项均表示大气的反馈过程，通常采用地球表面温度作为控制变量来表达。这些过程包括负的 Stefan-Boltzman 辐射反馈、温度递减率反馈、水汽反馈、雪和海冰反馈及云反馈（Schlesinger，1988），它们可以联合表达为：

$$Q = \frac{\partial N_t}{\partial T_s}\Delta T_s + \frac{\partial N_t}{\partial(T_a - T_s)}\frac{\partial(T_a - T_s)}{\partial T_s}\Delta T_s + \frac{\partial N_t}{\partial q}\frac{\partial q}{\partial T_s}\Delta T_s + \frac{\partial N_t}{\partial V_{clouds}}\frac{\partial V_{clouds}}{\partial T_s}\Delta T_s + \cdots$$
$$\tag{13}$$

式中加上的 Δ 符号只是为了清晰地表达。Soden *et al*.（2008）将对自变量偏导数的各个系数称为辐射核；它们在模式中是相对独立的。ΔT_s 的系数被称为反馈项［单位：$W/(m^2 \cdot K)$］。

　　为了分离出云反馈，本文将 Stefan-Boltzman 项以及温度递减率、水汽和雪/海冰项合并成一个单一参数 λ_0［单位：$W/(m^2 \cdot K)$］，并将云反馈写成云的辐射强迫变化 λ_c（方向朝下）。那么

$$Q = (\lambda_0 - \lambda_c) T_s \tag{14}$$

式中：

$$\lambda_c = -\frac{\partial N_T}{\partial V_{clouds}} \frac{\partial V_{clouds}}{\partial T_s} = \frac{\Delta V_{CRF}^*}{\Delta T_s} \tag{15}$$

这里的云反馈，是指随着与表面温度有关的云发生改变，大气层顶向下的净辐射的变化。

一个更加广泛使用的云辐射强迫的定义（被记作 V_{CRF}），是云天（total-sky）辐射通量 N_T 和晴天（clear-sky）辐射通量 N_{TC} 的差值（Ramanathan，1987）：

$$V_{CRF} = N_{TC} - N_T \tag{16}$$

$$\Delta V_{CRF} = \Delta N_{TC} - \Delta N_T \tag{17}$$

(17)式的定义与方程(15)稍微有些差别。两种定义的相互关系可由下式表示：

$$\Delta V_{CRF}^* = \Delta V_{CRF} - \left(\frac{dN_T}{dT_s}\bigg|_{V_{clouds}=0} - \frac{dN_T}{dT_s}\bigg|_{V_{clouds}} \right) \Delta V_s \tag{18}$$

这里不再进一步分析两者的差别。有兴趣的读者可以参考 Soden et al.(2004)专门对此所做的讨论。

方程(11)中大气层顶的向上净辐射通量 N_t 可以写成：

$$N_t = -F + (\lambda_0 - \lambda_c) T_s \tag{19}$$

式中：右边第 1 项为气候强迫；第 2 项为大气反馈。正的 λ_c 表示正的云反馈，而负的 λ_c 表示负的云反馈。需要指出的是，从各气候模式之间的差异来看，λ_0 可被看成方程(13)中所有项的集合平均，而 λ_c 可被看成所有模式间的差异。为了行文简便，本文将后者看作云反馈。

2.2 名词术语和参数说明

在能量收支方程(9)中，就大气和海洋混合层而言，如果假定混合层厚度为 75 m（Liu et al., 2010），那么在方程(9)的左式中，海洋项的系数为 $c_w \rho_w D = 3 \times 10^8$ J/K，而大气项的系数为 $c_p \times p_s / g = 1 \times 10^7$ J/K。因此，大气项可以忽略不计。这就相当于假设大气的热容为 0，大气模式只是用来引进气候强迫。利用方程(4)，SST（T_s）的控制方程可以写为：

$$c_w \rho_w D \frac{\partial T_s}{\partial t} = F - (\lambda_0 - \lambda_c) T_s - c_w \rho_w w_e (T_s - T_0) \tag{20}$$

方程(20)的右式各项分别为气候强迫项、大气反馈项及深海热混合项。

下面介绍气候敏感度和气候响应的概念。平衡态气候敏感度仅仅是一种理论上的定义，适用于当方程(20)中的强迫项为定常、与时间无关时的 SST 响应。平衡态气候敏感度是指在一个单位的外强迫下，SST 的定常响应幅度。在方程(5)和(20)中，将时间导数设为 0，即可得到模式的定常解和平衡态气候敏感（equilibrium climate sensitivity, δ_e）：

$$\delta_e = \frac{T_s}{F} = \frac{1}{(\lambda_0 - \lambda_c)} \tag{21}$$

式中：δ_e 为气候系统的内在属性，而非外强迫的属性。因此，平衡态的定义可以得到应用，甚至当外强迫随时间变化时也可以。

当外强迫 $F(t)$ 随时间变化时，平衡态温度响应（equilibrium temperature response）记为 T_{se}，并被定义为平衡态气候敏感度和瞬时外强迫（$F(t)$）的乘积：

$$T_{se}(t) = F(t) \delta_e \tag{22}$$

这相当于将方程(20)和(5)中全部的时间导数项设为 0，由此得到的虚假解。

方程(20)和(5)的真解则用来定义瞬变气候敏感度(transient climate sensitivity，δ_t)。在单位强迫下，瞬变气候敏感度为：

$$\delta_t = \frac{T_s(t)}{F(t)} \tag{23}$$

瞬变气候响应(transient climate response)则定义如下：

$$T_s(t) = F(t)\delta_t \tag{24}$$

本文将采用一种试验性的气候强迫情景：在前 50 a，假设人为气候强迫以每年 0.04 W/m^2 的速率增加，这样每 100 a 将增加 4 W/m^2。图 4 给出了该强迫的变化速率，并和 IPCC A1B 情景的比较(Forster *et al.*，2007)。在 50 年以后，人为气候强迫被假定以每年 0.02 W/m^2 的速度减少，这样再过 100 a 后，强迫将减少到 0(图 4b)。作为参考，图 4a 也给出了 IPCC 最好的排放情景 B1。图 4b 采用的减缓情景比现实中能够预见的情况更富有挑战性，这样处理仅仅是为了搞清在严厉的温室气体排放政策管理下会出现什么样的结果。

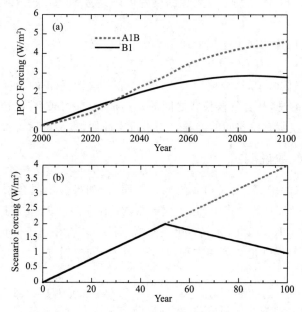

图 4　(a)IPCC A1B 和 B1 情景下的 21 世纪气候强迫以及
(b)本文的理想化强迫(黑色实线)

Fig. 4　(a)Projected climate forcing for the 21st century from the IPCC
A1B and B1 scenarios，and (b)idealized forcing used in this paper(solid black)

3　结果分析

混合层和深海的热交换相当于混合层热容的增加，但是该增加量与(20)式中深海温度的变化有关。

将垂直坐标移动，使得混合层底部为 $z=0$。如果给定的深海上层边界条件为时间的函数，即 $T|_{z=0}=T_0(t)$，在没有水平海流的条件下，深海温度方程(5)的解可以通过对时间 t 的拉普拉斯变换求得：

$$T(t,z) = \int_0^t T_0(t') \frac{\mathrm{d}}{\mathrm{d}t'} \left[f_{\mathrm{erfc}} \left(\frac{z - wt}{\sqrt{4k(t - t')}} \right) \right] \mathrm{d}t' \tag{25}$$

式中：f_{erfc} 是误差余函数，定义如下：

$$f_{\mathrm{erfc}} = 1 - \frac{2}{\sqrt{\pi}} \int_0^x \exp(- \xi^2) \mathrm{d}\xi$$

对于 $T_0(t)$ 的解，利用方程(4)和(6)的边界条件(它们将扩散热通量与深海层顶的夹卷通量联系起来)，可以得到：

$$\int_0^t T_0(t') G(t', t) \mathrm{d}t' = \frac{w_e}{k} (T_s - T_0) \tag{26}$$

式中：

$$G(t', t) = \frac{\partial}{\partial z} \left[\frac{\mathrm{d}}{\mathrm{d}t'} f_{\mathrm{erfc}} \left(\frac{z - w(t - t')}{\sqrt{4k(t - t')}} \right) \right] \Bigg|_{z=0} \tag{27}$$

那么，

$$T_0 = (L + t)^{-1} T_s \tag{28}$$

式中：L 是一个积分算子。在实际计算时，L 为三角矩阵，

$$L\psi = \frac{k}{w_e} \int_0^t G(t', t) \psi(t') \mathrm{d}t' \tag{29}$$

利用(28)式，带有 SST 的方程(20)可以写为

$$c_w \rho_w D \frac{\partial T_s}{\partial t} = F - (\lambda_0 - \lambda_c) T_s - c_w \rho_w w_e [1 - (L + 1)^{-1}] T_s \tag{30}$$

与大气对温度的反馈不一样(即在某一给定的时间直接正比于 SST)，进入海洋的热通量与 SST 的响应历史有关系，而 SST 的响应历史反过来又是外强迫历史的函数。此外，即使在某一给定的时间 SST 扰动是正的，与 SST 历史演变有关的热通量可能会变号。通过利用外强迫和 T_s 的过去历史资料，方程(30)能够随时间向前积分。

3.1 无深海的特定情形

首先考虑在没有深海的情形下，SST 对特定气候强迫的响应特征。这就相当于假设夹卷速度为 0，那么方程(30)的最后 1 项为 0。由前述定义的术语可知，平衡态气候响应 T_{se} 为：

$$T_{se}(t) = \frac{F(t)}{(\lambda_0 - \lambda_c)} \tag{31}$$

平衡态气候对云反馈响应的敏感度可以写为：

$$\delta T_{se} = \frac{F}{(\lambda_0 - \lambda_c)^2} \delta\lambda_c \tag{32}$$

或者

$$\frac{\delta T_{se}}{T_{se}} = - \frac{\delta(\lambda_0 - \lambda_c)}{(\lambda_0 - \lambda_c)} = \frac{\delta\lambda_c}{(\lambda_0 - \lambda_c)} \tag{33}$$

相对于云反馈的一个单位变化，平衡态气候响应的变化百分率就等于平衡态气候敏感度本身。因此，假如云反馈为正($\lambda_c > 0$)，那么一个小的云反馈变化能够导致平衡态气候响应发生较大的变化。另一方面，假如云反馈为负($\lambda_c < 0$)，则 T_{se} 很小，即云反馈的不确定性将导致非常小的温度变化。

对于大气反馈，取 $\lambda_0 = 1.35$ W/(m^2·K)，它相当于在没有云反馈但 CO_2 倍增情形下的

2 K气候变化(Hansen *et al*.,1984;Schlesinger,1988)。该值主要由负的 Stefan-Boltzman 反馈和正的水汽反馈来构成,可以通过固定的大气相对湿度来估算。图 5 中虚线表示 SST 平衡态气候对图 4(b)中特定外强迫的响应,分别绘出了 λ_c 等于−0.75 W/(m² · K)(蓝色)、0(黑色)和 0.75 W/(m² · K)(红色)的云反馈,其值与目前全球气候耦合模式(Coupled Global Climate Models,CGCMs)的变化范围类似(Cess *et al*.,1990;Soden *et al*.,2006)。图 5(a)为前 50 a的结果;图 5(b)为全部 150 a 的结果。平衡态气候响应与外强迫有一致的对应关系。这与下述的瞬变 SST 响应情况不同。就平衡态气候响应而言,$\lambda_c = 0.75$ W/(m² · K)与 $\lambda_c = 0$ 之间的差值,比 $\lambda_c = 0$ 和 $\lambda_c = -0.75$ W/(m² · K)之间的差值大很多。(图 5 的彩图见书后彩插 1)

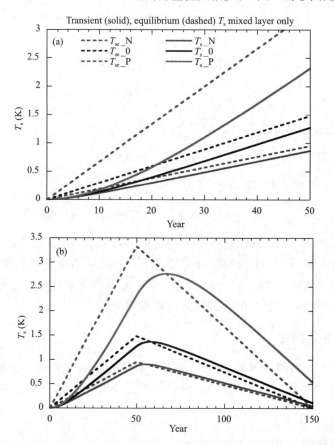

图 5　无深海情形下表面温度的平衡态(虚线)和瞬变态(实线)对外强迫的响应特征[红、蓝线分别表示 0.75 W/(m² · K)、−0.75 W/(m² · K)的云反馈;黑线表示云反馈为 0](a)前 50 a;(b)全部 150 a

Fig. 5　Equilibrium(dashed) and transient(solid) response of surface temperature to external forcing without a deep ocean[Red and blue represent positive and negative cloud feedbacks of 0.75 W/(m² · K) and −0.75 W/(m² · K) respectively;black represents zero cloud feedback](a)the first 50 years;(b)the entire 150 years

与此相对应的瞬变气候响应,在当外强迫 $F(t) = \alpha t$ 时的前 50 a,可从方程(30)的解得到:

$$T_s(t) = \frac{\alpha(t - \tau)}{(\lambda_0 - \lambda_c)} + \frac{\alpha \tau_1^2}{c} e^{-t/\tau} \qquad (34)$$

式中：

$$\tau = \frac{c}{(\lambda_0 - \lambda_c)}, c = c_w \rho_w D \tag{35}$$

这里 τ 是响应的时间尺度。当 $t \gg \tau$ 时，(34)式中第 2 项可以忽略不计。(34)式中第 1 项是平衡态温度响应，其时滞为 τ_1。该响应时滞已经得到很多研究(Cess et al.，1981；Bao et al.，1991)。但是，可以发现，云反馈越大，则响应时滞越长。对于 75 m 的混合层深度，当云反馈分别为 -0.75，0 和 0.75 W/(m²·K)时，时滞 τ_1 分别为 5 a，7 a 和 16 a。

图 5 中实线表示 SST 的瞬变气候响应，分别对应为 λ_c 等于 -0.75 W/(m²·K)(蓝色)、0(黑色)和 0.75 W/(m²·K)(红色)的云反馈。值得注意的是，当 $t \gg 20$ a 时，所有云反馈的温度瞬变响应几乎都平行于相应的平衡态 SST 响应(虚线)，但是，存在时滞现象，且时滞与云反馈成正比。然而，正是由于时滞差异的存在，所以在初始时刻($t < 20$ a)，温度对云反馈的敏感性较小(图 5a)。分析方程(34)，也可以得到相同结果。经过处理，方程(34)可描述为：

$$\frac{\partial T_s}{\partial \lambda_c} = \beta(t, \tau) \frac{\partial T_{se}}{\partial \lambda_c} \tag{36}$$

式中：

$$\beta(t, \tau) = \left(1 - \frac{2\tau}{t}\right)\left(1 + \frac{2\tau}{t}\right)e^{-t/\tau} = \frac{1}{6}\left(\frac{\tau}{t}\right)^2 - \frac{1}{12}\left(\frac{\tau}{t}\right)^3 + \frac{1}{40}\left(\frac{\tau}{t}\right)^4 + \cdots \tag{37}$$

当 $t = \tau$ 时，瞬变响应仅仅约为平衡态响应的 1/10。当 $t = 2\tau, 5\tau, 10\tau$ 时，瞬变响应的分别为平衡态响应的 0.27，0.61 和 0.81。

除了时滞外，在 50 a 以后，图 5(b)有 3 点值得注意：①温度响应的峰值出现在外强迫的峰值之后；②瞬变气候敏感度可能比平衡态气候敏感度更大；③云反馈对瞬变 SST 响应的影响可能大于云反馈对平衡态气候响应的影响。因此，尽管各模式在初始时刻可能会表现出一致的变化特征，但是随着时间推移，它们的差异就会显示出来，即使减少外强迫也是如此。

在正云反馈的例子中，当外强迫开始减少后，温度却表现为连续较大的增长，这与直觉认识是相反的。但是，这可以理解为：当云反馈较大时，系统释放出热量的能力是低效的。因此，甚至在外强迫过了峰值以后，外强迫仍然比大气负反馈造成的热量损失要大。这样，除非大气反馈的热量损失大到足以抵消外强迫，否则温度会一直持续上升。

3.2　有深海的一般情形

在有深海的情形中，SST 将要受到方程(30)中第 3 项的影响。下文取夹卷速度 w_e 为 10^{-5} m/s，这取自观测的导出值范围(Ostrovskii et al.，2000)。深海热力扩散系数 k 取为 10^{-4} m²/s，这与过去 CGCMS 模式和简单能量平衡模式中的取值(Bao et al.，1991)相同。热带海洋的涌升速度 w 设为 0 和 10 m/a(Raper et al.，2001)。下节将要论及模式结果对这些参数的敏感性。

考虑深海情形，假设无涌升流，当云反馈分别取为 0.75 W/(m²·K)，0，-0.75 W/(m²·K)时，图 6(a)给出了瞬变气候响应(实线)与平衡态气候响应(虚线)的比较。可见，深海主要通过两种方式来影响 SST 响应：减少 SST 变化的幅度；降低云反馈的作用。在 150 a 的时域中，深海不是仅仅对时滞，而是对 SST 响应的大小程度都有重要影响。

这两种影响都可以由方程(30)得到解释：因为与深海的热交换有作为能源和能汇功效，类似于大气层顶的能量损失（Schwartz，2007）。这由图 6（b）可以得到更加清楚的表达。图 6（b）给出了方程（30）中的 4 项。外强迫导致的热通量（绿色实线）、进入深海的热通量（红色、黑色和蓝色实线）、全部大气损失的热通量（红色、黑色和蓝色虚线），混合层的热储量（点线）。注意云反馈的影响：正的云反馈会导致大气向外空间的能量损失减少（红色虚线），但是导致更多的能量进入深海（红色实线）。这两项相互补偿，导致温度响应对云反馈的敏感性显著减小。（图 6 的彩图见书后彩插 2）

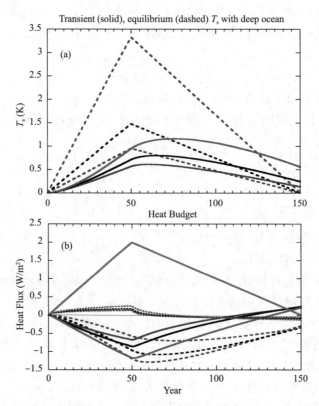

图 6　（a）有深海情形下表面温度的平衡态（虚线）和瞬变态（实线）对外强迫的响应特征［红、蓝线分别表示 0.75 W/(m² · K)、−0.75 W/(m² · K)；黑线表示云反馈为 0］；（b）外强迫导致的热通量（绿色实线）、进入海洋的热通量（红色、黑色和蓝色实线）、大气损失的热通量（红色、黑色和蓝色虚线）以及混合层热储量（点线）［红、蓝线分别表示 0.75 W/(m² · K)、−0.75 W/(m² · K) 的云反馈；黑线表示云反馈为 0］

Fig. 6　（a）Equilibrium（dashed）and transient（solid）response of surface temperature to external forcing with a deep ocean［Red and blue represent positive and negative cloud feedbacks of 0. 75 W/(m² · K) and − 0. 75 W/(m² · K) respectively；black represents zero cloud feedback］. (b)Heat fluxes from the forcing（green），into the ocean（solid lines in red，black，and blue），loss through the atmosphere（dashed lines in red，black，and blue），and heat storage in the mixed layer（dotted lines）［Red and blue represent positive and negative cloud feedbacks of 0. 75 W/(m² · K) and − 0. 75 W/(m² · K) respectively；black represents zero cloud feedback］

此外应注意,在方程(30)中,进入深海的热量损失不能简单地参数化为一个等效的热容量本身。图7给出了在正、负云反馈情况下,进入深海的热通量随混合层热储量的变化特征。可见,其斜率不仅随时间变化,而且随云反馈变化。(图7的彩图见书后彩插3)

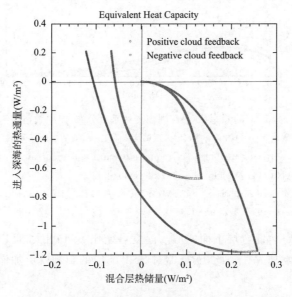

图7 进入深海的热通量随混合层热储量的变化特征[红、蓝线分别表示 0.75 W/(m² · K)、-0.75 W/(m² · K)的云反馈]

Fig. 7 Heat flux into the deep ocean as a function of heat storage in the mixed layer for two cloud feedbacks[Red and blue represent positive and negative cloud feedbacks of 0.75 W/(m² · K)and -0.75 W/(m² · K) respectively]

此外,图 6(b)中热量收支情况还表明,在外强迫开始衰减后,深海可以成为 SST 的热源。这是因为先前的外强迫对深层的海水施加了影响。图 8 给出了 10~150 a 深海温度的垂直分

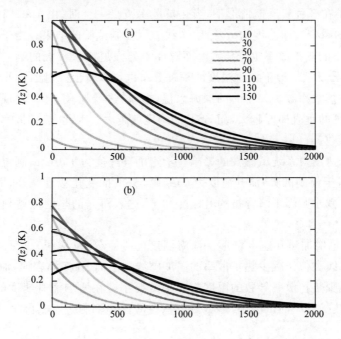

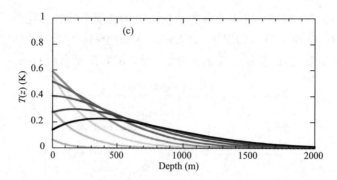

图 8　10～150 a(间隔为 20 a)深海温度的垂直分布(图中数字表示年份)

(a)0.75 W/(m² · K)的云反馈;(b)云反馈为 0;(c)−0.75 W/(m² · K)的云反馈

Fig. 8　Vertical distribution of temperature in the deep ocean plotted for every 20 years(Numbers denote the time of year)

(a)positive cloud feedback of 0. 75 W/(m² · K);(b)no cloud feedback;(c)negative cloud feedback of −0. 75 W/(m² · K)

布。在外强迫开始衰减后,混合层下面的海水温度可能比 SST 更大,可以为混合层提供能量。在云反馈为正时,该影响加大。因此,云反馈对 SST 响应的影响就更加滞后了。(图 8 的彩图见书后彩插 4)

3.3　夹卷速度、热扩散率和涌升速度的敏感性

下面分析与上述结果有关的模式参数:夹卷速度、深海热扩散率和涌升速度。图 9(a)给出了在 3 种云反馈情形下,当夹卷速度 w_e 减少一半时(由 10×10^{-6} m/s 减至 5×10^{-6} m/s),瞬变表面温度的敏感性。实线表示控制试验($w_e = 10 \times 10^{-6}$ m/s)的结果,其响应基本没有变化。在夹卷速度较小时,进入深海的热通量的输送系数就较小,但是,混合层与深海顶层之间的温差会变大。因此,输送到深海的热通量对夹卷速度并不敏感。

图 9(b)给出了在 3 种云反馈情形下,当热扩散率减少一半时(由 1.0×10^{-4} m²/s 减少至 0.5×10^{-4} m²/s)的瞬变表面温度的敏感性,实线表示控制试验的结果。由于热量不能有效地向下传播,所以较小的热扩散率也会导致海面温度对外强迫产生较大的响应(虚线)。这由图 10a 给出的在正的云反馈情形下深海温度的垂直分布也可以看出。对图 9(b)中控制试验的深海水温(实线)与热扩散率减少一半时的深海水温(虚线)进行比较,可以发现,热扩散率越小,深层海水越冷,温度的垂直梯度越大,而 SST 的响应就越大。因此,热扩散率是一个控制海面温度响应的重要参数。

最后讨论涌升速度对系统敏感性的影响。给定涌升速度为 10 m/a,则温度响应(虚线)如图 9(c)所示。相对于控制试验(涌升速度为 0)结果,SST 的变化幅度减小,因此,对云反馈的敏感性减小。这种减小归因于海洋被涌升流冷却了,进入海洋的热通量遭到洋流输送的泄漏(leak)。

图 10(b)给出了增加涌升速度情形下深海温度的垂直分布(虚线)。深海温度降低,导致海洋内部的温度廓线类似于减少热扩散率的温度廓线。然而,在海洋表面,涌升速度导致的温度响应幅度远比减少热扩散率导致的温度响应幅度要小。在增加涌升速度的试验中,热量被消除了,而在减少热扩散率的试验中,热量被堆积在海洋顶部附近。实际上,由于增加涌升速

导致的热量损失将在水平方向上平流输送到更高纬度地区,这将把较低纬度地区的云反馈传输到中纬度地区和极地。(图9、10的彩图见书后彩插5、6)

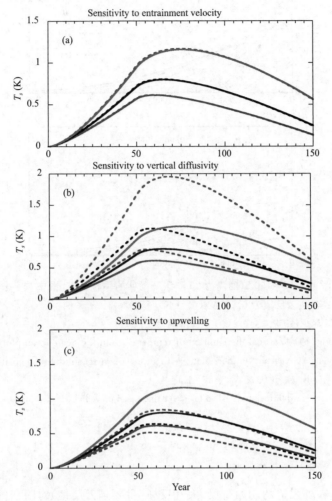

图 9　瞬变表面温度对模式参数的敏感性[实线表示控制试验参数;虚线表示扰动参数;红、蓝线分别表示 0.75 W/(m² · K)、−0.75 W/(m² · K) 的云反馈;黑线表示云反馈为 0]

　　(a)夹卷速度 w_e 由 10×10^{-6} m/s 减少至 5×10^{-6} m/s;(b)热扩散率 k 由 1×10^{-4} m/s 减少至 0.5×10^{-4} m/s;(c)涌升速度从 0 增加至 10 m/a

　　Fig. 9　Sensitivity of transient surface temperature to model parameters [Solid lines are for parameters of the control case;dashed lines are for perturbed parameters. Red and blue represent positive and negative cloud feedbacks of 0. 75 W/(m² · K)and −0. 75 W/(m² · K)respectively;black represents zero cloud feedback]

　　(a)entrainment velocity is reduced from $w_e = 10 \times 10^{-6}$ m/s to $w_e = 5 \times 10^{-6}$ m/s; (b)heat diffusivity is reduced from $k = 1 \times 10^{-4}$ m/s to $0. 5 \times 10^{-4}$ m/s;(c)upwelling velocity is increased from zero to 10 m/a

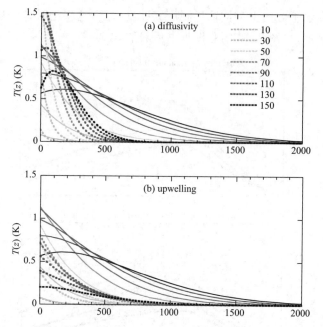

图 10　10～150 a(间隔为 20 a)深海温度的垂直分布[图中数字表示年数;实线:云反馈为 0.75 W/(m² · K)]

(a)减少热扩散率(虚线);(b)增加涌升速度(虚线)

Fig. 10　Vertical distribution of temperature in the deep ocean plotted for every 20 years[Numbers denote the time of year; solid lines: positive cloud feedback of 0.75 W/(m² · K)]

(a)reduced diffusivity(dashed lines);(b)increased upwelling(dashed lines)

4　结论

上述分析表明,在外强迫的初始阶段,大气反馈(主要是云反馈)对瞬变气候敏感度的影响要明显小于对平衡态气候敏感度的影响。这归因于三个方面的相互增强作用:①瞬变气候对外强迫的响应具有时滞,且时滞时间随云反馈增加而增加;②与深海海水热量的混合抵消了外强迫带来的热量,混合强迫随云反馈增加而增加;③热带海洋的涌升流进一步促进了热量的泄漏(leakage)。这三个因素对不同的夹卷速度的影响差别不大,但是对深海的热扩散率却很敏感。在目前气候模式中对夹卷速率和热扩散率的取值范围内,这三个因素的相对影响大致相等。

这些研究结果可以用来解释:尽管气候模式具有非常不同的云反馈和平衡态气候敏感性,但是它们对 20 世纪气候的模拟结果却几乎没有差异。

本文结果不是降低云反馈在气候对外强迫响应过程中的重要性,相反,本文结果表明,不同的云反馈将渗透到气候系统的各个方面,大气反馈的差异或不确定性,将在较长的时间尺度上被延迟。此外,当外强迫开始衰减时,瞬变气候响应能比平衡态气候响应更大。另外,在外强迫达到峰值后,温度响应能够持续增加,特别是当云反馈为正时更是如此。最后结果也说明,外强迫的历史对控制气候响应幅度是重要的,这需要国际社会间尽早协商出更好的有关碳排放的政策。

本文研究结果也给出两个方面的启示。第一,由于温度对云反馈的初始信号较弱,所以除非经过长时间的强迫,否则还不太可能从温度的观测资料中直接推断出云反馈。第二,对世纪时间尺度上气候变化,云反馈和深海扰动混合是同等的重要。

致谢:谨以此文特别献给我十分尊敬的朱乾根教授! 他的正直、耐心和友善使我受益匪浅,他对气象科学的执着追求和理论联系实际的科研风范给我很多启发。NCAR 和 GFDL 的气候模拟团队以及美国劳伦斯·利弗莫尔国家实验室(the Lawrence Livermore National Laboratory,LLNL)的气候模式诊断与比较计划(the Program for Climate Model Diagnosis and Intercomparison,PCMDI)提供了气候模拟结果,倪东鸿编审将此文翻译成中文,在此一并表示感谢。本文的研究得到了美国能源部、美国国家科学基金会和 NASA 的资助。

参考文献

Andreae M O, Jones C D, Cox P M. 2005. Strong present-day aerosol cooling implies a hot future[J]. *Nature*, **435**:1187-1190.

Bao N, Zhang X H. 1991. Ocean thermal diffusivity on global induced by increasing atmospheric CO_2[J]. *Adv Atmos Sci*, **8**(4):421-430. doi:10.1007/BF02919265.

Brohan P, Kennedy J, Harris I I, et al. 2006. Uncertainty estimates in regional and global observed temperature changes: A new data set from 1850[J]. *J Geophys Res*, **111**, D12106, doi:10.1029/2005JD006548.

Cess R D, Goldenberg S D. 1981. The effect of ocean heat capacity upon global warming due to increasing atmospheric carbon dioxide[J]. *J Geophys Res*, **86**(C1):498-502.

Cess R D, Potter G L, Blanchet J P, et al. 1990. Intercomparison and interpretation of climate feedback processes in 19 atmospheric general circulation models[J]. *J Geophys Res*, **95**(D10):16601-16615.

Dufresne J L, Bony S. 2008. An assessment of the primary sources of spread of global warming estimates from coupled atmosphere-ocean models[J]. *J Climate*, **21**:5135-5144.

Forster P, Ramaswamy V, Artaxo P, et al. 2007. Changes in atmospheric constituents and in radiative forcing [C]//Solomon S, Qin D, Manning M, et al. Climate Change 2007: The Physical Science Basis: Contribution of Working Group I to the Fourth Assessment Report of the Inter-governmental Panel on Climate Change. Cambridge: Cambridge University Press.

Hansen J, Lacis A, Rind D, et al. 1984. Climate sensitivity: Analysis of feedback mechanisms[C]// Hansen J E, Takahashi T. Climate Processes and Climate Sensitivity, AGU Geophysical Monograph 29, Maurice Ewing Vol. 5. Washington D C: American Geophysical Union:130-163.

Hansen J E, Sato M. 2001. Trends of measured climate forcing agents[J]. *Proc Natl Acad Sci U. S. A.*, **98**: 14778-14783.

Kiehl J T. 2007. Twentieth century climate model response and climate sensitivity[J]. *Geophys Res Lett*, **34**, L22710, doi:10.1029/2007GL031383.

Lilly D K. 1968. Models of cloud-topped mixed layers under a strong inversion[J]. *Quart J Roy Meteor Soc*, **94**:292-309.

Liu H L, Lin W Y, Zhang M H. 2010. Heat budget of the upper ocean in the south-central equatorial Pacific [J]. *J Climate*, **23**:1779-1792. doi: 10.1175/2009JCLI3135.1.

Meehl G A,Stocker T F,Collins W D,*et al*. 2007. Global climate projections[C]//Solomon S, Qin D, Manning M, *et al*. Climate Change 2007: The Physical Science Basis: Contribution of working group I to the 4th assessment report of the Intergovernmental Panel on Climate Change. Cambridge: Cambridge University Press.

Ostrovskii A G,Piterbarg L I. 2000. Inversion of upper ocean temperature time series for entrainment, advection, and diffusivity[J]. *J Phys Oceanogr*, **30**:201-214.

Ramanathan V. 1987. The role of earth radiation budget studies in climate and general circulation research[J]. *J Geophys Res*,**92**:4075-4095.

Randall D A,Wood R A,Bony S,*et al*. 2007. Climate models and their evaluation[C]//Solomon S,Qin D,Manning M,*et al*. Climate Change 2007:The physical science basis: Contribution of working group I to the fourth assessment report of the IPCC. Cambridge:Cambridge University Press.

Raper S C B,Gregory J M,Osborn T J. 2001. Use of an upwelling-diffusion energy balance climate model to simulate and diagnose A/OGCM results[J]. *Climate Dyn*,**17**:601-613.

Schlesinger M E. 1988. Quantitative analysis of feedbacks in climate model simulations of CO_2 induced warming [C] //Schlesinger M E. Physically-based Modeling and Simulation of Climate and Climate Change, NATO ASI series. Kluwer Academic Press:653-735.

Senior C A,Mitchell J F B. 1993. Carbon dioxide and climate:The impact of cloud parameterization[J]. *J Climate*,**6**:5-21.

Soden B J,Broccoli A J,Hemler R S. 2004. On the use of cloud forcing to estimate cloud feedback[J]. *J Climate*, **17**:3661-3665.

Soden B J, Held I M. 2006. An assessment of climate feedbacks in coupled ocean-atmosphere models[J]. *J Climate*, **19**:3354-3360. doi: 10. 1175/JCLI3799. 1.

Soden B J, Held I M, Colman R, *et al*. 2008. Quantifying climate feedbacks using radiative kernels[J]. *J Climate*, **21**:3504-3520. doi: 10. 1175/2007JCLI2110. 1.

Schwartz S E. 2007. Heat capacity, time constant,and sensitivity of Earth's climate system[J]. *J Geophys Res*,**112**, D24S05,doi:10. 1029/2007JD008746.

Wyant M C,Bretherton C S,Bacmeister J T,*et al*. 2006. A comparison of low-latitude cloud properties and their response to climate change in three AGCMs sorted into regimes using mid-tropospheric vertical velocity [J]. *Climate Dyn*, **27**:261-279.

Wetherald R T,Manabe S. 1988. Cloud feedback processes in general circulation models[J]. *J Atmos Sci*,**45**: 1397-1415.

Wigley T M L. 2005. The climate change commitment[J]. *Science*,**307**:1766-1769.

Zhang M H,Hack J J,Kiehl J T,*et al*. 1994. Diagnostic study of climate feedback processes in atmospheric general circulation models[J]. *J Geophys Res*,**99**:5525-5537.

预报科学[*]

朱跃建

(美国国家环境预报中心 国家海洋和大气管理局,马里兰 20746)

摘 要:世界各国和各地区的环境预报中心的主要任务是向本国、本地区和全球公众发布科学的环境预报,包括天气、水、气候和空间天气的预报。气象学家与其他科学家合作,一起制作可靠、及时、准确的分析结果、指导意见、预报及预警,以确保人们的生命和财产安全,促进全球经济的发展,以满足人们日益增长的对环境信息的需求。为了更准确地制作预报、更好地服务大众以及最大限度地减少生命和财产损失,这里提出了"预报科学"思想。预报科学包括现代观测系统的资料收集、观测与预报信息的实时交流、各种科学技术的发展、无缝隙预报以及公共服务等。预报科学可以概括为三个相互独立的部分,即科学性、工程性和艺术性,且三者存在相互作用。总之,天气预报是大气与环境服务的重要组成部分;预报科学的科学性、工程性和艺术性均服务于天气预报、服务于人民。

关键词:天气预报;科学性;工程性;艺术性

0 引言

天气预报的历史可以追溯到几个世纪以前,其最早起源于传统的观测,例如风向、气温、气压等的观测。现代天气图的使用起源于 19 世纪中期,主要是用于风暴系统的理论研究。1845 年电报网的迅速发展使得来自不同地区的天气观测资料的快速收集成为可能,这也为数据的实时应用提供了保证。1875 年 4 月 1 日第 1 张天气分析图产生,主要绘制了自前一天——3 月 31 日起的天气状况。自此,经过了很长时间的等待人们才第 1 次成功地用计算机运行数值天气预报模式制作数值预报。因此,第 1 次成功地在业务运行中对数值模式进行积分并发布实时预报可以说是天气预报史上最重要的里程碑。通过科学、现代技术、业务系统的发展[主要包括(超级)计算机、卫星观测、雷达探测、信息交流等方面的发展],人们取得了一次又一次的成功。更重要的是,可以通过无线电广播、电视、互联网、报纸等这些现代播报系统向人们及时地、不断地发布最新的预报。

在预报科学中,科学、工程和艺术分别扮演着不同的角色(图 1),但又都为天气预报系统服务,以确保社会大众能够得到准确、可信的预报,帮助他们做出更好的决策以及保护他们的生命、财产安全。《Completing the Forecast:Characterizing and Communicating Uncertainty for Better Decisions Using Weather and Climate Forecast》[1]一书向我们介绍了现代预报的理念,同时也提出了对未来预报的展望。其中有两个重要的概念,分别是预报的不确定性和不确

---

* 本文发表于《大气科学学报》,2010 年 6 月第 33 卷第 3 期,266-270。

定性预报。前者主要是针对科学家及预报的发展而提出的,后者主要是针对未来我们将为大众提供怎样的预报服务而提出的。研究表明预报时效越长则预报的不确定性也就越大[2-4]。因此,为了更完善地服务大众,我们需要在现有确定性预报的基础上增加不确定性预报。为了使公共用户能够理解不确定性预报,则需要"公共教育"来帮忙。例如,什么叫不确定性预报? 这些不确定性是从哪里来的? 科学家是怎样理解"不确定性"这一科学术语的? 它在什么时候能够帮助我们做出正确的决策? 什么是无缝隙预报? 等。

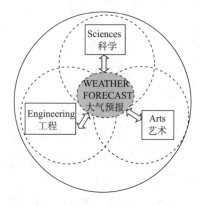

图 1　预报科学概念模型

Fig. 1　The diagram illustrates the independency and interactions of the sciences, the engineering and the arts, which are all contributing to weather forecast, all servicing the peoples

在接下来的 3 小节中,本文将详细介绍预报科学的科学性、工程性和艺术性。同时,一些新的术语也将被提及,如"不确定性""可靠性""解析度""准确性""连续性""经验性""后处理"等[2-6]。

1　天气预报——科学性

预报员根据过去的和实时的观测信息、来自不同数值模式的产品、历史的或统计的信息以及个人的经验来制作每天的天气预报。预报员需要具备足够的科学知识以正确地理解和综合所有这些信息,特别是当其中一些信息存在冲突的时候。更重要的是,一个预报员必须具备更强的能力来正确解释什么是气候特征、异常预报、高影响天气和极端事件,以及对外发布预警以保护大众的生命、财产安全。

如果你阅读过朱乾根等著述的《天气学原理与方法》[7]或 James Holton 的《动力气象导论》(An introduction to Dynamical Meteorology)[8], ω 方程、涡度方程和散度方程必然会给你留下深刻的印象(图 2)。 ω 方程在气象学和大气科学中占有十分重要的地位。 ω 方程是垂直运动方程的偏微分形式(图 2),其结合了涡度平流(右边第 1 项)和温度平流(右边第 2 项)来判断垂直运动(应变量 ω)以及给出了三者之间的关系。在天气图上,气象学家和预报员可以用 ω 方程来分析系统的发展情况。方法很简单,那就是当有正的涡度平流而没有温度平流时, ω 是负的即表明有上升运动。同样,当有暖平流时, ω 也是负的,也会出现上升运动。但是,当有负的涡度平流或者冷平流时,则有正的 ω ,对应着下沉运动。有趣的是,垂直运动(上升或者下沉运动)与水平平流(暖平流或者冷平流)对于维持地转平衡和静力平衡也是十分必要的。

在实际天气业务预报中,也不能忽视各种预报经验的重要性。这是因为预报经验通常来自于长时期学习、开发和研究的积累。在这些经验中,有一些可以被用来当作教学材料指导他人,而有一些则可以直接进入预报后处理系统,达到提高预报能力的目的。

Omega Diagnostic Equation ω 诊断方程

$$\left(\nabla^2+\frac{f_0^2}{\sigma}\frac{\partial^2}{\partial p^2}\right)\omega=\frac{f_0}{\sigma}\frac{\partial}{\partial p}[\boldsymbol{V}_\psi\cdot\nabla(\nabla^2\psi+f)]-\frac{f_0}{\sigma}\nabla^2\left[\boldsymbol{V}_\psi\cdot\nabla\left(\frac{\partial\psi}{\partial p}\right)\right]$$

$$\frac{\partial\zeta}{\partial t}=-\boldsymbol{V}\cdot\nabla(\zeta+f)-\omega\frac{\partial\zeta}{\partial p}-(\zeta+f)\nabla\cdot\boldsymbol{V}+\boldsymbol{k}\cdot\left(\frac{\partial\boldsymbol{V}}{\partial p}\times\nabla\omega\right)$$

$$\frac{\partial}{\partial t}(\nabla\cdot\boldsymbol{V})=-\nabla^2\left(\Phi+\frac{\boldsymbol{V}\cdot\boldsymbol{V}}{2}\right)-\nabla\cdot[\boldsymbol{k}\times\boldsymbol{V}(\zeta+f)]-\omega\frac{\partial}{\partial p}(\nabla\cdot\boldsymbol{V})-\frac{\partial\boldsymbol{V}}{\partial p}\cdot\nabla\omega$$

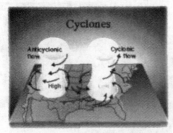 

图 2 ω方程、涡度方程、散度方程及气旋、反气旋的三维示意图

Fig. 2 The om ega (first), vorticity (second) and divergence (third) equations are the important tools for forecasters. The om ega equation could use as diagnostic tool. The bottom 3-D diagrams illustrate the cyclone, anticyclone's flow which associated with front, and vertical motions

2 天气预报——工程性

当开始观测和记录大气变化时,天气预报的工程也就开始了。如果没有工程师,又怎能交换、收集来自世界各地的观测资料?又怎能发射卫星和回收数字信号?又怎能用雷达来监测锋面系统和对流性降水?因此,观测、计算以及信息交流都是天气预报工程的一部分(图3)。不能否认的是,天气预报的发展十分依赖于工程技术的发展,它能够及时为天气预报的发展提供必需的资源。

2.1 观测

科学家认为,卫星进入常规观测系统使得每天的天气预报水平有了很大的提高。过去,大洋上空仅有很少的常规观测设备。因此,由于分析质量或者模式初始条件的不足造成了预报水平十分有限。现今,卫星的观测几乎能够覆盖全球范围,且昼夜不停。雷达也能够帮助我们监测中尺度降水、阵风等。在过去的几十年中,全球范围内已经建立起许多自动观测站。

2.2 计算

如果没有计算机,数值天气预报根本无法实现。如果没有现今的超级计算机,数以万计的观测资料也不可能在 1 h 内实现同化。结合超级计算机和现行的地球系统模式框架,全球集合预报系统才有可能实现在一个执行模块中完成 20 或者 40 个不同初始条件的预报成员的积分。这对于成员间在任意时刻的信息交换而不需要停止模式积分是十分有利的。

2.3 通讯

通讯是气象现代化的一个重要组成部分。例如,早晨当我们开始进行资料同化时,初始时刻所接收到的观测资料数量会直接影响到分析场的质量。又比如,预报员和终端用户都需要实时的数值预报模式产品和经过后处理的产品。而这些若没有高速度的、稳定的通讯设备则根本是不可能完成的。

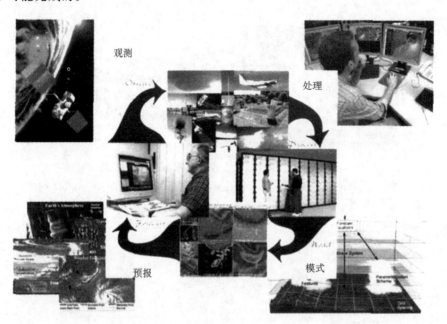

图 3 观测资料的收集、传输及交流以及资料处理、数值计算等过程的流程示意图

Fig. 3 The diagram illustrates the transition and communication of various observations, the data process, numerical integration and calculation, and interactive display system

3 天气预报——艺术性

常规天气预报是一项公共事业,主要由政府支持。当然许多私营部门也做天气预报服务。天气预报的用户可以分为许多类,例如,一般公共用户、特殊用户、决策者和管理人员等。不同用户对天气预报的需求有所不同,他们对预报结果的理解程度也有所不同。比如,需要让用户知道什么是夏季的高温指数(HI—heat index,即通过结合温度和湿度、人体可感知的相当温度而得到的指数)。为什么在夏季同样的温度下人们的感觉却不同? 这主要是由于湿度起了相当重要的作用。在冬季也可能会出现同样的情况。比如,在有阵风和无风的情况下,人体可感知的温度也有很大的不同。在这种情况下,气象部门会发布寒冷指数(WCI—wind chill index)。为了体现天气预报系统的艺术性,下面将对天气预报图、预警的发布和广播气象进行讨论。

3.1 天气预报图

地面天气预报图基本上是由高、低压中心,冷、暖锋,雷暴和闪电等符号以及等值线组成的。你想要知道锋面的颜色、符号所代表的含义吗? 蓝色代表冷锋(冷色调),红色代表暖锋(暖色调),绿色代表降水(图 4 右上),这些是不是很有意思? 当预报员用这样的天气预报图在电视屏幕上预报时,你马上就可以了解大部分的预报内容。为了让大众更容易理解天气预报图,气象学家做出了许多努力来设计天气预报图。

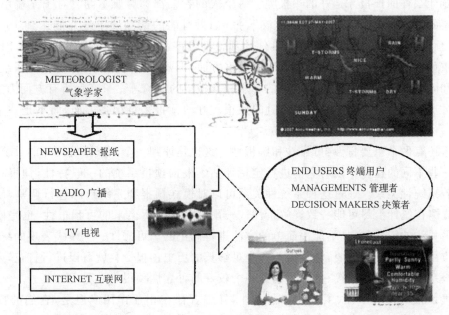

图 4　气象的艺术性(主要展示了从国家级的指导预报产品通过媒体,再到用户和决策者的过程)

Fig. 4　Display the meteorological arts through out the national meteorological centers to media,finally to public users,and decision makers

3.2 预警发布

预警主要是为极端天气而发布的。极端天气通常都是与高影响事件联系在一起的。例如,当飓风靠近沿岸时,在其登录前 24～72 h 将发布官方预警。该预警会发布预测的受影响区域。一般情况下,在收拾好贵重财物后,人们需要准备撤离这些地区,有时时间短,应以保护生命作为第一选择。但是,龙卷风的监测和预警与飓风的预警有很大的不同。目前,我们还没有办法提前 24 h 或者更长时间对像龙卷风这样生命期一般只有几分钟的系统进行预测。

3.3 广播气象

从广义上说,广播气象就是利用媒体快速地传递天气预报信息,它主要通过报纸、无线电广播、电视、网络以及手机等手段向外发布预报。如果没有现今的媒体,公共用户就不能够及时、迅速地获得预报信息。媒体的另一项功能就是通过合理解释利于他人理解,例如广播气象学家并不是简单地将预报信息告知大众,同时还帮助大众理解气象,理解天气预报。又如,电视播报员,人称表演艺术家,他们通过有限的荧屏,在短短的 5～10 min 内,用通俗易懂的语言,告诉每一个人已经发生了什么和即将发生什么。在现代社会里,时事要闻、体育比赛和天气预报(人称新闻三要素)已经成为人们每天生活中所关心的必不可少的内容。

4　结论

究竟什么样的预报才是好的预报呢? 每个人的答案都会有所不同。对于终端用户来说,他们需要的是对每天和所有事件的准确预报(如果可能的话准确率最好能达到 100%)。但是,对于预报员来说,他们知道,所有事件的预报准确率都达到 100% 是不可能的,因此,他们更加注重预报的连续性。好的预报取决于很多方面,主要包括先进和可靠的观测系统、现代化的模式和同化系统、后处理过程、产品的释用和预报员的经验等。只有将所有方面因素都结合在一起才有可能实现技巧性的、高质量的预报。好的预报来自很多方面,而不是一个单一的过程。

预报还有两个重要特性:可靠性和解析性。这也是评判一个预报系统好坏的重要指标,可以通过一些不同的检验手段对它们进行定量评估。根据预报系统的一般特性,预报和观测之间存在着系统性关系。通过这种系统性关系可以对模式预报和系统形态进行调整,使得预报与实际观测在统计上尽可能一致。解析性——预报系统与生俱来的可预报性,也是模式系统开发者最关注的特性,它是不能用简单的方法进行修正的。可靠性——模式表现的统计特征,在实际应用中同样十分重要,它只需要一个足够长的历史预报资料就可以进行订正,或者通过改进预报系统就可以更直接、更容易得到一个较好的可靠性预报。

天气预报具备科学性、工程性和艺术性,且三者存在相互作用。但是,它们的特点也有很大区别。科学性主要考虑的是预报的完整性和充分性,其所追求的是事情的原因。工程性主要强调的是结果,尽管预报可能并不是很完美。艺术性就是给人以完美的想象,虽然预报可能不是太好,但是你会喜欢它。简单地说,就是完备(科学性)、完成(工程性)和完美(艺术性)。

致谢:谨以此文纪念我十分敬重的朱乾根教授! 感谢陈雯同学将此文翻译成中文!

参考文献

[1] National Research Council of the National Academic (NRC). Completing the forecast: Characterizing and communicating uncertainty for better decisions using weather and climate forecasts [EB/OL]. 2006 [2010−02−09]. http://www. nap. edu.

[2] Toth Z, Zhu Y, Marchok T. The use of ensembles to identify forecasts with small and large uncertainty [J]. *Wea Forecasting*, 2001, **16**(4): 463-477.

[3] Toth Z, Schultz P, Mullen S, *et al*. Completing the forecast: Assessing and communicating forecast uncertainty[C]//Preprint for ECMWF Workshop on Ensemble Prediction, November 7—9, 2007. 2007: 23-26.

[4] Zhu Y. Ensemble forecast: A new approach to uncertainty and predictability [J]. *Adv Atmos Sci*, 2005, **22**(6): 781-788.

［5］ Palmer T N,Hagedorn R. Predictability of weather and climate[M]//Toth Z,Talagrand O,Zhu Y. The attributes of forecast system. Cambridge：Cambridge University Press,2006：584-595.

［6］ Zhu Y,Toth Z,Wobus R,*et al*. The economic value of ensemble based weather forecasts [J]. *Bull Amer Meteor Soc*,2002,**83**(1)：73-83.

［7］ 朱乾根,林锦瑞,寿绍文,等. 天气学原理与方法[M]. 4 版. 北京：气象出版社,2007.

［8］ Holton J. An introduction to dynamic meteorology [M]. 2nd ed. New York：Academic Press,1979.

北京城市重污染天气应急管理的实施与探讨

矫梅燕

（中国气象局）

0　引言

霾是一种天气现象。按照世界气象组织的规范定义，霾是指因空气中悬浮着大量细颗粒物导致低水平能见度的现象。当这些颗粒物质来自于人类活动排放，就成为空气污染物，所以霾也是一种大气污染现象。$PM_{2.5}$是霾污染中的主要污染颗粒物，因其粒径小，易被人体吸收，对人体健康的危害大而备受关注。重污染天气是指霾污染发展的严重程度，根据国家环保部2013年发布的空气质量指数（AQI）技术规范，重污染天气是指 AQI 分别达到和超过 5 级和 6 级阈值的重度污染和严重污染的总称（AQI 是表征包括 $PM_{2.5}$ 在内十种空气污染物浓度水平的综合指数）。

2013 年的 1 月份，中国的东部地区出现大范围、持续性的严重霾和重污染天气，北京及周边地区连续发生五次霾及重污染天气，北京市累计 22 天 $PM_{2.5}$ 日均浓度超过 $75\mu g/m^3$（2012年颁布的国家二级标准），$PM_{2.5}$ 小时最高值达到 $680\mu g/m^3$。持续的霾污染对北京市的生产生活产生严重影响，治理污染、改善环境成为各级政府迫切需要解决的严峻问题。

进入 2013 年秋季，北京的霾天气再次进入多发季节。我们注意到，北京市政府于 10 月 21 日发布实施全国首个重污染天气应急预案，10 月 28 日发布了霾天气预警和重污染天气预警信号，并启动实施应急预案。这些行动标志着北京市开始在霾及重污染天气中实施应急响应，采取短期性的防御措施减轻污染的影响和危害。

在环境污染影响事件中实施应急管理是一个新的实践，环境污染应急响应如何实施、是否有效，需要在实践中不断地总结和完善。本文意图通过对北京市重污染天气应急预案的制定和实施的总结评估，探讨实施环境应急管理的有效途径。

1　气象条件的触发器作用与应急响应的可实施性

"北京的空气质量依赖于气象条件"，这已经成为生活在北京人们的一个经验性认识。气象条件在霾污染中发挥着什么样作用？如何看待近两年来霾污染发生频率增加的现象？以北京市为例，分析认识气象条件对霾污染发生发展的作用。

1.1　气象条件是霾污染的诱发因素

气象数据显示，近年来诱发霾发生的气象条件呈增多趋势。2012 年的气象观测数据显示，北京市不利气象条件发生频率达到 40%，霾天气达到了 124 天，为近十年来最多。2013 年上半年，北京市不利气象条件的频率达到 42%，导致京津冀地区城市 $PM_{2.5}$ 平均浓度高达 115 $\mu g/m^3$。可见，近两年北京霾污染增多有气象条件的"贡献"。受特殊地形作用，北京市易于发生空气污染的不利气象条件的频率较高，平均而言，在秋冬季不利气象条件的发生频率可达到三分之一，最近五年不利气象条件发生的频率增加到 40%。在全球气象变化的背景下，气候条件的季节性变化和年际变化的波动大，也会造成霾污染的在不同季节和不同年份的波动。

1.2 气象条件的触发器作用

一般而言，地面上的风速小、空气垂直运动弱的气象条件是易于产生霾的"静稳气象条件"，这种空气结构犹如一个"盖子"，阻止了近地面层空气的对流运动，从而将湿空气和污染物聚集在地面附近，形成霾天气。持续的霾加剧污染物积聚，就会产生重污染天气。对于北京而言，由于地形条件特殊，北京市被包围在环首都圈的太行山和燕山形成"弧状山脉"之中，易于形成暖湿空气和污染物聚集的气象条件。尤其不利的是，这种"静稳气象条件"对霾污染具有"加剧"的效应。因为，地面上湿空气聚集形成"高湿度"的环境，气溶胶颗粒物因吸湿快速增长，会"加速"促进霾的形成和发展。同时，"高湿度"的环境条件有利于污染物在水汽条件作用下发生物理化学变化而生成二次气溶胶，不仅增加污染颗粒物的浓度，加重霾，而且这种污染物的物理化学变化产生的有毒害的光化学烟，会增加霾污染的危害性。

IPCC 最新发布的研究报告显示，全球气候变化的特征之一是北半球高纬度和极地地区增暖的趋势持续，这意味着北半球高纬度地区的冷空气活动减弱，风速将会呈现减小的趋势。中国的气候变化研究表明，在全球气候变暖的大背景下，中国的气候特征趋势是风速减小、降水日数减少，这意味着将有更多的"静稳气象条件"，气象条件对霾污染的触发器作用将更加明显。

1.3 环境污染应急响应的可实施性

实施应急管理的基础就是灾害或事件的可预见性，针对这些可以预见的灾害影响或可能出现的后果制定预案、采取应急性的预防或救护措施，减轻灾害影响和损失，这已经在应急管理的实践中得到很好的体现。气象条件的触发作用，使霾污染的影响具有可预见性。根据气象条件的监测预警，及时采取防御霾污染行动，使环境污染的应急响应成为可行的措施。"污染虽常在，霾不是天天有"，实施环境污染的应急响应，是应对当前霾频发，减少霾及重污染天气频发的影响和危害的一项短期内能见成效的应对之策。因此，建立霾及重污染天气应急管理体系成为当前应对环境污染问题的一项重要措施。

2 重污染天气应急管理体系建设与实施

针对近年来霾及重污染天气的严重影响，国务院和地方政府在快速推进环境污染应急管理体系建设。2013 年 9 月 10 日，国务院下发的《大气污染防治行动计划》(简称"国十条")首次提出了环境污染应急管理的任务，10 月 21 日北京市制定下发了第一个城市环境污染应急预案并启动实施，环境污染应急管理体系和实施能力正在形成。

2.1 应急管理体系构架

"国十条"中提出实施重污染天气的应急响应的任务,初步提出了以重污染天气应急管理为目标的应急管理体系框架:一是建立重污染天气的监测预警体系,包括京津冀、长三角、珠三角建立区域性的重污染天气监测预警体系,以及省、直辖市及省辖重点城市的监测预警体系。二是制定应急预案,实施应急响应。有污染治理任务的城市制定并实施重污染的应急预案,在京津冀、长三角和珠三角建立区域性的重污染天气应急响应体系。三是健全责任体系。重污染天气应急响应作为地方政府突发事件应急管理体系的组成部分,实行政府主要负责人负责制。

按照"国十条"要求,首个发布实施的区域性行动计划《京津冀及周边地区落实大气污染防治行动计划实施细则》中提出了在京津冀及周边地区建立区域、省、市联动的重污染天气应急响应体系、实行区域联防联控总体要求。

2.2 重污染天气应急预案

北京市制定发布的《北京市重污染天气应急预案》明确了两个方面的应急响应行动,一是实施重污染的监测预警。2013年国家环保部修订印发《环境空气质量指数(AQI)技术规定》,确定了六个等级的环境空气质量定量指标,对重度污染和严重污染两类污染天气,实施四个等级的污染预警,发布红橙黄蓝的预警信号,同时发布霾污染气象预警信号。

二是重污染的应急防御措施。应急措施分为健康防护提醒措施和污染减排措施。健康防护提醒措施以提醒重点人群避免户外活动、减少污染影响,包括发布橙色、红色预警时学校及幼儿园停课等措施。在污染减排措施中提出了建议性措施和强制性措施。其中,强制性污染减排措施分别针对主要污染源,在不同的预警等级(信号)情况下提出了不同的限制和减少污染排放要求。按此预案,北京的"红色预警日",将实施机动车单双号限行,中小学、幼儿园停课,重污染企业停产、建筑工地停工等"六停"措施。强制性污染减排措施体现了保护公众健康、减少污染排放,减缓污染程度的应急响应目标。

2.3 应急管理体系的主要特征

北京市环境污染应急管理体系构架主要体现如下三个特征:一是明确了应急管理的责任主体。应急管理作为政府公共服务的一项重要职责,由政府主导推动实施。"国十条"中,明确提出环境污染应急响应要纳入政府应急管理体系之中,并实行行政领导负责。二是明确了应急管理的布局和分工。"国十条"实际上明确了中央政府承担应急管理的宏观管理,制定规划、指导实施及投资和政策法规保障等。应急管理的具体实施在区域、省、市三级展开,既强调了省、市两级预案制定实施的责任,使预案的实施与责任主体紧密结合,也针对区域污染防控的特殊要求,提出建立区域性的应急管理协调机制及区域性的监测预警及应急响应能力。三是强化应急预案的可操作性。预案的应急目的指向明确,预防污染影响和减少排放及减缓污染程度两个方面,预案提出的强制性减排措施,体现了环境污染应急不同于台风灾害等以防御为主的应急响应,而是采取应急防御与主动减排减缓相结合的应急措施,也体现出环境污染应急预案实施更具复杂性,应急管理的难度更大。

3 基于效果驱动的环境应急管理策略探讨

2013 年秋季,北京市开始在霾天气中实施重污染天气应急预案。10 月下旬以来,北京市连续发布了两次重污染天气的蓝色预警,属于应急预案中最低级别的预警,按照应急预案规定,蓝色预警仅仅起警示作用,没有强制性的应急措施。然而,媒体的报道指出,公众对这种重污染预警发布及其作用提出很多质疑,认为仅仅发布预警和采取防护性措施,应急响应的作用十分有限,改善空气质量的根本在于减排污染。

公众的质疑也提出了重污染应急响应的有效性问题。如何认识和评估《北京市重污染天气应急预案》的功能和作用?

首先,应急预案中关于"健康防护提醒措施"是一项"有限作用"的措施。在灾害事件的应急管理中,很多是通过采取防护性措施就可以有效发挥应急管理的作用,如:在台风灾害防御中,应急的主要措施就是通过转移人员而免受灾害的损失;在传染性疾病应急中,通过对目标区域传染源控制可以及时控制病毒传播。相比较而言,这个重污染应急预案中的健康防护性措施的效果十分有限。空气如同食物和水一样,人们须臾离不开,即使在应急的状态下,人们的日常活动也不可能停止,污染对人体健康的影响就难以避免。这种空气污染影响的特性决定了环境污染应急如果仅采取简单应急防护,只可能是一个"重行动、少效果"的应急措施。

其次,采取限制性减排措施是重污染天气应急的关键。《北京市重污染天气应急预案》提出的目标是减少污染排放,减缓污染程度、保护公众健康。很显然,只有采取应急减排措施,才能达到减缓污染程度、保护公众健康的效果。重污染天气条件下,污染物浓度水平已经很高,只有采取强制性的减排措施才能降低空气中污染物浓度,缓解污染的影响和危害。因此,《北京市重污染天气应急预案》实施的关键是强制性减排措施能够有效实施。

有效实施强制性减排,不是一件容易的事,至少需要有四个保障性要素。一是全面清晰的环境污染基本信息,包括污染源来源、分布及量值等,以科学数据为基础制定和设计减排方案。二是可靠的监测预警系统,既要预报出对环境污染有触发影响的气象条件,也要定量预报污染影响的强度等,为启动应急减排措施提供准备依据。三是科学定量的减排方案,根据污染源状况和气象条件影响,制定基于有效的减排方案,以保证强制性减排措施的实施能达到减缓污染强度的效果。四是区域应急减排的协调机制。没有区域协调联动的应急减排措施,就不可能有北京污染减排的效果。但是区域不是一个行政层级,缺乏责任主体,需要通过具有可操作性的协调机制,才能使得区域的应急减排措施得以落实。这是应急管理组织实施的难点。

《北京市重污染天气应急预案》的实施开启了环境污染应急管理工作,应通过实践中的总结修正,不断丰富和完善环境污染应急管理的理论和实践。基于上述分析,笔者认为,应在如下三个方面对应急预案加以完善。

(1)效果驱动的环境污染应急管理策略。环境污染应急相对传统的灾害事件应急有其特殊性,应急管理的实施也更为复杂。实施效果驱动策略,一是要明确环境应急管理的目标是以保护人的健康为核心,体现减少污染排放和减缓污染强度的效果,可以称之为"减排效果驱动应急策略",以区别于单一防护措施的应急模式。二是应急预案目标清晰可操作,以减少污染排放和减缓污染强度的目标为驱动,科学评估并确定量化可操作的应急减排行动方案。三是针对性的保障政策和机制。实施区域内环境污染减排,需要有区域协调机制;企业承担减排责任需要有相应的利益调整政策等。

（2）适应应急决策的监测预警。气象条件是霾污染的触发器，何时会出现霾污染、污染的强度及范围、何时采取措施最有效等这些环境污染应急决策需要的信息，需要依靠监测预警系统。一个理想的支持环境污染应急决策的预警系统，需要至少包括三项预报功能。一是准确预报可能出现霾污染的气象条件并发布预警信息，为应急预案启动实施提供决策信息。二是准确预报霾及重污染天气的强度，提供重污染天气中可能的污染物浓度的强度及分布等，为制定污染减排方案提供决策信息。三是对重污染的影响做出分析评估，利用模拟分析等手段，分析重污染天气发展演变过程，以及何时采取减排措施能最有效减轻污染强度等，为应急减排措施何时启动提供决策依据。

建立具有这样功能的支持环境污染应急决策的监测预警系统，需要先进的监测预报技术手段，包括环境气象监测网、气象与环境要素耦合的数值模型系统等。

（3）基于风险决策的应急减排措施。应急减排措施实施的难度在于监测预警的可靠性和污染影响分析的科学性。由于气象和污染预警的可靠性不高，目前的应急响应还主要是被动地跟着空气污染状况发展而动，往往是污染已经发生才开始采取应对措施。另一方面，由于污染监测信息的不充分以及对环境污染的评估技术能力局限，难以准确地确定大气中的污染物浓度和成分，对重污染天气情况下减排什么、减排多少以及减排后的环境污染可能改善的效果均难以做出定量评估。制定定量可评估的应急减排措施，首先需要以环境污染监测信息为基础，建立健全监测网络和数据库。在此基础上，针对污染预警不确定的问题，采取风险分析办法制定应急减排方案。所谓风险分析方法，就是考虑到预警的不可靠性，利用集合预报技术，考虑多种污染预警的可能结果，提出多种选择的污染减排方案，在综合分析污染危害、经济损失、社会影响等利弊得失基础上做出带有一定损失风险的应急减排方案。

《北京市重污染天气应急预案》的实施在中国开启了环境污染应急管理这个新领域，需要通过理论和实践的不断探索改进，逐步形成成熟有效的污染应急管理的模式，在当前北京市乃至全国的污染治理中发挥有效的作用。

利用海洋强迫的大气主模态提高大气动力季节预报[*]

林　海

(加拿大国家环境预报中心气象研究部,加拿大魁北克多尔瓦勒　H9P 153)

摘　要: 数值模式的季节预报技巧主要与大气外强迫的变率密切相关。当前的大气环流模式(general circulation models,GCMs)通常不能准确地模拟出与大气外强迫有关的响应模态和响应强度,从而导致了预报误差的产生。本文给出了一种后处理方法,有助于降低模式的系统性误差,并提高季节预报技巧。

关键词: 动力季节预报;海洋强迫模态;数值模式

0　引言

大气的年际变率不仅可以由大气内部机制产生,还可以由大气的外强迫过程产生。在动力季节预报中,人们一直在寻找来自大气外部变化缓慢的外强迫产生的信号。而与大气内部动力过程有关的那部分年际变率则被认为是不可预测的气候噪声。因此,季节预报的任务就是识别出这种有用的信号,而忽略掉气候噪声。这通常是通过利用耦合的大气—海洋模式或者大气环流模式来实现。在利用大气环流模式时,变化缓慢的海表温度(sea surface temperature,SST)是已知的。与大气相比,海表温度具有更长时间尺度的可预报性。为了捕捉这种外强迫产生的信号,通常采用集合预报技术。在集合预报中,在要进行预报的季节,人们利用大气环流模式进行一组数值积分试验。这些数值积分应用相同的海温边界条件,但是具有不同的初始条件。成员足够多的集合预报试验的平均结果则反映了与边界强迫有关的信号。

决定预报技巧的另一个重要因素是大气环流模式对边界强迫的响应是否如同实际大气一样,即:数值模式能否就实际大气对外强迫的响应在强度和空间分布上进行逼真的模拟。由于模式在构建和参数化方案等方面总是会有缺陷,所以所有的数值模式均会存在误差。因此模式大气对边界强迫(例如,海表温度异常)的响应通常存在偏差并依赖于模式本身的性能。此外,除了改善和提高模式性能外,人们也致力于发展大气环流模式积分的后处理方法来减少模式误差[1-4]。

为了订正大气对热带海温异常的响应模态,基于模式预报的外强迫产生的信号的 SVD(singular value decomposition,奇异值分解)主模态和历史观测资料的回归,本文提出了一种统计方法。该方法被应用于冬季 500 hPa 位势高度场[5]以及加拿大降水[6]的预测,其预报技巧得到显著提高。该方法也被应用于加拿大气温(surface air temperature,SAT)的季节预报的订正[7],结果表明,在原始的预报技巧非常低的秋季,气温的预报技巧能够得到明显提高。

* 本文发表于《大气科学学报》,2010 年 12 月第 33 卷第 6 期,641-646。

1　模式和资料

本文分析了 HFP 第二阶段(the second phase of the Historical Forecasting Project, HFP2)的集合预报试验的输出结果。HFP2 是一项由加拿大的一些大学和政府实验室承担的一项协作项目。该项目的目的是检验能够在多大的程度上达到季节平均状态的潜在可预报性。Derome 等[8]报道了 HFP 在第一阶段(the first phase of HFP,HFP1)的试验设置,并给出了一些试验结果。在 HFP2,利用 4 个大气环流模式进行了季节集合预报的历史回报试验。这 4 个大气环流模式分别是,加拿大气候模拟和分析中心(the Canadian Centre for Climate Modelling and Analysis,CCCma)的第二、第三代大气环流模式(GCM2 和 GCM3),以及 RPN (Recherche en Prévision Numérique)的降分辨率版本的全球谱模式(SEF)以及 RPN 的全球环境多尺度模式(Global Environmental Multiscale model,GEM)。

在以前的研究中,GCM2 被用来进行气候数值模拟[9-10]。GCM2 是一个全球谱模式,水平分辨率为 T32,垂直方向分为 10 层。GCM3 拥有 GCM2 的许多基本特征,但是其分辨率有明显提高,水平分辨率为 T63,垂直方向分为 32 层,而且它的许多参数化物理过程得到改进。在过去的研究中,SEF 被用于全球资料同化和中期天气预报[11-12]。它也是一个全球谱模式,水平分辨率为 T63,垂直方向分为 23 层。GEM 是加拿大气象中心(the Canadian Meteorological Centre)的业务应用模式[13-14]。在 HFP2,GEM 模式采用了 2°×2° 的水平分辨率,垂直方向分为 50 层。

集合预报试验时间是 1969—2003 年,模式积分从每个月的开始时间运行,每个模式做 10 次积分,积分长度是 4 个月。大气初始条件取自模式预报时段之前的 NCEP/NCAR 再分析资料[15],10 个积分试验的时间间隔为 12 h。全球海表温度用的是预报时段前 1 个月的持续的海温异常,即:将预报时段前 1 个月的海表温度异常加到预报时段的气候平均场中。在积分的前 15 d 里,通过向气候场逼近的方法对海冰进行初始化。海温和海冰资料均来自于 SMIP-2(the Seasonal Prediction Model Intercomparison Project-2)边界资料[16]。应用 NCEP 逐周观测资料,雪盖也得到了初始化处理[17]。

采用 NCEP/NCAR 提供的 500 hPa 位势高度场再分析资料,计算了太平洋—北美型(the Pacific-North American pattern,PNA)指数和北大西洋涛动(North Atlantic Oscillation, NAO)指数。PNA 和 NAO 是北半球冬季主要的大尺度低频大气模态[18]。用于分析和比较的逐月降水资料由英国东安格利亚大学(University of East Anglia)气候研究中心(Climate Research Unit,CRU)提供。

本文仅分析始于 12 月 1 日的冬季观测资料和模式预报结果。由于 CRU 降水资料终止于 2002 年,所以共分析了 1969/1970—2001/2002 年的 33 个冬季情况。相对于夏季而言,冬季的季节平均降水更多地受到大尺度环流的控制;而在夏季,局地对流更加重要,因而预报也更加困难。此外,冬季的中纬度对流层的强西风带为 Rossby 波的向北传播提供了有利条件,因此,热带影响可以传到高纬度地区。PNA 和 NAO 在冬季比夏季更强。

2　对热带太平洋海表温度异常的响应模态

本文分析了集合试验的两个 3 个月时段(12 月至次年 2 月代表了预报的 1~3 个月,1—3

月代表了预报的 2~4 个月）的平均北半球 500 hPa 位势高度场。对于每个大气环流模式,采用奇异值分解方法[19]分析了集合试验的 3 个月的平均高度场与之前 11 月的热带印度洋—太平洋(120°E—90°W,20°S—20°N)海表温度之间的协方差(据前所述,在 12 月至次年 3 月的预报中用的海表温度是之前 11 月的持续的 SST 异常)。SVD 主模态的大气环流场反映了与热带印度洋—太平洋 SST 结构有关的主要的强迫模态。为了与观测资料进行比较,对观测的 500 hPa 位势高度场和前面相同的海温场进行了相似的 SVD 计算。结果代表的是观测的位势高度场与热带 SST 异常之间的一种滞后的联系。

由 1—3 月观测资料分析的 SVD 模态见图 1。由图可见,在位势高度场上,SVD1 和 SVD2 分别与 PNA,NAO 具有相似的分布特征。SVD1 和 SVD2 解释的协方差平方分别为 61% 和 12%。SVD1 大气分量的主成分(A_{PC1})与观测的 PNA 指数的相关系数为 0.96,而 SVD2 大气分量的主成分(A_{PC2})与观测的 NAO 指数的相关系数为 0.94。这里,观测的 1—3 月 PNA 和 NAO 指数是通过将观测的 1—3 月 500 hPa 位势高度场到投影到冬季逐月 500 hPa 位势高度场的第一和第二旋转 EOF 模态上得到。

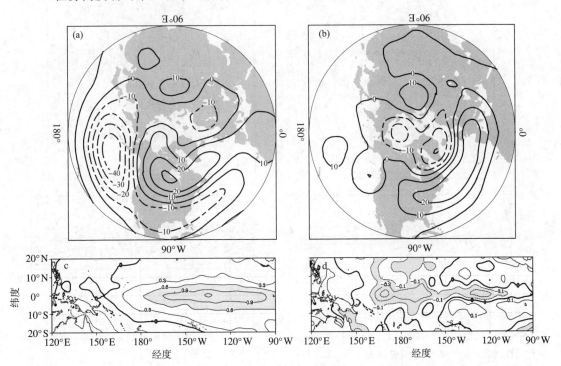

图 1 观测的 1—3 月 500 hPa 高度场(a,b)与前期 11 月海温场(c,d)的 SVD1(a,c)和 SVD2(b,d)模态[各模态的强度相当于时间系数的 1 个标准差;(a)、(b)、(c)、(d)中等值线间隔分别为 10 m,10 m,0.3℃,0.1℃;(c)和(d)中阴影区分别表示大于 0.6℃、小于−0.1℃的 SST 异常]

Fig. 1　Observed(a,b)JFM 500 hPa height and(c,d)previous November SST distributions of(a,c)SVD1 and(b,d)SVD2 [The magnitude corresponds to one standard deviation of each time coefficient. The contour interval is 10 m for (a) and (b),0.3℃ for (c),and 0.1℃ for (d). The shaded areas in (c) represent SST anomaly values greater than 0.6℃,whereas those in (d) smaller than −0.1℃]

SVD1 的 SST 分量的空间分布反映了典型的 ENSO 信号。因此,当前期 11 月热带东太平洋的 SST 为正异常时,大气中 1—3 月的 PNA 型也为正位相。SVD2 的 SST 分量的空间分布可能不常见,它表现为沿赤道太平洋的负 SST 异常特征,其中心位于热带中西太平洋。SVD 分析表明,11 月的这种 SST 分布导致了大气中 1—3 月正位相的 NAO。12 月至次年 2 月的 SVD 结果与 1—3 月的 SVD 结果非常相似。

如果季节预报是有技巧的,那么上述观测资料中大气与海温间的联系应该能够被大气环流模式模拟出来。图 2 为 GEM 集合预报结果的第一和第二对 SVD 模态。由 SVD1(图 2a)可见,在太平洋和北美地区,预报的 PNA 型与观测结果非常相似。然而,SVD2 的大气分量与观测的 NAO 型相去甚远(图 2b)。对其他三个模式的集合预报做 SVD 分析也得到类似的结果。这四个模式的 SVD 的前两个 SST 分量的分布在热带地区具有很多相似性(图 2c 和 2d)。但是,它们的大气响应对模式具有相当的依赖性,四个模式的结果不尽相同(图略)。

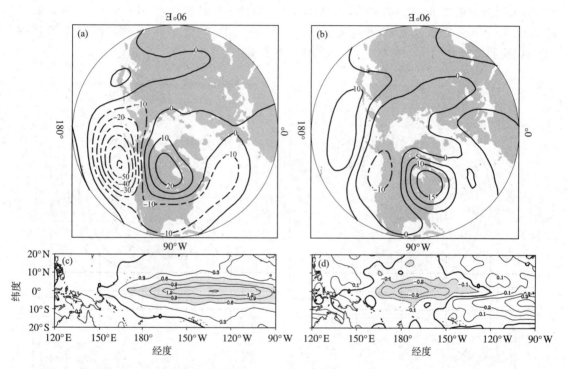

图 2　预报的 1—3 月 500 hPa 高度场(a,b)与前期 11 月海温场(c,d)的 SVD1(a,c)和 SVD2(b,d)模态[各模态的强度相当于时间系数的 1 个标准差;(a)、(b)、(c)、(d)中等值线间隔分别为 10 m、5 m、0.3℃、0.1℃;(c)和(d)中阴影区分别表示大于 0.6℃、小于 −0.1℃的 SST 异常]

Fig. 2　Forecast(a,b)JFM 500 hPa height and (c,d) previous November SST distributions of (a,c) SVD1 and (b,d) SVD2 [The magnitude corresponds to one standard deviation of each time coefficient. The contour interval is 10 m for (a),5 m for (b),0.3℃ for(c),and 0.1℃ for(d). The shaded areas in (c)represent SST anomaly values greater than 0.6℃,whereas those in (d)smaller than −0.1℃]

尽管大气响应模态的空间分布对模式具有依赖性,但是它们相应的时间变化(A_{PC1} 和 A_{PC2})分别与观测的 PNA 指数、NAO 指数呈显著的相关关系,12 月至次年 2 月和 1—3 月的情况如表 1 所示。由表 1 可知,A_{PC1} 和 A_{PC2} 与 PNA 和 NAO 的相关均通过了 0.05 的显著性检验。这表明,PNA 和 NAO 的信号在集合预报中可以得到较好的模拟。用大气环流模式模拟结果的前两个主成分(A_{PC1} 和 A_{PC2})来代表 PNA 指数和 NAO 指数,具有显著的预报技巧。

Lin 等[5]研究认为,一种利用了模式预报的 SVD 主模态时间系数的订正方法,可以有效地提高 PNA 和 NAO 的预报技巧。

表 1　模式 SVD 主模态的大气展开系数与观测的 PNA 和 NAO 指数的相关系数

（相关系数大于 0.3,表明通过 0.05 的显著性检验）

Table 1　Correlations between the atmospheric expansion coefficients of the leading forced SVD modes and the observed PNA and NAO indices(A correlation coefficient that is larger than 0.3 passes the 0.05 significance level)

	A_{PC1} 与 PNA		A_{PC2} 与 NAO	
	12 月至次年 2 月	1—3 月	12 月至次年 2 月	1—3 月
GCM2	0.58	0.59	0.30	0.40
GCM3	0.49	0.62	0.57	0.47
SEF	0.45	0.55	0.47	0.42
GEM	0.53	0.59	0.39	0.31

3　集合预报的订正方法

利用预报变量与上述外部强迫的大尺度模态的变化之间的联系,提出了一种后处理方法,构建了一个三参数的多元线性回归模型。对于任一格点,预报量为季节平均(12 月至次年 2 月平均或者 1—3 月平均)的变量(例如,500 hPa 高度场、850 hPa 温度场、降水场),预报因子为模式预报中前三个 SVD 模态的大气分量的时间系数(即 A_{PC1},A_{PC2} 和 A_{PC3})。进行 SVD 分析时,左右场分别为集合平均的 12 月—次年 2 月平均或者 1—3 月平均的北半球 500 hPa 位势高度场和之前 11 月热带太平洋海表温度场,如前所述。在每个空间格点上,回归模型可以写为:

$$Z_O(t) = a_1 A_{PC1}(t) + a_2 A_{PC2}(t) + a_3 A_{PC3}(t) + \varepsilon \tag{1}$$

式中:a_1,a_2 和 a_3 分别是回归系数;ε 是余数。在交叉验证理论框架中对历史观测资料和每个模式的 SVD 大气分量的时间系数(A_{PCs})运用最小二乘原理来计算这三个回归系数,即:当计算要进行预报的那年的回归系数时,将该年的资料排除在外。因此,对统计模型进行训练的时候,利用的是与预报当年无关的资料。ε 被认为是噪声,在模型训练和预报中忽略不计。由于大气环流模式对预报变量有它们自己的预报结果,我们将利用后处理方法[即(1)式]对预报结果进行订正之后的预报称之为订正预报。Lin 等[5]讨论了在订正过程中使用不同个数的 SVD 模态的效果,他们发现 SVD 第 1 模态和第 2 模态起主要作用,第 3 模态的贡献非常有限,而更高阶的模态则更加不重要。

图 3(a)和 3(b)分别给出了 GEM 原始的和经过订正的 1—3 月 500 hPa 位势高度的集合预报的时间相关系数评分。由图可见,原来的集合平均预报在北太平洋、加拿大东部、墨西哥湾附近有一些预报技巧(图 3(a))。在订正预报中(图 3(b)),预报技巧得到了显著提高。其他模式结果与此类似。相对于原预报,订正预报对模式的依赖程度较低。

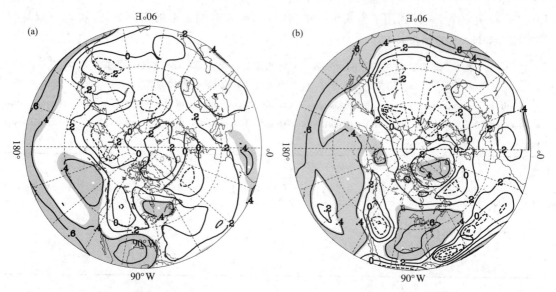

图 3　全球环境多尺度模式(GEM)模拟的 1—3 月 500 hPa 位势高度的相关系数评分

(阴影区表示通过 0.05 的显著性检验)(a)原始预报;(b)订正预报

Fig. 3　Correlation scores for (a) the original ensemble forecast and (b) the corrected forecast of JFM 500 hPa geopotential height by GEM(Areas with statistical significance passing the 0.05 level as estimated by a Student t-test are shaded)

应用上述后处理方法,进一步做了加拿大降水的季节预报。图 4 给出了原始的和经过订正的 4 个大气环流模式平均的 1—3 月降水预报的相关技巧分布。通过 0.05 的显著性检验的区域用阴影标识。由图 4 可见,原来的预报技巧非常有限(图 4(a));采用订正预报后,预报技巧得到了显著提高(图 4(b))。现在,各大气环流模式的预报技巧分布是基本一致的,主要位于两个区域:落基山东部以及魁北克—安大略省地区。

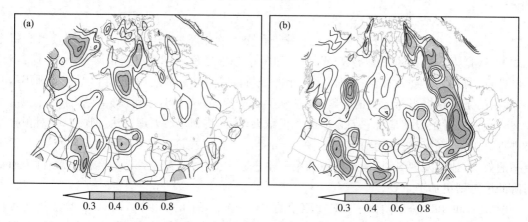

图 4　4 模式集合预报的 1—3 月平均降水的相关系数评分

(等值线间隔为 0.1;阴影区表示通过 0.05 的显著性检验)(a)原始预报;(b)订正预报

Fig. 4　Correlation scores for the JFM precipitation forecast by four model combined ensemble for (a)original and (b)corrected forecasts (The contour interval is 0.1,Areas with statistical significance passing the 0.05 level as estimated by a Student t-test are shaded)

4 结 论

本文介绍了一种对动力季节预报进行后处理的统计方法,该方法基于的一个事实是,气候异常受到与热带强迫有关的大尺度大气环流型的显著影响。PNA 型和 NAO 型是北半球两个最重要的大气环流型。尽管它们的空间分布不能够被数值模式很好地模拟出来(特别是NAO 型的空间分布),但是,对集合平均的(外界强迫的)500 hPa 位势高度场和用于强迫模式运行的热带太平洋海表温度进行 SVD 分析得到的主模态的展开系数却能够将它们的时间演变合理地模拟出来。

采用这种后处理方法后,北半球 500 hPa 位势高度场的预报技巧与原来的预报技巧相比得到了显著提高。加拿大的降水季节预报也有明显提高,由此得到了落基山东部和魁北克—安大略省地区的可靠的季节降水预报。

致谢:谨以此文纪念我十分敬重的硕士导师朱乾根教授! 同时,感谢 Gilbert Brunet 和 Jacques Derome 博士对我们相关文章所做的工作。感谢加拿大 HFP 项目的同事提供的数据。感谢倪东鸿编审将此文翻译成中文。

参考文献

[1] Smith T M,Livezey R E. GCM systematic error correction and specification of the seasonal mean Pacific-North America region atmosphere from global SSTs[J]. *J Climate*,1999,**12**:273-288.

[2] Feddersen H A,Navarra A,Ward M N. Reduction of model systematic error by statistical correction for dynamical seasonal prediction[J]. *J Climate*,1999,**12**:1974-1989.

[3] Mo R,Straus D M. Statistical-dynamical seasonal prediction based on principal component regression of GCM ensemble integrations[J]. *Mon Wea Rev*,2002,**130**:2167-2187.

[4] Kang I S,Lee J Y,Park C K. Potential predictability of summer mean precipitation in a dynamical seasonal prediction system with systematic error correction[J]. *J Climate*,2004,**17**:834-844.

[5] Lin H,Derome J,Brunet G. Correction of atmospheric dynamical seasonal forecasts using the leading ocean-forced spatial patterns[J]. *Geophys Res Lett*,2005,**32**,L14804,doi:10. 1029/2005GL023060.

[6] Lin H,Brunet G,Derome J. Seasonal forecasts of Canadian winter precipitation by post-processing GCM integrations[J]. *Mon Wea Rev*,2008,**136**:769-783.

[7] Jia X,Lin H,Derome J. Improving seasonal forecast skill of North American surface air temperature in fall using a postprocessing method[J]. *Mon Wea Rev*,2010,**138**:1843-1857. doi:10. 1175/2009MWR3154. 1.

[8] Derome J,Brunet G,Plante A,*et al*. Seasonal predictions based on two dynamical models[J]. *Atmosphere-Ocean*. 2001,**39**:485-501.

[9] Boer G J,McFarlane N A,Laprise R,*et al*. The Canadian Climate Centre spectral atmospheric general circulation model[J]. *Atmosphere-Ocean*,1984,**22**:397-429.

[10] McFarlane N A,Boer G J,Blanchet J P,*et al*. The Canadian Climate Centre second-generation general circulation model and its equilibrium climate[J]. *J Climate*,1992,**5**:1013-1044.

[11] Ritchie H. Application of the semi-Lagrangian method to a multilevel spectral primitive-equation model

[J]. *Quart J Roy Meteor Soc*,1991,**117**:91-106.

[12] Ritchie H,Beaudoin C. Approximation and sensitivity experiments with a baroclinic semi-Lagrangian spectral model[J]. *Mon Wea Rev*,1994,**122**:2391-2399.

[13] Côté J,Gravel S,Méthot A,*et al*. The operational CMC-MRB Global Environmental Multiscale (GEM) model:Part I-Design considerations and formulation[J]. *Mon Wea Rev*,1998,**126**:1373-1395.

[14] Côté J,Desmarais J G,Gravel S,*et al*. The operational CMCMRB Global Environmental Multiscale (GEM) model:Part II-Results[J]. *Mon Wea Rev*,1998,**126**:1397-1418.

[15] Kalnay E,Kanamitsu M,Kistler R,*et al*. The NCEP/NCAR 40-year reanalysis project[J]. *Bull Amer Meteor Soc*,1996,**77**:437-471.

[16] Kreyscher M,Harder M,Lemke P. First results of the Sea Ice Model Intercomparison Project (SIMIP) [J]. *Ann Glaciol*,1997,**25**:8-11.

[17] Dewey K F,Heim R Jr. New data base:a digital archive of Northern Hemisphere snow cover[C]//Presented at Western Snow Conference,April 19—23. Reno,NV,1982:9.

[18] Wallace J M,Guztler D S. Teleconnections in the geopotential height field during the Northern Hemisphere winter[J]. *Mon Wea Rev*,1981,**109**:784-812.

[19] Bretherton C S,Smith C,Wallace J M. An intercomparison of methods for finding coupled patterns in climate data[J]. *J Climate*,1992,**5**:541-560.

基于 TIGGE 资料的地面气温和
降水的多模式集成预报[*]

智协飞[1]，季晓东[1]，张璟[1]，张玲[1]，白永清[2]，林春泽[3]

[1. 气象灾害教育部重点实验室(南京信息工程大学)，南京　210044；
2. 湖北省气象局气象科技服务中心，武汉　430074；
3. 中国气象局武汉暴雨研究所，武汉　430074]

摘　要：利用 TIGGE 资料集下中国气象局(CMA)、欧洲中期天气预报中心(ECMWF)、日本气象厅(JMA)、美国国家环境预报中心(NCEP)和英国气象局(UKMO)5 个中心集合预报结果，对多模式集成预报方法进行讨论。结果表明，多模式集成方法的预报效果优于单个中心的预报，但对于不同预报要素多模式集成方法的适用性存在差异。滑动训练期超级集合(R-SUP)对北半球地面气温的改进效果最优，但此方法对降水场的改进效果并不理想。在北半球中低纬 24 h 累积降水的回报试验中，消除偏差(BREM)的结果优于单个中心的预报，且此方法预报结果稳定。进一步利用滑动训练期消除偏差(R-BREM)集合平均对 2008 年 1 月中国南方极端雨雪冰冻过程进行多模式集成预报试验，结果表明，在固定误差范围内，R-BREM 将中国南方大部分地区的地面气温预报时效由最优数值预报中心的 96 h 延长至 192 h，且除个别时效外，小雨、中雨的 TS 评分得到明显提高。

关键词：地面气温；降水；极端天气事件；多模式集成预报

0　引言

近 20 a 数值预报技术取得了飞速发展，在天气预报中所占比重越来越高，并且由传统的单一确定性预报向集合数值预报方向发展(王太微 等，2007)。尽管数值预报技术取得了重大进展，但由于模式初始场的不确定性及系统偏差的存在，其预报结果与实况存在一定的差异。且各个模式在动力框架、分辨率、初始场、资料同化技术及物理参数化方案等方面存在差异，从而使得各个模式在模拟能力上存在地理差异，多模式集成技术正是在此基础上合理利用各中心模式预报结果以减小模式系统性偏差的有效途径(杨学胜，2001)。

Krishnamurti *et al*.(1999)最早提出超级集合预报方法并做了大量的试验对该方法进行检验。研究发现，超级集合预报有效地减小了季节气候预测和天气预报的误差，预报效果远优于单个模式和多模式集合平均(Krishnamurti *et al*.，1999；2000a；2000b；2007)。Vijaya Kumar *et al*.(2003)利用超级集合方法对飓风的路径和强度进行预报试验，发现超级集合预报效果也优于单个模式和多模式集合平均。Ross and Krishnamurti(2005)应用超级集合预报技术，利用 6 个模式的全球数值预报逐日资料，分别对平均海平面气压、500 hPa 高度场、200 hPa 和 850 hPa 风场进行超级集合预报，预报时效为 1～5 d，通过大量的试验，发现超级

*　本文发表于《大气科学学报》，2013 年 6 月第 36 卷第 3 期，257-266。

集合预报效果优于最好的单个模式和多模式简单集合平均,并且总体上南半球比北半球预报效果好,春秋两季比冬夏两季预报效果更好。其中,对平均海平面气压的预报效果最好,其次是 500 hPa 高度场、850 hPa 和 200 hPa 风场。最近,Krishnamurti et al.(2009)基于 TIGGE 资料中 UKM0,NCEP,ECMWF,BOM,CMA 五个中心全球模式对中国季风区南海季风爆发时降水、梅雨期降水以及台风登陆强降水进行超级集合预报研究,并且将预报时效从 1~3 d 扩展到 10 d 进行讨论,对于 4~10 d 预报超级集合均方根误差仍然最小。多模式集成方法具有有效改进季节气候预测技巧、提高中短期预报准确率和简便实用等优点,在国际上得到广泛研究与应用(Yun et al.,2003;Cartwright et al.,2007;Vijaya Kumar et al.,2007)。

　　超级集合预报技术在我国的研究与应用尚处于起步阶段。陈丽娟等(2005)借用超级集合思想对我国汛期降水预测的各大单位预报结果进行集成,结果表明集合预报效果较稳定,多数情况下优于单个成员预报。赵声蓉(2006)基于国家气象中心 T213 模式、德国气象局业务模式和日本气象厅业务模式 2 m 高温度预报,利用神经网络方法中的 BP 网络建立了我国 600 多站的温度集成预报系统;对 2004 年 1—5 月的预报试验表明,集成的温度预报结果明显优于 3 个模式单独的预报结果,达到了一定的预报精度。

　　TIGGE 是全球交互式大集合(THORPEX Interactive Grand Global Ensemble)的简称。目前在中国气象局(CMA)、欧洲中期天气预报中心(ECMWF)和美国国家大气研究中心(NCAR),TIGGE 中心收集了来自全球十多个预报中心的集合预报产品(智协飞 等,2010)。智协飞等(2009)和林春泽等(2009)利用 TIGGE 资料对北半球及中纬度地区地面气温进行多模式超级集合预报试验,发现超级集合预报方法能有效地改进中短期预报的预报技巧,其预报准确率高于单个模式预报和多模式集合平均的预报准确率,并且滑动训练期超级集合预报技巧明显高于传统的固定训练期超级集合预报技巧(智协飞 等,2009;Zhi et al.,2009)。此外,Zhi et al.(2011)还对降水的定量化预报进行了多模式集成预报试验,其预报技巧也高于单个模式的预报技巧。王亚男和智协飞(2012)则利用多模式集成方法做降水的统计降尺度预报,结果发现多模式集成的降尺度预报效果明显优于单中心集合平均预报场的降尺度预报效果。

　　多模式集成预报技巧优于单个模式的预报,但各个集成方法对不同预报要素的改进效果存在差异。本文主要对 2007 年夏季北半球中高纬度地区地面气温、中低纬度地区降水的多模式预报资料进行集成试验,并讨论了 2008 年初中国南方极端雨雪冰冻过程的多模式集成预报技巧,期望对多模式集成技术在地面气温和降水预报中的性能进行较全面的评估和试验。

1　资料与方法

1.1　资料

　　所用资料取自 TIGGE 资料集下中国气象局(CMA)、欧洲中期天气预报中心(ECMWF)、日本气象厅(JMA)、美国国家环境预报中心(NCEP)和英国气象局(UKMO)5 个中心全球集合预报模式每天 12 时(世界时)起报的地面温度、24 h 累积降水的各自集合成员平均。资料时间长度为 2007 年 6 月 1 日—8 月 31 日及 2008 年 1 月 1 日—2 月 1 日,预报时效为 24~216 h,间隔 24 h。并采用 NCEP/NCAR 再分析资料和 TRMM 24 h 累积降水作为"观测值"来进行多模式集成预报和检验预报效果。

1. 2 方法

主要采用多模式集合平均(ensemble mean,EMN)、滑动训练期消除偏差(running train-ing period bias-removed ensemble mean,R-BREM)、滑动训练期超级集合(running training period multi-model super-ensemble,R-SUP)等方法来进行集成预报试验。

多模式集合平均的计算公式为:

$$V_{\text{EMN}} = \frac{1}{n} \sum_{i=1}^{n} F_i \tag{1}$$

其中:F_i 为第 i 个模式的预报值;n 为参与集合的模式总数。

消除偏差集合平均的计算公式为:

$$V_{\text{BREM}} = \overline{O} + \frac{1}{N} \sum_{i=1}^{N} (F_i - \overline{F_i}) \tag{2}$$

其中:V_{BREM} 为消除偏差集合预报值;F_i 为第 i 个模式的预报值;$\overline{F_i}$ 为第 i 个模式预报值在训练期的平均;$\overline{O}$ 为观测值在训练期的平均;N 为参与集合的模式数。

多模式超级集合是一项统计技术,通过一段时间的模式预报和观测(分析)数据进行训练建模,确定参与集成的模式权重系数,在预报期进行超级集合预报。超级集合预报的建模既可以采用多元回归技术也可以采用非线性神经网络技术。

超级集合预报模型由方程(3)构建,在一个给定的格点上,对于某一预报时效某一气象要素:

$$S_t = \overline{O} + \sum_{i=1}^{n} a_i (F_{i,t} - \overline{F_i}) \tag{3}$$

式中:S_t 为超级集合预报值;$\overline{O}$ 为训练期观测值平均;$F_{i,t}$ 为第 i 个模式的预报值;$\overline{F_i}$ 为第 i 个模式在训练期的预报值平均;a_i 为回归系数(权重);n 为参与超级集合的模式总数;t 为时间。

在训练期,回归系数 a_i 由(4)式中的误差项 G 最小化计算而得(Krishnamurti *et al.*,2000a):

$$G = \sum_{i=1}^{N_{\text{train}}} (S_t - O_t)^2 \tag{4}$$

式中:O_t 为观测值;N_{train} 为训练期时间样本总数。在预报期,将在训练期得到的 a_i 代入到(3)式中,对其他格点也做同样的计算,即可进行超级集合预报。

林春泽等(2009)研究指出,当训练期窗口固定时,超级集合与消除偏差集合平均两种方法对 24 h、48 h 预报改善的效果相当,在预报期前期,超级集合预报的均方根误差小于消除偏差集合平均的误差,但在后期,超级集合预报的均方根误差超过消除偏差集合平均的误差。对于 72~168 h 预报,预报期前两周超级集合预报的均方根误差和消除偏差集合平均的均方根误差相当,两周后超级集合预报的均方根误差增长很快,超过了消除偏差集合平均的均方根误差。这主要是因为固定训练期的超级集合预报没有考虑到预报时间远离训练期时,在训练期得到的各模式的权重系数有可能失效,导致预报期后期预报误差出现增长的趋势。为此,本文采用滑动训练期超级集合预报方法,即将固定长度的训练期逐日向后滑动,每次只对距离训练期临近的一天进行预报,这样每天的预报都由新的训练期消除预报偏差,训练新的权重,使预报效果更加稳定。此外,超级集合预报中各模式的权重系数的计算既可以用线性回归方法(林

春泽 等，2009；智协飞 等，2009），也可用人工神经网络的方法（Geman *et al.*，1992；Warner *et al.*，1996）来确定。本文基于神经网络的超级集合预报采用的是 3 层 BP 神经网络结构，网络包括 1 个隐层，隐层节点数为 4 个，输入节点数为 4 个，分别为 ECMWF，JMA，NCEP 和 UKMO 中心的集合平均结果（白永清，2010；Zhi *et al.*，2012）。

2　地面气温的多模式集成预报试验

图 1 给出 2007 年 8 月 8—31 日预报期 24～168 h 时效的简单集合平均（EMN）、线性回归超级集合（LRSUP）、神经网络超级集合（NNSUP）以及滑动训练期线性回归超级集合（R-LRSUP）、滑动训练期神经网络超级集合（R-NNSUP）预报在北半球区域的平均均方根误差。可见，改进后的滑动训练期的超级集合在整个预报期内效果稳定，预报后期误差没有再出现明显的增长趋势，预报后期效果得到改善。尤其对于预报时效较长的，滑动训练期的超级集合使得整个预报期内误差均低于 EMN，从而进一步改善了预报效果。其中 R-NNSUP 预报效果要比 R-LRSUP 更好一些。此外，对北半球各纬度带预报效果进行对比分析发现，滑动训练期超级集合（R-SUP）预报方法对低纬度地区的预报改善效果最为显著，中纬度地区次之，且在中低纬度地区预报效果均明显优于最优单个中心，而对于高纬度地区的预报改善效果并不明显（白永清，2010）。

3　北半球中低纬度降水的多模式集成试验

R-SUP 试验对地面温度预报是成功的，尤其对于中低纬度地区，超级集合预报效果要远好于单模式预报及它们的集合平均。而对于 24 h 累积降水，超级集合预报效果不很理想，预报误差甚至超过单模式预报。这可能是因为降雨的发生是不连续的，降雨量大小的波动会造成训练期内样本距平的急剧波动。由多元线性回归方法或者神经网络方法在训练期确定权重时，过度拟合了某几个样本距平的极大值，这种过度拟合现象使得各模式的回归系数发生了扭曲，以至于权重不能真实地反映整个训练期模式的预报能力，这可能是造成降水超级集合预报效果不理想的一个原因。此外，由于各模式的降水量预报不稳定，预报误差变化幅度很大，因此在预报期内各个模式的预报结果很难遵从训练期内模式权重的规律。前人在做降水的超级集合试验中，通过使用大量样本来训练一组较为稳定的权重系数，充足的样本包含了各类降雨事件，训练期一般选用 120～150 d 甚至更长。而本文只有 88 d 样本序列，各类降雨样本也不充足，未能训练出稳定的权重系数，这可能也是造成超级集合效果不理想的另一原因。基于以上分析，选用 BREM 方法对北半球中低纬度地区的 24 h 累积降水进行回报试验。

利用 5 个集合预报中心 2007 年 6 月 1 日—8 月 27 日 88 个样本，对北半球中低纬度地区 1.25°—358.75°E，10°—48.75°N 进行各时效 24 h 累积降水集合预报试验。为了充分利用样本，选用交叉检验的思想，即从试验资料序列的第一个样本开始，每次轮流留出一个样本，用余下的样本建立预报方程，并对留出的样本作回报试验（Yun *et al.*，2003）。这样依次进行，直到全部样本都做完独立的回报试验。

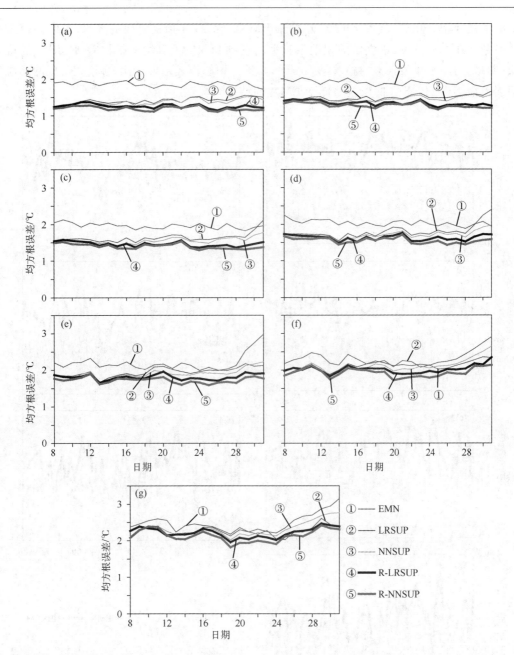

图 1 2007 年 8 月 8—31 日每天 24 h(a),48 h(b),72 h(c),96 h(d),120 h(e),144 h(f)和 168 h(g)地面温度预报的北半球 0°—357.5°E、10°—87.5°N 区域的平均均方根误差(单位:℃)

Fig. 1 Mean root-mean-square errors(RMSEs)of surface air temperature forecasts for(a)24 h,(b)48 h,(c)72 h,(d)96 h,(e)120 h,(f)144 h and(g)168 h averaged over the land area of(10°—87.5°N,0°—357.5°E)from 8 to 31 August 2007(units:℃)

图 2 给出了 2007 年 6 月 1 日—8 月 27 日北半球中低纬度地区各中心预报结果、集成预报结果与"实况场"TRMM 结果的距平相关系数,其中 5 个中心模式预报结果与"实况场"逐日距平相关系数用浅色细线表示,EMN 和 BREM 分别用深色粗线表示。可以看到,对于 24~168 h 预报,在所有样本中多模式集成的结果均好于单个模式的结果,且集成结果相对任何一

个中心的模式都要稳定,其中 BREM 略好于 EMN。对 24 h 预报时效的降水,各中心模式的相关系数均在 0.6 以下,集成后的相关系数平均达到 0.6 以上。均方根误差(RMSE)的检验结果(图略)与距平相关系数的检验结果一致,与单个中心模式结果相比,多模式集成的结果均方根误差最小,且 BREM 的误差略低于 EMN 的结果。

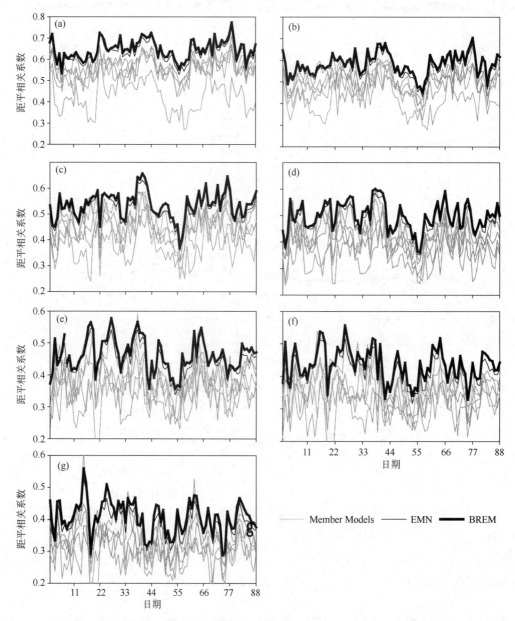

图 2　2007 年 6 月 1 日—8 月 27 日北半球中低纬度区域(1.25°—358.75°E、10°—48.75°N)的 24 h(a),48 h(b),72 h(c),96 h(d),120 h(e),144 h(f)和 168 h(g)的 24 h 累积降水预报与 TRMM 资料的距平相关系数

Fig. 2　Anomaly correlation coefficients between TRMM data and 24 h accumulated precipitation forecasts for (a)24 h,(b)48 h,(c)72 h,(d)96 h,(e)120 h,(f)144 h and(g)1 68 h averaged over the area(10°—48.75°N,1.25°—358.75°E) from l June to 27 August 2007

　　通过距平相关分析和均方根检验,从总体上检验各个中心及集成结果对北半球中低纬度地区 24 h 累积降水的预报能力,下面进一步分析各中心对降水场分布的预报能力及多模式集成方法对降水场的改进情况。

　　图 3 给出了 2007 年 6 月 1 日—8 月 27 日 24 h 预报时效平均降水场的分布情况,并对各个中心及多模式集成的结果进行了均方根误差和距平相关系数的分析。从 TRMM 资料降水分布可见,2007 年夏季亚洲至太平洋西部、北美洲至大西洋西部平均有 1 mm 以上降水,其中印度、孟加拉湾、亚洲东部局部地区以及沿赤道太平洋东部有较强的降水。此外,ECMWF 预报误差最小,为 1.77 mm/d,JMA 预报误差最大,为 2.99 mm/d;而 UKM0 预报的距平相关系数最高,达 0.87,CMA 预报的最低,为 0.73。ECMWF 与 CMA 对印度西部及孟加拉湾地区的强降水中心预报偏弱,整体而言,各中心对降水量的预报普遍偏强。与单个中心的结果相比,多模式集成的结果更为理想,EMN 预报误差为 2.01 mm/d,相关系数达到 0.89,BREM 的结果与"实况场"最为接近,其均方根误差降低至 0.69 mm/d,距平相关系数高达 0.98。

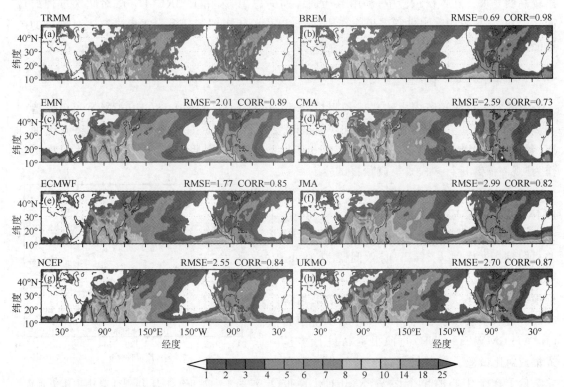

　　图 3　2007 年 6 月 2 日—8 月 28 日"实况场"TRMM 的气候平均日降水量(a;单位:mm)和各个中心的 24 h 预报的同时段平均日降水量及其多模式集成预报结果的比较(b—h;RMSE 表示日降水量 24 h 预报的均方根误差,单位:mm;CORR 表示 24 h 预报和 TRMM 资料的距平相关系数)

　　Fig. 3　The intercomparison of mean 24 h accumulated precipitation among(a)TRMM data and(b—h) 24 h forecasts for different single models including CMA, ECMWF, JMA, NCEP and UKMO and their multi-model ensemble forecasts from 2 June to 28 August 2007 (RMSE represents root-mean-square error of 24 h accumulated precipitation forecast with the unit of mm, while CORR represents the anomaly correlation coefficients between 24 h precipitation forecast and TRMM data)

4 极端事件的多模式集成试验

2008 年 1 月 10 日至 2 月 2 日,受冷暖空气共同影响,中国南方出现 4 次明显的雨雪天气过程,南方大部地区遭受了历史罕见的低温、雨雪、冰冻灾害(Wen et al., 2009),其中 1/3 以上地区出现了 50 年一遇的多雨雪天气(Zhang et al., 2009)。持续的灾害性天气过程,给人民生产和生活造成了严重的影响和损失。提高预报准确率、延长预报时效将有利于预报持续性的灾害性天气过程,提高防灾、抗灾的能力。本文针对此次灾害性过程,进一步讨论多模式集成预报方法对极端事件预报能力的改进情况。

综合 2007 年夏季的试验结果,R-SUP 预报方法对连续性要素的改进效果显著,而对于降水,R-SUP 预报的结果并不理想,BREM 的改进效果较好。但传统的 BREM 方法需要较长时间的训练期进行消除偏差处理以达到稳定结果的目的,这就对资料的时间长度和计算能力提出较高的要求。在本次试验中,利用滑动训练期的思想,采用 R-BREM 方法对此次过程的地面气温和 24 h 累积降水进行多模式集成试验,以检验较短训练期多模式集成方法对预报的改进能力。

4.1 地面气温预报

首先对温度场进行多模式集成预报试验,基于 ECMWF,JMA,NCEP,CMA 四个数值中心 2008 年 1 月 1—31 日地面气温预报(预报时效为 24～216 h,间隔 24 h),选取 6 d 为训练期,各预报时效均以 1 月 16—31 日共 16 d 作为预报期,以同期的 NCEP/NCAR 再分析资料作为“观测值”,进行多模式集成预报试验。

图 4 给出了 JMA,ECMWF,NCEP,CMA,EMN,BREM,R-BREM 2008 年 1 月 16—31 日中国南方地面气温预报的区域平均均方根误差,预报时效为 24～216 h,时效间隔为 24 h。可以看出,在 4 个中心的预报结果中,CMA 的预报结果相对较差,ECMWF 的预报结果相对较好。选取模式预报能力相对较好的 3 个中心(JMA,ECMWF,NCEP)的预报资料进行多模式集成对比试验。在预报期,EMN 的均方根误差略低于 3 个中心的单个误差,R-BREM 预报的误差最小,改进效果最好。

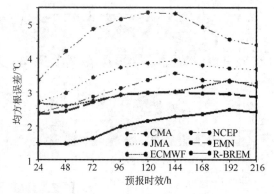

图 4　2008 年 1 月 16—31 日中国南方地面气温平均均方根误差(单位:℃)

Fig. 4　RMSEs of 24～216 h forecasts of surface air temperature averaged over southern China from 16 to 31 January 2008(units:℃)

为了检验多模式集成预报方法对预报时效改进的情况,选取 1 月 25 日—2 月 1 日两次雨雪降温过程,分析单个数值预报中心、EMN、R-BREM 在不同预报时效对这两次降温过程的预报误差。为了更加直观地展现多模式集成预报方法对预报时效的改进效果,选取预报效果较好的 ECMWF 提前 96 h 对 1 月 25 日—2 月 1 日预报的均方根误差,以此误差为基准,比较 EMN,R-BREM 预报结果达到此误差时能够延长的预报时效。如图 5 所示,EMN 并没能改善对中国南方大部分地区的预报效果,R-BREM将中国南方大部分地区的预报时效延长了 96 h,使得预报时效延伸至 192 h,但对贵州西部的预报效果不如 ECMWF。对于中国南方大部分区域,R-BREM 有效降低了预报的均方根误差,延长了预报时效。

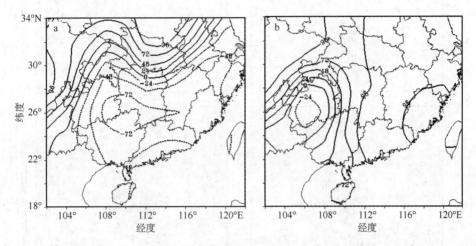

图 5　2008 年 1 月 25 日—2 月 1 日地面气温的 EMN(a)和 R-BREM(b)预报相对于 ECMWF 96 h 预报的预报时效延长时间(单位:h)

Fig. 5　The prolonged forecast lead time of(a)EMN and(b)R-BREM forecasts of surface air temperature against ECMWF 96 h forecast from 25 January to 1 February 2008(units:h)

4.2　降水预报

基于 CMA,JMA,ECMWF,NCEP 四个中心 2008 年 1 月 1—31 日 24 h 累积降水预报(预报时效为 24~216 h,间隔 24 h),选取 6 d 为训练期,各预报时效均以 1 月 16—31 日共 16 d 作为预报期,以同期的 TRMM(Tropical Rainfall Measuring Mission)资料作为"观测值",进行多模式集成试验。图 6 给出了 2008 年 1 月 16—31 日 CMA,JMA,ECMWF,NCEP,EMN,R-BREM 24 h 累积降水 144 h 预报,在预报期 16 d 的平均均方根误差地理分布。可见,CMA(图 6a)在中国南方 144 h 时效的 24 h 累积降水的均方根误差普遍超过 4 mm,误差的大值中心区域出现在广西东部和广东西部,误差超过 21 mm,江南、华南地区的误差均超过 10 mm。对比JMA(图 6b),ECMWF(图 6c),NCEP(图 6d)的预报结果可以发现,误差的大值中心与 CMA的结果一致,均位于两广的交界处,且中心误差超过 21 mm,但各中心的预报误差在华东和华中地区存在一定差异。由于各单个中心在此试验期间的误差分布不存在较为显著的地理差异,因此多模式集成(图 6e、f)的改进效果并不显著,对误差大值中心的改进效果极差,但对于中国南方大部分区域的预报结果还是有一定的改进,尤其是对安徽南部、浙江西部、江西北部的改进效果较为明显。R-BREM 方法对预报结果的改进程度要大于 EMN 的。

为了检验多模式集成预报方法对预报时效改进的情况,选取 1 月 25 日—2 月 1 日两次雨雪降温过程,比较单个数值预报中心、EMN、R-BREM 在不同时效对这两次雨雪过程的预报误差。分别对 CMA,JMA,ECMWF,NCEP,EMN 和 R-BREM 的预报结果进行了分级 TS 评分。图 7 给出了 CMA,JMA,ECMWF,NCEP,EMN 和 R-BREM 在不同预报时效对 1 月 25 日—

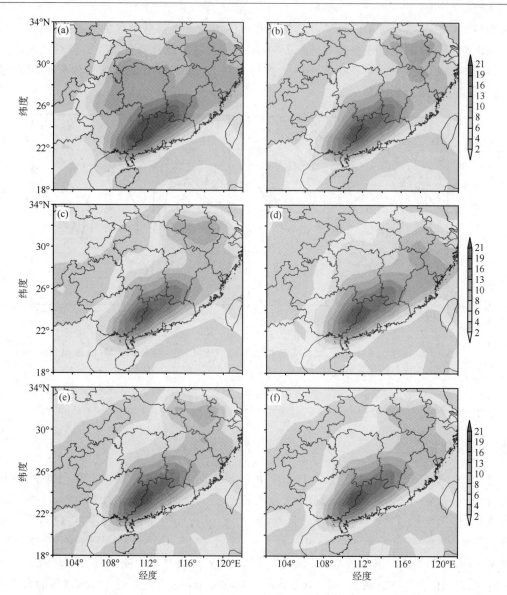

图 6　2008 年 1 月 16—31 日 CMA(a),JMA(b),ECMWF(c),NCEP(d),EMN(e),R-BREM(f)
24 h 累积降水 144 h 预报平均均方根误差的地理分布(单位:mm)

Fig. 6　The geographical distributions of mean RMSEs of 24 h accumulated precipitation forecasts
with forecast time of 144 h for(a)CMA,(b)JMA,(c)ECMWF,(d)NCEP,(e)EMN and(f)R-BREM
from 16 to 31 January 2008(units:mm)

2 月 1 日中国南方 24 h 累积降水各降水量级的 TS 评分。比较四个数值中心对中国南方小
雨[0.1~10 mm/(24 h)]的预报结果,除 24 h 外,其他时效 JMA 的预报结果均好于其他预
报中心。随着降水量级的增加,各个数值中心的评分显著下降。对于中国南方中雨的预报
[10~25 mm/(24 h)]JMA 的预报评分波动较大,ECMWF 的预报结果相对稳定,CMA 的
预报技巧相对较低。选用预报能力相对较好的三个中心(JMA,ECMWF,NCEP)的预报结
果进行多模式集成试验,对于小雨的预报除 72 h、216 h 外,大部分时效滑动训练期消除偏

差集合平均的预报结果优于单个中心的结果,提高了降水的 TS 评分。而对于中雨的预报滑动训练期消除偏差集合平均从 24 h 至 192 h 预报结果的 TS 评分均高于单个数值中心的预报结果。

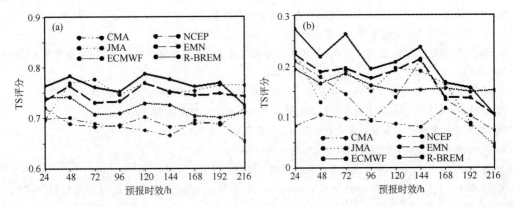

图 7 不同预报时效对 1 月 25 日—2 月 1 日中国南方 24 h 累积降水的小雨(a)、中雨(b)的 TS 评分
Fig. 7 TS scores of (a) light and (b) moderate rains for 24 h accumulated precipitation with different forecast times from 24 h to 216 h over southern China from 25 January to 1 February 2008

5 结论与讨论

基于 TIGGE 资料集下 CMA,JMA,ECMWF,NCEP,UKMO 五个中心的集合预报结果,对北半球中高纬度地区的地面气温、中低纬度地区 24 h 累积降水以及 2008 年初中国南方极端雨雪冰冻过程进行多模式集成试验,进一步讨论各种多模式集成方法的适用性,得到以下几点结论:

(1)对于地面气温预报,滑动训练期超级集合预报方法明显优于其他多模式集成方法,其预报误差最小,且在较长预报期内预报结果保持稳定。基于神经网络的滑动训练期超级集合预报效果略优于基于线性回归的滑动训练期超级集合预报。

(2)对于 24 h 累积降水预报,超级集合的效果不甚理想,误差甚至超过单个模式结果。但无论是以均方根误差还是以距平相关系数来评价模式的预报效果,消除偏差集合平均结果均好于单个中心预报。

(3)对于 2008 年初中国南方低温雨雪冰冻灾害的预报,滑动训练期消除偏差集合平均方法最优。对于地面气温的预报在固定误差范围内,该方法能将大部分地区的预报时效由最优数值预报中心的 96 h 延长至 192 h,有利于提高持续异常天气过程预报的准确率。对于 24 h 累积降水的预报,除个别预报时效外,滑动训练期消除偏差集合平均方法有效地提高了小雨、中雨的 TS 评分。

训练期长度的选择对预报效果的影响较为显著,在使用滑动训练期多模式集成方法时,应根据预报要素的特征选择最优训练期以获得最佳的预报效果。

致谢:谨以此文特别献给尊敬的朱乾根教授! 文章第一作者十分感谢朱乾根教授生前对他多年的教导和培养。

参考文献

白永清. 2010. 基于 TIGGE 资料多模式地面要素的超级集合预报[D]. 南京：南京信息工程大学.

陈丽娟. 许力. 王永光. 2005. 超级集合思想在汛期降水预测集成中的应用[J]. 气象，31(5)：52-54.

林春泽，智协飞，韩艳，等. 2009. 基于 TIGGE 资料的地面气温多模式超级集合预报[J]. 应用气象学报，20(6)：706-712.

王太微，陈德辉. 2007. 数值预报发展的新方向——集合数值预报[J]. 气象研究与应用，28(1)：6-12.

王亚男，智协飞. 2012. 多模式降水集合预报的统计降尺度研究[J]. 暴雨灾害，31(1)：1-7.

杨学胜. 2001. 业务集合预报系统的现状及展望[J]. 气象，27(6)：3-9.

赵声蓉. 2006. 多模式温度集成预报[J]. 应用气象学报，17(1)：52-58.

智协飞，陈雯. 2010. THORPEX 国际科学研究新进展[J]. 大气科学学报，33(4)：504-508.

智协飞，林春泽，白永清，等. 2009. 北半球中纬度地区地面气温的超级集合预报[J]. 气象科学，29(5)：569-574.

Cartwright T J, Krishnamurti T N. 2007. Warm season mesoscale super-ensemble precipitation forecasts in the southeastern United States[J]. *Wea Forecasting*, 22：873-886.

Geman S, Biensenstock E, Doursat R. 1992. Neural networks and the bias/variance dilemma[J]. *Neural Computation*, 4：1-5 8.

Krishnamurti T N, Kishtawal C M, LaRow T E, *et al*. 1999. Improved weather and seasonal climate forecasts from multi-model super-ensemble[J]. *Science*, 285：1548-1550.

Krishnamurti T N, Kishtawal C M, Zhang Z, *et al*. 2000a. Multi-model ensemble forecasts for weather and seasonal climate[J]. *J Climate*, 13：4197-4216.

Krishnamurti T N, Kishtawal C M, Shin D W, *et al*. 2000b. Improving tropical precipitation forecasts from multianalysis super-ensemble [J]. *J Climate*, 13：4217-4227.

Krishnamurti T N, Gnanaseelan C, Chakraborty A. 2007. Prediction of the diurnal change using a multi-model super-ensemble. Part Ⅰ：Precipitation[J]. *Mon Wea Rev*, 135：3613-3632.

Krishnamurti T N, Sagadevan A D, Chakraborty A, *et al*. 2009. Improving multi-model forecast of monsoon rain over China using FSU super-ensemble[J]. *Adv Atmos Sci*, 26(5)：819-839.

Ross R S, Krishnamurti T N. 2005. Reduction of forecast error for global numerical weather prediction by the Florida State University Super-ensemble[J]. *Meteor Atmos Phys*, 88：215-235.

Vijaya Kumar T S V, Krishnamurti T N, Fiorino M, *et al*. 2003. Multi-model super-ensemble forecasting of tropical cyclones in the Pacific [J]. *Mon Wea Rev*, 131：574-583.

Vijaya Kumar T S V, Sanjay J, Basu B K, *et al*. 2007. Experimental super-ensemble forecasts of tropical cyclones over the Bay of Bengal [J]. *Natural Hazards*, 41：471-485.

Warner B, Misra M. 1996. Understanding neural networks as statistical tools[J]. *Amer Stat*, 50：284-293.

Wen M, Yang S, Kumar A, *et al*. 2009. An analysis of the large-scale climate anomalies associated with the snowstorms affecting China in January 2008[J]. *Mon Wea Rev*, 137：1111-1131.

Yun W T, Stefanova L, Krishnamurti T N. 2003. Improvement of the multi-model super-ensemble technique for seasonal forecasts[J]. *J Climate*, 16：3834-3840.

Zhang Ling, Zhi Xiefei. 2009. The features and possible causes of the extreme event with freezing rain and snow over the southern China in early 2008[C]//Abstracts, Climate change and tropical climatic hazards in Asia Oceania, 6th Annual Meeting of Asia Oceania Geosciences Society. Singapore：Asia Oceania Geosciences

Society.

Zhi Xiefei, Bai Yongqing, Lin Chunze, *et al*. 2009. Multi-model super-ensemble forecasts of the surface air temperature in the Northern Hemisphere[C]//Abstract, Third THORPEX International Science Symposium. California, USA: WMO: 57.

Zhi Xiefei, Zhang Ling, Bai Yongqing. 2011. Application of the Multi-model Ensemble Forecast in the QPF [C]//Proceedings of International Conference on Information Science and Technology. Nanjing, China: IEEE: 657-660. doi: 10. 1109/ICIST. 2011. 5765333.

Zhi Xiefei, Qi Haixia, Bai Yongqing, *et al*. 2012. A comparison of three kinds of multi-model ensemble forecast techniques based on the TIGGE data[J]. *Acta Meteor Sinica*, **26**(1): 41-51. doi: 10. 1007/s13351-012-0104-5.

海表热通量反馈及海温变率[*]

余斌[1]，George J. BOER[2]，Francis W. ZWIERS[3]

(1. 加拿大环境部气候研究所 气候数据与分析研究室，多伦多；

2. 加拿大环境部气候研究所 加拿大气候模拟与分析中心，维多利亚；

3. 维多利亚大学太平洋气候影响研究部，维多利亚)

摘　要：海气交界面的能量交换与海洋平流共同决定海表面温度（sea surface temperature，SST）异常的形成、维持与衰减。基于作者近期的研究，本文回顾了海表面热通量（surface heat flux，SHF）反馈以及 SST 方差与海表热通量及海洋热输送方差之间的关系。海表热通量异常可近似为一个与 SST 成正比的线性反馈项与一个大气强迫项之和。SHF 的反馈参数取决于 SST 和 SHF 间的滞后交叉协方差以及 SST 自协方差。这种反馈总体上为负反馈，减弱 SST 异常，海表湍流部分起主导作用。最强的反馈可见于南北两半球的中纬度，最大值出现在大洋的西部和中部位置并延伸至高纬度地区。SHF 反馈于北半球秋冬两季增强，春夏两季减弱。这些反馈特征在 CMIP3 耦合气候模式中得到合理的模拟。然而，多数模式中反馈的强度与再分析资料的估值相比略为偏弱。与再分析资料的估值相比，"平均模式"反馈参数比单一模式有更相似的空间形态以及较小的均方根差。基于海表面能量收支平衡，SST 的方差可以表示为 3 个要素的积：①海表面辐射和湍流通量以及海洋热输送的方差之和；②一个衡量 SST 持续性的传输系数 G；③一个反映海表热通量以及海洋热输送之间协方差结构的有效因子 e。SST 方差的地理分布类似于海表热通量及海洋热输送的方差之和，但为 G 和 e 因子所修正。

关键词：海表面温度；海表热通量；海温变率；耦合气候模式

0　引言

海气界面的能量交换与海洋平流一起控制海面温度（sea surface temperature，SST）异常的形成、维持和衰减。一般来说，海洋热输送支配赤道太平洋东部 SST 异常（Philander，1990），而月平均海表热通量（surface heat flux，SHF）异常与 SST 倾向在海洋的中高纬度地区显著相关（Cayan，1992）。热通量和 SST 之间的关系反映了 SHF 在大尺度 SST 异常的动力学过程中所扮演的复杂角色；热通量既有助于 SST 异常的产生，也作用于 SST 的演变及衰亡。在适当的假定下，SHF 可以进一步分解为大气强迫项和热通量反馈项之和（Frankignoul，1985）。SST 异常和 SHF 异常之间的关系通常与所用模式有关，有时还与 SST 异常的地理位置以及 SST 异常正负号有关（Kushnir et al.，1992；Frankignoul et al.，1998）。

基于海表面能量收支平衡，我们将 SST 变率的大尺度特征与海表热通量以及海洋热输送

---

　*　本文发表于《大气科学学报》，2011 年 2 月第 34 卷第 1 期，1-7。

变率联系起来(Yu *et al.*，2003；2006)。此外，我们分析了 NCEP/NCAR(美国国家环境预测中心/美国大气研究中心)再分析资料、ECMWF(欧洲中期天气预报中心)再分析资料以及 CMIP3(第 3 阶段的全球耦合模式比较计划)多模式气候模拟存档资料中的 SHF 和 SST 之间的协方差特征(Yu *et al.*，2009)。分析 SHF-SST 同时协方差有助于我们认识 SST 异常的发展和抑制，而它们之间的滞后交叉协方差分析有助于认识 SHF 的反馈作用。因此，分析 SHF-SST 间的协方差关系可以帮助我们理解与 SST 变率相关的物理过程。

1　海表热通量反馈

1.1　SHF 反馈

海洋上层能量收支异常可以写为

$$C_0 \frac{\partial T'}{\partial t} = Q' + A' = R' + B' + A' \tag{1}$$

其中：C_0 表示海洋混合层上层热容，近似为常数；T 是 SST；$Q = R + B$ 是净表面热通量，它包括辐射(R，太阳短波辐射和净红外辐射)和湍流(B，潜热和感热)表面能量交换；A 是海洋热输送的散度。我们定义所有热通量向下为正，即热通量利于 SST 增强为正。上标撇号表示与气候平均值的偏差。

热通量异常 Q' 近似为一个大气强迫项(q')以及一个与 SST 成正比的反馈项($-\lambda_Q T'$)之和，即

$$Q' = -\lambda_Q T' + q' \tag{2}$$

其中 λ_Q 是热通量反馈参数。参照 Frankignoul *et al.*(1998)，Frankignoul and Kestenare (2002)的工作，热通量反馈参数由 SST-SHF 间的滞后交叉协方差(σ_{TQ}^2)以及 SST 自协方差(σ_{TT}^2)决定。在热带外区域，q' 代表了较小时间尺度的随机过程。假定大气强迫作用影响 SST，但 SST 不直接反作用于强迫项，则其滞后协方差 $\sigma_{Tq}^2(\tau) = 0(\tau < 0, T'$ 超前 $q')$。这样，SHF 的反馈参数可由以下方程估算

$$\lambda_Q \approx -\frac{\sigma_{TQ}^2(\tau)}{\sigma_{TT}^2(\tau)}, \tau < 0 \tag{3}$$

类似此前的研究(Frankignoul *et al.*，2002；Yu *et al.*，2006)，SHF 反馈参数通过滞后 1～3 个月的平均 λ_Q 结果而得。注意反馈参数的正值表示负反馈的强度，反之亦然。

由于大气的持续性影响不能直接从热通量中分离出来，所以在 SHF 反馈参数估算方程 (3)中假设大气谱为低频白噪音。这种假定在热带外区域成立，除了需要在大气强迫项中扣除 ENSO 变化(最重要的一种年际变率)可能带来的低频分量。我们通过线性回归分析法消除了 ENSO 在 SST 和 SHF 中的影响。这里，ENSO 引起的 SST 变化定义为 12.5°S 与 12.5°N 之间热带太平洋 SST 异常的前两个主分量之和。

1.2　再分析资料与耦合气候模拟中的 SHF 反馈

图 1 为利用两个再分析资料以及 CMIP3 多模式集合平均求得的净通量及其辐射和湍流分量的 SHF 反馈参数的地理分布(Yu *et al.*，2009)。分析结果基于 NCEP/NCAR2 再分析

资料（NCEP2；Kanamitsu *et al.* ，2002）、ERA-40 再分析资料（Uppala *et al.* ，2005）以及 CMIP3 中 20C3M 的气候模拟结果（Meehl *et al.* ，2007）。为了方便分析，资料的时段均统一为 1980 年 1 月—1999 年 12 月。由于存在强的海气相互作用，SHF 反馈无法在热带太平洋地区得到可靠估算，故不在图中示出。强的净热通量负反馈（$-\lambda_Q T'$），即正 λ_Q 值，出现在两半球中纬度地区，数值超出 24 W・m^{-2}・K^{-1}，最大值出现在大洋的中西部并向高纬度地区延伸（图 1a,d,g）。在北大西洋副极地环流部分地区也有强的反馈。两个再分析结果有很好的对应关系，仅仅在数量上有微小差别，两者空间分布的相关系数为 0.95。多模式集合平均 SHF 反馈参数比再分析结果偏弱，这也许与大气环流模式及再分析同化系统间不同的海气耦合过程对海表热通量阻尼效应有关（Barsugli *et al.* ，1998；Saravanan，1998；Wu *et al.* ，2006）。然而，反馈参数空间分布与再分析资料匹配很好，模式结果与两种再分析结果之间相关为 0.95。湍流热通量反馈（λ_B，图 1c,f,i）决定净通量反馈。辐射反馈（λ_R，图 1b,e,h）基本为弱的负值，除了很少一些地区出现弱的正反馈。

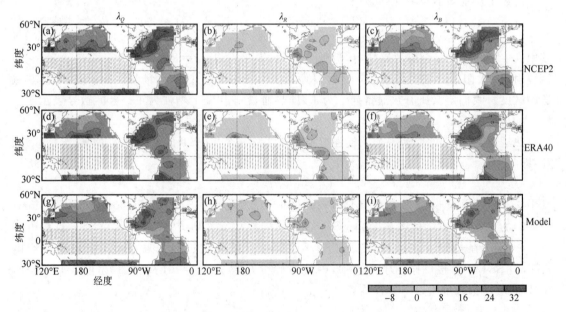

图 1　NCEP2(a,b,c)，ERA-40(d,e,f)和多模式集合平均(g,h,i)的净(a,d,g)、辐射(b,e,h)和湍流(c,f,i)热通量反馈参数［等值线间隔为 8 W・m^{-2}・K^{-1}；竖线范围表示受 ENSO 影响而无法较好推算反馈参数区域；图引自 Yu *et al.* (2009)］

Fig. 1　(a,d,g)Net，(b,e,h)radiative and(c,f,i)turbulent surface heat flux feedback parameters for (a,b,c)NCEP2，(d,e,f)ERA-40，and(g,h,i)the multi-model mean［Contour interval is 8 W・m^{-2}・K^{-1}. The vertically hatched areas indicate that the feedback parameters are not estimated because of the effects of ENSO-related low frequency variability. Panels from Yu *et al.* (2009)］

　　图 2 为模式间 SHF 反馈参数的标准差；图 3 为比较反馈参数空间形态以及方差比的 BLT 统计图。它们用于评估 CMIP3 中 20 个气候模式与两种再分析结果间的相对相似程度。BLT 图是一个改进的 Taylor 图（Boer *et al.* ，2001），它显示了与 NCEP2 及 ERA-40 平均值相比的各气候模式的空间形态相关性、相对均方差以及方差比率。

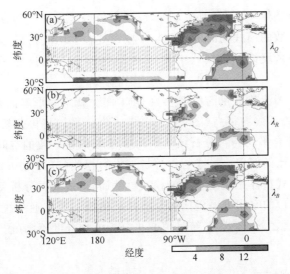

图 2　净(a)、辐射(b)和湍流(c)热通量反馈参数(λ_Q，λ_R 和 λ_B)的模式间的标准差[等值线间隔为 4 W·m^{-2}·K^{-1}；竖线范围表示受 ENSO 影响而无法较好推算反馈参数区域；图引自 Yu *et al.*（2009）]

Fig. 2　Inter-model standard deviations of (a)the net，(b)radiative and (c)turbulent heat flux feedback parameters (λ_Q，λ_R，and λ_B)[Contour interval is 4 W·m^{-2}·K^{-1}. The vertically hatched areas indicate that the feedback parameters are not estimated because of the effects of ENSO-related low frequency variability. Panels from Yu *et al.*（2009）]

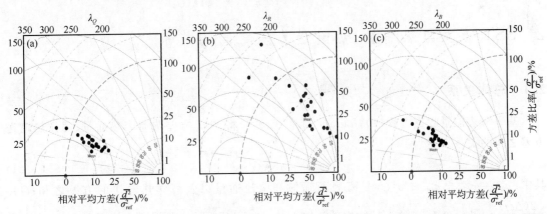

图 3　BLT 图表征模式及再分析结果的相对平均方差和方差比率，以及模式与再分析结果的空间形态相关性[再分析结果是 NCEP2 和 ERA-40 的平均；平均模式结果也在图中给出；图引自 Yu *et al.*（2009）]　(a)λ_Q；(b)λ_R；(c)λ_B

Fig. 3　BLT diagrams illustrating the relative mean square difference，the ratio of the modeled to reanalyzed variance，and the pattern correlation between model and reanalysis components[The reanalyzed components are the means of NCEP2 and ERA-40. The mean model result is also shown. Panels from Yu *et al.*（2009）]　(a)λ_Q；(b)λ_R；(c)λ_B

　　模式间的净 SHF 反馈参数的标准差与多模式集合平均相似，最大值主要出现在湾流区并向更高纬度地区延伸至副极地环流部分区域(图 2a)。同时，模式间的标准差小于多模式集合平均,表明各模式具有整体一致性,但在 SHF 反馈高值区与海冰边缘区差异最明显。与之相反,海表面辐射反馈参数的模式间的标准差与多模式集合平均值相当,尤其是在热带大西洋和湾流地区,表明辐射通量反馈在各模式中差异很大,甚至会改变这些区域的平均辐射负反馈特性。

图 3 为净、辐射和湍流热通量的反馈参数 BLT 图。就空间形态而言,λ_Q 在所有模式和再分析结果间的对应相关系数均很高(图 3a)。多模式集合平均与再分析结果平均的相关系数为 0.96,表明多模式集合平均与再分析结果平均享有约 92%一致的空间方差。多模式平均和再分析平均 λ_Q 的相关比任何单一模式与再分析平均的相关(范围为 0.89~0.95)都高。从这个角度来衡量,平均模式整体来说是最好的模式。然而,模式和再分析反馈参数的方差比率显示,多模式平均 λ_Q(图 1)的空间方差仍比再分析的估值低。湍流通量统计结果(图 3c)类似于净通量统计结果。相比之下,模式 λ_R 统计值与再分析值吻合度不高(图 3b),尽管这是一个较小的反馈参数。

1.3　反馈的季节性特征

SHF 反馈的空间分布在 4 个标准季节的结果(图略,Yu et al., 2009)与使用所有月份资料获取的结果(图 1)相似。反馈参数在冬季(DJF)和秋季(SON)加强,表明在这两个季节里热通量对 SST 有较强的负作用;反馈参数在春季(MAM)和夏季(JJA)减弱。这种季节差异也许与冬季(DJF)和秋季(SON)相对较大的地面风速变化有关(例如,Frankignoul et al., 2002)。反馈的季节变化特征在多模式集合平均以及单模式中均得到较好体现。然而,与再分析结果比,模式的反馈参数值总体上被低估了,尤其在北半球秋、冬季。

2　SST 方差与热通量、热输送方差之间的关系

2.1　总体关系

基于海表能量收支方程(1),Yu and Boer (2006)将 SST 方差与海表热通量、海洋热输送方差之间的关系表述为:

$$\sigma_{TT}^2 = \sigma_\Sigma^2 \cdot G \cdot e \tag{4}$$

其中:$\sigma_\Sigma^2 = \sigma_{RR}^2 + \sigma_{BB}^2 + \sigma_{AA}^2$,是海表面辐射和湍流通量以及海洋热输送的方差之和;$G = \dfrac{2(\Delta t)^2}{C_0^2(1-r_2)}$,是一个衡量 SST 持续性的传输系数,$\Delta t = 1$ 个月,r_2 是滞后 2 个月的 SST 自相关系数;$e = 1 + 2\dfrac{(\sigma_{RB}^2 + \sigma_{RA}^2 + \sigma_{BA}^2)}{\sigma_\Sigma^2}$ 是一个反映海表热通量及海洋热输送之间协方差结构的效率因子。

方程(4)中每一项都代表了能量收支的一个方面。与 SST 方差(σ_{TT}^2)相联系的有:与时间尺度有关的传输系数 G;热通量、热输送方差 σ_Σ^2;与协方差结构有关的因子 e。σ_Σ^2 衡量能量收支中热通量、热输送项的总体方差效应。若海表热通量及海洋热输送之间不存在关联,则热通量、热输送将维持 SST 方差变率。G 取决于 SST 时间序列的自相关结构以及有效混合层的热容。e 表征各物理强迫机制之间相互抵消特性。注意 $e=1$ 表示线性无关的过程(所有相关系

数 $r=0$)。相同的关系式适用于不同时间尺度,但传输系数 G 不相同。

图 4 展示了方程(4)的 SST 方差 σ_{TT}^2、热通量和热输送方差之和 σ_{Σ}^2 及 $G \cdot e$ 项。σ_{Σ}^2 的结构在很大程度上决定了 SST 方差结构。然而,$G \cdot e$ 的影响调整了 σ_{Σ}^2 形态并因此影响了 SST 方差的形态。滞后的 SST 自相关(r_2)大值区位于热带,e 中交叉协方差项大值区位于中纬度(Yu *et al.*,2006)。因此,$G \cdot e$ 的空间分布在热带中东太平洋以及中纬度地区出现高值。这表明,相对于副热带西太平洋和副热带大西洋,赤道中东太平洋和中纬度太平洋的热通量、热输送方差对 SST 方差的增长和维持更加有效。

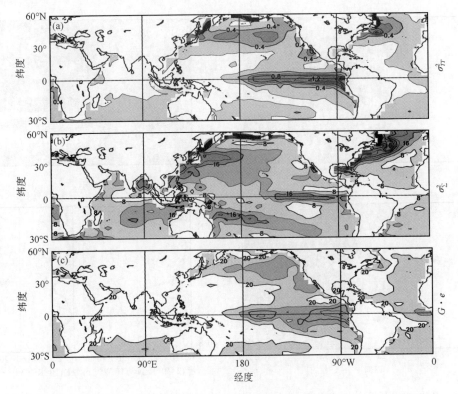

图 4 基于 NCEP2 再分析资料的 SST 方差的地理分布(a;单位:K^2)及热通量、热输送方差之和(b;$10^2\ W^2 \cdot m^{-4}$)及 $G \cdot e$[c;$10^{-5}\ K^2/(W^2 \cdot m^{-4})$]

Fig. 4 Geographical distributions of (a) SST variance(K^2),(b)the heat flux/transport variance($10^2\ W^2 \cdot m^{-4}$),and (c)$G \cdot e$ [$10^{-5}\ K^2/(W^2 \cdot m^{-4})$] for the NCEP2 reanalysis

2.2 波谱描述

对方程(1)做傅立叶变换,SST 方差与热通量、热输送方差之间的波谱关系可表述为:

$$\sigma_T^2(\omega) = \sigma_{\Sigma}^2(\omega) \cdot \frac{e(\omega)}{C_0^2 \omega^2} \equiv \sigma_{\Sigma}^2(\omega) \cdot E(\omega) \tag{5}$$

其中:$\sigma_{\Sigma}^2(\omega) = \sigma_R^2(\omega) + \sigma_B^2(\omega) + \sigma_A^2(\omega)$,表示如果热通量、热输送间不存在线性相关,则它将决定 SST 变率;$e(\omega) = 1 + 2(\sigma_R \sigma_B C_{\text{coh-}RB} \cos\phi_{RB} + \sigma_R \sigma_A C_{\text{coh-}RA} \cos\phi_{RA} + \sigma_B \sigma_A C_{\text{coh-}BA} \cos\phi_{BA})/\sigma_{\Sigma}^2(\omega)$,取决于各强迫项之间在时间上的协变;$\omega$ 是频率;$C_{\text{coh-}xy}$ 是相关协谱;φ_{xy} 是相位谱(例如,von

Storch *et al.*, 1999); $E(\omega)=\dfrac{e(\omega)}{C_0^2\omega^2}$ (Yu *et al.*, 2003)。

图 5 显示了在太平洋(150°E—120°W)区域纬向平均统计方差结果。各格点上 3 次拟合趋势以及年循环在计算谱结果前都已从月度资料中扣除。结果基于 1949 年 1 月到 1998 年 12 月的 50 a NCEP1 再分析数据(Kistler *et al.*,2001)。纬向平均 SST 方差主要反映了不同纬度上年际和年代际方差特征。在年际时间尺度上,沿赤道最大值集中于 2～7a,与 ENSO 方差变化有关。在年代际时间尺度上,SST 谱在热带和中纬度都存在大值。

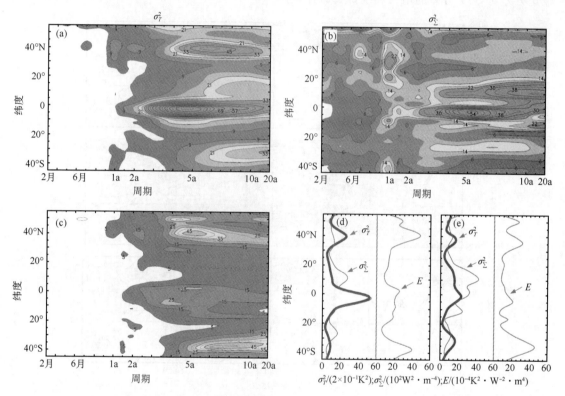

图 5　基于 1949 年 1 月—1998 年 12 月 NCEP1 再分析资料的纬向(150°E—120°W)平均 SST 谱值 (a;单位:10^{-1}K^2)、热通量和热输送方差谱(b;单位:10^2 W^2 · m^{-4})、因子 E[c;单位:10^{-4} K^2/(W^2 · m^{-4})] 及它们在 5a(d)和 15a(e)的结果[图 5(d)-(e)中,SST 谱密度的单位为 2×10^{-1}K^2,通量谱密度的单位为 10^2 W^2 · m^{-4},因子 E 的单位为 10^{-4} K^2/(W^2 · m^{-4})]

Fig. 5　Zonally(150°E—120°W)averaged (a)temperature spectra(10^{-1}K^2),(b)the sum of heat flux/ transport spectra(10^2 W^2 · m^{-4}),(c)the factor E[10^{-4} K^2/(W^2 · m^{-4})],and their values at (d)5-yr and (e)15-yr based on the NCEP1 reanalysis from January 1949 to December 1998[In Fig. 5(d)-(e),units of 2×10^{-1} K^2 for temperature power spectral density,10^2 W^2 · m^{-4} for flux power spectral density,and 10^{-4} K^2/(W^2 · m^{-4})for E)

$\sigma_\Sigma^2(\omega)$ 特征与 SST 方差特征相似,只是其热带中心在经向伸展更宽,强度在中纬度较弱。在热带,海洋热输送 $\sigma_A^2(\omega)$ 在年际时间上支配了 $\sigma_\Sigma^2(\omega)$,而 $\sigma_A^2(\omega)$ 和 $\sigma_B^2(\omega)$ 对于年代际 SST 方差的贡献相当。在中纬度,A 和 B 的方差贡献在两种时间尺度上均同等重要(图略)。海表辐射和湍流通量以及海洋热输送的方差之和被它们之间的协方差负贡献所抵消,SST 方差为这两种相反作用所平衡。$E(\omega)$ 直接联系着 SST 方差与热通量、热输送方差。

3 结论

SST 与 SHF 之间的二阶统计量、方差和协方差描述了 SST 变率和 SHF 反馈的物理特性。本文回顾了 SHF 反馈以及 SST 方差与热通量、热输送方差之间的关系。

依据 Frankignoul and Kestenare(2002)所提的方法，SHF 反馈参数可由 SST-SHF 交叉协方差和 SST 自协方差估算。热通量反馈主要由与其湍流分量相关的负反馈所决定。强的负反馈位于南北两半球的中纬度地区，最大值出现在太平洋和大西洋的中西部海域，并伸展到高纬度地区。负的湍流和净热通量反馈在北半球秋、冬季较强，春、夏季较弱。年和季节反馈特征在 CMIP3 多模式集合平均以及各模式中均得到较好模拟。与再分析结果比，在所有模式中，平均模式拥有最好的空间形态相关性，并且均方差最小，尽管其量值仍比再分析结果偏低。

SST 的方差可以表示为 3 个要素之积：①海表辐射和湍流通量以及海洋热输送的方差之和；②一个表征 SST 持续性的传输系数 G；③反映海表热通量及海洋热输送之间协方差结构的一个有效因子 e。SST 方差的地理分布与海表热通量及海洋热输送的方差之和相类似，但为 G 和 e 因子所修正。这种现象在季至年代际的时间尺度上均可见。

致谢：我为曾就读于南京气象学院，并能在朱乾根教授的指导下取得硕士学位感到荣幸。朱先生是将我引入研究生涯的最重要的导师之一。他的科学洞察力以及正直、热情和耐心使我深受鼓励。同时，余斌也感激朱先生与师母李敏娟老师在我学习期间给予的生活上的关心和学业上的指导。我也感谢两位匿名审稿专家对该研究所提供的有益评论和建议。本文为纪念朱乾根教授而作。感谢智协飞教授对稿件的关心及赵文焕、倪东鸿编审对译稿所付出的努力。

参考文献

Barsugli J J，Battisti D S. 1998. The basic effects of atmosphere-ocean thermal coupling on mid-latitude variability [J]. *J Atmos Sci*，**55**：477-493.

Boer G J，Lambert S. 2001. Second-order space-time climate difference statistics[J]. *Clim Dyn*，**17**：213-218.

Cayan D R. 1992. Latent and sensible heat flux anomalies over the northern oceans：Driving the sea surface temperature[J]. *J Phys Oceanogr*，**22**：859-881.

Frankignoul C. 1985. Sea surface temperature anomalies，planetary waves and air-sea feedback in the middle latitudes[J]. *Rev Geophys*，**23**：257-390.

Frankignoul C，Czaja A，Heveder B. 1998. Air-sea feedback in the North Atlantic and surface boundary conditions for ocean models[J]. *J Climate*，**11**：2310-2324.

Frankignoul C，Kestenare E. 2002. The surface heat flux feedback. Part I：Estimates from observations in the Atlantic and the North Pacific[J]. *Clim Dyn*，**19**：633-647.

Kanamitsu M，Ebisuzaki W，Woollen J，*et al*. 2002. NCEP-DOE AMIPII Reanalysis(R-2)[J]. *Bull Amer Meteor Soc*，**83**：1631-1643.

Kistler R，Kalnay E，Collins W，*et al*. 2001. The NCEP-NCAR 50-year reanalysis：Monthly means CD-ROM and documentation[J]. *Bull Amer Meteor Soc*，**82**(2)：247-268.

Kushnir Y, Lau N C. 1992. The general circulation model response to a North Pacific SST anomaly:Dependence on time scale and pattern polarity[J]. *J Climate*, **5**:271-283.

Meehl G A, Covey C, Delworth T, *et al*. 2007. The WCRP CMIP3 multi-model dataset:A new era in climate change research[J]. *Bull Amer Meteor Soc*, **88**:1383-1394.

Philander S G H. 1990. El Niño, La Niña and the Southern Oscillation[M]. San Diego:Academic Press.

Saravanan R. 1998. Atmospheric low-frequency variability and its relationship to mid-latitude SST variability: Studies using the NCAR climate system model[J]. *J Climate*, **11**:1386-1404.

Uppala S M, Kallberg P W, Simmons A J, *et al*. 2005. The ERA-40 reanalysis[J]. *Quart J Roy Meteor Soc*, **131**:2961-3012.

von Storch H, Zwiers F. 1999. Statistical analysis in climate research[M]. Cambridge:Cambridge University Press.

Wu R, Kirtman B P, Pegion K. 2006. Local air-sea relationship in observations and model simulations[J]. *J Climate*, **19**:4914-4932.

Yu B, Boer G J. 2003. Spectral relationships between surface temperature and heat flux variability[C]//Proc of the 18th Stansted Seminar, Québec.

Yu B, Boer G J. 2006. The variance of sea surface temperature and projected changes with global warming [J]. *Clim Dyn*, **26**:801-821.

Yu B, Boer G J, Zwiers F, *et al*. 2009. Co-variability of SST and surface heat fluxes in reanalyses and CMIP3 climate models[J]. *Clim Dyn*, doi:10. 1007/s00382-009-0669-6.

近 20 年来我国气候监测诊断业务技术的主要进展*

李清泉　孙丞虎　袁　媛　司　东　王东阡

王艳姣　郭艳君　柳艳菊　任福民　周　兵　王朋岭

(国家气候中心,北京　100081)

摘　要: 气候监测诊断是了解气候系统变化及其成因的重要手段。我国气候监测诊断业务已开展了 20 多年,在理论、方法和业务系统建设等方面都取得了长足的发展,经历了从台站观测要素资料的简单分析到气候系统多圈层变化监测和气候异常动力学诊断的过程。尤其是加强了对大气、海洋、陆面、冰雪等关键因子及其对我国气候异常的影响机理的研究,提出一些新理论、新技术和新方法,并在业务中应用。本文回顾了我国气候监测诊断业务的发展历程,介绍了我国气候监测诊断业务的技术现状,重点总结了近些年来在实时气候监测诊断业务中发展和应用的一些新的技术和气候异常机理。

关键词: 气候监测;气候诊断;新技术;新机理;业务应用

0 引言

气候监测诊断是了解气候系统变化及其成因的重要手段。世界气象组织 1979 年公布的《世界气候计划,1980—1983 年计划提要与基础》中将气候监测列为"气候资料年计划"的重要组成部分。随着人们对气候概念理解的深入,提出了气候系统的概念,并且气候系统监测的内容也不断得以丰富和发展。气候系统观测数据信息收集是一切气候业务和研究的基础,及时给出对气候系统各分量、各要素的异常程度的判断,对于及时了解气候系统的状况并在技术层面上提供有用的异常信号或在服务上做出及时响应具有十分重要的意义。深入分析气候异常的成因,有利于加深对气候异常形成机制或机理的认识,从而增强对同类气候异常事件的预测能力,为气候预测、灾害评估和预评估等工作提供强有力的资料信息和技术支持。

自 20 世纪 70 年代中期后,气候监测诊断工作日益受到气象工作者的重视。1979 年世界气象组织将气候监测列为"世界气候计划"的重要组成部分。20 世纪 80 年代开始,欧美的一些主要天气和气候刊物每期都刊登对最近一二个季节的大范围气候和大气环流特点的诊断分析。1990 年我国气候业务部门建立了月尺度的气候监测业务系统,标志着气候监测诊断业务的开始。监测诊断工作最初由当时的国家气象中心负责,1995 年转由新成立的国家气候中心承担。目前国家气候中心的气候监测诊断内容包括对温度、降水等气候要素、大气环流、海洋、海冰、积雪等异常的监测和诊断分析,监测的时间尺度也由最初的月尺度逐步拓展到日尺度,

* 本文发表于《应用气象学报》,2013 年 12 月第 24 卷第 6 期,666-676。

兼有季、年或不定期产品,在气候业务工作中发挥了重要作用。本文将就我国气候监测诊断技术的发展历程、业务技术现状和近年来在业务中发展和应用的一些新技术和新理论进行概述。

1　我国气候监测诊断业务发展历程

"气候监测"一词是由美国库茨巴赫等人在 20 世纪 70 年代首先提出的[1],"气候诊断"一词是 20 世纪 70 年代中期出现的[2]。现代"气候监测"和"气候诊断"的概念与早期的"气候观测"和"气候分析"是有差别的。现代气候监测不仅包括常规地面和探空观测,还包括了飞机、雷达、卫星和遥感等手段的探测,重要的是构建了气候系统的监测网。现代气候诊断应用气候系统监测资料,用数理统计工具和适当的热力学和动力学方程对研究的现象进行分析和计算,了解各种物理和动力过程的相对作用,在分析基础上进行科学的综合和推断,得到天气气候异常现象的形成原因。气候监测诊断是现代气候业务的重要基础工作之一,气候监测是气候诊断的基础,气候诊断是气候监测的延伸和发展。

中国气象局于 20 世纪 60 年代初开始,每年 3—4 月份召开全国汛期气候预测讨论会,这也是短期气候诊断分析会。然而,气候监测诊断业务的发展开始于 20 世纪 80 年代后期,概括起来,可分为三个阶段。首先是起步阶段。在国家气候委员会的支持下,20 世纪 80 年代末国家气象中心资料室开展了气候监测诊断业务系统建设工作,于 1990 年建立了月尺度的气候监测业务系统,并于 1990 年 10 月正式刊出《月气候监测公报》(纸质版),标志着气候监测诊断业务的开始。第二个阶段是稳步发展和向网上业务产品转化阶段。1995 年国家气候中心成立,由气候诊断室专门负责气候监测诊断业务的维持和发展,于 1996 年增加发布"年气候监测公报"和"ENSO 监测简报"(纸质版);此后,注重研发网上业务产品,于 2003 年发布了"气候系统监测公报"(其内容由"月气候监测公报"和"年气候监测公报"合并而成,内容随季节变化)和"东亚季风监测简报"。第三个阶段是快速发展阶段。随着业务需求的增多以及与国际交流要求的不断提升,气候监测诊断业务在内容上向气候系统各领域不断拓展、在时间尺度上逐步涵盖了日、候、旬、月、季和年等多种尺度;特别是在多次改革后又成立了气候监测室专门负责此项业务,使得业务能力和产品得到了迅速增强和发展。目前,国家气候中心的气候监测诊断业务网上产品分为基本要素与极端事件、大气环流与季风、海洋状况、陆面冰雪、气候异常诊断以及多种定期或不定期公报与快报六类,内容十分丰富。

2　我国气候监测诊断业务现状

我国自 1990 年建立气候监测诊断业务以来,气候监测诊断技术和业务内容不断扩展。下面主要介绍国家气候中心在监测诊断方面的现状和新进展。

2.1　气候要素和极端事件监测

为适应现代气候业务需求,提高气候监测诊断业务能力,除常规的气温、降水等气候要素的监测,国家气候中心正在逐步制定和完善中国雨季监测诊断业务规范。初步建立了华南前汛期、梅雨、华北雨季、西南雨季、华西秋雨监测指标体系,定义了包括雨季开始时间、结束时间、持续时间、雨量、雨强等监测指标。此外，在原有的 15 站冷空气过程监测指标的基础上，2010 年发展了冷空气过程客观识别的新技术和新指标。新指标以日最低气温为基础资料，采用了更加密集的观测站点，尤其是包含了我国西部地区的观测站点，可以更加全面、客观地监测影响我国的冷空气过程。

国家气候中心于 2005 年逐步开展了以全球极端气温和极端降水为主的实时极端事件滚动监测业务。对极端事件的定义采用百分位值的方法（取历史序列中 5% 的最大或最小值）来确定极端值的阈值。具体监测对象包括全球极端高温、全球极端低温、全球极端降水，时间尺度包括逐日滚动监测和连续 10 天、20 天、30 天、90 天滚动监测。现有的极端事件指数和指标主要对单一台站问题，随着近几年区域性极端事件受到各界关注，2010 年国家气候中心发展了一种区域性极端事件客观识别方法[3]，并于 2011 年业务化应用。

2.2 大气环流和季风系统监测

2010 年以前，大气环流监测内容主要包括 500 hPa 高度、对流层高层和低层的风场、流函数和势函数等物理量的平均和距平场以及欧亚和亚洲地区经向和纬向环流、北半球和西北太平洋副高面积、强度、脊线位置、北界位置和西伸脊点、极涡面积以及印缅槽指数等物理量。随着各种观测资料的日益丰富和气候科学研究的不断深入，2010 年起，国家气候中心结合国际科学发展前沿和国内业务服务需求，相继研制了平流层过程（包括平流层爆发性增温，平流层高度场、温度场、纬向风场、上传波动热通量等）、东北冷涡、中国不同区域环流要素、沃克（Walker）环流、哈德莱（Hadley）环流、假相当位温、速度势和辐散风等物理量的监测诊断技术，同时开发了任意时段、任意区域、任意层次的位势高度场、风场、水汽输送场及其距平场的诊断技术和产品。目前，国家气候中心的气候监测诊断业务中有上百种环流特征量监测指数。

我国处于东亚季风区内，天气气候受季风变化影响显著，因此季风一直是中国气象工作者关注的重点。国家气候中心自 2003 年开始东亚夏季风的实时监测诊断业务，在 2006 年 2 月南非开普敦举行的世界气象组织大气科学委员会第 14 次届会（CAS-14）上，WMO 正式批准中国气象局国家气候中心设立东亚季风活动中心（EAMAC/WMO）。2012 年建立东亚季风活动中心的亚洲季风监测业务系统，并发展为以东亚季风为核心的亚澳季风系统的监测业务。开展了对季风区环流系统（包括季风区高、低层风场，垂直风场，水汽输送场等内容）的逐日监测，建立对季风区外逸长波辐射（OLR）、温度梯度、大气静力稳定度、经圈环流等特征量的监测系统，增加对孟加拉湾和印度克拉拉邦两个季风推进关键区的监测，同时对季风特征量（假相当位温、低层经向风、降水等）推进、撤退位置时空分布进行监测，追踪东亚季风的推进和演变。

东亚季风具有宽广的空间尺度和复杂的时间变化，影响热带、亚热带和中纬度地区，用一个或几个简单的指数来定量描述复杂的大尺度季风特征是困难的，因此在气候监测诊断业务中是用一系列东亚季风指数来监测东亚季风环流的变化。东亚夏季风监测业务主要采用东—西热力差异指数[4]、南—北热力差异指数[5]、风切变指数[6]、西南季风指数[7]和南海季风指数[8]。南海季风监测主要包括对南海季风爆发时间、强度以及一些环流场（风场、水汽场、对流、副高）的监测，监测的时间尺度为日、候及年。东亚冬季风监测业务主要采用东亚—太平洋海陆气压差强度指数和西伯利亚高压强度指数。经过近 10 年的发展，国家气候中心对东亚季风系统的监测技术手段更加成熟，监测内容亦有所扩展，建立了大气—海洋—陆面的季风监测系统,形成了丰富的监测诊断产品。

2.3　海洋监测

厄尔尼诺和南方涛动(ENSO)是热带太平洋海洋和大气系统最显著的年际变化现象。ENSO 监测诊断业务主要是对热带和热带外区域海洋和大气等物理系统进行监测和诊断分析。国家气候中心在 ENSO 监测的海洋部分包括全球海表温度监测、各 Nino 区海温指数监测[9]、西太平洋和印度洋暖池强度指数监测、次表层海温监测、海表高度和海洋上层热容监测等。考虑到低层纬向风异常对 ENSO 事件发展的重要作用以及热带海气相互作用在 ENSO 循环中的重要作用,ENSO 监测的大气部分包括 200 hPa 和 850 hPa 纬向风及其距平监测、200 hPa 和 850 hPa 速度势和流函数监测、200 hPa 和 850 hPa 纬向风指数监测、卫星观测的向外长波辐射(OLR)监测、对流指数监测[10]、海平面气压监测及南方涛动指数(SOI)监测等。近两年,我们又陆续开展了多方面的 ENSO 监测诊断业务,尤其是热带大气对 ENSO 事件的响应特征监测,其中包括热带 Walker 环流监测、低层 850 hPa 距平风场监测、东亚局地 Hadley 环流监测;还开展了针对中部型厄尔尼诺事件的实时监测,以及两类不同分布型厄尔尼诺对全球海温、表面气温、降水和大气环流的影响特征对比的诊断分析业务。

印度洋位于亚洲地区夏季季风气流上游,是亚洲夏季季风各种能量及水汽的重要源地之一。热带印度洋海温异常最主要的模态就是全区一致型的海温变化,而热带印度洋秋季海温异常的最主要模态是热带西印度洋和东南印度洋"跷跷板"反相变化的偶极型海温模态。在副热带南印度洋,海温异常也表现出西南印度洋和东南印度洋海温反相变化的偶极型模态。印度洋不同的海温异常分布型对其周边气候的影响明显不同[11]。为此,国家气候中心开展了针对印度洋这三种主要海温模态的实时监测。

北大西洋涛动(NAO)是北半球热带外大气环流低频变率的主要模态,它反映的是北大西洋上空大气质量在经圈方向上的"跷跷板型"调整。NAO 正位相期间,位于大洋北部以冰岛为中心的低压和位于副热带地区以亚速尔为中心的高压均异常偏强。热带外年际尺度的海气相互作用主要表现为大气对海洋的强迫,在北大西洋区域伴随着 NAO 正位相的出现由南到北呈现为"-+-"的三极子型表层海温异常。这种"三极子型"的海温异常能够对大气环流产生重要的反馈作用,特别是春—夏季北大西洋三极子海温异常对东亚夏季风的年际变化存在显著的影响[12]。因此,国家气候中心最近也开展了对北大西洋海温三极子指数的实时监测。

2.4　海冰和积雪监测

海冰和积雪是气候系统的重要组成部分,也是我国汛期降水的重要影响因子。准确地监测北半球、欧亚及青藏高原等地区积雪和南北极海冰状况,对于提高我国短期气候预测水平具有重要意义。国家气候中心自 2006 年起基于 NOAA 最优插值海表温度(OISST)中的海冰密集度资料,开展逐月南、北极海冰密集度及距平监测;2012 年起基于交互式多传感器雪冰制图系统(IMS)海冰覆盖数据,开展多时间尺度的南、北极海冰日数及距平百分率以及北冰洋、白令海、巴伦支海等多区域海冰密集度和积雪范围的实时监测业务。

国家气候中心自 20 世纪 90 年代中期开始青藏高原积雪监测诊断业务,2004 年建立了积雪监测诊断业务系统[13],2010 年增加了微波反演的中国雪深监测,2011 年增加了基于台站观测积雪和降雪深度的实时监测,2012 年增加了基于可见光和红外遥感等多来源卫星资料的积雪覆盖监测业务。除了月尺度外,监测诊断业务系统还设计了日、候、旬、月、季、年等不同时间尺度的积雪监测,内容包括北半球、欧亚和我国多个区域(如青藏高原、新疆、东北)积雪日数、积雪面积和积雪深度等要素监测,在气候预测中得到了较好的应用。例如,基于美国国家雪冰中心(NSIDC)提供的 SMMR 和 SSM/I 逐日微波亮温数据,利用适用于中国雪深的反演算法,开发了青藏高原积雪深度监测产品,包括积雪深度、距平和距平百分率空间分布,以及月平均积雪深度指数,该指数与长江中下游和江淮流域夏季降水具有很好的负相关关系。此外,国家卫星气象中心也利用卫星反演的积雪资料制作和提供我国主要积雪区域积雪覆盖度空间分布和距平百分率变化曲线。

2.5 陆面监测

陆面作为气候系统中一类重要的下垫面,通过感热、潜热、蒸发、反射等方式与大气进行动量、热量、水汽以及其他物理量交换,进而影响气候和气候系统的变化。土壤温、湿度和植被状况作为表征陆面热力、水分和覆盖状况的重要参量,是陆面影响大气的重要因子,它们可通过影响地表能量、水分收支和反照率来影响气候变化。与此同时,气候变化也通过陆—气相互作用对土壤温、湿度和植被的变化产生重要的影响。

近年来,国家气候中心正逐步开展陆面要素监测业务,研发基于台站资料土壤温度和湿度的监测技术,实时开展月和年尺度的中国地温(0 cm 和 20 cm)实况和异常变化分布以及逐旬全国 20 cm 土壤相对湿度分布监测。此外,国家卫星气象中心利用国内外卫星遥感资料,开展了针对地表温度、植被指数和地表反照率等陆面要素实况监测和数据下载业务。

3 关键异常信号及其气候影响机理

在全球变暖背景下,极端天气气候事件频繁发生,对重大天气气候事件的成因分析已经成为气候业务服务的重要内容之一。了解和掌握气候系统关键异常信号及其气候影响机理,分析气候异常的成因,对正在发生或刚发生过的气候异常事件及时进行诊断分析,有利于加深对气候异常形成机制或机理的认识,同时为气候预测提供参考。近年来,我国在关键异常信号及其气候影响机理的科研和业务应用方面取得了丰硕的成果,下面做一简要介绍。

3.1 海温异常的气候影响

作为年际气候变化中的最强信号,ENSO 不仅是造成全球气候异常的一个重要原因,也是导致亚洲季风异常和我国旱涝发生的关键因素。中国位于东亚季风区,东亚夏季风和冬季风的异常直接导致中国气候的异常,ENSO 正是通过大气环流以"遥相关"的形式影响东亚季风系统的每个成员,并由此间接影响中国的气候异常[14],Zhang 等[15]发现厄尔尼诺对东亚季风环流的影响在厄尔尼诺成熟位相最显著。当成熟位相在北半球夏季,东亚夏季风加强。相反,当成熟位相在北半球冬季,东亚冬季风减弱。ENSO 事件的不同阶段对中国夏季降水有不同的影响[16]。厄尔尼诺发展期的夏季,西太平洋副热带高压偏弱,影响我国的西南气流偏弱,东亚夏季风偏弱,我国夏季主要季风雨带偏南,江淮地区和南方沿海地区多雨,而长江中游和华北降水偏少,经常出现干旱灾害。厄尔尼诺衰减年的夏季,西太平洋副热带高压偏强,影响我国的西南气流也强,东亚夏季风偏强,从而导致长江流域和江南北部降水偏多,特别是洞庭湖和鄱阳湖流域经常出现洪涝灾害,而江淮流域降水偏少,往往出现干旱。拉尼娜对东亚夏季风和我国夏季雨带的影响与厄尔尼诺大致相反,但拉尼娜的影响不如厄尔尼诺的影响显著。拉尼娜发展阶段的夏季对应着强的东亚夏季风,我国夏季华北和江南往往多雨;而拉尼娜衰减期的夏季则对应弱的东亚夏季风,我国夏季江淮多雨,华北、东北以及江南地区少雨[17]。此外,不同分布型的厄尔尼诺对东亚气候的影响不同[18]。中部型 El Nino 发生时,赤道东太平洋降水明显偏少,赤道中太平洋降水偏多,在东亚东南部,尤其是我国南海—西北太平洋降水偏少,从而形成"＋－＋"的降水异常型;东部型 El Nino 发生时,赤道太平洋中东部的降水都明显偏多,热带印度洋东部至西太平洋降水偏少,我国南方降水偏多,从东亚东部至赤道太平洋形成了"＋－＋"的降水异常分布型(图 1)。

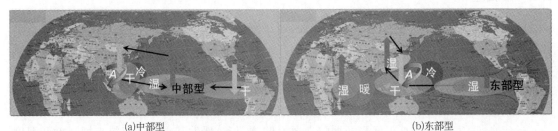

(a)中部型　　　　　　　　　　　　　　　　　　　　　　(b)东部型

图 1　不同分布型厄尔尼诺影响东亚气候异常的概念示意图

Fig. 1　Impact of central (a) and eastern (b) type of El Nino on climate anomaly of East Asia

ENSO 不仅对中国夏季降水产生影响,也对其他季节的降水有显著影响。Zhang 等[19]指出,厄尔尼诺在成熟位相对中国降水有显著影响。在北半球冬季、春季和秋季,在厄尔尼诺成熟位相,中国南部出现正降水异常;在北半球夏季,厄尔尼诺成熟阶段,降水异常分布与其他季节不同,即降水负异常出现在中国南部和北部,长江下游和淮河流域为降水正异常。在北半球冬季、春季和秋季,厄尔尼诺影响中国南方降水的物理过程可以解释为东亚环流在厄尔尼诺成熟位相发生异常。在厄尔尼诺成熟位相,在海洋性大陆以北,对流层低层出现反气旋异常,使西太平洋副高加强并向西移动,相应的强西南气流造成中国南方正降水异常。在北半球夏季,加强的西太平洋副热带高压控制中国东南地区,使这些地区降水少。

印度洋既是亚洲夏季风的上游区,也是亚—澳季风系统活动的重要下垫面,对大气环流和亚—澳季风的变异都具有十分重要的作用[20]热带印度洋偶极子对我国夏季降水有显著的影响。印度洋正偶极子发生的夏季,热带西印度洋偏暖、东南印度洋偏冷的海温异常分布型使得赤道印度洋盛行东风距平,从而 Walker 环流减弱,同时,菲律宾附近对流活动减弱,西太平洋副热带高压偏强偏西偏南,东亚夏季风偏强,我国南方地区大气异常上升运动,为整层水汽的异常辐合区,从而我国华南夏季降水偏多。而当偶极子负位相发生时,西太平洋副热带高压偏弱偏东偏北,东亚夏季风偏弱,华北处于异常辐合区,降水偏多,而南方降水偏少[21]。当冬季南印度洋偶极子(SIOD)年代际异常处于正位相时,夏季 850 hPa 风场距平场上,北方地区为一反气旋性异常控制,异常偏北气流延伸至我国南方地区,夏季多雨带位于华南及东南沿海地区[22]。

3.2　海冰异常的气候影响

近年来,北极海冰呈现明显减少趋势,其对气候影响及其机理受到关注。有研究表明,北极海冰减少会增强北极变暖,并且通过其对大气的正/负反馈进而影响遥远区域的气候变异,欧亚大陆严冬频发与秋冬季北极海冰减少有着密切联系。

武炳义等[23]指出冬季西伯利亚高压强度指数与秋冬季北冰洋东部以及欧亚大陆边缘海域海冰显著负相关,北冰洋东部、格陵兰海—巴伦支海—喀拉海附近持续性的秋冬季海冰异常偏多及同期负海温异常(特别是北大西洋北部)导致冬季欧亚大陆北部和北大西洋北部出现负SLP 异常,致使冬季西伯利亚高压减弱并加强欧亚大陆中高纬度地区的西风。同时,秋冬季海冰偏多导致北极出现气温负异常,从而加强了北极和欧亚大陆中高纬度之间的大气热力梯度,增强了欧亚大陆北部的西风。加强的西风阻碍了冷空气从高纬度地区向南爆发,从而导致欧亚大陆中高纬度和东亚气温正异常。秋冬季海冰异常偏少年,情况则相反。冬季格陵兰以西的海冰异常和次年春季 500 hPa 高度场和 850 hPa 风场密切相关,从而进一步影响北夏季欧亚北半球环流和降水异常[24]。

Liu 等[25]指出近年来北极海冰快速减少是造成冬季极端降雪和严寒频发的原因,即夏秋季北极海冰减少一方面引起冬季大气环流的变化,减弱了北半球中高纬的西风急流,北半球中高纬阻塞形势增多,有利于极地冷空气南下出现异常低温;同时使海洋传输给大气的水汽增多,北极变暖导致大气含水量增加,导致近年来东亚、欧洲和北美等地冬季出现暴雪和严寒天气。黄菲等[26]则发现前一年夏季和秋季东西伯利亚海—波弗特海海冰异常减少(增加)分别对应着东亚冬季气温变化的高纬模态(低纬),环流场分别表现为西伯利亚高压和阿留申低压北(南)移,对流层中层东亚大槽西(东)移,高层西风急流向西北(东南)方向移动,而冬季东亚气温变化的高纬模态(低纬模态)又对后期春季北极东半球的海冰异常增加(减少)起到一定的预报意义。

3.3 积雪异常的气候影响

积雪以高反射率、高相变潜热和低热传导等属性控制着地表能量平衡,对气候系统变化产生影响。我国区域积雪主要表现在青藏高原、东北和内蒙古地区、新疆地区等区域,而青藏高原作为北半球中纬度海拔最高、积雪覆盖最大的地区,从动力和热力两方面同时影响着其周围,甚至更大尺度的气候变化。青藏高原积雪与东亚夏季风的关系一直为短期气候预测实践所重视,主要结论[27]可以理解为:前期冬、春季高原积雪偏多(偏少),东亚夏季风爆发偏晚(偏早),强度偏弱(偏强),长江流域夏季降水偏多(偏少),华北和华南则降水偏少(偏多)。

赵溱[28]最早发现冬季欧亚大陆雪盖和夏季风之间存在弱的负相关关系。积雪可以显著影响地表温度、土壤湿度以及地表辐射状况,从而影响亚洲夏季风的建立和发展,积雪增加会导致亚洲夏季风减弱或者爆发推迟。但这种关系是十分复杂的,不同区域的积雪以及雪盖或者雪深都对亚洲季风有不同的影响,而且积雪和季风之间的关系也存在年代际的变化,积雪和亚洲季风的联系还受到 ENSO 以及北大西洋涛动等因素的影响。Yang 和 Xu[29]指出欧亚大陆冬季雪盖与中国华南和华北地区的夏季降水存在非常显著的正相关,而与中国西部、中部和东北部地区的夏季降水则是相对弱一点的负相关。陈兴芳和宋文玲[30]则发现青藏高原雪盖和欧亚大陆雪盖与我国夏季降水之间的关系基本上是相反的。欧亚大陆雪盖和我国长江流域降水为负相关关系,而青藏高原雪盖则和长江流域降水为正相关关系。李栋梁和王春学[31]指出冬、春季高原积雪与欧亚积雪对中国夏季降水的影响是相反的,冬季积雪反照率效应起主要作用,春夏季积雪水文效应起主要作用。

3.4 土壤温湿度异常的气候影响

土壤温度和湿度作为表征土壤热力和水分状况的重要参量,是陆面过程中影响大气的两个重要因子,它们可通过影响地表能量、水分收支和地表覆盖度来影响气候变化。土壤温、湿度与陆面过程及其和气候变化相互联系的物理机制归纳为:土壤温、湿度通过改变地表反照率、土壤热容、地表蒸发和植被的生长状况使得地表能量和水分得以再分配,进而对气候和气候系统变化产生重要影响[32]。利用数值模式和实测资料对土壤温、湿度与气候变化关系研究也表明,土壤温度和湿度异常对气候和气候变化均产生一定的影响[33-35]。土壤是一个很好的滤波器,大气中的短周期波动能影响到土壤的浅层,长周期波动能影响到深层土壤。汤懋苍发现我国冬季深层(3.2 m)土壤温度分布与次年汛期的降水形势有很好的对应关系[36]。

Zhang and Zuo[37]基于观测和再分析资料分析,发现春季(4—5月)土壤湿度通过改变表面热状况,对夏季(6—8月)东亚季风环流和中国东部降水有显著的影响。从长江中下游到华北地区的春季土壤湿度与我国东部夏季降水显著相关。当春季长江中下游到华北地区的土壤偏湿,我国东北和长江中下游地区夏季降水将有异常偏多,而长江以南的地区降水异常偏少。对春季土壤湿度与夏季降水相关联的物理过程的进一步分析表明,长江中下游到华北地区的土壤湿度异常主要影响表面能量平衡。异常湿的土壤使表面蒸发增强,因此表面气温下降。春末,气温下降使海—陆温差减小,导致东亚季风减弱,西太平洋副高加强、位置比常年偏南,因而加强了长江流域的降水。相反,异常偏弱的东亚夏季风使西太副高位于长江以南,导致中国东部的南方地区降水异常偏少。

由此可见,土壤温度和湿度异常变化通过陆—气相互作用对气温和降水等气候要素变化产生重要影响,同时气候变化也通过陆—气相互作用对土壤温度和湿度产生反馈作用。因此,开展土壤温度和湿度的监测和诊断业务,分析土壤温度、湿度的演变特征及其在不同时间尺度上与气候变化的相互关系,一方面,对于深入了解陆—气相互作用机理及其对气候和气候变化的影响具有重要的意义,另一方面,可为气候监测、诊断和预测业务提供相应的陆面要素监测和诊断分析信息。

3.5 大气季节内振荡的气候影响

大气季节内振荡(Intra-Seasonal Oscillation,ISO)已被视为重要的气候系统之一,因此成为20世纪80年代以来大气科学研究领域的重要问题之一。在热带地区,它又被称为热带大气ISO或MJO(Madden-Julian Oscillation)。MJO作为热带大气环流最主要的演变模态,不仅对热带地区而且对全球热带外许多地区的天气气候异常都有重要的影响[38]。研究表明,夏季风的爆发与季节内振荡(ISO)关系密切。热带大气ISO对南海夏季风的爆发和强东亚夏季风的建立起着重要的作用。低频西风出现的时间比南海夏季风爆发时间约早2天,菲律宾以东大气ISO的强烈发展及其向西扩展对南海区大气季节内振荡活动有重要作用,并进而激发夏季风的爆发[39]。东亚夏季风的季节内振荡在东亚沿海呈波列的形式,并表现为随时间向北传播的季风涌,由几个ISO湿位相组成,当ISO湿位相传入或发展的时候夏季爆发[40]。在东亚季风区,两种优势模态(30~60天和10~20天)可能在夏季风活动的调整中起到重要作用。东亚强季风涌年,准30~60天振荡的影响显著,容易造成长江下游多雨;东亚弱季风涌年,准30~60天振荡减弱,10~20天低频振荡为主的振荡周期,容易造成长江中游干旱。太平洋上经向 ISO 向西传播的强或弱,是东亚夏季风区降水偏多或少的必要条件[41]。

从 2009 年开始,国家气候中心已经开展了热带大气季节内振荡(30～60 天)的监测。2012 年,参考目前国际上普遍认可的 Wheeler 和 Hendon[42]设计的多变量二维 MJO 指数,国家气候中心初步建立了逐日的 MJO 实时监测预测业务[43]。由于该指数较为直观而且方便使用,在国内外的 MJO 监测、诊断和预测业务中得到广泛使用。MJO 在不同的位相对我国冬季气温和降水有明显的调制作用,当 MJO 对流位于印度洋时,有利于欧亚中高纬环流维持两脊一槽的分布,同时西太平洋副热带高压偏强偏西,东亚东部地区维持一条显著的对流活跃带,从而导致我国东部大部地区降水概率明显增加[442]。

3.6 季风异常的气候影响

我国处于东亚季风区,由于季风的年际变率和季节内变率均较大,经常导致干旱、洪涝、酷暑等各种灾害性天气气候事件,特别是夏季风来临的早晚、向北推进的快慢及其强度直接影响到我国汛期旱涝和主要季风雨带的时空分布[45]。

张庆云和陶诗言[46]指出江淮流域的降水与热带季风槽、副热带梅雨锋的强度密切相关,即热带季风槽偏弱(弱季风),梅雨锋偏强时,江淮流域的降水偏多;热带季风槽偏强(强季风),梅雨锋偏弱时,江淮流域的降水偏少。刘芸芸和丁一汇[47]的分析表明,西北太平洋夏季风与中国长江流域夏季降水存在显著的负相关关系,在西北太平洋夏季风强盛时,副热带高压异常偏北,其西侧的偏南气流异常偏弱,使得我国长江流域形成低层异常环流及水汽输送的辐散区,从而造成长江流域夏季降水偏少;而在西北太平洋夏季风减弱的年份,西太平洋副高异常偏南偏西,在长江流域以南地区形成异常偏强的偏南风水汽输送,使得长江流域成为南、北距平风的汇合区,其上空对流活动异常活跃,非常有利于长江流域的降水。

亚洲季风的爆发及季节进程对于短期气候预测具有很好的先兆与指示意义,是亚洲地区气候季节突变中的一个重大转折点[48]。吴尚森等[49]统计分析了南海夏季风强度与我国汛期降水的关系,结果表明,南海夏季风强(弱)年,我国夏季雨带型呈 Ⅰ(Ⅲ)类分布,长江中下游地区夏季(6—7 月)少雨干旱(多雨洪涝)。南海夏季风强度指数与夏季长江中下游区降水和淮河区降水有显著的反相关,与江南区降水和华南后汛期降水有显著的正相关。我国夏季出现的严重洪涝与南海夏季风的强度异常有关。南海夏季风活动强弱造成的北半球东亚 500 hPa 位势高度场的经向波列型遥相关是影响中国夏季降水的一个重要机制。

3.7 东北冷涡的气候影响

东北冷涡是东亚大气环流的重要组成部分,也是影响我国东北地区天气气候的重要天气系统。东北冷涡的本质是中高纬行星波发展过程中形成的切断低压,在天气图上表现为对流层中高层上具有冷心或冷槽结构的闭合低压中心。东北冷涡活动主要发生在夏季,生命周期为 5—7 天,其发生和发展受东亚大气的准双周振荡影响,东北地区周期性循环出现的低频气旋与东北冷涡的形成和发展有密切联系。同时,大气瞬变扰动对冷涡的形成也有重要影响,当 E-P 通量的水平方向辐合时,平均西风减弱,经向环流加强,斜压能量释放,涡动位能向涡动动能转换,冷涡发展[50]。绝热加热或摩擦过程是造成东北冷涡消亡的主要原因。

国家气候中心参考前人的研究结果[51,52],建立了对东北冷涡的监测,东北冷涡定义为在 110°—145°E,35°—60°N 范围内,500 hPa 等压面上出现低压系统(至少能分析出一条闭合等值线),并有冷中心或明显冷槽配合低压环流系统。分析表明,东北冷涡发生频次有东北地区夏季前期降水有显著的相关关系,当对流层低层有加热时,高层冷涡控制下的大气形成很强的对流不稳定,是东北地区夏季暴雨和冰雹等灾害性天气发生的主要原因。此外,东北冷涡活动对江淮流域梅雨期降水也有显著影响。东北冷涡的频繁活动导致北方冷空气南下,与西北太平洋副热带高压外围的西南暖湿气流在江淮地区交汇,有利于梅雨锋的发展和不稳定能量的积累。同时,东北冷涡与西伸北抬的西太平洋副热带高压共同作用,增大我国江淮地区高层气压梯度,并通过动量下传影响低层风场,有利于低空急流的发展。

3.8　北极涛动的气候影响

Gong 等[53]最早研究了冬季北极涛动(AO)与东亚冬季风的联系,发现两者呈显著的负相关关系,并指出前者对后者的影响与西伯利亚高压有关。之后,在年际和年代际时间尺度上冬季 AO 对东亚冬季风和地表气温的影响作用受到了越来越多的关注[54-57]。冬季 AO 对中国同期地表气温的显著影响主要局限于 35°N 以北地区,特别是东北和西北北部,这种影响在年际和年代际时间尺度上都非常显著。其中,当 AO 处于 AO 正(负)位相时,中国北方近地表气温显著偏高(低)。此外,在年代际时间尺度上冬季 AO 与东亚冬季风存在显著负相关。

AO 对中国冬季降水可能也有重要影响。龚道溢和王绍武[54]最早发现当冬季 AO 指数偏强时中国大部分地区降水偏多,除了西北部分地区降水偏少外,其中具有显著相关的区域主要位于中国大陆中部和华南。Li 等[55]系统考察了中国冬季降水与 ENSO 和其他大气低频变率主要模态的关系,其结果显示:除了东北,中国其他区域的降水和 AO 之间存在非常显著的正相关关系。杨辉和李崇银[56]通过合成分析发现,对应于 AO 正位相,中国除内蒙古和新疆外都是降水正距平,最大距平在华南沿海;对应于 AO 负位相,江淮、江南和华南为大片正距平,最大距平在江南,内蒙古和新疆也是降水正距平,而西南、华北和东北为负距平。

AO 对东亚寒潮的爆发频次、强度、路径和类型等可能都有重要影响。魏凤英[57]指出,中国全国性寒潮爆发频次的气候趋势与 AO 位相变化有一定联系,在 AO 负位相的气候背景下极易诱发中国中东部寒潮灾害的发生。钱维宏和张玮玮[58]认为,近几十年来中国中高纬寒潮事件的减少与 AO 指数上升所导致的西风带上天气尺度斜压波动(气旋)的减弱和减少密切相关。

3.9　平流层异常的气候影响

北极涛动(AO)的强异常信号最先在平流层高层出现,然后逐步向下传播,异常信号从平流层高层 30000 m 向下传播到近地面层需要 15～20 天。强 AO 异常信号自平流层下传到对流层后,它们能够引起对流层大气环流的改变,进而影响对流层天气气候系统。由于平流层异常信号超前于对流层,并且由于平流层大气的时间尺度更长而具有更强的"记忆性",因此,一些学者认为平流层异常可以作为预报对流层天气气候异常的前兆信号,同时,对平流层信号的研究也有助于提高对流层气候趋势预测的水平[59]。

2008 年 1 月,我国南方地区出现了历史罕见的大范围冰冻雨雪天气过程。研究表明,2007/2008 年冬季平流层极涡持续偏强,该异常强信号逐步向低层传播,使得对流层低层出现大气环流异常,最终导致大范围冰冻雨雪天气过程的出现[60]。也有研究发现,2009 年 12 月北半球出现的极端低温事件与平流层一次中等强度的弱极涡活动[61]以及平流层异常信号下传引起的行星波活动[62]有关。

4　结语

经过 20 多年的发展,我国气候监测诊断业务在理论、方法和业务系统建设等方面都取得了长足的发展。目前已建立了一套多时间、多空间尺度的气候系统监测诊断业务系统,包括季风监测诊断、极端事件监测诊断、海温监测诊断、海冰和积雪监测诊断、陆面过程监测诊断以及平流层过程监测等,并且在业务应用中不断发展和完善。同时,加强了对大气、海洋、陆面、冰雪等关键因子及其对我国气候异常的影响机理的研究,提出一些新理论、新技术和新方法,并不断在业务中应用。这些工作一方面极大地提高了我国气候监测诊断的科学水平和业务能力,另一方面为我国短期气候预测提供了不可缺少的理论依据和技术支撑。

自 20 世纪 80 年代以来,国际气候业务发展十分迅猛。美国高度重视多源观测资料在气候监测诊断中的综合应用,基于多源资料融合的高质量气候数据集为气候业务发展提供坚实的基础,对气候系统的监测更加精细、准确,同时研发了功能完备的气候诊断软件,通过互联网可以方便地获得气候诊断结果,业务监测诊断产品制作的自动化、标准化程度高,国际影响大。日本高度重视气候变化监测标准化和规范化,与美国、加拿大、德国、瑞士等国联合成立了 4 个全球观测质量保证—科学活动中心(QA/SAC),若干个世界标定中心(WCC)。欧洲国家致力于把气象观测系统转变成为综合观测系统,2002 年推出欧洲气象综合观测系统 EUCOS,2005 年制定了欧盟国家区域气候观测系统执行计划。欧洲的气象观测资料质量在全球是一流的,其长达 300 年以上的观测资料序列被当作直接用于评估气候变化的重要依据。与欧、美等发达国家相比,我国气候系统监测诊断业务能力和水平相对于国际先进水平仍存在较大差距。例如,我国正在逐步实现从对气候要素异常的单要素监测向对气候异常过程的多要素综合监测的发展,但仍有许多不完善的地方;缺乏自己的多源数据融合格点资料或再分析资料;尚未完全实现气候监测与诊断的自动化和标准化;缺乏具有国际影响和权威性的监测诊断技术和产品。

我国自 20 世纪 50 年代起,与国际同步实施了世界天气监测(WWW)计划,逐步建立了WWW 网[63]。WWW 基本上是以短期天气预报所需的温、压、湿、风、云、辐射观测为基础。为了提高海洋的监测能力,从 1998 年起,国际上开始筹建 Argo(Array for Real-time Geostrophic Oceanography)全球实时海洋观测网。我国于 2001 年 10 月经国务院批准加入国际Argo 计划[64,65]。国际 Argo 计划的实施,提供了前所未有的全球深海大洋 0～2000 m 水深范围内的海水温度和盐度观测资料。因此,利用 Argo 观测资料及其同化产品是开展气候监测的一项重要内容。此外,2002 年,中国召开了"中国气候大会",会上通过了"中国气候观测系统计划"。该计划与国际上针对气候系统问题所提出的"全球气候观测计划"接轨,未来的观测项目将更加广泛,其中包含生态、冻土、陆面、冰雪特征、大气与陆面、水文、生态、海洋界面通量、大气成分及其化学物质等。中国气候观测系统的建立是完善气候监测的重要方向。气候系统的观测信息将有益于监测和检测气候系统及其变化,记录自然气候变异和极端气候事件。综上所述,未来我国的气候监测诊断发展主要包括四个方面。一是加强多源数据格点资料的开发能力建设,推进卫星遥感资料等非常规观测资料、数值同化技术在气候监测中的应用;二是加强对影响我国气候的关键物理过程和气候灾害全方位、多要素、多指标综合监测诊断,重点针对亚洲百年资料集、亚洲季风年代际变化信号、青藏高原和中高纬度气候变化敏感区、中国不同区域雨季进程、重大天气气候事件归因等;三是重视生态环境、大气化学和气候变化影响因子的监测,进一步加强大气成分本底观测数据应用和效益;四是加快推进气候业务系统监测诊断平台建设,不断提高气候监测诊断工作效率。

参考文献

[1] WMO. Outline plan and basis for the world climate programme 1980—1983. WMO No. 540,1980.

[2] 王绍武. 气候诊断与预测研究进展:1991—2000. 北京:气象出版社,2001.

[3] Ren F, Cui D, Gong Z, et al. An objective identification technique for regional extreme events. *J. Climate*, 2012, **25**:7015 -7027.

[4] Shi N, Zhu Q G. An abrupt change in the intensity of the East Asian summer monsoon index and its relationship with temperature and precipitation over East China. *Int. J. Climatol.*, 1996, **16**:757-764.

[5] 祝从文,何金海,吴国雄. 东亚季风指数及其与大尺度热力环流年际变化关系. 气象学报,2000,**58**(4): 391-402.

[6] 张庆云,陶诗言,陈烈庭. 东亚夏季风指数的年际变化与东亚大气环流. 气象学报,2003,**61**(4):559-568.

[7] Li J P, Zeng Q C. A unified monsoon index. *Geophys. Res. Lett.*, 2002,**29**:1274.

[8] Wu S S, Liang J Y. An index of South China Sea summer monsoon intensity and its characters. *Chin. J. Trop. Meteor.*,2001,**17**:337-344.

[9] 李晓燕,翟盘茂. ENSO 事件指数与指标研究. 气象学报,2000, **58**(1):102-109.

[10] 郭艳君,翟盘茂,等. OLR 资料在 ENSO 监测中的应用. 热带气象学报,2003,**19**:101-106.

[11] 贾小龙,李崇银.南印度洋海温偶极子型振荡及其气候影响. 地球物理学报,2005, **48**(6):1238-1249.

[12] 左金清,李维京,任宏利,等.春季北大西洋涛动与东亚夏季风年际关系的转变及其可能成因分析. 地球物理学报,2012,**55**:384-395.

[13] 郭艳君,李威,陈乾金. 北半球积雪监测诊断业务系统. 气象,2004,**30**(11):24-27.

[14] 任福民,袁媛,孙丞虎,等. 近 30 年 ENSO 研究进展回顾. 气象科技进展,2012,**2**(3):17-24.

[15] Zhang R H, Sumi A, Kimoto M. Impact of El Niño on the East Asian monsoon: A diagnostic study of the 86/87 and 91/92 events. *J. Meteor. Soc.* Japan, 1996,**74**:49-62.

[16] 金祖辉,陶诗言. ENSO 循环与中国东部地区夏季和冬季降水关系的研究. 大气科学,1999,**23**(6): 663-672.

[17] 陈文. El Nino 和 La Nina 事件对东亚冬、夏季风循环的影响. 大气科学,2002,**26**:595-610.

[18] Yuan Y, Yang S. Impacts of different types of El Niño on the East Asian climate: Focus on ENSO cycles. *J Climate*, 2012, **25**:7702-7722, doi: 10.1175/ JCLI-D-11-00576.

[19] Zhang R H, Sumi A, Kimoto M. A diagnostic study of the impact of El Niño on the precipitation in China,*Adv Atm Sci*,1999,**16**(2):229-241.

[20] 晏红明,袁媛.印度洋海温异常的特征及其影响.北京:气象出版社,2012.

[21] 肖子牛,晏红明,李崇银.印度洋地区异常海温的偶极振荡与中国降水及温度的关系.热带气象学报, 2002,**18**(4):335-344.

[22] 袁杰,魏凤英,巩远发,等.关键区海温年代际异常对我国东部夏季降水影响.应用气象学报,2013,**24**(3):268-277.

[23] 武炳义,苏京志,张人禾.秋—冬季节北极海冰对冬季西伯利亚高压的影响.科学通报,2011, **56**(27): 2335-2343.

[24] Wu Bingyi, Zhang Renhe, Arrigo D' Rosanne, et al. The Relationship between Winter Sea Ice and Sum-

mer Atmospheric Circulation over Eurasia. *Journal of Climate*,2013,doi:http://dx. doi. org/10. 1175/ JCLI-D-12-00524. 1

[25] Liu Jiping, Judith A Curry, Wang Huijun, *et al*. 2012:Impact of declining Arctic sea ice on winter snowfall, *Proc. Natl. Acad. Sci.*, DOI:10. 1073/, pnas. 1114910109.

[26] 黄菲,高聪晖. 东亚冬季气温的年际变化特征及其与海温和海冰异常的关系. 中国海洋大学学报(自然科学版),2012,(9):7-14.

[27] 李维京. 现代气候业务. 北京:气象出版社,2012.

[28] 赵溱. 欧亚大陆雪盖与东亚夏季风. 气象,1984,(7):586-589.

[29] Yang Song, Xu Lizhang. Linkage between Eurasian winter snow cover and regional Chinese summer rainfall. *Int Jour of Cli*, 1994,**14**:739-750.

[30] 陈兴芳,宋文玲. 欧亚和青藏高原冬春积雪与我国夏季降水关系的分析和预测应用. 高原气象. 2000,**19**(2):215-223.

[31] 李栋梁,王春学. 积雪分布及其对中国气候影响的研究进展. 大气科学学报,2011,**34**(5):627-636.

[32] 王晓婷,郭维栋,钟中,等. 中国东部土壤温度、湿度变化的长期趋势及其与气候背景的联系. 地球科学进展, 2009,**24**(2):181-191.

[33] 孙丞虎,李维京,张祖强,等. 淮河流域土壤湿度异常的时空分布特征及其与气候异常关系的初步研究. 应用气象学报,2005,**16**:129-138.

[34] 王万秋. 土壤温湿异常对短期气候影响的数值模拟试验. 大气科学,1991,**15**(5):115-123.

[35] 汤懋苍,张建. 季平均 3. 2 m 地温距平场在汛期预报中的应用. 高原气象,1994,**13**(2):178-187.

[36] 丁莉,李清泉,刘芸芸. 热带大气 ISO 在几种再分析资料中的对比分析. 应用气象学报,2013,**24**(3):314-322.

[37] Zhang R, Zuo Z. Impact of Spring Soil Moisture on Surface Energy Balance and Summer Monsoon Circulation over East Asia and Precipitation in East China ,*J. Clim*, 2011,**24**:3309-3322.

[38] 李崇银. 大气季节内振荡研究的新进展. 自然科学进展,2004,**14**(7):734-741.

[39] 琚建华,钱诚,曹杰. 东亚夏季风的季节内振荡研究. 大气科学,2005,**29**(2):187-194.

[40] Ding Yihui. Seasonal march of the East-Asia summer monsoon//Chang C P. East Asian Monsoon. Singapore:World Scientific Publishing,2004:562.

[41] Wheeler M C, Hendon H H. An all-season real-time multivariate MJO index:Development of an index for monitoring and prediction. *Mon Wea Rev*, 2004 ,**132**:1917-1932.

[42] 贾小龙,袁媛,任福民,等. 热带大气季节内振荡(MJO)实时监测预测业务. 气象,2012,**38**(4):425-431.

[43] Jia X L, Chen L J, Ren F M, *et al*. Impacts of the MJO on winter rainfall and circulation in China. *Adv Atmos Sci*, 2011,**28**(3):521-533.

[44] 王遵娅,丁一汇. 夏季长江中下游旱涝年季节内振荡气候特征. 应用气象学报,2008,**19**(6):710-715.

[45] Ding Y H. Summer monsoon rainfall in China. *J. Meteor. Soc. Japan*,1992,**70**:373-396.

[46] 张庆云,陶诗言. 夏季东亚热带和副热带季风与中国东部汛期降水,应用气象学报,1998,(9)(增刊):18-23.

[47] 刘芸芸,丁一汇. 西北太平洋夏季风对中国长江流域夏季降水的影响. 大气科学, 2009,**33**(6):1225-1237.

[48] 柳艳菊,丁一汇. 亚洲夏季风爆发的基本气候特征分析. 气象学报,2007,**65**(4):511-526.

[49] 吴尚森,梁建茵,李春晖. 南海夏季风强度与我国汛期降水的关系. 热带气象学报,2003,**19**(增刊):25-36.

[50] 毛贤敏,曲晓波. 东北冷涡过程的能量学分析. 气象学报,1997,**55**(2):230-238.

[51] 孙立,郑秀雅,王琪. 东北冷涡的时空分布特征及其与东亚大型环流系统之间的关系. 应用气象学报,

1994，**5**(3)：297-303.

[52] 王丽娟，何金海，司东，等. 东北冷涡过程对江淮梅雨期降水的影响机制. 大气科学学报，2010，**33**(1)：89-97.

[53] Gong D，Wang S，Zhu J. East Asian winter monsoon and Arctic Oscillation. *Geophys. Res. Lett.*，2001，**28**：2073-2076.

[54] 龚道溢，王绍武. 近百年北极涛动对中国冬季气候的影响. 地理学报，2003，**58**(4)：559-568.

[55] Li Q，Yang S，Kousky V E，*et al.* Features of cross-Pacific climate shown in the variability of China and U. S. precipitation. *Int. J. Climatol.*，2005，**25**：1675-1696.

[56] 杨辉，李崇银. 冬季北极涛动的影响分析. 气候与环境研究，2008，**13**(4)：395-404.

[57] 魏凤英. 气候变暖背景下我国寒潮灾害的变化特征. 自然科学进展，2008，**18**(3)：289-295.

[58] 钱维宏，张玮玮. 我国近 46 年来的寒潮时空变化与冬季增暖. 大气科学，2007，**31**(6)：1266-1278.

[59] 胡永云. 关于平流层异常影响对流层天气系统的研究进展. 地球科学进展，2006，**21**(7)：713-720.

[60] 向纯怡，何金海，任荣彩. 2007/2008 年冬季平流层环流异常及平流层—对流层耦合特征. 地球科学进展，2009，**24**(3)：338-348.

[61] Wang L，W Chen. Downward Arctic Oscillation signal associated with moderate weak stratospheric polar vortex and the cold December 2009. *Geophys Res Lett*，2010，**37**：L09707. doi：10. 1029 /2010GL042659.

[62] 卢楚翰，王蕊，秦育婧，等. 平流层异常下传对 2009 年 12 月北半球大范围降雪过程的影响. 大气科学学报，2012，**35**(3)：304-310.

[63] 张人禾. 气候观测系统及其相关的关键问题，应用气象学报，2006，**17**(6)：705-710.

[64] 张人禾，殷永红，李清泉，等. 2006. 利用 ARGO 资料改进 ENSO 和我国夏季降水气候预测. 应用气象学报，**17**(5)：538-547.

[65] 张人禾，朱江，许建平，等. Argo 大洋观测资料的同化及其在短期气候预测和海洋分析中的应用. 大气科学，2013，**37**(2)：411-424.

物理参数化和资料初始化对中国东南部暴雨模拟的影响[*]

徐建军[1]，万齐林[2]

(1. IMSG，美国 马里兰 坎普斯普林斯　20764；2. 中国气象局热带海洋气象研究所，广州　510080)

摘　要：利用美国国家大气研究中心(National Center for Atmospheric Research，NCAR)中尺度模式(WRF-ARW)及美国国家海洋和大气管理局(NOAA)三维变分同化系统 GSI(Gridpoint Statistical Interpolation)，对 2005 年 6 月 20—21 日发生在广东省中部的一场致洪暴雨进行了模拟。与雨量计观测的和卫星反演的降水混合资料相比，模式能够成功地模拟出降水的位置和强度。但数值模拟的效果很大程度上取决于 3 个条件：模式分辨率；物理过程方案；初始条件。在此次暴雨的模拟中，采用 Eta Ferrier 微物理方案、内层区域 4 km 细分辨率与外层区域 12 km 粗分辨率组成双层嵌套网格和卫星辐射资料同化的初始化方案是非常合适的。

关键词：WRF 模式；资料同化；暴雨模拟

0　引言

广东省位于中国东南部，地形复杂，包括海洋、山脉及多元的地表特征。东亚夏季风(East Asian Summer Monsoon，EASM)到来时常伴随着强烈的风暴，导致水文灾害的发生，如洪水泛滥。准静止梅雨锋在夏季形成并从中国东部延伸至日本南部。梅雨锋是东亚季风区影响水循环最重要的环流系统之一。研究(Ding，1992；Kato，1998)表明，强降水事件主要与中尺度对流系统有关。目前，常规无线电探空仪资料没有足够的时空分辨率来研究此类尺度对流系统，这导致对强风暴降水的认识还不十分清楚。2005 年 6 月中国东南部发生了洪涝灾害，利用该期间高分辨率卫星反演的降水资料和实际观测的降水资料以及改进的中尺度模式，可以深入研究这种中尺度对流系统。尽管高分辨率中尺度模式对研究这种暴雨具有潜在的应用价值，但是，模拟结果对各种参数的设置非常敏感，而参数的设置具有人为因素。因此，本文首先介绍观测的降水资料和洪涝事件，然后深入分析中尺度模式(WRF-ARW)的网格分辨率、积云参数化和初始化方案对强降水模拟的影响，最后给出全文结论和讨论。

1　观测的降水资料和洪涝事件

本文采用由 CMORPH 方法得到的 $0.125° \times 0.125°$ 逐时降水量资料，该资料是基于卫星观测和雨量计观测的逐时降水数据，利用美国气候预报中心(Climate Prediction Center，CPC)

---

* 本文发表于《大气科学学报》，2011 年 4 月第 34 卷第 2 期，129-134。

形变方法(morphing method)处理生成,中国东南部的广东省共有394个雨量计测站。图1给出了广东省中部2005年6月20日06时—21日06时(世界时)的24 h累积降水量分布。可见,广东省中部(例如:新丰江)24 h累积降水量超过100 mm;最大降水量出现在新丰江水库附近,达350 mm;雨带的长轴呈现为西南—东北向。根据历史记录可知,这次强降水事件是广东省自1950年以来最严重的洪涝灾害之一,导致65人死亡和约30亿元的财产损失。

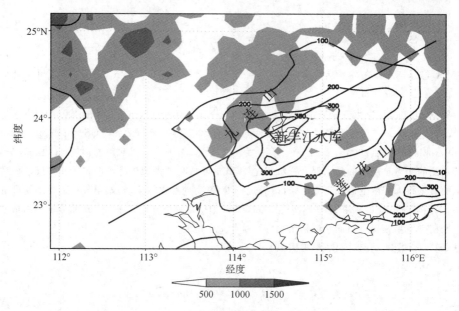

图1　基于混合雨量器测量结果和卫星反演降水资料的2005年6月20日06时—21日06时(世界时)24 h累计降水量(单位:mm;阴影区表示地形高度,单位:m;中心鸟状轮廓是一个位于新丰江地区、北部有九连山、南部有莲花山的水库;大斜线为雨带轴线)

Fig. 1　The 24-hr accumulated precipitation(mm) from 0600 UCT 20 to 0600 UCT 21 June 2005 defined by the mixed rain gauge data and satellite retrieval precipitation data(The shadings denote the terrain elevation with units of m. The bird-like center is a reservoir surrounded by Jiulian Mountain in the north and Lianhua Mountain in the south located in Xinfengjiang. The grade line points out the axis of rain belt)

2　基于WRF/GSI资料同化系统的模拟

2.1　WRF-ARW模式和模式分辨率

WRF-ARW模式是一个完全可压的非静力平衡原始方程模式。为了使WRF-ARW模式包的多项选择相一致,首先考虑选择一个合适的模式分辨率。在过去的20 a中,气象学界高度重视模式水平分辨率对预报准确性的影响。例如,Weisman *et al*.(1997)利用非静力模式模拟了一条中纬度飑线(水平网格距从1 km至12 km),由此发现,随着模式分辨率的增加,飑线的发展变得更加真实;当网格距为4 km时,观测的中尺度结构和演变特征得到了成功的再现。Gallus(1999)利用Eta模式模拟了3次夏季强降水事件,模式格距由79 km降至12 km,

以此分析网格距对模式降水预报技巧的影响,研究表明,当对流参数化方案起作用且产生绝大部分降水时,增加模式分辨率的好处不大。为了获取合适的模式分辨率来模拟这次强降水事件,设计了 2 组对比试验,其双层嵌套区域的分辨率分别是:①内层区域 4 km 细分辨率和外层区域 12 km 粗分辨率;②内层区域 10 km 细分辨率和外层区域 30 km 粗分辨率。

图 2 给出了模拟的 2005 年 6 月 20 日 06 时—21 日 06 时的 24 h 累积降水量分布。可见,分辨率大于等于 10 km 模式模拟的最大降水量(图 2b、c;10 km 分辨率的模拟结果已略去)明显低于观测值(图 1),尤其是 30 km 分辨率模式的模拟最大降水量仅为 150 mm(图 2c),约为观测值的 50%。而 4 km 分辨率模式模拟的最大降水量达 400 mm(图 2a),与观测降水量最接近,且其 20～200 km 范围的细微中尺度特征可被明显地辨别出来。需要指出的是,模拟的最大降水量区域在观测的最大降水量区域的西南方 80 km 处。上述分析表明,尽管选择 4 km

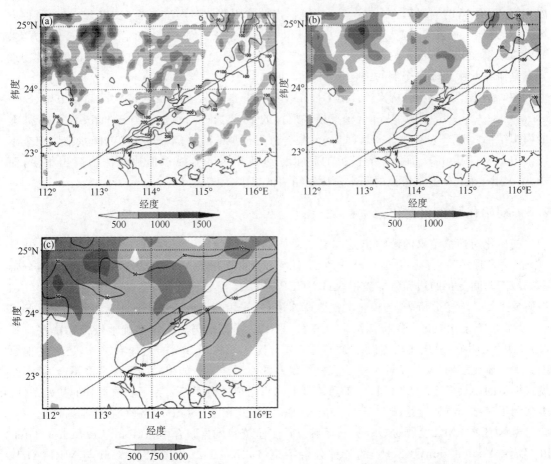

图 2　不同分辨率模式模拟的 2005 年 6 月 20 日 06 时—21 日 06 时(世界时)的 24 h 累计降水量(单位:mm;阴影区表示地形高度,单位:m;中心鸟状轮廓是一个位于新丰江地区、北部有九连山、南部有莲花山的水库;大斜线为雨带轴线)(a)4 km;(b)12 km;(c)30 km

Fig. 2　Simulated 24-hr accumulated precipitation(mm) from 0600 UCT 20 to 0600 UCT 21 June 2005 with the resolutions of(a)4 km,(b)12 km,and(c)30 km(The shadings denote the terrain elevation with units of m. The bird-like center is a reservoir surrounded by Jiulian Mountain in the north and Lianhua Mountain in the south located in Xinfengjiang. The grade line points out the axis of rain belt)

分辨率并不十分完美,但是对于这次强降水选择 4 km 分辨率是合适的。

2.2　物理过程方案

　　就 WRF-ARW 模式模拟而言,如何选择物理过程方案是一个重要的科学问题。本节主要研究模式的微物理过程和积云方案对这次强降水模拟的影响。其他类似的中尺度模式有宾夕法尼亚州立大学—美国国家大气研究中心(Penn State-NCAR)第 5 版中尺度模式(MM5)、俄克拉荷马州立大学高级区域预报系统(ARPS)以及科罗拉多州立大学区域大气模拟系统(RAMS)。WRF-ARW 模式的物理过程方案有很多种选择。研究(Xu et al., 2002)指出,这些方案的选择对模拟结果具有重要影响。为此,本文将就选择何种物理过程方案进行探讨。与 Eta Ferrier 微物理方案模拟结果(图 2a)和观测降水量(图 1)相比,采用 WSM 的 3 级简单冰方案和 WSM 的 6 级霰方案,完全不能模拟出此次强降水的分布特征(图略)。与这两种方案类似,另外 4 种方案(包括 Kessler 方案、Lin 等方案、WSM 的 5 级方案、Thompson 等方案)的模拟结果在某种程度上均与观测降水分布存在较大差距(图略)。因此,Eta Ferrier 微物理方案是研究此次强降水个例的最佳选择。

　　图 3 给出了两种积云方案[Grell-Devenyi 集合方案和 Arakawa-Schubert 简化方案(Ska-marock et al., 2005)]的 4 km 分辨率模式模拟的 24 h 累计降水量。与新 Kain-Fritsch 方案的模拟结果(图 2(a))相比,Grell-Devenyi 集合方案模拟的降水位置与观测的降水位置完全不同,Arakawa-Schubert 简化方案模拟的降水量达到 500 mm,模拟值比观测值高出很多,而 Betts-Miller-Janjic 方案模拟的降水量比观测值低很多(图略)。

2.3　初始化和资料同化

　　初始化对模拟结果的影响也是本文要研究的科学问题。数值模拟于 2005 年 6 月 20 日 06 时(世界时)开始启动,并运行至 6 月 21 日 06 时(共 24 h)。原来的初始条件和外层粗分辨率区域随时间变化的边界条件数据取自 NCEP/NCAR 再分析资料集。初始条件包括大气和地面要素场。上述分析表明,模拟此次强降水事件,采用新 Kain-Fritsch 积云方案和 Eta Fer-rier 微物理方案比较好。但模拟结果也表明,采用上述方案仍然不能准确地模拟出降水位置(图 2a)。很明显,模式模拟的误差除了与模式分辨率和物理方案的选择有关外,还与其他原因有关。研究表明,初始条件就是造成模拟误差的原因之一。如果初始条件选取不合适,那么模式模拟的中尺度系统在时间、位置和数量上都将出现较大误差。为了获取更好的初始条件,本文利用三维变分同化系统 GSI(Gridpoint Statistical Interpolation),进行直接辐射同化。

　　由 NCEP/EMC 发展的 GSI 分析系统支持卫星资料同化联合中心(Joint Center for Satel-lite Data Assimilation,JCSDA)的各种分析系统(Derber et al., 1998)。GSI 与 WRF-ARW 中尺度系统相关联(Xu et al., 2009),并且采用了改进的红外辐射观测卫星(TIROS-N)的业务化的垂直探测器(ATOVS)的辐射观测资料。

　　资料同化试验(data assimilation experiment,DAE)模拟的 24 h 累计降水量分布(图 4)表明,DAE 明显地改善了降水分布,且模拟的最大降水中心准确位于新丰江区域内。模拟的雨带位置,尽管与观测结果不完全吻合,但仍然呈现出西南—东北向(图 1)。此外,DAE 模拟的降水量大小与观测值较接近。

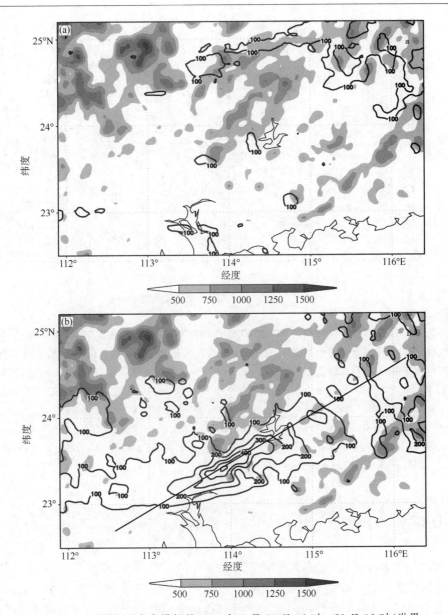

图 3   不同积云方案模拟的 2005 年 6 月 20 日 06 时—21 日 06 时(世界时)的 24 h 累计降水量(单位:mm;阴影区表示地形高度,单位:m;中心鸟状轮廓是一个位于新丰江地区、北部有九连山、南部有莲花山的水库;大斜线为雨带轴线)。(a)Grell-Devenyi 集合方案;(b)Arakawa-Schubert 简化方案

Fig. 3   Simulated 24-hr accumulated precipitation(mm) from 0600 UCT 20 to 0600 UCT 21 June 2005 with(a) Grell-Devenyi ensemble scheme and(b) simplified Arakawa-Schubert scheme(The shadings denote the terrain elevation with units of m. The bird-like center is a reservoir surrounded by Jiulian Mountain in the north and Lianhua Mountain in the south located in Xinfengjiang. The grade line points out the axis of rain belt)

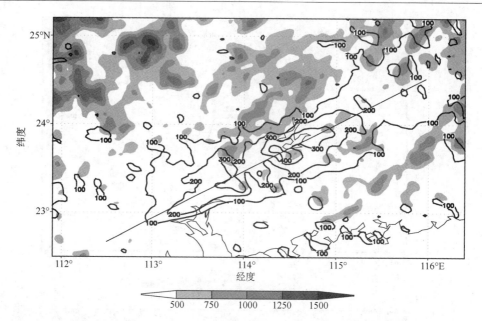

图 4　用 ATOVS 辐射资料同化模拟的 2005 年 6 月 20 日 06 时—21 日 06 时(世界时)24 h 累计降水量(单位:mm;阴影区表示地形高度,单位:m;中心鸟状轮廓是一个位于新丰江地区、北部有九连山、南部有莲花山的水库;大斜线为雨带轴线;模式分辨率:4 km;物理方案:Grell-Devenyi 集合方案)

Fig. 4　Simulated 24-hr accumulated precipitation(mm) from 0600 UCT 20 to 0600 UCT 21 June 2005 using assimilated ATOVS radiances data with the resolution of 4 km and Grell-Devenyi ensemble scheme(The shadings denote the terrain elevation with units of m. The bird-like center is a reservoir surrounded by Jiulian Mountain in the north and Lianhua Mountain in the south located in Xin-fengjiang. The grade line points out the axis of rain belt)

3　结论和讨论

采用美国国家大气研究中心(NCAR)中尺度模式(ARW-WRF)模拟了 2005 年 6 月 20—21 日发生在中国广东省的一场致洪暴雨。结果表明,采用 Ferrier 微物理方案、至少 4 km 的高模式分辨率以及卫星辐射资料同化的初始化,模式能够合理地模拟出此次强降水的强度和位置。

个例研究表明,如果采用 Eta Ferrier 微物理方案、至少 4 km 的高模式分辨率以及卫星辐射资料同化的初始化,模式能合理地模拟出中国东南部暴雨的强度和位置,但是,也存在重大误差并给降水量的模拟造成严重影响,模拟的降水强度偏大。这些误差的产生可能与暴雨过程中微物理过程的复杂性有关,也可能与 ARW-WRF 模式分辨率的精确选择有关。WRF 模式重点考虑 1~10 km 分辨率的水平网格,模式中的一些物理方案可能在此类高分辨率下不是很适用(Skamarock et al.,2005)。例如,积云参数化在理论上仅对大于 10 km 的粗网格尺度有效,在这种粗网格尺度利用积云参数化方案来考虑对流单体在真实时间尺度上的潜热释放是非常必要的。假设次网格尺度的对流涡被完全分解在更精细的网格尺度(5~10 km 网格尺度)上,通常这些积云参数化方案将有助于触发对流活动。很显然,物理方案的选择不仅依靠模式分辨率,而且与对流系统的真实特性有关。因此,对中尺度模式预报的局限性应当给予更多的关注。在真实的天气预报中,采用多种物理方案的集合方法可能是解决此类问题的最好选择。

此外,精确的初始条件在暴雨预报中具有重要作用。但遗憾的是,目前 NCEP 全球预报系统的初估场还不能充分表征初始环流状况。为了解决该问题,本文在当前的 GSI 资料同化系统中使用 ATOVS 辐射资料同化(需要晴空辐射资料)。在利用观测的辐射资料进行同化之前,资料质量控制是非常必要的。这是因为如果某些参数的质量不完善,那么有些质量好的资料也将被去除掉。由于缺乏足够的资料,所以很难精确地反映初始环流的三维结构。实际上,暴雨强度和位置的演变与环流三维结构的演变密切相关。如果能利用更多的资料(包含云覆盖辐射资料)进行同化,就需要研制一种新算法。

对 ARW-WRF 区域模式而言,GSI 资料同化系统中的背景误差统计值采用了与 NCEP 全球模式预测初估场一样的垂直网格结构。背景误差的协方差矩阵通过 NCEP 全球预报系统(GFS)协方差矩阵的插值进行提取。NMC 方法(Parrish *et al.*,1992)是一种用来估计气候背景误差的协方差的常用方法。实际上,背景场的误差与流场相关,例如,背景场的误差依赖于当时的环流形势,每天都在发生变化。很显然,ARW-WRF 区域模式的每个区域的背景误差应当得到充分考虑,这些问题值得进一步深入探讨。

致谢:谨以此文献给我十分尊敬的朱乾根教授。卫星资料同化联合中心(JCSDA)提供了 GSI 资料同化系统,赵文焕、倪东鸿编审将此文翻译成中文,王亚男为中文稿提供了帮助,在此一并表示感谢。

参考文献

Derber J C,Wu W S. 1998. The use of TOVS cloud-cleared radiances in the NCEP SSI analysis system[J]. *Mon Wea Rev*,**126**:2287-2299.

Ding Y H. 1992. Summer monsoon rainfalls in China[J]. *J Meteor Soc Japan*,**70**:337-396.

Gallus W A Jr. 1999. Eta simulations on three extreme precipitation events:Sensitivity to resolution and convective parameterization[J]. *Wea Forecasting*,**14**:405-426.

Kato T. 1998. Numerical simulation of the band-shaped torrential rain observed over southern Kyushu,Japan on 1 August 1993[J]. *J Meteor Soc Japan*,**76**:97-128.

Parrish D F,Derber J C. 1992. The National Meteorological Center's spectral statistical interpolation analysis system[J]. *Mon Wea Rev*,**120**:1747-1763.

Skamarock W C,Klemp J B,Dudhia J,*et al*. 2005. A description of the Advanced Research WRF Version 2 [R]// NCAR Tech. Note NCAR/TN-468+STR.

Weisman M L,Skamarock W C,Klemp J B. 1997. The resolution dependence of explicitly modeled convective systems[J]. *Mon Wea Rev*,**125**:527-548.

Xu J,Small E E. 2002. Simulating summertime rainfall variability in the North American monsoon region:The influence of convection and radiation parameterizations[J]. *J Geophys Res*,**107**(D23),4727,doi:10.1029/2001JD002047.

Xu J,Rugg S,Byerle L,*et al*. 2009. Weather forecasts by the WRF-ARW Model with GSI Data Assimilation System in the complex terrain areas of Southwest Asia[J]. *Wea Forecasting*,**24**(4):987-1008.

热带东印度洋海表温度持续性的秋季障碍*

郭品文[1]，杨丽萍[1,2]，唐碧[1,3]

（1. 南京信息工程大学大气科学学院，南京　210044；

2. 杭州市气象局，杭州　315000；3. 中国气象局上海台风研究所，上海　200030）

摘　要：利用全球海表海温资料（GISST）和 NCEP/NCAR 再分析风场、海平面气压场资料，研究了热带东印度洋海表温度持续性的季节差异，发现东印度洋海温持续性存在"秋季障碍"现象。进一步分析了东印度洋"秋季障碍"后冬季海温与中东太平洋海温、海平面气压及 850 hPa 风场的关系，并讨论了热带印度洋—太平洋地区海气系统的季节变化与东印度洋"秋季障碍"的关系，结果表明，秋季热带印度洋—太平洋地区海气系统由以印度洋季风环流为主导转向以太平洋海气系统为主导，太平洋海气系统处于急剧加强期，增强的太平洋海气系统对东印度洋海温持续性"秋季障碍"起着重要的作用。

关键词：东印度洋海温；秋季障碍；太平洋海气系统

0　引言

　　热带海洋是全球主要能量和水汽源地，海表温度的变化是热带海气相互作用的重要指标，国内外学者对热带海表温度的研究已取得一系列的成果。关于热带印度洋海温的研究，Webster 等[1]、Saji 等[2]指出赤道印度洋存在偶极子现象，并阐述了这个偶极子对印度洋周边地区气候异常的影响。谭言科和杜振彩[3]研究表明，热带印度洋海温异常主要存在全海盆符号一致的单极和东、西部分符号相反的偶极。晏红明等[4]研究得到，印度洋海表温度的空间分布主要表现为三种定常类型：全区一致型、东西差异型、南北差异型。周顺武等[5]研究得到印度洋海温的第二特征场在春季表现为南北海温反相变化，在夏季表现为东西符号相反。此外，周天军等[6-7]认为热带印度洋 SST 的变化是对东太平洋 SST 强迫的一种遥响应。晏红明等[8]研究指出印度洋地区的海温变化是 ENSO 循环的重要组成部分。殷永红等[9]认为太平洋 ENSO 通过大气部分的响应来影响印度洋 SSTA。马丽萍等[10]研究得到热带印度洋地区除了 ENSO 过程，还应存在另一重要海气相互作用过程。王桂臣和管兆勇[11]研究表明，印度洋海气耦合的主要部分为印度洋海温对 ENSO 信号滞后响应的第一模态，以及 ENSO 和 IOD 混合的第二模态。张福颖等[12]研究得到印度洋偶极子在一定程度上影响 El Nino 的发生，而 El Nino 的发生、发展会影响印度洋单极子的发生。吴国雄和孟文[13-14]研究表明，热带西印度洋 SSTA 与热带东太平洋 SSTA 正相关，这种正相关是由沿赤道印度洋上空的纬向季风环流和太平洋上空的 Walker 环流之间显著的齿轮式（GIP）耦合造成的。

＊　本文发表于《大气科学学报》，2010 年 2 月第 33 卷第 1 期，1-6。

同时,Webster 和 Yang[15] 研究发现中东太平洋海温的持续性在春季明显减弱,ENSO 系统的持续性及其预测存在"春季障碍",并提出季风与 ENSO 选择性相互作用原理:春季,太平洋海气系统很弱而印度洋上季风系统发展增强,热带印度洋—太平洋地区海气系统由以太平洋系统为主导转向以印度洋季风环流为主导,急剧增强的印度洋季风系统的作用,导致中东太平洋海温的持续性明显下降。此外,已有研究表明,印度洋季风系统在季节性演变中,冬季较弱,春季是其急剧发展期,秋季季风系统减弱衰退[16];而太平洋海气系统,春季强度最弱,秋季是其急剧发展期,冬季强度最强[17]。那么,在秋季,当太平洋海气系统急剧增强而印度洋上季风系统减弱[16-17]时,印度洋海温持续性是否会出现类似中东太平洋海温持续性下降的现象? 这是本文研究的主要问题。

1 资料说明

采用英国气象局 Hadley 气候预测研究中心 1938—2002 年的月平均全球海表温度资料 (GISST)[18],格距为 $1° \times 1°$、1948—2002 年 NCEP/NCAR 再分析月平均风场和海平面气压场资料[19],格距为 $2.5° \times 2.5°$。

2 东印度洋 SSTA 持续性的季节差异

以 1 月代表冬季(12 月—次年 2 月),4 月代表春季(3—5 月),7 月代表夏季(6—8 月),10 月代表秋季(9—11 月)。为了研究东印度洋($90°—110°E,5°S—5°N$)海温的持续性,计算了东印度洋各月海温与随后月份海温的自相关(图 1)。图 1 中每条曲线上方的数字表示开始进行自相关计算的月份,由图 1 可见,在秋季以前,东印度洋海温的自相关系数几乎都大于 0.5,海温具有很好的持续性,但在秋季以后,自相关系数都显著减小,东印度洋海温的持续性明显下降。无论从哪个月份开始计算海温的自相关,自相关系数都会在秋季发生大幅度减小,意味着东印度洋海温的持续性在秋季显著减弱,即东印度洋海温持续性存在"秋季障碍",那么是什么因素导致东印度洋海温的持续性在秋季明显减弱呢?

季风与 ENSO 选择性相互作用原理[15] 指出,春季,太平洋海气系统很弱而印度洋季风系统发展增强,热带印度洋—太平洋地区由以太平洋海气系统为主导转向以印度洋季风系统为主导,急剧增强的印度洋季风系统的作用,导致中东太平洋海温的持续性明显下降。那么秋季两大洋海气系统具有什么特征呢? 为此考察了热带太平洋和热带印度洋海气系统的季节变化。

3 太平洋 Walker 环流和印度洋季风纬向环流的季节变化特征

由图 2 可见,中东太平洋上纬向风在冬季最强,春季最弱,夏季开始增强,秋季继续增强,到冬季发展到最强;印度洋上纬向风在冬季最强,春季发展增强,夏季发展到最强,秋季开始减弱,到冬季减至最弱。这与已有的研究结果[12-14]一致。

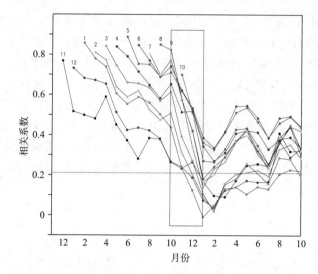

图 1　东印度洋月平均海温距平的自相关系数（框形区为曲线显著下降区；虚线值为 0.21，大于 0.21 的部分表示通过 90% 的置信水平检验）

Fig. 1　Autocorrelations coefficients of the monthly mean SST of the eastern Indian Ocean[The rectangular box denotes the time period when the autocorrelation abruptly drops(fall barrier);the area above the horizontal dash straight line(=0.21) denotes that the autocorrelation is significant at a more than 90% confidence level]

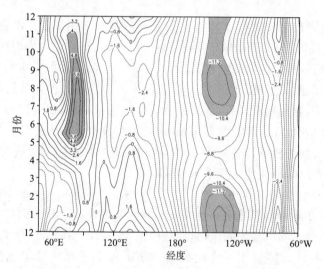

图 2　热带太平洋—印度洋上空 850 hPa 纬向风（5°S—5°N 平均）的季节变化（单位：m/s；印度洋上风速大于 4 m/s 和太平洋上风速大于 10.4 m/s 为阴影区）

Fig. 2　Seasonal variation of the 850 hPa zonal wind velocity(m/s) averaged over 5°S—5°N over the tropical Pacific and Indian Ocean(Areas with values greater than 4 m/s in the Indian Ocean and greater than 10.4 m/s in the Pacific Ocean are shaded)

　　冬季太平洋 Walker 环流最强，而印度洋季风纬向环流最弱，所以热带印度洋和热带太平洋地区是以太平洋 Walker 环流为主导。夏季的情况与冬季相反，印度洋季风纬向环流发展到最强，而太平洋 Walker 环流仍较弱，所以热带印度洋和热带太平洋地区是以印度洋季风环流为主导。从冬到夏,太平洋 Walker 环流由强变弱,同时印度洋季风纬向环流发展增强,热带印度洋和热带太平洋地区海气系统由以太平洋 Walker 环流为主导转向以印度洋季风环流为主导;从夏到冬,太平洋 Walker 环流急剧增强,而印度洋季风纬向环流减弱,热带印度洋和热带太平洋地区海气系统由印度洋季风环流为主导转向以太平洋 Walker 环流为主导。

由此可见,热带印度洋和热带太平洋地区海气系统具有显著的季节变化,冬季以太平洋海气系统为主导,夏季以印度洋季风系统为主导,秋季,印度洋季风系统减弱而太平洋海气系统急剧增强。同时,东印度洋海温持续性的显著下降表明"秋季障碍"后冬季东印度洋海温与其前期海温的相关微弱,那么秋季后东印度洋海表温度的异常是否与急剧增强的太平洋海气系统有关?为此考察了冬季东印度洋海表温度异常与太平洋海气系统的关系。

4 太平洋海气系统与东印度洋冬季海温异常的关系

由图 3 可见,东印度洋冬季海温与其前期自身海气系统关系很弱,与其后期海气系统关系较好。在太平洋海温异常超前 10 个月左右时,中东太平洋海温与东印度洋冬季海温相关开始增强,并持续了 15 个月左右。其中,当太平洋超前一个季节时(秋季),太平洋海温异常与东印

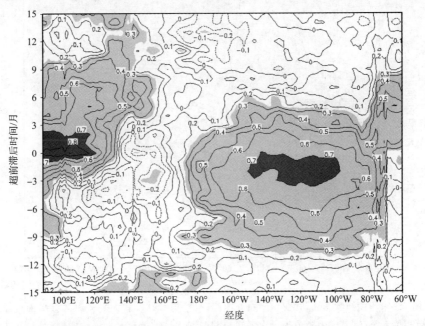

图 3 东印度洋秋季障碍之后冬季(1 月)区域平均 SSTA 和太平洋海区 SSTA 的超前滞后相关系数(纵坐标中负值表示太平洋超前印度洋,"0"表示太平洋与印度洋同期,正值表示太平洋滞后印度洋,数字表示超前滞后的月份数;阴影区为超过 95% 置信水平的区域,深阴影区为相关系数最大的区域)

Fig. 3　Lead-lag correlations between the winter(January) SSTA of the eastern Indian Ocean following the "fall barrier" and the SSTA of the Pacific Ocean("—" on the ordinate denotes the Pacific Ocean lead,"0" denotes simultaneity,"+"denotes the Indian Ocean lead,the number on the ordinate denotes the month number of lead or lag. Areas where the correlation is significant at a more than 95% confidence level are lightly shaded,and dark shading denotes the area where the correlation coefficient is the largest positive correlation)

度洋海温异常的相关达到最强,相关系数达到 0.7,意味着,当东印度洋海温持续性在秋季急剧下降时,中东太平洋海气系统的异常在很大程度上决定了其随后冬季东印度洋海温异常。

为了进一步说明太平洋海气系统与东印度洋冬季海温的关系,计算了冬季东印度洋海温与热带太平洋海平面气压与低层纬向风异常的超前滞后相关系数。

由图 4 可见,东印度洋冬季海温与西太平洋海平面气压呈现正相关,与中东太平洋海平面气压呈现负相关。当太平洋超前印度洋 10 个月左右(春季)时,东印度洋冬季海温与西太平洋海平面气压场正相关开始增强,并持续了 18 个月左右。当太平洋超前 8 个月左右(春末)开始,东印度洋冬季海温与中东太平洋海平面气压负相关开始增强,并持续了 7 个月左右。当太平洋超前 1 个季节(秋季),东印度洋冬季海温与西太平洋海平面气压正相关达到最大。在太平洋超前 5 个月左右到超前 2 个月的时段(夏末到秋季),东印度洋冬季海温与中东太平洋海平面气压负相关达到最大。在秋季,东印度洋冬季海温分别与西太平洋、中东海平面气压呈现很好的正、负相关。意味着,当东印度洋海温持续性在秋季急剧下降时,中东太平洋海气系统的异常在很大程度上决定了其随后冬季东印度洋海温异常。

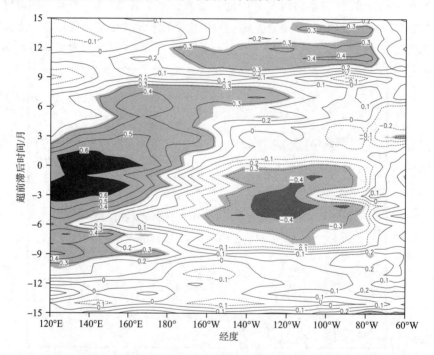

图 4　东印度洋秋季障碍之后冬季(1 月)区域平均 SSTA 和太平洋海区海平面气压的超前滞后相关系数(纵坐标中负值表示太平洋超前印度洋,"0"表示太平洋与印度洋同期,正值表示太平洋滞后印度洋,数字表示超前滞后的月份数;阴影区为超过 95% 置信水平的区域,深阴影区为相关系数最大的区域)

Fig. 4　Lead-lag correlations between the winter(January) SSTA of the eastern Indian Ocean following the "fall barrier" and the sea surface pressure of the Pacific Ocean("−" on the ordinate denotes the Pacific Ocean lead, "0"denotes simultaneity, "+"denotes the Indian Ocean lead, the number on the ordinate denotes the month number of lead or lag. Areas where the correlation is significant at a more than 95% confidence level are lightly shaded, and dark shading denotes the area where the correlation coefficient is the largest positive correlation)

与海平面气压场对应,由图 5 可见,在太平洋超前印度洋 10 个月左右时,中东太平洋 200 hPa 纬向风与东印度洋冬季 SSTA 正相关开始增强,当太平洋超前 5 个月时(夏末),两者 的正相关达到最大,并持续到秋末,意味着,当东印度洋海温持续性在秋季急剧下降时,中东太 平洋海气系统的异常在很大程度上决定了其随后冬季东印度洋海温异常。

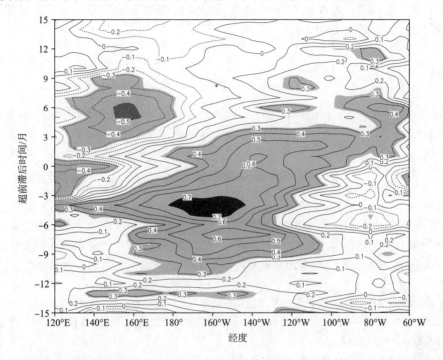

图 5 东印度洋秋季障碍之后冬季(1 月)区域平均 SSTA 和太平洋海区 850 hPa 纬向风的 超前滞后相关系数(纵坐标中负值表示太平洋超前印度洋,"0"表示太平洋与印度洋同期,正值 表示太平洋滞后印度洋,数字表示超前滞后的月份数;阴影区为超过 95% 置信水平的区域,深阴 影区为相关系数最大的区域)

Fig. 5　Lead-lag correlations between the winter(January) SSTA of the eastern Indian Ocean following the "fall barrier" and the 850 hPa zonal wind velocity of the Pacific Ocean("－" on the ordinate denotes the Pacific Ocean lead, "0"denotes simultaneity,"＋"denotes the Indian Ocean lead, the number on the ordinate denotes the month number of lead or lag. Areas where the cor- relation is significant at a more than 95% confidence level are lightly shaded, and dark shading denotes the area where the correlation coefficient is the largest positive correlation)

综上所述,东印度洋冬季海温与其前期海气系统关系微弱,与其后期海气系统关系紧密, 而中东太平洋海气系统的异常在很大程度上决定了冬季东印度洋海温的异常。

5　结　论

(1)通过对东印度洋海温的自相关分析发现,东印度洋 SSTA 的持续性在秋季明显减弱, 海温的持续性存在"秋季障碍"现象。

(2)热带印度洋和热带太平洋地区海气系统具有显著的季节变化,冬季以太平洋海气系统为主导,夏季以印度洋季风系统为主导,秋季,印度洋季风纬向环流减弱而太平洋 Walker 环流急剧增强,热带印度洋—太平洋海区海气系统由以印度洋季风系统为主导转向以太平洋海气系统为主导。

(3)通过分析太平洋海温、海平面气压场以及低层纬向风与东印度洋冬季海温的相关,发现东印度洋冬季海温与其前期自身海气系统关系微弱,而中东太平洋海气系统的异常很大程度上决定了冬季东印度洋海温的异常,认为秋季急剧增强的太平洋海气系统对东印度洋海温持续性"秋季障碍"起着重要的作用。

参考文献

[1] Webster P J,Moore A M,Loschnigg J P,et al. Coupled ocean-atmosphere dynamics in the Indian Ocean during 1997—1998[J]. Nature,1999,**401**:356-360.

[2] Saji N H,Goswami B N,Vinayachandran P N,et al. A dipole mode in the tropical Indian Ocean[J]. Nature,1999,**401**:360-363.

[3] 谭言科,杜振彩.印度洋海温变化的空间分布型和多重时间尺度[J].大气科学,2006,**30**(1):11-24.

[4] 晏红明,肖子牛,谢应齐.近 50 年热带印度洋海温距平场的时空特征分析[J].气候与环境研究,**2000**(5):180-188.

[5] 周顺武,丁锋,假拉.印度洋春、夏季海温对西藏高原夏季降水的影响[J].气象科学,2003,**23**(2):168-175.

[6] 周天军,俞永强,宇如聪,等.印度洋对 ENSO 事件的响应:观测与模拟[J].大气科学,2004,**28**(3):357-373.

[7] 周天军,宇如聪,李薇,等.20 世纪印度洋气候变率特征[J].气象学报,2001,**59**(3):257-271.

[8] 晏红明,琚建华,肖子牛.ENSO 循环的两个不同位相印度洋海表温度异常的特征分析[J].南京气象学院学报,2001,**24**(2):242-249.

[9] 殷永红,史历,倪允琪.近 20 年来热带印度洋与热带太平洋海气系统相互作用特征的诊断研究[J].大气科学,2001,**25**(3):355-371.

[10] 马丽萍,王盘兴,吴洪宝.热带海洋海气相互作用的区域差异[J].气象科学,2001,**21**(3):260-270.

[11] 王桂臣,管兆勇.SVD 揭示的印度洋海气相互作用模态及其与中国降水的联系[J].南京气象学院学报,2007,**30**(1):63-71.

[12] 张福颖,郭品文,于群,等.热带太平洋与印度洋相互作用的年代际变化[J].南京气象学院学报,2008,**31**(1):68-74.

[13] 吴国雄,孟文.赤道印度洋—太平洋地区海气系统齿轮耦合和 ENSO 事件(Ⅰ)[J].大气科学,1998,**22**(4):470-480.

[14] 孟文,吴国雄.赤道印度洋—太平洋地区海气系统齿轮耦合和 ENSO 事件(Ⅱ)[J].大气科学,2000,**24**(1):16-25.

[15] Webster P J,Yang S. Monsoon and ENSO:Selectively interactive systems[J]. Quart J R Meteor Soc,1992,**118**:877-926.

[16] 姜德忠,解思梅,包澄澜,等.35°S 以北的印度洋的气候状况和季风特征[J].海洋预报,1998,**15**(4):40-49.

[17] 葛旭阳,周霞琼,蒋尚城.卫星双通道揭示的 Walker 环流活动特征及其与我国夏季降水关系初探[J].热带气象学报,2002,**18**(2):182-187.

[18] Parker D E,Folland C K,Jackson M. Marine surface temperature:Observed variations and data requirements[J]. Climatic Change,1995,**31**(5):559-600.

[19] Kalnay E,Kanamitus M,Kistler R,et al. The NCEP/NCAR 40-year reanalysis project[J]. Bull Amer Meteor Soc,1996,**77**(3):437-471.

两类登陆热带气旋的大尺度环流特征分析*

周伟灿[1,2]，王灿伟[1]

（南京信息工程大学 1.大气科学学院；2.气象灾害省部共建教育部重点实验室，南京　210044）

摘　要：采用动态合成分析方法，对 1970—2006 年登陆后北上类 TC（tropical cyclone）和西行类 TC 各 7 个样本做动态合成分析和诊断，结果表明：(1)北上类 TC 在背景场长波槽前北移靠近中纬度斜压锋区，通过吸附运动使 TC 低压并入西风槽，而西行类 TC 背景场没有长波槽，离中纬度斜压锋区较远；(2)北上类 TC 登陆时存在西南低空急流水汽输送带，当其强度减弱后，TC 东南侧存在东南暖湿气流作为补充，而西行类 TC 减弱后逐渐与之分离，且不存在东南暖湿气流作为补充；(3)北上类 TC 高层辐散区与高空急流边界靠近，因此增强了其向东北方向的辐散，低层由于高层动量下传，加强了低空西风，从而使 TC 低压环流维持，而西行类 TC 离高空急流边界较远；(4)北上类 TC 从中纬度斜压锋区获取斜压能量，其环流垂直切变增强，相对涡度差负值增大，在高空 TC 中心散度由大变小后又由小变大的过程中，TC 发生了变性，而西行类 TC 没有环境能量补给，逐渐填塞消亡。因此，当一个 TC 登陆后，其预报移动方向、水汽输送状况、与斜压锋区的关系以及高空辐散气流等特征，可以作为初步判定登陆 TC 将减弱消亡还是将变性加强的可能原因。

关键词：登陆 TC；大尺度环流；动态合成分析；变性

0　引言

热带气旋（tropical cyclone，TC）登陆或离开暖水面进入中高纬度冷水区，往往会减弱和消失[1]。

TC 登陆后在中纬度环流系统的作用下，有的直接北上，有的西行直至消亡，TC 在向极运动过程中携带着大量水汽和热带扰动能量向中纬度地区输送，引发中高纬度地区许多严重的灾害性天气[2-3]。因此 TC 登陆研究是 TC 预报的一个重点。

TC 登陆衰减与其登陆季节、地点、登陆时的强度以及环流背景等因子有关。目前有研究[4]表明，影响 TC 强度变化的因子大致可以分为 3 类：一是环境气流与 TC 环流的相互作用，二是下垫面与 TC 环流的相互作用，三是 TC 本身的内部结构变化。Chen[5]指出台风低压在陆上维持的几个条件，即台风环流保持一定的水汽供给或环流停滞在一块大的水面或一片饱和的湿土上；台风环流中存在活跃的中尺度对流活动；弱冷空气侵入台风环流引起变性；移入一个高空辐散区之下。徐德祥等[6]研究了环境场中大尺度锋面系统对台风变性发展的影响。Thorncroft 等[7]和 Hart 等[8]的研究表明登陆 TC 若能从中纬度获得斜压能，其低压环流能继续在陆上维持。张兴强等[9]研究了登陆台风过程的正、斜压不稳定。雷小途等[10-11]综述

* 本文发表于《大气科学学报》，2009 年 8 月第 32 卷第 4 期，474-482。

登陆 TC 与中纬度环流系统相互作用的研究进展。李英等[12]研究了 TC 登陆后的长久维持和迅速消亡特征。上述研究都表明了大尺度环境场对登陆 TC 移动、登陆后强度的变化有很大影响。

登陆 TC 有的会北上，有的会西行，那么这两类登陆 TC 大尺度环境场有何不同，以前许多研究以个例为主，未对登陆后西行 TC、北上 TC 进行分类对比研究。因此本文在 87 个登陆 TC 样本的基础上进行分析，选取了西行、北上两组登陆 TC 各 7 样本，采用动态合成方法，对两者的大尺度环流特征进行了对比分析。

1 研究方法、样本的选取和资料

Frank[13]在研究风暴时指出，一般的综合研究方法最大缺点是将大量不同的风暴资料混在一起，使资料平滑，因此提出了自然坐标、运动坐标、旋转坐标以及运动旋转坐标等研究移动风暴系统。TC 也是一个移动的环流系统，为了考察运动 TC 周围环境场的变化，本文采用伴随 TC 的移动坐标系 (x,y)，在移动坐标里，TC 总是位于研究区域中心。同时为了获得 TC 登陆期间影响域的环流特征，采用 Gray[14]提出的动态合成方法，公式如下：

$$\bar{S}_t(x,y) = \frac{1}{N}\sum_{n-1}^{N} S_t(x,y)$$

其中：$S_t(x,y)$ 为 t 时刻物理量场；$\bar{S}_t(x,y)$ 为其样本平均；(x,y) 为所选区域的坐标。这种合成分析减少了样本物理量平均时的相互抵消作用，使得 TC 结构保持相对完整，TC 与周围环境系统的相对位置基本保持原状。

为了减少登陆地点、登陆季节、登陆时强度不同对 TC 环流有不同的影响，本文选取样本的原则是：登陆地点和季节相近，登陆时强度相差不大。根据中国气象局预测减灾司西北太平洋检索系统，在 1970—2006 年的 7、8 月中，中心经、纬度为 120°E，27°N，东西南北相距 600 km 的矩形范围内，查询登陆台风个数为 87 个，有 49 个登陆台风登陆时近中心最大风速大于40 m/s，在这 49 个登陆强台风中，有 21 个台风登陆北上，18 个台风登陆西行，10 个登陆转南和其他特殊路径。选取其中登陆时近中心最大风速大于 40 m/s 的北上（图 1a）和西行（图 1b）两组 TC 样本各 7 例进行研究。所选取北上 TC 中央编号为：8407、8506、8707、9406、9418、9711、0509；西行 TC 中央编号为：7503、7613、7705、9417、9607、0216、0608。

所用资料为逐日 4 次/d，经纬网格距 215°×215°，垂直方向 1000～10 hPa 共 17 层的 NCEP 全球格点资料。合成时次选取登陆、登陆 24 h、48 h，其减弱为热带低压的位置根据近地面的环流中心定出，TC 登陆各时刻的格点资料为该时次或最近时次的 NCEP 资料。路径数据采用 Unisys Weather 公布的全球热带气旋（飓风）路径数据。

2 大尺度环流特征

2.1 500 hPa 的环流

在中高纬度地区，从温压场配置看，北上类 TC（图 2a、b、c）温度场落后于高度场，这样的温、压场配置表明大气具有很强的斜压性,在 TC 的西北象限有弱冷空气逐渐侵入,而西行类 TC(图 2e、f、g)等高线和等温线近于平行,斜压性较北上类 TC 要弱,且没有弱冷空气侵入;登陆之后,北上类 TC 在中纬度槽前向北移动逐渐靠近斜压锋区,并通过吸附运动并入西风槽(图 2b、c),到登陆后 48 h,TC 已基本处于西风槽内。西行类 TC 无中纬度长波槽移近,与斜压锋区保持较远距离。两者西太平洋副高(图中 5880 gpm 闭合高压单体)位置也有差异,北上类 TC 副高登陆时位于东北象限,然后位于正东再到东南象限,西行类 TC 副高一直位于东北象限,副高西端伸展至 TC 环流北方,一定程度上阻止 TC 的北移。

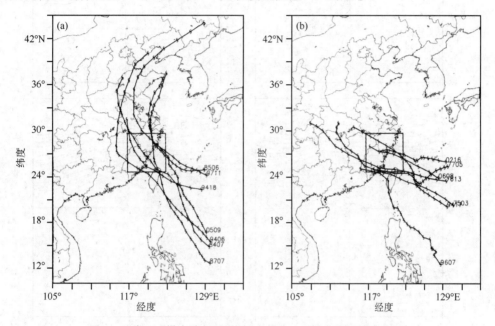

图 1　两类 TC 样本路径(矩形框为选取 TC 样本的登陆点范围)

(a)北上类 TC 样本;(b)西行类 TC 样本

Fig. 1　Tracks of two categories of landfalling TCs(rectangular box:landing locations)

(a)northward moving category;(b)westward moving category

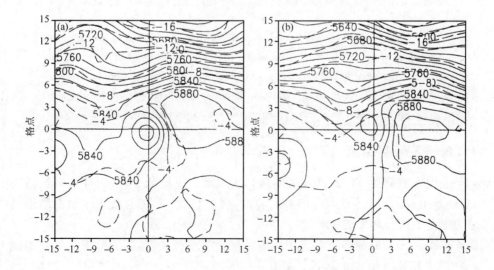

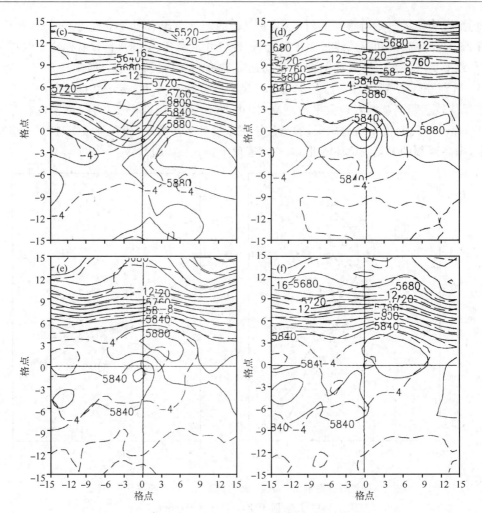

图 2　合成的 500 hPa 高度场（实线；gpm）和温度场（虚线；℃）

（a、b、c 分别为北上类 TC 登陆时刻、登陆后 24 h、登陆后 48 h；d、e、f 分别为西行类 TC 登陆时刻、登陆后 24 h、登陆后 48 h；TC 中心位于坐标原点，向北向东为正，向南向西为负，格距为 2.5 经纬距）

Fig. 2　Composite 500 hPa heights（solid lines；gpm）and temperatures（dashed lines；℃）fields at（a/d）0 h,（b/e）24 h,and（c/f）48 h after landfall for the northward/ westward moving category（TC centers always locate at the origin；Coordinates are in the number of the gridpoint of 2.5 latitude/longitude degree；The positive the northward and eastward direction and the negative the southward and westward direction）

2.2　水汽输送及低空急流

　　大量研究表明，登陆后 TC 的衰减主要是热量和水汽供应减少，从而导致对流活动的减弱[15]。TC 热量主要来源于水汽凝结潜热的释放，所以登陆 TC 能否获得水汽凝结潜热的补充，是其登陆后能否维持和发展的关键。

　　在 p 坐标系中，单位时间通过垂直于风向的底边为单位长度，高为整层大气柱面积上的总水汽通量（垂直积分的水汽通量）的计算方式如下：

$$Q = \frac{1}{g} \int_{p_s}^{p_{700}} qV \mathrm{d}p$$

其中:水汽通量单位为 kg/(m·s);p_s 为地表面气压;p_{700} 取为 700 hPa;q 为比湿;V 为全风速;g 为重力加速度。

　　从两类 TC 合成的 850 hPa 的风矢场(图 3)来看,开始登陆到登陆后 24 h,两类 TC 均与来自其西南象限的西南风低空急流相连,在 TC 区域东部及其西南方 3～12 经向格距处,有风速的大值中心。登陆后 48 h,北上类 TC 随着 TC 环流的北移,逐渐与低空急流断裂,而西行类 TC 已经移到低空急流的西北方。从 p_s 到 700 hPa 大气水汽通量(图 3)上来看,水汽通量大值区分布在 TC 环流东部以及西南低空急流带上,表明西南低空急流是登陆 TC 的主要水汽输送带。从开始登陆到登陆后 24 h,两类 TC 水汽输送都基本来自西南方向的水汽输送带。到登陆后 48 h,北上类 TC 随着其北移,西南方向的水汽有所减少,但有一股来自洋面位于副高西南侧的东南暖湿气流作为水汽补充,而西行类 TC 随着西行,西南方向的水汽输送减少很快,登陆后 48 h 水汽输送带已经和 TC 环流分离,并且其东南方向没有类似北上类 TC 那样的新水汽输送带作为水汽补充。

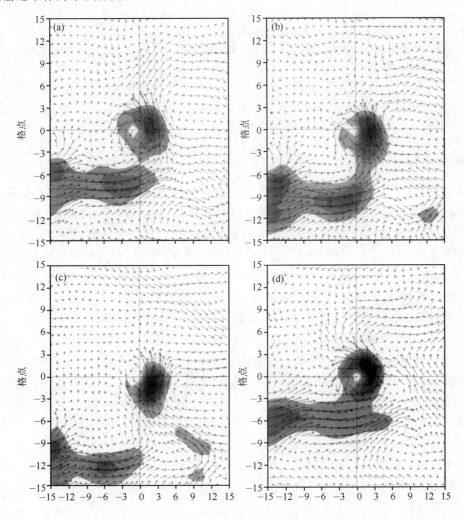

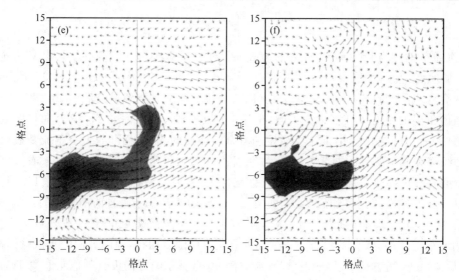

图 3　850 hPa 风矢场(m/s)和 p_s 到 700 hPa 合成水汽通量场

［阴影区,仅给出水汽通量≥1.2 kg/(m·s)区域;kg/(m·s)］

(a、b、c 分别为北上类 TC 登陆时刻、登陆后 24 h、登陆后 48 h;d、e、f 分别为西行类 TC 登陆时刻、登陆后 24 h、登陆后 48 h;TC 中心位于坐标原点,向北向东为正,向南向西为负,格距为 2.5 经纬距)

Fig. 3　As in Fig. 2 but for composite 850 hPa wind vectors(m/s)and the vapor flux fields(shaded areas:≥1.2 kg/(m·s))integrated in the layers between 1000 hPa and 700 hPa of the lower tropopause

2.3　高空辐散场

从合成的高空 200 hPa 的风矢场(图略)看,北上类 TC 登陆时,其北方及东北象限有一高空急流(定义合成风速大于 20 m/s 的强风速区),在纬向上距 TC 中心约 7 个格距,登陆后 24 h,48 h,这支急流逐渐增强,登陆后 24 h,纬向上距离 TC 仅 5 个格距,登陆后 48 h,TC 完全与高空急流右后方相连。而西行类 TC 北侧也有一支高空急流,但强度明显比前者弱,这支急流从登陆到登陆后 24 h,48 h,一直位于 TC 北侧约 7 个格距。风矢场的分布还表明:北上类 TC 从登陆到登陆后 48 h,TC 与西南风高空急流连通,加强了其向东北方向的辐散气流,使其上空辐散加强,而西行类 TC 没有这样的辐散气流通道,高空辐散减弱。

而从高空散度场(图略)上看,两类 TC 强辐散区均位于 TC 环流中心以及其西南象限。在登陆过程中所不同的是,北上类 TC 登陆时,其散度大值中心为 1×10^{-5} s^{-1},此时 TC 中心上空散度值为 0.6×10^{-5} s^{-1},登陆后,随着 TC 的北移接近高空急流,其上空散度极值逐渐增大,登陆后 24 h,散度大值中心为 1.2×10^{-5} s^{-1},TC 中心上空散度值为 0.3×10^{-5} s^{-1},登陆后 48 h,散度大值中心增至 1.8×10^{-5} s^{-1},TC 中心上空散度值也增至 1.2×10^{-5} s^{-1}。西行类 TC 散度极值中心一直维持在 0.4×10^{-5} s^{-1},登陆时 TC 中心上空散度值为 0.1×10^{-5} s^{-1},登陆后 24 h、48 h,TC 中心上空散度值在零线附近。登陆过程中,北上类 TC 中心上空散度值经历了先变小再增大的过程,TC 在一定程度上发生了变性。

2.4 环境风场垂直分布

登陆时,两类 TC 的纬向风场(图 4a、d)分布很相似,在高层 200 hPa 附近,距 TC 中心南、北约 9 个格距处,分别存在一个强风速中心,北方的纬向风强正值区是高空西风急流的反映,南方的强负值区是一支包括 TC 辐散气流的强东北气流。在低层,两相邻的纬向风强正、负值中心(北部为东风,南部为西风)表现出 TC 的气旋式环流,这种环流直到 300 hPa 附近,再向上则为反气旋式环流。北上类 TC 登陆 24 h(图 4b),TC 逐渐与高空急流靠近,其高层由东风

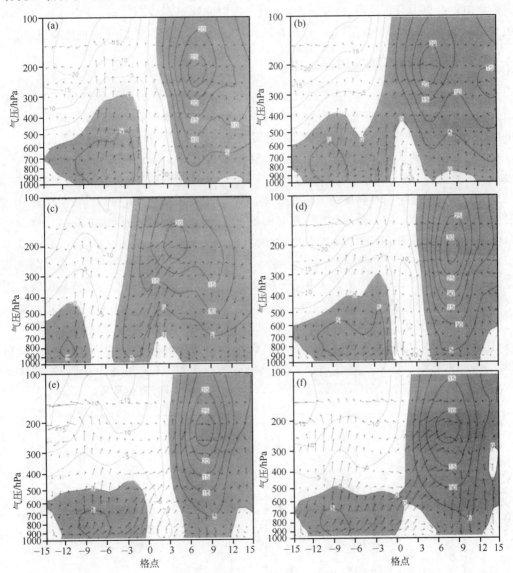

图 4　通过 TC 中心的合成纬向风速 u(阴影区为正;m/s)的经向剖面及
合成的垂直流场(经向风 v 与 $-100 \times \omega$ 合成)

(a、b、c 分别为北上类 TC 登陆时刻、登陆后 24 h、登陆后 48 h;d、e、f 分别为西行类 TC 登陆时刻、登陆后 24 h、登陆后 48 h)

Fig. 4　As in Fig. 2 but form meridional cross-sections of composite u component(the shaded denotes positive; m/s)and composite vertical motion(v and $-100 \times \omega$)

转为强西风控制,登陆后 48 h(图 4c),其中心与北方高空急流轴相距约 4 个格距,高层已经完全转为强西风控制,并与低层 TC 环流西风区相连通,高空西风有向低空加强延伸的表现;而西行类台风登陆后 24、48 h(图 4e、f),其高空一直是东风控制,无高空西风向低空加强延伸的过程,登陆后 24 h,西行类 TC 气旋性环流已经明显减弱。图 4 还显示,开始登陆时,两类 TC上空均存在强上升气流。登陆后,北上类 TC 移向高空急流,高层辐散加强,有利于上升运动的持续和加强,北向 TC 登陆区域 24、48 h 上升运动一直维持。西行 TC 登陆后没有移向高空急流,其上升运动随着 TC 的登陆减弱,登陆 48 h,高空 400 hPa 以上出现下沉气流,低层气旋环流随之消亡。以上分析说明,登陆后,北上类 TC 向北移近高空急流时,高空急流区有明显的西风动量下传,加强低空西风,使 TC 低压环流维持,而西行台风就没有这种维持机制。

2.5　环境风垂直切变和相对涡度差场

在台风初生阶段,如果对流层风速切变很大,积云对流所产生的凝结潜热会迅速地被带离初始扰动区上空,向各个方向平流出去,使一个较大的范围都略微有所增暖,不利于暖心结构的形成,不利于 TC 的形成。因此,对流层风速切变要小是 TC 发生发展的必要条件[16]。

在大多数有关的研究中,对流层风场的垂直切变都用 200 hPa 和 850 hPa 的纬向风切变来表示风的垂直切变:$S = \partial u / \partial z$。李永康等[17]研究表明,一般 TC 环流低层相对涡度为正值,高层为负值,当高、低层相对涡度的差值小于零,表明 TC 维持或发展,相对涡度差值越小,TC发展越强。本文用 200 hPa 和 850 hPa 相对涡度差($\Delta \zeta = \zeta_{200} - \zeta_{850}$)表示涡度差。

由风垂直切变 S 分布(图 5)可以看出,强的垂直切变 S 和强负值相对涡度差场 $\Delta \zeta$ 基本重合。登陆时,两类登陆 TC 区域的风垂直切变 S 在 0 m/s 附近,最强的 S 出现在高空急流和低空急流区域。登陆后 24 h、48 h,北上 TC 环流区域 S 逐渐加强,TC 中心与北侧高空急流间存在 S 的密集区,具有明显的经向梯度,西行类 TC 登陆后 24 h、48 h,S 没有明显变化。而在相对涡度差场 $\Delta \zeta$ 的演变(图 5)上,从登陆开始,北上类 TC 的 $\Delta \zeta$ 负值区与其北方的斜压带相连,到登陆后 48 h,TC$\Delta \zeta$ 负值区北移并与北方斜压带完全相通而加强,表明 TC 低压得到维持和发展;而西行类 TC 从登陆开始,TC$\Delta \zeta$ 负值区与斜压带 $\Delta \zeta$ 负值区相对孤立,到登陆后48 h,随着北方斜压带的向东移出,强度减弱,TC 低压没有得到维持和发展。

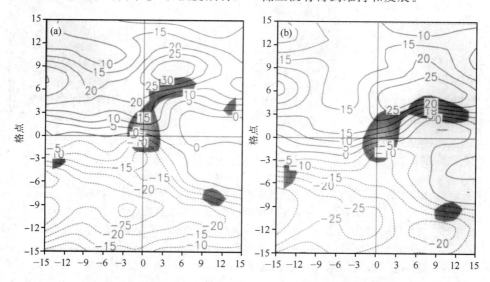

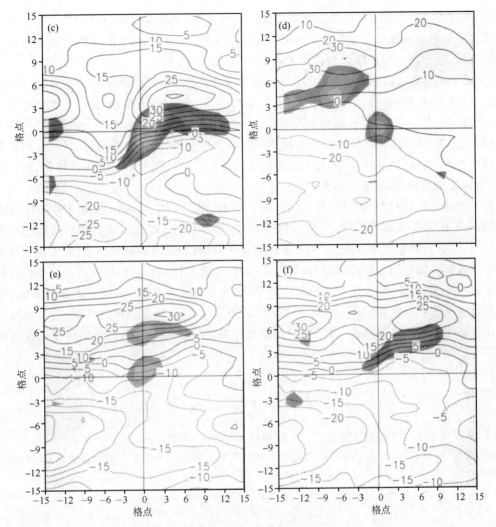

图 5　合成的风垂直切变 S(等值线；m/s)和
相对涡度差场 Δζ(阴影区，仅给出≤−3×10⁻⁵ s⁻¹的区域；s⁻¹)

(a、b、c 分别为北上类 TC 登陆时刻、登陆后 24 h、登陆后 48 h；d、e、f 分别为西行类 TC 登陆时刻、
登陆后 24 h、登陆后 48 h；TC 中心位于坐标原点，向北向东为正，向南向西为负，格距为 2.5 经纬距)

Fig. 5　As in Fig. 2 but for composite 200～850 hPa wind shear(isoline；m/s)and 200～850 hPa
relative vorticity difference(shaded area；≤−3×10⁻⁵ s⁻¹)

　　以上分析表明，TC 环流在陆上维持和发展与其在海上东风带里发生发展已经不同，深入内陆的 TC 进入中纬度西风斜压带，通过获取斜压能量维持其环流，其环流通常具有很强的风垂直切变，TC 发生了变性。

3　结论

　　(1)北上类 TC 登陆后，在背景场长波槽前向北移动靠近中纬度斜压锋区，并通过吸附运动使 TC 并入西风槽，而西行类 TC 没有长波槽，离中纬度斜压锋区较远。

（2）北上类 TC 登陆时存在西南低空急流水汽输送带，当其强度减弱后，TC 东南侧存在位于副高西南侧的东南暖湿气流作为水汽补充，而西行类 TC 减弱后逐渐与西南低空急流水汽输送带分离，且不存在东南暖湿气流作为水汽补充。

（3）北上类 TC 登陆后，高层辐散区与高空急流边界靠近，因此增强了其向东北方向的辐散，低层由于高层动量下传，加强了低空西风，从而使 TC 低压环流维持，而西行类 TC 不靠近高空急流边界，高空散度很弱，高空也没明显的西风动量下传。

（4）北上类 TC 登陆后，从中纬度斜压锋区获取斜压能量，其环流垂直切变增强，相对涡度差负值增大，在高空 TC 中心散度由大变小后又由小变大的过程中，TC 发生了变性，而西行类 TC 没有环境能量补给，逐渐填塞消亡。

综上所述，可以得到两类 TC 登陆后的物理图像，TC 登陆后，水汽供应条件比在海面上差，导致 TC 环流逐渐减弱，因此总体上 TC 都是减弱的。当 TC 低压北上到与西风斜压带相互作用时，在有利的水汽供应条件（两支水汽输送带）和有利的动力触发因素（北方槽底部的弱冷空气侵入）下，低层辐合加强，高层辐散增强（高空急流的作用），从而导致台风在变性过程中加强。而西行类 TC 开始虽有有利的水汽供给，但由于环境场因素，未能得到变性加强，反而减弱填塞直至消亡。因此，当一个 TC 登陆后，其预报移动方向、水汽输送状况、与斜压锋区的关系以及高空辐散气流等特征，可以作为初步判定登陆 TC 将减弱消亡还是将变性加强的可能原因。

参考文献

[1] 陈联寿,丁一汇. 西太平洋台风概论[M]. 北京:科学出版社,1979:420.

[2] 周军,陈瑞芬,李文源. 登陆台风远距离暴雨的观测研究和预报[J]. 南京气象学院学报,1995,**18**(3): 376-382.

[3] 李春虎,赵宇,龚佃利,等. "04·8"山东远距离台风暴雨成因的数值模拟[J]. 南京气象学院学报,2007,**30** (4):503-511.

[4] 端义宏,余晖,伍荣生. 热带气旋强度变化研究进展[J]. 气象学报,2005,**63**(5):636-645.

[5] Chen L S. Decay after landfall[R]. Haikou:WMO/TD,1998.

[6] 徐祥德,陈联寿,解以扬. 环境场大尺度锋面系统与变性 TC 结构特征及其暴雨的形成[J]. 大气科学, 1998,**22**(5):744-752.

[7] Thorncroft C D,Jones S C. The extratropical transitions of Hurricane Felix and Iris[J]. *Mon Wea Rev*, 2000,**128**(4):947-972.

[8] Hart R,Evans J L. Extratropical transition:One trajectory though cyclone phase space[R]//25th conference on hurricanes and tropical meteorology. San Diego:Amer Meteor Soc,2002:539-540.

[9] 张兴强,孙兴池,丁治英. 远距离台风暴雨过程的正/斜压不稳定[J]. 南京气象学院学报,2005,**28**(1): 78-85.

[10] 雷小途,陈联寿. 热带气旋的登陆与中纬度环流系统相互作用的研究[J]. 气象学报,2001,**59**(5): 452-461.

[11] 雷小途,陈联寿. 热带气旋与中纬度环流系统相互作用的研究进展[J]. 热带气象学报,2001,**17**(4): 452-461.

[12] 李英,陈联寿,王继志. 登陆热带气旋长久维持与迅速消亡的大尺度环流特征[J]. 气象学报,2004,**62** (2):167-179.

［13］ Frank W M. The structure and energetic of tropical cyclone Ⅰ:Storm structure[J]. *Mon Wea Rev*,1977,**105**(9):1119-1135.

［14］ Gray W M. Recent advances in tropical cyclone research from rawinsonde composite analysis[R]. Geneva:WMO,1981.

［15］ 陈联寿.热带气旋运动研究进展的综述[C]//陈联寿,徐祥德,罗哲贤,等.全国热带气旋科学讨论会议论文集.北京:气象出版社,2000:1-9.

［16］ 朱乾根,林锦瑞,寿绍文,等.天气学原理和方法[M].3 版.北京:气象出版社,2000:542.

［17］ 李永康,陆渝蓉,高国栋.8209 号和 8304 号 TC 影响期物理量场的对比分析[C]//852906207 课题组.热带气旋科学:业务试验和天气动力学理论研究(第四分册).北京:气象出版社,1996:40-45.

江南春雨的两个阶段及其降水性质[*]

刘宣飞，袁　旭

（南京信息工程大学　气象灾害省部共建教育部重点实验室，南京　210044）

摘　要：根据 1970—2009 年平均的逐候 NCEP/NCAR 再分析资料和 1979—2008 年平均的逐候 CMAP 降水资料，分析了第 1—27 候江南地区（110°—120°E，23°—30°N）降水的阶段性特征。通过滑动 t 检验方法，发现江南地区的春季降水分别在第 10、16 候出现突增，达到 99% 的统计信度。为此，将第 10 候确定为江南春雨的建立日期，并将江南春雨期划分为两个阶段：第 10—15 候为第一阶段，第 16—27 候为第二阶段。伴随着江南春雨降水量的两次突增，青藏高原东南侧（105°—112°E，20°—25°N）的西南风也有两次突增，但时间要比江南春雨早 1～2 候。与第一阶段相比，第二阶段东亚经度上的冬季型 Hadley 环流消失，江南地区的上升运动向上扩展至 200 hPa 高度，纬向海平面气压场梯度由大陆高、海洋低的冬季型转为大陆低、海洋高的夏季型，大气层结不稳定性和对流性降水率均增加，这表明第二阶段的江南春雨已具有副热带季风降水的性质。

关键词：气候学；江南春雨；副热带季风降水；降水性质；滑动 t 检验

0　引言

受东亚季风的影响，中国东部地区的降水大多集中在夏季，但也有个别地区的降水主要出现在春季或秋季，如在江南、华南地区，春季降水现象就比较明显。江南、华南地区的春季降水往往低温阴雨持续时间长、影响范围广，给春播春种、交通等造成不利影响，是一种灾害性天气。包澄澜[1]将 3—4 月华南地区的多雨期称为前汛期雨季，丁一汇[2]把 4—6 月份的这段雨季称为前夏雨季，Tian 等[3]则称之为春季持续降水（Spring Persistent Rains），而王会军等[4]将华南 4—5 月的连阴雨称为春季风，郑彬等[5]把这段降水称为华南前汛期的锋面降水，钱维宏等[6]对东亚雨季的命名进行了归纳。本文将春季（南海季风爆发前[7]，即第 28 候以前）出现在江南地区（大致为长江以南、南岭以北地区）的降水统称为江南春雨。

江南春雨的建立发生在冬春大气环流的缓变过程中，缺乏标志性的环流形势调整，这给江南春雨建立时间的确定带来一定困难，但由于江南春雨是东亚独特的天气气候现象，也是我国出现最早的雨季，对其研究已由天气学或中短期预报转变为气候事件范畴[3,8]，如何客观地确定其起止时间具有实际意义。陈绍东等[9]以月降水量超过年平均雨量视为江南汛期的开始，认为江南地区的雨季开始于 3 月。Tian 等[3]确定的江南春雨期为第 12—26 候。万日金等[10]详细研究了江南春雨的时空分布特征，提出江南春雨的建立和终结时间为第 13 候和第 27 候。王遵娅等[11]确定的江南春雨期时段为第 21—27 候。李超等[12]、万日金等[13]采用降水量和

* 本文发表于《热带气象学报》，2012 年 12 月第 28 卷第 6 期，465-471。

850 hPa 风场作为衡量标准,分别提出了江南春雨逐年建立日期的判别指标,由此得到江南春雨开始的平均日期分别为 2 月 24—25 日(第 11—12 候)和第 13.8 候。Chou 等[14]分析了西北太平洋-东亚地区降水的季节变化,发现 115°—135°E,25°—30°N 区域平均的降水量在第 9 候与第 10 候之间发生跳跃性增加,并由此将第 10 候定为江南春雨的建立日期,将第 10—27 候划分为江南春雨期。Zhao 等[15]分析了中国东部降水的年循环情况,发现 30°N 以南地区降水从第 10 候开始增加,到第 16 候以后稳定维持在 5 mm/d。

对于江南春雨的降水性质是气象工作者普遍关注的问题,目前有两种不同的观点。一种观点认为:江南春雨期属于冬季向夏季过渡的雨型,此时东亚经向温度梯度还没有反转,亚洲热带季风尚未爆发。如李麦村等[16]指出:长江流域春季连阴雨是东亚上空南、北两支急流在长江中下游交汇而形成切变线和准静止锋的结果。王遵娅等[11]认为江南春雨期处于冬夏季环流型转变期的过渡雨型,中高纬西风带和夏季风的影响同样重要。Chou 等[14]虽然认为此阶段的环流更像夏季型而不像冬季型,但也持江南春雨为过渡雨型的观点。万日金等[8]分析了江南春雨的气候成因和机制,认为青藏高原的动力、热力作用造成高原东南侧的强劲西南风速中心,江南春雨区即位于该中心的下游,并提出江南春雨与东亚季风之间的联系值得进一步研究。另一种观点认为:江南春雨意味着东亚副热带季风的建立,东亚副热带季风的建立早于南海季风,其建立时间大致在 3 月底至 4 月初(第 16—18 候)。如陈隆勋等[17]认为 4 月初开始于华南北部和江南地区的降水属于东亚副热带季风雨季,这个雨带主要是冷空气和副热带高压西侧转向的 SW 风及南亚地区冬春季副热带南支西风槽中西风汇合而形成的。Zhao 等[15,18]认为,春季南方雨季的开始与低层西南气流加强有关,强降水出现在最强西南风中心前方,并且西南风的加强可能与东亚大陆及附近海域的副热带热力差异相联系。何金海等[19-20]指出,第 16—18 候出现在中国江南南部和华南北部(25°—30°N)的雨带标志着东亚副热带季风雨季的开始,并从纬向海陆热力差异反转、垂直大气加热率 Q_1、垂直速度、层结稳定性等方面进行了详细阐述。

如果第 16—18 候以后的江南春雨代表了东亚副热带季风降水,那么这之前的江南春雨的降水性质就与之不同,这是否隐含着江南春雨期降水可进一步分为不同的阶段?本文将在对江南地区第 1—27 候降水量变化规律研究基础上,对这一问题进行深入讨论,以揭示江南春雨期降水的阶段性特征。

1 资料和方法

本文使用的降水资料为 1979—2008 年逐日 CMAP(CPC Merged Analysis of Precipitation)的全球 2.5°×2.5°经纬度格点资料[21],先将逐日资料转为逐候资料(每年 73 候),取其 30 年平均,用以分析气候平均状态下的降水季节变化。本文使用的环流资料为 1970—2009 年 NCEP/NCAR 的全球 2.5°×2.5°经纬度再分析资料,包括:水平风场、垂直速度、海平面气压场、对流性降水率(Convective Precipitation Rate)、温度场、比湿场,先将逐日资料转为逐候资料(每年 73 候),取其 40 年平均,用以分析气候平均状态下的环流季节变化。假相当位温的计算公式参见文献[20]。为检验降水和环流季节变化是否具有突变性,我们采用了滑动 t 检验方法[22]。

2　江南春雨期降水阶段的划分

图 1 给出了沿 110°—120°E 平均的降水纬度-时间(候)剖面图。本文只讨论南海季风爆发(第 28 候)前的江南春雨期降水,图 1 中的时间范围为第 1—27 候,且只画出了 3 mm/d 以上的降水等值线分布。由图可见,该时段的降水主要位于江南地区,其他纬度带(包括南海地区)没有出现3 mm/d 以上的降水。因此,在东亚地区由冬到夏的季节变化过程中,江南地区的雨季出现最早,此后,该地区的降水量不断增加,第 15 候增加到 5 mm/d,第 24 候以后增加到 7 mm/d以上。同时,该雨带还呈现向南北两侧拓展的趋势,其中向南拓展更为明显,第 18 候 5 mm/d 的降水南边界位于 23°N 附近,第 27 候已经南移到 20°N 以南。图中的降水大值区基本位于 23°—30°N 纬度带

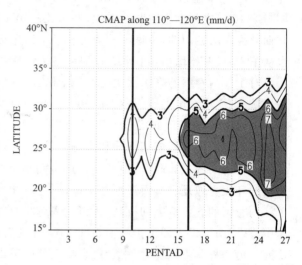

图 1　1979—2008 年气候平均 CMAP 降水沿
110°—120°E 的纬度-时间(候)剖面
(横坐标为候,两条竖线分别表示第 10 候、第 16 候,
阴影区为 >5 mm/d 的区域)

内。万日金等[10]指出,江南春雨的南界位置至少可以达到 23°N,这比传统的用 25°—30°N 代表江南地区的位置要偏南一些。

根据图 1 中主要降水区的纬度带分布情况,本文取(110°—120°E,23°—30°N)区域代表江南地区。图 2(a)给出了该区域平均的降水量逐候演变。图中反映出由冬季向春季的过程中,江南地区降水的增加不是匀速的,而是波动式增加。为定量检测江南地区降水的变化是否具有突变特征,以确立江南春雨的建立日期,这里采用滑动 t 方法对图 2(a)中的降水序列进行突变分析,发现滑动窗口取为 3—9 候时该序列的突变时间具有一致稳定的结果,且在滑动窗口取为 8 候时突变最为显著,对应的 t 值分别在第 10 候、第 16 候达到 -5.56,-8.51,而自由度为 14 的 99% 统计信度下的临界 t 值为 2.977,这表明该序列分别在第 10 候、第 16 候发生突变(突增),其中第 16 候的突变更为明显,在图 1 中的两条竖线表示这两个突变时间。其中第 10 候发生的突变与 Chu[23]采用 Wilcoxon-Mann-Whitney 方法的检验结果一致。Zhao 等[15]也指出江南地区的降水在第 10 候、第 16 候有明显增加,但未分析其是否具有突变性质。与这两个突变的时间对应,降水量分别出现大于 3 mm/d、5 mm/d 的变化[图 2(a)中的两条水平虚线]。

江南地区春季降水的突增往往标志着干冷冬季的结束和暖湿春季的开始,根据江南地区降水的以上突变特征,我们可以将第 10 候作为江南春雨的建立日期,并将江南春雨期划分为两个阶段:伴随着江南春雨的建立,江南地区平均雨量增至 3 mm/d 以上,将第 10—15 候作为江南春雨的第一阶段,随着江南地区平均雨量增至 5 mm/d 以上,江南春雨进入第二阶段(第 16—27 候)。

以下将分析江南春雨两个降水阶段的各自特征,重点讨论第二阶段(第 16—27 候)的江南春雨是否具有副热带季风降水性质。

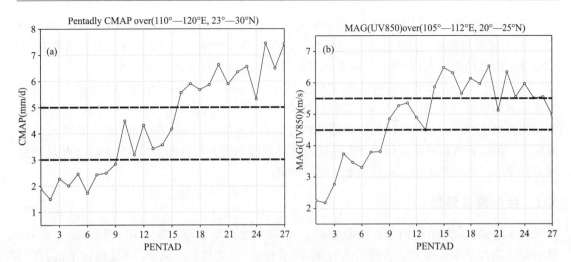

图 2 江南地区(110°—120°E,23°—30°N)降水量(a)和高原东南侧(105°—112°E,20°—25°N)850 hPa
西南风速(b)的时间(候)演变曲线

[(a)中两条虚线分别代表 3 mm/d、5 mm/d;(b)中两条虚线分别代表 4.5 m/s、5.5 m/s]

3 江南春雨期两个阶段的环流特征和降水性质

3.1 850 hPa 风场

图 3 为江南春雨两个阶段的 850 hPa 风场图。两个阶段的共同特征主要表现在:青藏高原东南侧的(105°—112°E,20°—25°N)区域均存在 SW 风速中心,风速大小从第一阶段的 6 m/s 增强到第二阶段的 7 m/s,江南春雨区位于该风速中心的下游位置,江南春雨主要由风速的辐合产生。分别画出江南春雨两个阶段的 850 hPa 纬向、经向风(图略),发现 SW 风速中

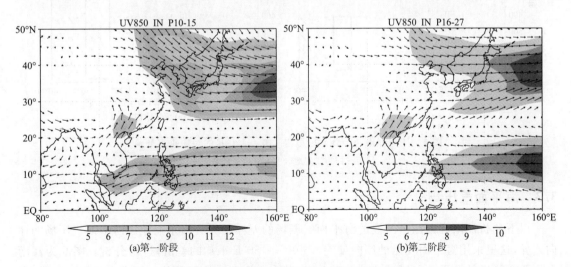

图 3 江南春雨两个降水阶段的 850 hPa 环流

(阴影区表示风速大于 5 m/s 的区域)

心主要由经向风产生。研究表明[8],该 SW 风速中心是高原的动力、热力作用的结果,也有研究认为[12]这也与东亚纬向海陆热力差异有关。两个阶段的差异主要表现在:东亚副热带、中纬度地区偏北风的减弱,表明东亚冬季风从第一阶段到第二阶段已大为减弱。

我们进一步分析了青藏高原东南侧(105°—112°E,20°—25°N)区域平均的 850 hPa 风速的逐候演变情况(图 2(b))。滑动 t 检验的结果表明,该中心的风速大小分别在第 9 候、第 14 候发生突变(突增),与此对应,风速分别出现大于 4.5 m/s,5.5 m/s 的变化[图 2(b)中的两条虚线]。可见,青藏高原东南侧的 SW 风比江南春雨降水的突增时间要早 1～2 候,SW 风的突增直接导致了随后其下游方向江南地区降水的突增。

3.2 经向垂直环流

图 4 给出了江南春雨两个阶段沿 110°—120°E 的经向垂直环流图。第一阶段(图 4(a))的显著特征是北半球呈现为完整的冬季型 Hadley 环流:赤道地区上升、中纬度地区下沉,高空偏南气流、低空偏北气流,只是在江南地区上空表现异常,为上升气流,上升运动局限在 400 hPa 以下。到了第二阶段(图 4(b)),虽然赤道地区的上升气流仍存在,但高空偏南气流、低空偏北气流已变得非常不明显,冬季型 Hadley 环流不复存在,且这一阶段江南地区上空的上升运动大为加强,其高度能达到 200 hPa 左右,与赤道地区相当,强度还大于赤道地区。同时注意到,两个阶段南海地区均为下沉运动,表明南海季风直到江南春雨的第二阶段仍未爆发。因此,冬季型 Hadley 环流是否存在及江南地区的上升速度达到的高度是江南春雨两个降水阶段经向垂直环流的主要差异。

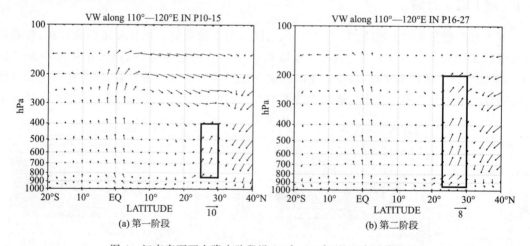

图 4 江南春雨两个降水阶段沿 110°—120°E 的经向垂直环流
(矩形框为江南地区的上升运动区域)

3.3 海平面气压场

以下分析江南春雨两个阶段的海平面气压场的差异。为突出东亚地区海平面气压场的纬向差异,这里采用海平面气压的纬向偏差(与 90°—150°E 平均的差值)进行分析。图 5 为江南春雨两个阶段的海平面气压纬向偏差的分布,其中阴影区表示正偏差。江南春雨第一阶段,东亚沿岸为正偏差分布,表明该区域受高压控制,而其东西两侧为负偏差,因此东亚沿岸仍维持大陆高压、海洋低压的冬季气压场形势;江南春雨第二阶段,40°N 以南的东亚沿岸转为大陆低压、海洋高压的分布,即江南春雨区域的海平面气压梯度方向发生了反转,第二阶段的气压分布已转变为夏季形态。为进一步看清江南春雨地区海平面气压梯度的季节演变,图 6 给出了沿 23°—30°N 平均的海平面气压纬向偏差的经度—时间(候)剖面图,图中的两条水平虚线分别代表第 10 候、第 16 候,由图可见,第 10 候时的纬向海平面气压梯度的方向与第 1 候时完全一样,均为大陆高压、海洋低压,只是强度有所减弱,第 18 候左右情况发生改变,纬向海平面气压梯度转为大陆低压、海洋高压。由此可见,江南春雨两个阶段对应着相反的东亚海平面气压梯度,第一阶段仍维持大陆高压、海洋低压的冬季型分布,第二阶段则转为大陆低压、海洋高压的夏季型分布。

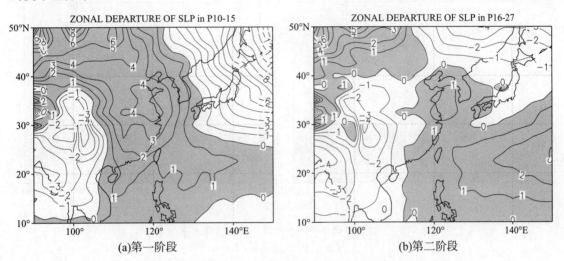

(a)第一阶段　　　　　　　　　　(b)第二阶段

图 5　江南春雨两个降水阶段的海平面气压纬向偏差分布
(单位:hPa,阴影区为正值)

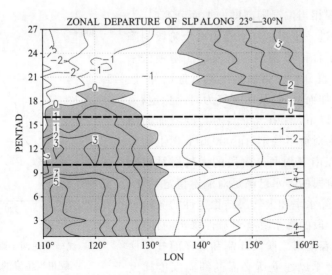

图 6　沿 23°—30°N 平均的海平面气压纬向偏差的经度—时间(候)剖面图
(单位:hPa,阴影区为正值)

3.4　降水性质

为分析降水性质的差异,图7给出了江南春雨两个阶段对流性降水率的分布。第一阶段,对流性降水率的大值主要分布在热带地区,数值可以达到 10×10^{-5} kg/(m² · s),江南地区的对流性降水率在 2×10^{-5} kg/(m² · s)以下,说明该阶段的江南春雨对流性降水性质不明显;第二阶段,一个显著的变化是江南地区出现一个对流性降水率的大值中心,数值达到 8×10^{-5} kg/(m² · s),与热带地区的对流性降水率大小相当,表明该阶段的江南春雨其对流性降水性质已非常明显。江南春雨两个阶段的降水性质有显著差异。

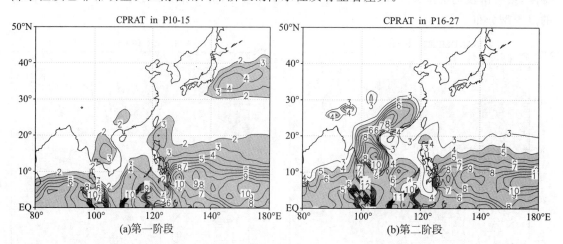

(a)第一阶段　　　　　　　　　　　　　　　(b)第二阶段

图7　江南春雨两个降水阶段的对流性降水率分布

[单位:10^{-5} kg/(m² · s)]

假相当位温的垂直梯度能够很好地反映大气的对流不稳定性,当假相当位温随高度增加而降低时,大气为对流不稳定,当假相当位温随高度增加而升高时,大气为对流稳定。为进一步揭示江南春雨两个阶段的降水性质,图8给出了江南春雨两个阶段的江南地区平均的假相当位温垂直分布。第一阶段除近地层外,假相当位温随高度增加而升高,表明大气为对流稳定;第二阶段在 600 hPa 以下,假相当位温随高度增加而降低,表明该层大气为对流不稳定,而 600 hPa 以上则为对流稳定。可见,江南春雨两个阶段的大气层结稳定性是不同的,第二阶段的降水已满足对流不稳定条件。

从以上对流性降水率和大气层结稳定性的分析可知,江南春雨第二阶段的降水具有对流性降水的性质。再结合前述的江南春雨第二阶段环流和海平面气压梯度特征可知,副热带季风建立所必需的纬向温度梯度反转、偏南风增强、对流不稳定、降水的显著增加等条件均已满足,因此,可以认为江南春雨第二阶段的降水

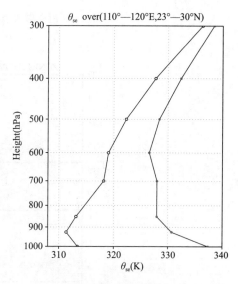

图8　江南春雨两个降水阶段江南地区
假相当位温的垂直廓线

(空心圆连线表示第一阶段,
实心圆连线表示第二阶段,单位:K)

属副热带季风降水性质。

4　结　论

(1)运用滑动 t 检验方法,对第 1—27 候江南地区(110°—120°E,23°—30°N)的降水突变情况进行了分析,发现第 10 候、第 16 候降水发生突增,为此将第 10 候确定为江南春雨的建立日期,并将江南春雨期划分为两个阶段:第 10—15 候为第一阶段,第 16—27 候为第二阶段。

(2)伴随着江南春雨降水量的上述两次突增,青藏高原东南侧的西南风也有两次突增,但时间比江南春雨早 1～2 候,西南风的突增直接导致了随后其下游方向江南地区降水的突增。

(3)江南春雨两个阶段的降水性质是不同的,其中第二阶段的降水已具有副热带季风降水的性质,具体表现为:东亚经度上冬季型 Hadley 环流消失,江南地区上升运动向上扩展至 200 hPa 高度,纬向海平面气压场梯度由大陆高、海洋低的冬季型转为大陆低、海洋高的夏季型,对流性降水率增加,大气层结转为不稳定。

虽然第 16—27 候江南地区的降水已属副热带季风降水性质,称之为"春雨"已不太合适,但为与习惯称呼一致,本文仍称之为江南春雨的第二阶段。对江南春雨划分为降水性质不同的两个阶段,将有助于区别对待这两个阶段的降水成因和分别寻找预报因子。江南春雨第一阶段降水发生后是否有利于触发第二阶段降水性质发生改变,这是值得进一步研究的问题。

致谢:感谢 NCEP/NCAR 提供再分析资料和 CMAP 降水资料。

参考文献

[1] 包澄澜. 热带天气学[M]. 北京:科技出版社,1980:130-132.

[2] Ding Y H. Summer monsoon rainfalls in China[J]. *J Meteor Soc Japan*,1992,**70**(1):373-396.

[3] Tian S F,Yasunari T. Climatological aspects and mechanism of Spring Persistent Rains over central China [J]. *J Meteorol Soc Japan*, 1998,**76**(1):57-71.

[4] Wang H J,Xue F,Zhou G Q. The spring monsoon in South China and its relationship to large-scale circulation features[J]. *Adv Atmos Sci*,2002,**19**(4):651-664.

[5] 郑彬,梁建茵,林爱兰,等.华南前汛期的锋面降水和夏季风降水 I:划分日期的确定[J]. 大气科学,2006,**30**(6):1207-1216.

[6] 钱维宏,丁婷,汤帅奇. 亚洲季风季节进程的若干认识[J]. 热带气象学报,2010,**26**(1):111-116.

[7] 高辉,何金海,徐海明. 关于确定南海夏季风建立日期的讨论//南海夏季风建立日期的确定与季风指数 [M]. 北京:气象出版社,2001:1-41.

[8] 万日金,吴国雄. 江南春雨的气候成因机制研究[J]. 中国科学(D 辑),2006,**36**(10):936-950.

[9] 陈绍东,王谦谦,钱永甫. 江南汛期降水基本气候特征及其与海温异常关系初探[J]. 热带气象学报,2003,**19**(3):260-268.

[10] 万日金,吴国雄. 江南春雨的时空分布[J]. 气象学报,2008,**66**(3):310-319.

[11] 王遵娅,丁一汇. 中国雨季的气候学特征[J]. 大气科学,2008,**32**(1):1-13.

[12] 李超,徐海明. 江南春雨气候特征及形成机制的研究[D]. 南京:南京信息工程大学大气科学学院,2009,13-14.

[13] 万日金,王同美,吴国雄. 江南春雨和南海副热带高压的时间演变及其与东亚夏季风环流和降水的关系

[J]. 气象学报,2008,**66**(5):800-807.

[14] Chou C, Huang L F, Tseng L S, *et al*. Annual Cycle of Rainfall in the Western North Pacific and East Asian Sector[J]. *J Climate*, 2009,**22**(8):2 073-2 094.

[15] Zhao P, Zhang R H, Liu J P, *et al*. Onset of southwesterly wind over eastern China and associated atmospheric circulation and rainfall[J]. *Clim Dyn*,2007,**28**(7-8):797-811.

[16] 李麦村,潘菊芳,田生春,等. 春季连续低温阴雨天气的预报方法[M]. 北京:科学出版社,1977.

[17] 陈隆勋,李薇,赵平,等. 东亚地区夏季风爆发过程[J]. 气候与环境研究,2000,**5**(4):345-355.

[18] Zhao P,Jiang P P,Zhou X J, *et al*. Modeling impacts of East Asian Ocean-Land thermal contrast on spring southwesterly winds and rainfall in eastern China[J]. *Chinese Sci Bull*. doi:10.1007/s11434-009-0229-9

[19] 何金海,赵平,祝从文,等. 关于东亚副热带季风若干问题的讨论[J]. 气象学报, 2008, **66**(5):683-696.

[20] 任珂,何金海,祁莉. 东亚副热带季风雨带建立特征及其降水性质分析[J]. 气象学报,2010,**68**(4):550-558.

[21] Xie P, Arkin A K. Global precipitation:A 17-year monthly analysis based on gauge observations, satellite estimates, and numerical outputs[J]. *Bull Amer Meteor Soc*,1997,**78**(11):2 539-2 558.

[22] 符淙斌,王强. 气候突变的定义和检测方法[J]. 大气科学,1992,**16**(4):482-493.

[23] Chu P S. Large-scale circulation features associated with decadal variations of tropical cyclone activity over the central North Pacific[J]. *J Climate*,2002,**15**(18):2 678-2 689.

在 NCEP GDAS 中同化 MSG 和 GOES 资料[*]

朱　彤[1,2]，翁富忠[2]

(1. 科罗拉多州州立大学，美国　科罗拉多州　80523-1375；

2. NOAA/NESDIS/STAR，美国　马里兰州　20746)

摘　要：首次将 MSG-2(Meteosat Second Generation-2)卫星上的旋转增强可见光及红外成像仪 (Spinning Enhanced Visible and Infrared Imager，SEVIRI)的观测资料同化到美国国家环境预报中心(National Centers for Environmental Prediction，NCEP)全球资料同化系统(global data assimilation system，GDAS)中。对当前的地球静止业务环境卫星(Geostationary Operational Environmental Satellite，GOES)成像仪资料的同化问题也进行了进一步探讨。利用 CRTM(The Community Radiative Transfer Model)模式，对 SEVIRI 辐射率观测资料进行了模拟。为了对红外辐射率资料进行模拟，CRTM 模式中的几个关键部分得到改进，例如：动态更新地面发射率资料以及采用了快速精确的气体吸收模块。为了改进对 SEVIRI 和 GOES 成像仪辐射率资料的模拟效果，采用了 GSICS(The Global Space-Based Inter-Calibration System)标定订正。初步研究结果表明，包含对 SEVIRI 辐射率资料的水汽通道(6.25 μm 和 7.35 μm)和二氧化碳通道(13.40 μm)的同化对 GFS (Global Forecast System)6 d 预报具有显著的正影响；而对其他 5 个 SEVIRI 红外窗口通道资料的同化则减小了这种正影响。通过应用 GSICS 标定算法，订正了 SEVIRI 和 GOES-12 成像仪观测资料的偏差，提高了对 GFS 预报的影响。此外，还需作进一步研究来提高对 SEVIRI 红外窗口通道辐射率资料同化的有效性。

关键词：资料同化；MGS SEVIRI；GOES 成像仪；NCEP GDAS；CRTM

0　引言

由于缺乏先进的资料同化能力，所以业务资料同化系统还不能充分利用 GOES 的高时空分辨率资料。地球静止卫星成像仪辐射率资料具有高质量、低噪音的特点。然而，由于反演高度的不确定性，成像仪产品(例如，水汽和云迹风)的同化效果还不太令人满意。目前欧洲中期预报中心(ECMWF)和英国国家气象局(Met office)已经直接对成像仪辐射率资料进行同化试验(Szyndel *et al*.，2005)。通过使用一个区域数值天气预报模式分析和预报系统，Stengel *et al*.(2009)证实，在晴空和低云条件下，3 个 SEVIRI 红外通道资料对对流层中层湿度和位势高度的预报具有正影响。利用 NCEP(National Centers for Environmental Prediction)的 GSI(Gridpoint Statistical Interpolation；Derber *et al*.，1991)系统，美国卫星资料同化研究中心(Joint Center for Satellite Data Assimilation)也对 GOES 成像仪和 MSG SEVIRI 的辐射率资料同化进行了初步试验(Zhu *et al*.，2010a；2010b)。研究结果表明，它们对 GFS 预报具有

---

*　本文发表于《大气科学学报》，2012 年 8 月第 35 卷第 4 期，385-390。

正影响。本文继续优化了 NCEP 全球预报系统中 GOES-11/12 成像仪和 MSG SEVIRI 辐射率资料的同化过程,并使得这些资料能够应用到 NCEP 业务中。

1　SEVIRI 资料影响

1.1　SEVIRI 资料处理

本文从 EUMETSAT(the European Organization for the Exploitation of Meteorological Satellites)获取两个月的 MSG SEVIRI(Spinning Enhanced Visible and Infrared Imager,旋转增强可见光及红外成像仪)全天辐射(all sky radiance,ASR)和晴空辐射(clear sky radiance,CSR)资料。晴空辐射资料产品包含来自无云或仅有低云地区的所有(红外和水汽)通道的平均亮温和辐射率的信息。晴空辐射使用 16×16 像素的平均值。通常晴空辐射产品被编码为 BUFR 格式且逐时发布。

为了将 CSR 和 ASR 资料应用到 GSI 系统中,生成了一种新的 BUFR 格式,将原始的 MSG ASR 和 CSR SEVIRI 资料由 WMO BUFR 格式转换成为 NCEP BUFR 格式。CSR 资料中也包含一些来自低层云覆盖地区的辐射率资料,当总云量小于 30% 时,在 GSI 系统中辐射率资料被同化。

1.2　GSI 分析

本文通过加入一系列处理,包括 BUFR 译码(decoding)、总体检测(gross checking)、质量控制(quality control)以及偏差校正(bias correction)过程,改进了用于同化 SEVIRI 晴空辐射和全天辐射资料的 GSI 系统。GSI 分析表明,水汽通道(6.25 和 7.35 μm)和二氧化碳通道(13.40 μm)的 O-B 偏差(观测结果减去具有 GFS 预报背景场的 CRTM 模拟结果)具有高斯(Gaussian)分布特征(图 1)。然而,图 1 也表明,其他对地表和云敏感通道呈现非高斯(non-Gaussian)分布,特别是通道 4,9 和 10 表现出重尾(heavy-tailed)分布。在能够改善地表和云敏感通道资料的模拟效果之前,先考虑通过同化两个水汽波段和二氧化碳波段资料以得到有价值的信息。

1.3　对 GFS 影响

为了研究 CSR 对 GFS 预报的影响,进行了 2 个月的敏感性试验,分别为 2008 年 5 月 22 日—6 月 21 日和 11 月 1—31 日两个时段。在控制试验中(图 2 中 CONTROL),当前业务 GSI 中使用的所有常规观测资料和卫星资料(例如,AMSU-A/B, HIRS, AIRS, SSMI, MHS 和 GOES 探测器的探测资料)均被 FY09 GSI 模式同化,并用 GFS T382 进行预报。在第一个敏感性试验中(图 2 中 EXP2BCSR),三个 CSR 红外波段(通道 5,6 和 11)资料和控制试验中所有其他观测资料均被同化,结果表明,SEVIRI CSR 的两个水汽波段和二氧化碳波段对 GFS 预报有正影响,特别是在南半球地区(图 2)。图 2(b)表明,在南半球,与控制试验相比,GFS 的 6 d 预报技巧能够延伸 6 h 以上。在第二个敏感性试验中,加入了 SEVIRI 的其他 5 个红外波段,结果表明,加入 5 个红外窗口通道的同化并没有增加对 GFS 预报的影响(图略)。

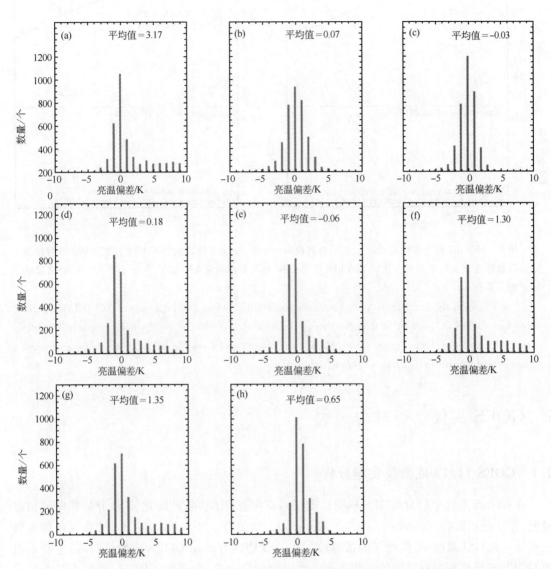

图 1　2008 年 5 月 22 日 GSI 分析的 SEVIRI 的 8 个红外波段的 O-B 偏差（观测结果减去具有 GFS 预报背景场的 CRTM 模拟结果；每个通道的 O-B 平均值分别在每幅图中给出）(a)通道 4(3.90 μm).(b)通道 5(6.25 μm)；(c)通道 6(7.35 μm)；(d)通道 7(8.70 μm)；(e)通道 8(9.66μm)；(f)通道 9(10.80 μm)；(g)通道 10(12.00 μm)；(h)通道 11(13.40 μm)

Fig. 1 O-B(Observation-CRTM simulation with background fields from GFS forecast)biases for SEVIRI 8 IR bands from GSI analysis on May 22,2008(The mean O-B bias for each channel is given in each panel) (a) Ch-4(3.90 μm)；(b)Ch-5(6.25 μm)；(c)Ch-6(7.35 μm)；(d)Ch-7(8.70 μm)；(e)Ch-8(9.66 μm)；(f)Ch-9 (10.80 μm)；(g)Ch-10(12.00 μm)；(h)Ch-11(13.40 μm)

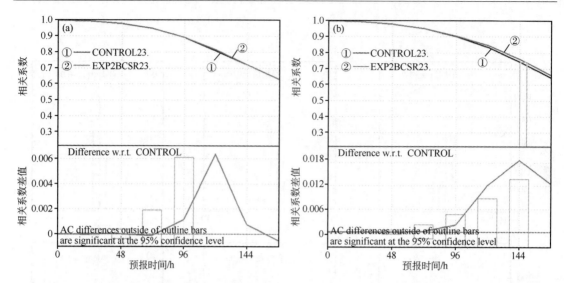

图 2　SEVIRI 两个水汽波段和二氧化碳波段对一个月的 GFS 预报的影响（①线和②线分别为控制试验和敏感性试验结果）(a)北半球 500 hPa 位势高度的异常相关系数;(b)南半球 500 hPa 位势高度的异常相关系数

Fig. 2　Anomaly correlation(AC) of 500 hPa geopotential height for the impact of SEVIRI two water vapor bands and CO_2 band in (a) the Northern Hemisphere, and (b) the Southern Hemisphere for one-month GFS forecasts[Upper panel shows AC, and the lower panel gives the AC difference between control (①curve) and sensitivity(②curve) experiments]

2　GOES 成像仪资料的影响

2.1　GOES-11/12 成像仪资料分析

在 GDAS 系统中已对 GOES 探测仪的观测资料进行了多年的同化,GSI 分析和飓风预报表明,其具有正影响(Zou *et al.*, 2001;Zhu *et al.*, 2008)。另一方面,GOES 成像仪观测资料也被加入到 GSI 系统中,但处于测试阶段。在 GSI 中没有使用 GOES 成像仪资料,主要是因为 GOES 成像仪观测资料中的一些不确定性误差和前向模式(例如 CRTM)模拟中存在的误差。GSI 分析表明,GOES-12 成像仪的通道 3 和 6 的 O-B 偏差具有很大误差(图 3)。最近,通过采用 GSICS 算法,用 AIRS(Atmospheric Infrared Sounder)和 IASI(Infrared Atmospheric Sounding Interferometer)观测资料标定了 GOES 成像仪资料,发现观测误差产生于两类误差源,即传感器污染问题和光谱响应函数(Spectral Response Function,SRF)的偏移误差(Wang *et al.*, 2008;Yu *et al.*, 2009)。在用 GSI 进行资料同化之前,有必要对这两个误差进行订正。

采用 GSICS 标定算法对辐射率进行订正。新辐射率为:

$$R_{new} = (R_{old} - a)/b \tag{1}$$

式中:R_{new} 为订正的 GOES 辐射率;R_{old} 为原来的辐射率;a 和 b 分别为由 NESIDS/STAR GSICS 研究组所产生的截距系数和斜率。

在 GSI 系统中,处理的成像仪资料是亮温(T_b)。为了应用 GSICS 标定算法,首先将 T_b

转换为辐射率，订正辐射率，再将辐射率转换回 T_b。采用普朗克函数（Planck Function），对 T_b 和辐射率进行转换：

$$R(v_c) = C_1 v_c^3 / \{\exp[C_2 v_c / (A T_b + B)] - 1\} \qquad (2)$$

式中：$C_1 = 1.191\ 04 \times 10^{-5}\ \mathrm{mW \cdot m^{-2} \cdot sr^{-1}(cm^{-1})^{-4}}$；$C_2 = 1.438\ 77\ \mathrm{K(cm^{-1})^{-1}}$；$v_c$ 为该通道的中心波数（表 1）；A, B 为表 1 中的系数。

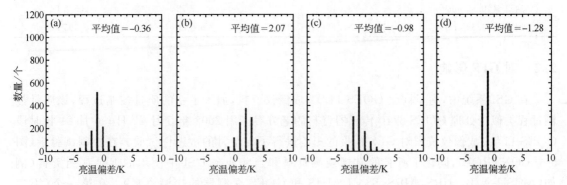

图 3　2008 年 5 月 22 日 GSI 分析的 GOES-12 成像仪的 4 个红外波段的 O-B 偏差（观测结果减去具有 GFS 预报背景场的 CRTM 模拟结果；每个通道的 O-B 平均值分别在每幅图中给出）(a)通道 2 (3.90 μm)；(b)通道 3(6.95 μm)；(c)通道 4(10.35 μm)；(d)通道 5(13.30 μm)

Fig. 3　O-B(Observation-CRTM simulation with background fields from GFS forecast) biases for GOES-12 Imager four IR bands from GSI analysis on May 22, 2008(The mean O-B bias for each channel is given in each panel) (a)Ch-2(3.90 μm)；(b)Ch-3(6.95 μm)；(c)Ch-4(10.35 μm)；(d)Ch-5(13.30 μm)

图 4 给出了应用 GSICS 标定订正前后的 GOES-12 成像仪通道 6 的 O-B 偏差分布在 2007 年 6 月 15 日 12：00（世界时）的一个个例结果。可见，在进行偏差订正后，平均偏差从 −2.55 K 减小到 −0.11 K。

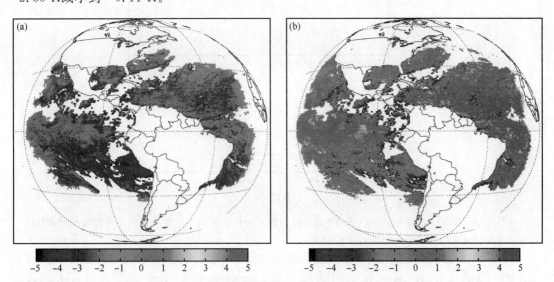

图 4　2007 年 6 月 15 日 12：00（世界时）GOES-12 成像仪通道 6 亮温的 O-B 偏差（单位：K）(a) GSICS 订正前；(b)GSICS 订正后

Fig. 4　O-B biases for GOES-12 Imager channel 6 at 1200 UTC 15 June 2007(units：K) (a)before GSICS correction；(b)after GSICS correction

表 1　方程(2)中的系数
Table 1　Coefficients used in eq. (2)

GOES-12 通道	v_c	A	B
通道 2(3.90 μm)	2 564.822 3	0.999 02	0.697 03
通道 3(6.95 μm)	1 542.377 6	0.988 72	5.083 15
通道 4(10.35 μm)	933.407 6	0.998 72	0.375 54
通道 6(13.30 μm)	751.114 0	0.999 60	0.095 37

2.2　对 GFS 影响

在 GSI 系统中,为了同化 GOES-11/12 成像仪资料,加入了新的质量控制过程,该质量控制过程类似于处理 GOES-8/10 传感器资料的老方案。用 2008 年 5 月 22 日—6 月 21 日时段 GOES-11/12 成像仪资料对 GFS 预报的影响进行了 1 个月的敏感性试验。在控制试验中(图 5 中 CONTROL),同化了所有的常规观测资料和当前业务 GSI 中使用的卫星观测资料(例如,AMSU-A/B,HIRS,AIRS,SSMI,MHS 和 GOES 探测器的探测资料)。在第一个(第二个)敏感性试验中,控制试验的观测资料和 4 个 GOES-12 成像仪通道资料均被同化,且有(无) GSICS 标定订正。当应用 GSICS 标定订正时,尽管没有达到显著性检验标准,但 GOES-12 成像仪资料对 GFS 预报的影响是增加的,尤其是在热带地区(图略)。

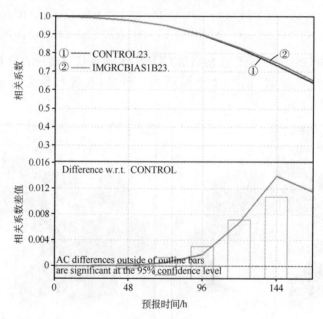

图 5　GSICS 订正后 GOES-11 和 12 成像仪资料对全球 500 hPa 位势高度的异常相关的影响(① 线和②线分别为控制试验和敏感性试验结果)

Fig. 5　Globe averaged anomaly correlation of 500 hPa geopotential height for the impact of GOES-11 and 12 imager data after GSICS correction during May 28—June 20, 2008〔Upper panel shows AC,and the lower panel gives the AC difference between control(①curve) and sensitivity(② curve)experiments〕

在第三个敏感性试验中(图 5 中 IMGRCBIAS1B),同化了 GOES-11 和 12 成像仪资料以及控制试验中所有观测资料。此外,应用了 GSICS 标定订正。500 hPa 位势高度的 6 d 异常相关表明,敏感性试验结果显著好于控制试验结果(图 5)。这表明:GOES-11 和 12 成像仪资料的同化对 GFS 预报有显著的正影响;应用 GSICS 标定订正,能够提高 GFS 预报质量。

3 结论

利用 NCEP GSI 模式,研究了地球静止卫星 MSG SEVIRI 和 GOES-11/12 的红外成像仪观测资料的同化问题。采用两个月的 SEVIRI ASR 和 CSR 辐射率资料并将其转换成 NCEP BUFR 格式。GSI 分析表明,SEVIRI 成像仪的两个水汽通道和二氧化碳通道的 O-B 偏差表现为高斯(Gaussian)分布型,而其他 5 个地表和云敏感红外通道则表现为非高斯(non-Gaussian)分布型。对 GOES-12 成像仪 O-B 偏差的分析表明,在所有的通道中均存在很大偏差,偏差源于传感器污染和光谱响应函数的偏移误差。为此,采用 GSICS 标定订正来减小偏差。

为了研究 SEVIRI 和 GOES 成像仪观测资料对数值模式预报的影响,进行了一系列的 GFS 敏感性试验。结果表明:SEVIRI 水汽和二氧化碳波段辐射率资料的同化对 GFS 预报具有正影响,特别是在南半球地区;在 GSICS 偏差订正的情况下,GOES-11 和 12 成像仪观测资料的同化对 GFS 预报具有显著影响。

此外,应在以下方面作进一步研究:改善 GSI 系统中 SEVIRI 资料同化的质量控制算法;提高 SEVIRI 辐射率资料的 CRTM 模拟效果;为全观测模拟系统试验(Observing System Simulation Experiments,OSSE)的影响研究准备 GOES-R ABI(Advanced Baseline Imager)资料。为了提高红外辐射的模拟效果,CRTM 的有些方面需要更加精确,例如:精确的 BRDF(双向反射分布函数)和红外发射率模式、精确的气溶胶和云光学厚度模式。类似于在地球静止轨道上运行的 SEVIRI 辐射计,GOES-R ABI 具有更多的通道,时空分辨率更高。SEVIRI 资料的成功论证并在业务中使用,为实现 GOES-R 计划铺平了道路。为了全面评估红外成像仪传感器的高时空分辨率观测资料的优劣,有必要进行 4-DVAR 的中尺度试验。

致谢:第一作者谨以此文献给父亲——朱乾根教授,父亲在科学道路上孜孜不倦的探索精神,严谨的治学风范,谦逊宽厚的品格将永远铭记在我们心中。Greg Krasowski 先生对转换 SEVIRI BUFR 资料方面提供帮助,Fangfang Yu 和 Likun Wang 博士提供了 GSICS 标定算法和系数资料集,John Derber,Haixia Liu,Banghua Yan 和 Fanglin Yang 博士以及 NESDIS/ STAR 和 NCEP/EMC 的其他同事在本文完成过程中给予大力帮助并提出宝贵建议,倪东鸿编审将此文翻译成中文,在此一并表示感谢。本研究得到了 GOES-R AWG 和 GOES-R3 项目的资助。

参考文献

Derber J C,Parrish D F,Lord S J. 1991. The new global operational analysis system at the National Meteorological Center[J]. *Wea Forecasting*,**6**(4):538-547.

Stengel M,Unden P,Lindskog M,*et al*. 2009 Assimilation of SEVIRI infrared radiances with HIRLAM 4D-Var[J]. *Quart J Roy Meteor Soc*,**135**(645):2100-2109. doi:10.1002/qj.501.

Szyndel M D E,Kelly G,Thépaut J N. 2005. Evaluation of potential benefit of assimilation of SEVIRI water vapour radiance data from Meteosat-8 into global numerical weather prediction analyses[J]. *Atmospheric Science Letters*,**6**(2):105-111. doi:10. 1002/asl. 98.

Wang L, Wu X. 2008. GSICS tools used to compare IASI and AIRS[J]. *GSICS Quarterly*,**2**(4):4.

Yu F,Wu X,Li Y,*et al*. 2009. GSICS GEO-LEO Inter-Calibration:Operation Status at NOAA/NESDIS[C]// Proceedings of SPIE,7456-9 V. 7.

Zhu T,Weng F,Derber J,*et al*. 2010a. Application of GOES and MSG data in NWP models[C]//The 6th Annual Symposium on Future National Operational Environmental Satellite Systems-NPOESS and GOES-R Atlanta,GA:American Meteorological Society.

Zhu T,Weng R,Krasowski G,*et al*. 2010b. Impacts of SEVIRI and GOES imager data in NCEP GFS with GSICS calibration correction[C]//The 2010 NOAA AWG/GOES-R Risk Reduction Madison,WI.

Zhu Y,Gelaro R. 2008. Observation sensitivity calculations using the adjoint of the gridpoint statistical interpolation(GSI)analysis system[J]. *Mon Wea Rev*,**136**(1):335-351 doi:http://dx. doi. org/10. 1175/ MWR3525. 1.

Zou X,Xiao Q,Lipton A E,*et al*. 2001. A numerical study of the effect of GOES sounder cloud-cleared brightness temperatures on the prediction of hurricane Felix[J]. *J Appl Meteor*,**40**(1):34-55.

东亚太平洋地区近地面臭氧的季节和年际变化特征及其与东亚季风的关系[*]

朱　彬[1,2]

（南京信息工程大学 1.中国气象局大气物理与大气环境重点开放实验室；
2.大气物理学院，南京 210044）

摘　要：利用东亚清洁背景站近地面臭氧观测资料，结合风场和降水资料，分析东亚各地区臭氧的多年季节变化特征，并探讨东亚太平洋地区臭氧的季节和年际变化与季风的关系以及影响近地层臭氧的主要因子。结果表明：东亚大部分地区与北半球背景站观测一致，近地层臭氧季节变化表现为春季最高、夏季最低的特征；但在东亚中纬度 $33°—43°N$，臭氧表现为夏季最高，而在东亚 $20°N$ 以南地区臭氧则表现为冬末、春初最高。东亚太平洋沿岸近地面臭氧的季节变化主要受东亚冬、夏季风环流的季节变化控制。该地区不同纬度上春季峰值出现时间的差异与亚洲大陆春季不同时期污染物输送路径的差异有关。对东亚太平洋沿岸对流层顶附近位势涡度、高空急流和垂直环流季节变化的分析表明，冬春季可能是平流层向对流层输送的最强期，对近地面臭氧贡献最大。初夏至秋季（5—11 月），平流层向对流层输送较弱，对近地面臭氧贡献较小。东亚太平洋地区夏季风爆发的时间和强度以及季风环流型的年际差异是导致该地区春、夏臭氧年际变化的主要原因；而季风降水和云带位置以及平流层—对流层交换是造成臭氧年际变化的其他原因。

关键词：近地面臭氧；东亚季风；季节变化；年际变化

0　引言

臭氧是对流层大气的重要痕量气体。它既是光化学反应的产物，又是对流层化学过程的参与者，其变化和分布直接影响到对流层大气的氧化能力，进而影响到其他大气成分的组成和平衡（Thompson，1992），以及城市、区域和全球的空气质量（Akimoto，2003）。作为温室气体，对流层臭氧参与对地球大气的辐射强迫（IPCC，2007）。观测和模拟研究基本确认，北半球人为源 NOx 等的增加，是近 30 多年乃至近百年近地面臭氧升高的主要原因（Vingarzan，2004）。在近地层，臭氧多被视为污染物，过高的臭氧体积分数将造成一系列不利于人类及生态环境的不良影响，如降低农作物和森林生产力、危害人体健康等（Mauzerall，2005）。

对流层臭氧的来源有两个：平流层输入和对流层光化学反应生成。就某一地区而言，臭氧来源又可分为平流层输入、局地光化学反应生成和长距离输送（指从其他地区输送来的对流层光化学反应生成的臭氧）。而控制对流层臭氧的物理、化学过程则又可分为化学产生，水平、垂直平流，对流（如积云深对流交换）及沉降过程。以上源、汇及其过程控制了全球对流层臭氧的

＊　本文发表于《大气科学学报》，2012 年 10 月第 35 卷第 5 期，513-523。

时空变化。正是由于上述源、汇及其过程在不同地区、不同时间所起的作用不同,导致对流层臭氧的区域分布、日、季和年际变化产生了巨大差异。目前,对臭氧源、汇及其过程的定量认识还不够全面精细,这是造成我们对区域臭氧分布和变化的认识存在不确定性的主要原因(Wild,2007)。

观测表明,北半球大多数相对清洁地区(即人类活动直接影响小的地区),近地层臭氧以春季为全年最高(Monks,2000;Vingarzan,2004)。长期以来,该季节变化的原因一直是大气化学界争论的热点。经典的 Brower-Dobson 理论认为,热带地区对流层上层和平流层形成的高体积分数臭氧,在 Brower-Dobson 环流的作用下,向热带外输送并在中高纬地区下沉,并通过平流层—对流层交换过程(stratosphere-troposphere exchange,STE)输送到对流层和近地层,即对流层臭氧主要来自平流层,且春季 STE 最强是产生此季节变化的根本原因(Levy et al.,1985;Logan,1985)。近 30 多年,大多数研究认为,就全球尺度而言,对流层本身的化学过程是对流层臭氧的主要源,平流层作用较小(Lelieveld et al.,2000;Vingarzan,2004;Grewe,2006;Stevenson et al.,2006)。但是,就某一地区而言,对流层臭氧受不同物理化学过程的控制,其来源组成因地理位置、距人为源区远近及季节不同而具有很大的差异。

与北半球基本一致,东亚太平洋沿岸许多臭氧背景站的观测结果亦显示出臭氧在春季最高、夏季最低的季节变化特征,如中国华东地区(周秀骥,2004)以及日本、韩国等地(Pochanart et al.,2002,2003;Tanimoto,2009)。一般认为,此种季节性变化特征是由于春季北半球中纬地区大陆光化学反应产生的高体积分数臭氧随西风带向东输送,以及东亚夏季风侵入带来低臭氧体积分数的海洋性气团所致。在大陆腹地,东西伯利亚 Mondy 站(100.9°E,51.7°N)的观测结果也显示出了臭氧体积分数在春季最高、夏季最低的特征(Pochanart et al.,2003)。Tanimoto et al.(2005)首先注意并分析了环西北太平洋各站春季臭氧高值的纬向差异,利用区域模式结果分析得出:春季亚洲大陆污染物输出路径的纬向差异和季节性的光化学反应耦合是此特征的原因。Zhang et al.(2002)模拟研究了东亚太平洋地区冬季近地面臭氧的输送和光化学产生作用。Yamaji et al.(2006)指出,春季臭氧峰值出现的时间不同主要是由于平流层输入和洲际间的传输不同所致。Li et al.(2007)应用区域化学模式研究了东亚对流层低层臭氧的季节变化控制因子,发现:夏季(6 月)泰山和华山臭氧峰值主要是由人为臭氧前体物通过活跃的光化学反应产生;而春末(5 月)黄山臭氧峰值是由于长距离输送和光化学反应共同作用形成的。

季风是指近地面冬夏盛行风向接近相反且气候特征明显不同的现象。东亚大陆—日本一带为副热带季风区,冬季 30°N 以北盛行西北季风,以南盛行东北季风;夏季盛行西南或东南季风(陈隆勋 等,1991;朱乾根 等,1992)。近十多年,针对东亚季风对东亚大气污染物影响的研究已有开展。Liu et al.(2002)应用全球化学模式,研究了东亚对流层臭氧来源的季节变化与季风输送路径、对流抬升、平流层侵入、生物质燃烧和闪电产生的臭氧前体物的复杂关系,结论之一是东亚近地层来自平流层的臭氧以冬春季最强、夏季最弱。He et al.(2008)指出,东亚季风对臭氧的季节变化具有显著影响。Kurokawa et al.(2009)应用区域化学模式并考虑年变化的排放源清单(Ohara et al.,2007),模拟研究了 1981—2005 年东亚近地层春季臭氧的年际变化,认为气象场的年际差异是导致春季臭氧变化的主要原因,排放源的年际变化影响较小。春季日本以东太平洋上海平面气压异常,可影响东亚大陆污染气团和低纬南向清洁海洋性气团的输送路径,且日本春季臭氧与 ENSO 有一定程度的相关。Liang et al.(2005)应用全球模式模拟了亚洲 CO 跨太平洋输送的年际变化,建立了基于中国东北部、东北和北太平洋的海平面气压异常的三类跨太平洋输送指数,由此可判定日—季节—年际的亚洲污染物输送强度。Liu *et al*.(2009)研究发现,生物质燃烧(如东南亚秸秆焚烧和西伯利亚森林火灾)对区域臭氧的季节变化有重要贡献。

本文利用东亚清洁背景站近地面臭氧观测资料、NCEP/NCAR 再分析风场资料以及 GPCP(Global Precipitation Climatology Project)全球降水资料,研究 2000—2008 年东亚各地区臭氧的多年季节变化特征,重点讨论东亚太平洋地区臭氧季节和年际变化与季风环流的关系,并对控制该地区近地面臭氧的主要因子——季风输送、光化学产生和平流层输入等进行定性评估。

1 资料与方法

1.1 资料来源

2000—2008 年臭氧的月平均体积分数资料来源于东亚酸沉降监测网(the Acid Deposition Monitoring Network in East Asia,EANET)和世界温室气体数据中心(World Data Centre for Greenhouse Gases,WDCGG);瓦里关站多年月均臭氧资料取自文献(德力格尔 等,2007);黄山、泰山、华山臭氧资料由 Frontier 全球变化研究中心提供。

2000—2008 年 1°×1°网格月平均 1 000 hPa 风场和气压资料来自 NCEP/NCAR 再分析数据集;全球降水气候计划(Global Precipitation Climatology Project,GPCP)提供全球日平均降水资料,分辨率为 1°×1°。GPCP 综合了 GPCC(Global Precipitation Climatology Center)地面雨量计的降水观测结果和卫星遥感对降水的反演结果,能较好地反映降水的时空分布及变化特征。

1.2 站点分布

选取的站点均为区域背景站,受局地排放源的影响小。Happo 测站设在日本中部山区,它能够反映日本中部地区污染物的变化情况。Rishiri 测站为沿海测站。四个西太平洋岛屿测站分别位于韩国的 Cheju 和日本的 Oki,Hedo,Ogasawara。Cheju 和 Oki 测站距陆地较近,Hedo 和 Ogasawara 测站为日本南部太平洋上独立的岛屿,距排放源高值地区较远,仅仅受当地生活排放源的微小影响。俄罗斯的 Mondy 测站位于亚洲东北偏远内陆区,处于非季风区,其背景清洁,常被用作北半球陆地背景站。中国瓦里关站为全球大气本底站,代表欧亚大陆腹地;临安、泰山、黄山和华山分别代表中国东部和西部人类活动区。表 1 给出了各测站的经纬度及海拔高度。

表 1 各测站的经纬度及海拔高度

Table 1 Longitude,latitude and altitude of monitoring sites

测站	经度	纬度	海拔高度/m
中国临安	119°44′E	30°18′N	138
中国黄山	118°15′E	30°13′N	1 836
中国泰山	117°10′E	36°25′N	1 533

测站	经度	纬度	海拔高度/m
中国华山	110°09′E	34°49′N	2 064
中国瓦里关	100°54′E	34°17′N	3 830
日本 Yonogunijima	123°01′E	24°28′N	30
日本 Hedo	128°15′E	26°52′N	60
日本 Oki	133°11′E	36°17′N	90
日本 Happo	137°48′E	36°42′N	1 850
日本 Ryori	141.49′E	39.02′N	260
日本 Rishiri	141°12′E	45°07′N	40
俄罗斯 Mondy	101°00′E	51°40′N	2 000

1.3 资料处理及分析方法

为了分析臭氧 9 a 平均的季节变化特征,对 2000—2008 年各月臭氧体积分数做平均,得到臭氧的气候月平均变化。太阳辐射是光化学臭氧形成的必要条件,而云和降水会显著减弱太阳辐射,在前体物充足的条件下,可以显著减少光化学臭氧产生量(Zhu et al., 2001;Liu et al., 2009)。此外,降水对云下臭氧还有一定的清除作用。因此,本文利用 GPCP 月均降水资料表征月平均光化学臭氧产生条件的强弱。由 NCEP/NCAR 全球再分析资料的近地层风矢量场及 GPCP 的降水资料,可以确定季风的季节变化和年际差异,进而得出季风对不同地区臭氧体积分数变化的影响。

引入距平量,以风矢量为例。对 9 a 各月风速做平均,每月得到一个平均值,再用 9 a 中第 j 年第 i 月风速减去对应月的平均值,即得风速距平,其计算公式为:

$$\delta_{i,j}^{u} = u_{i,j} - \overline{u_i};\delta_{i,j}^{v} = v_{i,j} - \overline{v_i} \tag{1}$$

式中,$\delta_{i,j}^{u}$,$\delta_{i,j}^{v}$ 分别为第 j 年第 i 月 u,v 的距平(单位:m/s);$u_{i,j}$,$v_{i,j}$ 分别为第 j 年第 i 月 u,v(单位:m/s);$\overline{u_i}$,$\overline{v_i}$ 分别为 9 a 第 i 月 u,v 的平均值(单位:m/s),称为气候平均风速($\overline{u_i} = \sum_{j=1}^{9} u_{i,j}$,$\overline{v_i} = \sum_{j=1}^{9} v_{i,j}$)。(1)式给出的是第 j 年第 i 月相对于 9 a 平均的距平值,表征该月盛行风与 9 a 该月气候平均风速的差值。

2 结果和讨论

2.1 东亚各地臭氧季节变化

东亚太平洋及沿岸地区受东亚季风环流系统的控制,特别是东亚副热带季风子系统对其影响更大(Zhu et al., 1986;陈隆勋 等,1991),冬夏季风及其转换期东亚副热带大气环流变化很大,由此导致不同地区受大陆性污染气团或海洋性清洁气团的影响差别显著。对参与大气化学反应的痕量成分而言,太阳辐射、云和降水、STE 等物理化学过程的季节变化也是大气痕量成分季节变化的重要因素。本节首先分析东亚太平洋各站臭氧的季节变化特征,而东亚其他站点臭氧的季节变化将另文详细讨论,在此仅作为比较对象而采用。

图 1 给出了东亚太平洋地区由南至北选择的 5 个代表站（Yonogunijima，Hedo，Oki，Happo，Rishiri）及作为比较对象的中国东部黄山、临安、泰山、华山、青藏高原东北部瓦里关和俄罗斯 Mondy 站近地面臭氧若干年平均的逐月变化情况。东亚酸沉降网（EANET）和部分站有 10 a 的月平均资料，图 1 给出了这些站的多年月均±1σ 的标准偏差。可以发现，东亚太平洋各站与长江中下游的黄山、临安站的臭氧季节变化类似，都表现为春季最高、夏季最低、秋季有一个次峰的变化特征；其中临安比其邻近的黄山、泰山等背景点偏低 10×10^{-9}（体积分数）以上，这与长三角地区人为 NOx 源强大、体积分数高，抑制臭氧产生有关（Wang *et al*.，2001；杨关盈 等，2008）。纬度较低的 Yonogunijima，Hedo 站在冬季仍维持较高体积分数，使其冬春和秋冬过渡期的臭氧增减变化幅度不大。Mondy 站只有春季一个峰值，从夏季至冬季臭氧体积分数都较低。而中国 35°N 附近从东至西的测站都表现出夏初（6 月）最高和冬季最低的单峰分布特征。

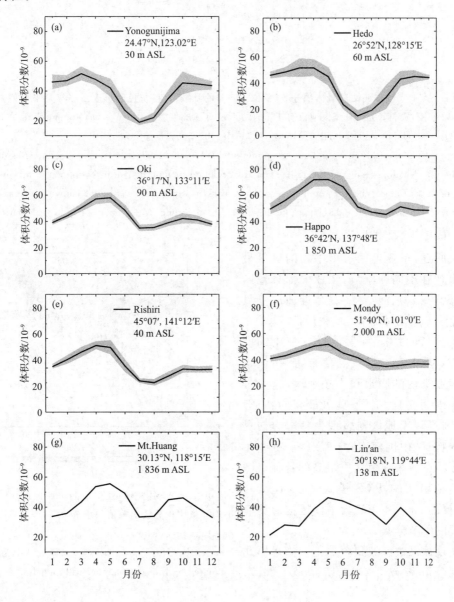

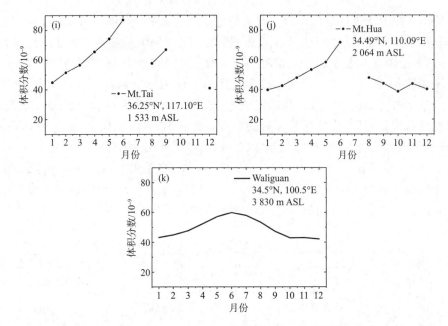

图 1　东亚大气本底站臭氧体积分数（单位：10^{-9}）的月平均值（灰色阴影表示多年月平均值的 ±1σ 标准偏差范围；资料年份短于 5 a 或仅有 1 a 的站点没有标准偏差范围）　　（a）Yonogunijima；（b）Hedo；（c）Oki；（d）Happo；（e）Rishiri；（f）Mondy；（g）黄山；（h）临安；（i）泰山；（j）华山；（k）瓦里关

Fig. 1　The monthly mean volume fraction（units：10^{-9}）of surface ozone over baseline sites of East Asia（the grey shadings indicate the ±1σ standard deviation of monthly mean variations in all observed years，and if the data of the sites are shorter than 5 years，no standard deviation be shown）　　（a）Yonogunijima；（b）Hedo；（c）Oki；（d）Happo；（e）Rishiri；（f）Mondy；（g）Mt. Huang；（h）Lin'an；（i）Mt. Tai；（j）Mt. Hua；（k）Waliguan

　　综上所述，东亚近地层季平均的臭氧最大值可出现在不同的季节，东亚大部分地区与北半球背景点观测结果一致，近地层臭氧季节变化表现为春季最高、夏季最低、秋季一般还有次高值的特征。然而，在东亚中纬度 33°—43°N，夏季有一臭氧高值带，此高值带可延伸至亚洲内陆腹地和中东地区，这一带状区域表现为初夏（6 月）臭氧最高的特征；在东亚 20°N 以南地区则表现为冬末春初臭氧最高的特征；中国江南、华南地区，有些年份臭氧体积分数表现为秋季最高的特征。图 2 给出了利用 NAQPMS 模式（Zhu et al.，2004）计算的 1996 年东亚太平洋近地面臭氧峰值出现的季节分布。

　　上述现象已被区域和全球化学输送模式模拟再现（Zhu et al.，2004；Li et al.，2007；

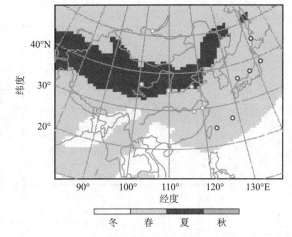

图 2　区域化学模式模拟的东亚地区 1996 年月平均臭氧体积分数达峰值的季节

Fig. 2　The season in which the monthly mean ozone reaches the highest peak over East Asia in 1996，simulated by the regional chemical model

Sudo *et al.*，2007)，东亚地区臭氧季节变化特征基本可以用东亚季风季节转换导致的污染物输送路径变化以及季节性光化学臭氧形成(与云量、降水、流场变化导致的前体物辐散辐合有关)解释；中纬度高海拔地区臭氧高值还与平流层输送和对流活动的季节性变化有关。

2.2　东亚太平洋地区近地面臭氧的季节变化

从东亚太平洋各站多年月平均臭氧体积分数$\pm 1\sigma$标准偏差(图1中浅灰色阴影)可见，年际标准偏差以春季最大、秋季次之、冬夏很小。这说明冬夏季风转换期间，近地层流场变化较大，由此导致东亚人为污染区臭氧及其前体污染物输送路径和强度产生差异。流场的年际差异与各年西太平洋东亚副热带冬夏季风建立期的差别(陈隆勋 等，1991)直接有关。在东亚季风建立的成熟期，流场较为稳定，各年臭氧值变化不大。

由图1还可发现，低纬海洋站 Hedo 的年际变化比中高纬 Oki 和 Rishiri 站的年际变化大。Hedo 为典型的海洋站，相比内陆站和邻近大陆人为影响较大的站而言，海洋站几乎无臭氧前体物(NOx，CO，VOCs 等)排放源，污染物主要来自大陆的输送。这表明，低纬海洋站 Hedo 的年际变化显著，与东亚中低纬季风流场年际变化显著相吻合。此外，臭氧年际变化还与平流层输入、光化学产生条件(云量、前体物源强变化)有关，平流层输入在春季较强，光化学反应从春至秋季均较强，第2.3节将对此进行详细分析。

图3为东亚太平洋沿岸日本8个观测站10 a平均的臭氧体积分数的月份—纬度变化(图中叠加了测站10 a月平均的风矢量场)。图3除了体现了前述臭氧春秋高值、夏季低值的特征外，还表现出明显的臭氧经向变化特征。36°N 以北的中高纬测站臭氧体积分数明显比中低纬测站高，这主要是由于中高纬测站多邻近(在)日本大陆，受人为源直接影响大，光化学过程活跃。此外，37.7°N 的 Happo 站海拔较高(1850 m)，春季平流层输送可能有更大的贡献，但 Kaiji *et al.*(1998)详细分析了该站资料后认为，Happo 臭氧高主要是由人为污染和长距离输送造成的，与平流层侵入关系较小。

由测站月平均风矢量可见，夏季各站主要受偏南或偏东气流控制，结合各站地理位置可以发现，气流皆来自海洋，海洋性气团的臭氧体积分数很低，这就是夏季臭氧低值的原因。冬季中低纬盛行偏北风，各站受大陆性污染气团控制，尽管此时光化学反应弱，但各站臭氧体积分数并不低，在 30°N 以南冬季臭氧体积分数往往较高。冬季中高纬主要为偏西北和西风，各站受大陆性气团影响亦较大。春秋季各站风矢方向随纬度差异较大，冬至春季，中低纬由偏北风先转为偏东北风，再转为偏东南风。3—4 月大气环流仍维持冬季环流特征，气团来源仍为大陆性，但此时光化学反应得到加强，臭氧体积分数升高；4—5 月偏东、偏南海洋性气流盛行，臭氧体积分数降低。冬至春季，中高纬由偏西

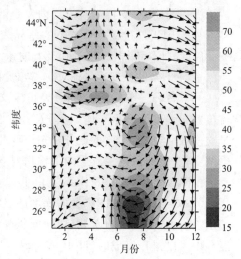

图3　东亚太平洋沿岸日本 8 个观测站 9 a 平均的臭氧体积分数(单位：10^{-9})及风矢量(单位：m/s)的月份—纬度变化

Fig. 3　Latitude-month cross-section of the 9-yr averaged surface ozone volume fraction(10^{-9}) and wind vector (m/s) observed by the eight Japanese sites over East Asia-Pacific region

风先转为偏西南风,再转为偏南风,随着春季光化学反应的加强,臭氧体积分数在 4—5 月达最高。5—6 月偏东南的海洋性气流盛行,臭氧值降低。图 3 中风矢量方向还需要结合水平环流场才可以分析气团的来向。春季太阳辐射加强是形成高体积分数臭氧的必要条件,但如果测站气团来自人为污染的大陆地区,则臭氧体积分数必然增高。由图 1 和图 3 还可发现,尽管各站臭氧体积分数皆在春季达全年峰值,但发生时间略有差异,30°N 以南测站在 3 月达到极值,中纬度测站在 4—5 月达到极值,而 40°N 以北测站在 4 月达到极值。Tanimoto et al.(2005)首先注意并分析了东亚太平洋各站春季臭氧高值的纬向差异,认为春季亚洲大陆污染物输出路径的纬向差异和季节性的光化学反应耦合是此特征的原因。本文的重点是利用观测资料分析各站的臭氧特征,而有关定量分析长距离输送和光化学反应的作用可参见有关模拟研究(Zhu et al., 2004;Tanimoto et al., 2005;Li et al., 2007)。

2.3 平流层输入作用

在 Brewer-Dobson 经向环流(Holton et al., 1995)的作用下,空气在赤道地区上升进入平流层到中高纬度地区下沉,构成了平流层至对流层的大尺度物质交换。因平流层臭氧体积分数远高于对流层,因此长期以来人们认为平流层是对流层臭氧的主要来源。实际上,由于对流层顶较稳定,STE 物质交换过程并不很容易发生。近 30 多年的观测研究特别是大气化学数值模式的研究,支持了对流层内发生的光化学反应才是对流层臭氧主要来源的结论。然而,STE 在不同天气过程和季节下的差异较大,比如:其时空分布极不均匀,随高度、纬度变化很大。因此,评估不同 STE 过程及其时空分布差异,仍是对流层臭氧来源研究的重要方面。

根据世界气象组织(WMO)定义:PV(potential vorticity,位势涡度)大于 1.6 PVU(1 PVU $= 10^{-6}$ m^2 · s^{-1} · K · kg^{-1})可定义为动力对流层顶。由于对流层顶附近副热带高空急流位置和强度(Langford, 1999)及其位涡值高低可以反映平流层下部与对流层上部的空气质量交换强度,所以本节重点分析东亚西北太平洋上空副热带高空急流和位涡的强度及位置的季节变化,以此讨论平流层向下输送对东亚太平洋臭氧季节变化的可能影响。

由图 4 可见,同一等压面上由低纬至高纬,各月 PV 都是由小变大,且在 150～300 hPa 层,30°—35°N 都存在 PV 经向梯度的极大值(夏季在 35°—40°N),该 PV 梯度高值往往对应对流层顶折叠、对流层顶断裂、切断低压等过程,大量的穿越对流层顶的空气交换是通过天气尺度和中尺度过程完成的(Holton et al.,1995),即该 PV 梯度高值区对应 STE 极大值区。由各月 PV 和急流强度、位置的月变化可见,冬季 PV 经向梯度大、高 PV 值高度低(如图中 2 PVU 等值线),急流强度大、位置略偏南。由高空急流的月变化可见,由冬至夏,急流核位置由 30°N 向 35°N 略北移动,位置变化不十分显著,但急流强度却明显减弱,到 7 月大于 30 m/s 的急流核消失。由 3—7 月 PV 的变化可见,对流层上部、平流层下部经向梯度减小,2 PVU 高度抬升(2 PVU 等值线大致对应热带外地区动力对流层顶高度),而秋季(10 月)PV 经向分布和 2 PVU 高度又恢复到与初春 3 月类似,反映了对流层顶高度经向分布的季节变化和 STE 高值发生区的季节变化特征。

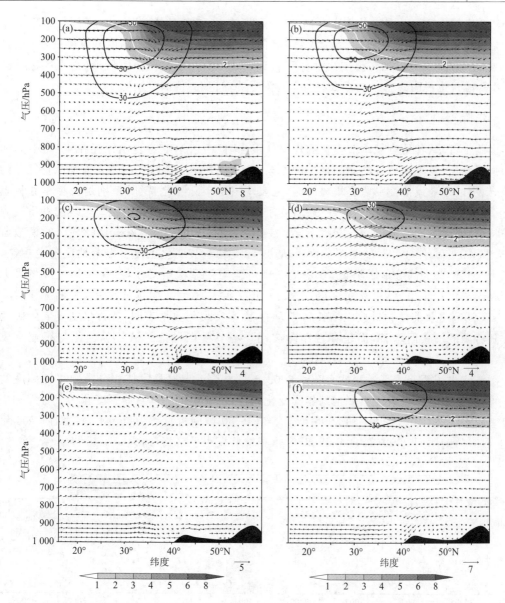

图4　2000—2008年1月(a)、3月(b)、4月(c)、5月(d)、7月(e)、10月(f)高空急流、位势涡度及经向—垂直风速沿130°E的纬度—高度剖面[黑色等值线为高空急流,风速大于30 m/s;阴影为位势涡度,2 PVU值用粗白线表示(1 PVU=10⁻⁶ m² • s⁻¹ • K • kg⁻¹,在热带外区域2 PVU基本可以代表动力对流层顶);垂直风分量乘以因子1 000,风速单位:m/s]

Fig. 4　Latitude-pressure cross-sections of the 9-yr averaged upper air jet stream, potential vorticity and wind vectors of v-w along 130°E in (a) January, (b) March, (c) April, (d) May, (e) July and (f) October from 2000 to 2008[the black isoline is the upper air jet stream with wind speed higher than 30 m/s; shading is the potential vorticity and 2 PVU is indicated by thick white line(1 PVU=10⁻⁶ m² • s⁻¹ • K • kg⁻¹; 2 PVU could represent the dynamic tropopause in extratropical regions); the vertical wind is multiplied by factor of 1 000, units: m/s]

以上急流位置、强度以及 PV 经向分布说明，冬季和初春是 STE 的高值期，而春末夏季 STE 在东亚西太平洋地区较弱。由图 4 中经向—垂直风矢的纬度—高度分布可见，1—3 月在 35°N 附近、平流层下层到对流层大部（150～800 hPa）有一明显的下沉气流（垂直风速已扩大至 1 000 倍），也说明冬季—初春 30°—35°N 附近为 STE 高值区。

2.4　年际变化

由图 1 可知，各站臭氧季节变化的规律性很强，但由于东亚冬夏季风存在年际变化，如季风的强弱变化、夏季风爆发时间和推进的差异、冬季风开始和盛行期的差异等季风特征量的年际差异，所以东亚近地面臭氧受季风影响，也表现出了年际变化特征，特别是在春季和秋季的冬夏季风转换过渡期间。由图 1 还可知，处于非季风区的 Mondy 站的臭氧呈现出春季达到峰值的特征，但无秋季峰值，而夏季则为全年最低。根据 Wild and Akimoto（2001）的模拟研究和 Pochanart *et al.*（2003）的观测分析，该近地层臭氧季节变化主要由上游地区输送控制，春季最大与北半球大部分地区类似，夏季最低则可能与夏季植被最茂盛、臭氧干沉降量最大有关。Ohara *et al.*（2007）建立了 1980—2020 年东亚大气污染物排放清单，表明东亚 NOx，VOCs，CO 等臭氧前体物排放以增长趋势为主，而本文观测数据表明，各背景站臭氧年际变化并非随着源的增长而增长，而是存在年际波动。本节重点讨论臭氧年际变化与东亚季风的关系。

图 5 给出了西北太平洋测站 2000—2008 年月平均近地层臭氧体积分数距平随纬度的变化。可见，月平均臭氧表现出一定的年际变化特征，一般中低纬臭氧距平变化大于中纬和中高纬臭氧距平变化。其中 2004 和 2005 年全年 25°—30°N 附近臭氧为负距平，特别在 2004 年春季达 -10×10^{-9}；而 2000、2001 年和 2008 年春季臭氧距平略高，约为 3×10^{-9}。

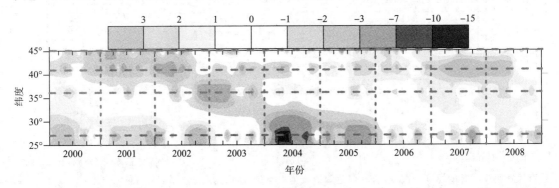

图 5　东亚太平洋测站 2000—2008 年月平均近地层臭氧体积分数距平随纬度的变化（图中由低纬至高纬的长虚线分别表示 Hedo，Oki，Rishiri 和 Ryori 测站的纬度；单位：10^{-9}）

Fig. 5　The latitude dependence of monthly surface ozone volume fraction anomaly over East Asia-Pacific region from 2000 to 2008（the long dash lines indicate of latitudes of Hedo，Oki，Rishiri and Ryori；units：10^{-9}）

为了讨论季风年际变异对近地面臭氧的影响，图 6 给出了 2000—2008 年的多年 5 月平均风场和降水场及 2004 年和 2008 年 5 月风距平场和降水距平场。西北太平洋及其沿岸的东亚地区受东亚副热带季风影响显著，一般 5 月中旬前后东亚副热带夏季风环流即已建立（陈隆勋等，1991），实际上春季 3,4 月副热带夏季风特征已有所表现。

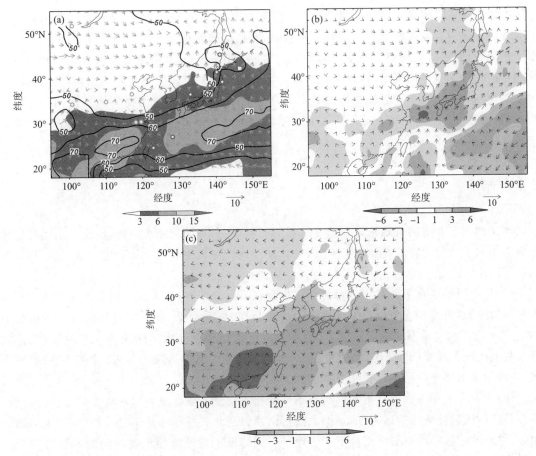

图 6　2000—2008 年的多年 5 月平均近地层风场和降水分布(a)及 2004 年(b)和 2008 年(c)5 月近地层风距平场和降水距平场[风矢量单位：m/s；降水单位：mm/d；图 6(a)中黑色等值线为总云覆盖比，单位：%]

Fig. 6　(a)The 9-yr averaged wind(m/s) and precipitation(mm/d) fields in May from 2000 to 2008, and the wind anomaly(m/s) and precipitation anomaly(mm/d) fields in May of (b)2004 and (c)2008[the black isoline is total cloud cover ratio with the unit of % in Fig. 6(a)]

由图 6(a)可见，东亚冬季风环流特征已消失，130°E 以东已为副热带高压控制，低纬度测站为偏东风、中纬度测站为东南风、高纬度测站为偏南风，降水中心在华南至日本南部及其附近海面上。对照各测站臭氧的季节变化可知，5 月臭氧体积分数显著减小，这是由于偏东偏南的清洁海洋性气流带来的低臭氧含量气团所致。由图 6(b)可见，在 120°E 以东、40°N 以南地区为一距平反气旋，说明 2004 年 5 月副热带夏季风爆发较早且在 5 月较强，雨带位置异常偏北，向中国长江中下游至日本中南部一线移动。对照图 5 可知，2004 年春季爆发较早和较强的副热带夏季风，将低臭氧的海洋性气团输送至测站，导致该年春季臭氧体积分数出现极低值。由图 6(c)可见，在 120°E 以东、40°N 以南地区为一距平气旋，说明 2008 年 5 月副热带夏季风爆发较晚且在 5 月较弱，东亚大部地区降水明显偏少。对照图 5 可知，由于 2008 年春季副热带夏季风爆发较晚和较弱，低臭氧的海洋性气团输送较弱，测站周边还受冬春季大陆污染气团影响较大，因而导致该年春季臭氧体积分数较高。

除了 2004 年和 2008 年，其他年春季也有类似特征，但也并非每个月的臭氧年际变化都可以用上述规律进行解释,说明臭氧作为二次气体,其变异特征还受其他因子影响。季风环流输送的年际变化对臭氧体积分数的影响,在中低纬表现得非常明显。中高纬度臭氧距平也表现出了年际变化特征,但与中低纬度海洋测站相比,季风环流输送年际变化以及光化学和前体物源变化的综合影响更加复杂,讨论中低纬度海洋测站得到的结论并不总是适用,有待高时间分辨率的观测数据和化学输送模式作进一步研究。不可否认,臭氧前体物源的变化(Tanimoto,2009)以及第 2.3 节讨论的平流层输入的年际差异也是导致臭氧年际变化的因子之一,有待进一步评估。

3　结论

本文利用东亚清洁背景站近地面臭氧观测资料,结合风场和降水资料,给出了东亚各地区臭氧多年的季节变化特征,重点讨论了东亚太平洋地区臭氧季节和年际变化与季风的关系,得到如下结论:

(1)东亚近地层臭氧的月平均最大值可出现在不同季节,东亚大部分地区与北半球背景点观测结果一致,近地层臭氧季节变化表现为春季最高、夏季最低、秋季次高的特征。在东亚中纬度 33°—43°N,夏季有一臭氧高值带,此高值带可延伸至亚洲内陆腹地和中东地区,该带状区域臭氧表现为初夏(6 月)最高;在东亚 20°N 以南地区臭氧则表现为冬末、春初最高;中国江南、华南地区有些年份的臭氧体积分数表现为秋季最高的特征。

(2)东亚太平洋地区沿岸近地面臭氧季节变化主要受东亚冬夏季风环流季节变化的影响,春季是冬季风向夏季风的过渡期,亚洲大陆污染物向西北太平洋输送明显,同时由于太阳辐射加强,导致该地区春季臭氧出现峰值。该地区不同纬度上春季峰值出现时间的差异可用亚洲大陆春季不同时期污染物输送路径存在差异来解释。

(3)分析东亚太平洋沿岸对流层顶附近位势涡度、高空急流和垂直环流的季节变化可知,位涡大于 2 PVU 的高值区在冬季和初春高度最低、经向梯度最大,且高空急流最强、位置偏南,冬季和 2—4 月中上对流层有下沉气流,说明冬春季可能是平流层向对流层输送的最强期,对近地层臭氧的贡献最大。初夏—秋季(5—11 月)高空急流、位涡明显减弱,垂直环流不利于平流层向对流层输送,对近地层臭氧的贡献较小。

(4)东亚西北太平洋地区夏季风爆发时间和强度以及季风环流型的年际差异,是导致春、夏季该地区臭氧年际变化的主要原因。季风降水和云带位置、臭氧及其前体物的输送和辐散辐合、平流层—对流层交换是造成臭氧年际变化的其他原因。

致谢:谨以此文献给我的父亲——朱乾根教授。本文是结合我大气化学研究与父亲专长的天气学和季风研究的一次初步尝试。父亲离我愈远,形象愈显高大,思想愈显深邃。东亚酸沉降网(EANET)、世界温室气体数据中心(WDCGG)、日本 Frontier 全球变化研究中心 H. Akimoto 先生和 P. Pochanart 博士、中国大气本底基准观象台德力格尔研究员、南京信息工程大学樊曙先教授提供了臭氧观测数据;NECP/NCAR 提供了气象场资料;全球降水气候计划(GPCP)提供了降水资料。谨致谢忱!

参考文献

陈隆勋,朱乾根,罗会邦,等.1991.东亚季风[M].北京:气象出版社.

德力格尔,赵玉成.2007.青海省瓦里关地区近十年来大气本底化学组分的变化特征[J].环境化学,**26**(2):241-244.

杨关盈,樊曙先,汤洁,等.2008.临安近地面臭氧变化特征分析[J].环境科学研究,**21**(3):31-35.

周秀骥.2004.长江三角洲低层大气与生态系统相互作用研究[M].北京:气象出版社.

朱乾根,林锦瑞,寿绍文,等.1992.天气学原理和方法[M].北京:气象出版社.

Akimoto H. 2003. Global air quality and pollution[J]. *Science*, **302**:1716-1719. doi:10.1126/science.1092666.

Grewe V. 2006. The origin of ozone[J]. *Atmos Chem Phys*, **6**:1495-1511.

He Y J, Uno I, Wang Z F, et al. 2008. Significant impact of the East Asia monsoon on ozone seasonal behavior in the boundary layer of Eastern China and the West Pacific region[J]. *Atmos Chem Phys*, **8**:7543-7555.

Holton J R, Haynes P H, McIntyre M E, et al. 1995. Stratosphere troposphere exchange[J]. *Rev Geophys*, **33**:403-439.

IPCC. 2007. Climate Change 2007:The Physical Science Basis[C]//Solomon S, Qin D, Manning M, et al. Contribution of Working Group I to the Fourth Assessment Report of the Intergovernmental Panel on Climate Change. New York:Cambridge University Press.

Kaiji Y, Someno K, Tanimoto H, et al. 1998. Evidence for the seasonal variation of photochemical activity of tropospheric ozone:Continuous observation of ozone and CO at Happo, Japan[J]. *Geophys Res Lett*, **25**(18):3505-3508. doi:10.1029/98GL02602.

Kurokawa J, Ohara T, Uno I, et al. 2009. Influence of meteorological variability on interannual variations of springtime boundary layer ozone over Japan during 1981—2005[J]. *Atmos Chem Phys*, **9**:6287-6304.

Langford A O. 1999. Stratosphere-troposphere exchange at the subtropical jet:Contribution to the tropospheric ozone budget at mid-latitudes[J]. *Geophys Res Lett*, **26**(16):2449-2452. doi:10.1029/1999GL900556.

Lelieveld J, Dentener F J. 2000. What controls tropospheric ozone? [J]. *J Geophys Res*, **105**(D3):3531-3551. doi:10.1029/1999JD901011.

Levy H, Mahlman J, Moxim W J, et al. 1985. Tropospheric ozone:The role of transport[J]. *J Geophys Res*, **90**:3753-3772.

Li J, Wang Z, Akimoto H, et al. 2007. Modeling study of ozone seasonal cycle in lower troposphere over east Asia[J]. *J Geophys Res*, **112**, D22S25. doi:10.1029/2006JD008209.

Liang Q, Jaeglé L, Wallace J M. 2005. Meteorological indices for Asian outflow and transpacific transport on daily to interannual timescales[J]. *J Geophys Res*, **110**, D18308. doi:10.1029/2005JD005788.

Liu H, Jacob D J, Chan L Y, et al. 2002. Sources of tropospheric ozone along the Asian Pacific Rim:An analysis of ozonesonde observations[J]. *J Geophys Res*, **107**(D21), 4573. doi:10.1029/2001JD002005.

Liu H, Crawford J H, Considine D B, et al. 2009. Sensitivity of photolysis frequencies and key tropospheric oxidants in a global model to cloud vertical distributions and optical properties[J]. *J Geophys Res*, **114**, D10305. doi:10.1029/2008JD011503.

Logan J A. 1985. Tropospheric ozone:Seasonal behavior, trends and anthropogenic influence[J]. *J Geophys Res*, **90**(10):463-482.

Mauzerall D L, Sultan B, Kim N, et al. 2005. NOx emissions from large point sources:Variability in ozone production, resulting health damages and economic costs[J]. *Atmos Environ*, **39**:2851-2866.

Monks P S. 2000. A review of the observations and origins of the spring ozone maximum[J]. *Atmos Environ*, **34**:3545-3561.

Ohara T, Akimoto H, Kurokawa J, et al. 2007. An Asian emission inventory of anthropogenic emission sources for the period 1980—2020[J]. *Atmos Chem Phys*, **7**:4419-4444.

Pochanart P, Akimoto H, Kinjo Y, et al. 2002. Surface ozone at four remote island sites and the preliminary assessment of the exceedances of its critical level in Japan[J]. *Atmos Environ*, **36**:4235-4250.

Pochanart P, Akimoto H, Kajii Y, et al. 2003. Regional background ozone and carbon monoxide variations in remote Siberia/East Asia[J]. *J Geophys Res*, **108**(D1), 4028. doi:10. 1029/2001JD001412.

Stevenson D S, Dentener F J, Schultz M G, et al., 2006. Multi-model ensemble simulations of present-day and near-future tropospheric ozone[J]. *J Geophys Res*, **111**, D08301. doi:10. 1029/2005JD006338.

Sudo K, Akimoto H. 2007. Global source attribution of tropospheric ozone: Long-range transport from various source regions[J]. *J Geophys Res*, **112**, D12302. doi:10. 1029/2006JD007992.

Tanimoto H. 2009. Increase in springtime tropospheric ozone at a mountainous site in Japan for the period 1998—2006[J]. *Atmos Environ*, **43**:1358-1363. doi:10. 1016/j. atmosenv. 2008. 12. 006.

Tanimoto H, Sawa Y, Matsueda H, et al. 2005. Significant latitudinal gradient in the surface ozone spring maximum over East Asia[J]. *Geophys Res Lett*, **32**, L21805. doi:10. 1029/2005GL023514.

Thompson A M. 1992. The oxidizing capacity of the earth's atmosphere: Probable past and future changes[J]. *Science*, **256**:1157-1165.

Vingarzan R. 2004. A review of surface ozone background levels and trends[J]. *Atmospheric Environment*, **38**: 3431-3442.

Wang T, Vincent T F, Cheung M A, et al. 2001. Ozone and related gaseous pollutants in the boundary layer of eastern China: Overview of the recent measurements at a rural site[J]. *Geophys Res Lett*, **28**:2373-2376.

Wild O. 2007. Modelling the global tropospheric ozone budget: Exploring the variability in current models[J]. *Atmos Chem Phys*, **7**:2643-2660.

Wild O, Akimoto H. 2001. Intercontinental transport of ozone and its precursors in a three-dimensional global CTM[J]. *J Geophys Res*, **106**:27729-27744. doi:10. 1029/2000JD000123.

Yamaji K, Ohara T, Uno I, et al. 2006. Analysis of the seasonal variation of ozone in the boundary layer in East Asia using the Community Multi-scale Air Quality model: What controls surface ozone levels over Japan? [J]. *Atmos Environ*, **40**:1856-1868.

Zhang M, Uno I, Sugata S, et al. 2002. Numerical study of boundary layer ozone transport and photochemical production in East Asia in the wintertime [J]. *Geophys Res Lett*, **29** (11), 1545. doi: 10. 1029/2001GL014368.

Zhu B, Xiao H, Huang M, et al. 2001. Numerical study of cloud effects on tropospheric ozone[J]. *Water, Air and Soil Pollution*, **129**:199-216.

Zhu B, Akimoto H, Wang Z, et al. 2004. Why does surface ozone peak in summertime at Waliguan? [J]. *Geophys Res Lett*, **31**, L17104. doi:10. 1029/2004GL020609.

Zhu Qiangen, He Jinhai, Wang Panxing. 1986. A study of circulation differences between East-Asian and Indian summer monsoons with their interaction[J]. *Adv Atmos Sci*, **3**(4):466-477.

梅雨期经大别山两侧暴雨中尺度低涡对比分析[*]

苗春生[1],刘维鑫[1,2],王坚红[1],吴旻[3],李婷[4]

(1.南京信息工程大学,南京 210044;2.95072 部队气象中心,南宁 530021;

3.94995 部队气象台,南通 226552;4.宁夏气象台,银川 756000)

摘 要:通过统计分析 2007—2011 年梅雨期间江淮流域暴雨日数和低涡过程,结果表明低涡暴雨占 41%,且绝大多数为浅薄低涡(700 hPa 以下),此类低涡易受大别山地形影响。在地形和高空引导气流的共同作用下,经大别山南侧沿长江流域及经山脉北侧沿淮河流域的浅薄低涡遇大别山绕行、爬坡同时存在,并且北部低涡增强大于南侧,进而影响到低涡暴雨形成沿淮河流域和长江流域的两条雨带。环境高低空急流的风切变配置状态不仅有利于浅薄低涡的气旋式增强,并且指示低涡东移路径与低涡位置。而势力较弱的低空急流受大别山南部地形的影响,也表现出有绕行和减弱的阶段,进而可影响到山北淮河流域低涡的强度增幅和伴随的暴雨强度比山南长江流域低涡强一些。绕行山脉南北两侧的低涡暴雨带的湿位涡特征表明,垂直剖面上湿位涡正斜压分量垂向梯度带的配置,且其强度与对应的降水强度成正比,沿淮河的北路低涡湿位涡因环境风场垂直切变大,其强度更强。数值试验结果表明,大别山地形对低涡路径的南北绕行、低涡强度的山前减弱山后加强以及水汽辐合的强弱有直接影响。山脉南部迎风坡的强辐合抬升以及山脉北部弧形背风处对气流的拉伸辐合汇聚,成为大别山地形有利于水汽辐合上升,增强低涡暴雨量的两个重要部位。由于大别山南段的主体部分范围高大,所以对绕行山南部的低涡影响更为显著。

关键词:江淮流域;绕行低涡;大别山阻挡;地形效应;湿位涡;螺旋度

0 引言

江淮地区中尺度低涡是梅雨期暴雨过程关键天气系统之一,实况统计分析显示,伴随着低涡的东移,暴雨落区随低涡沿长江流域或淮河流域的不同移动路径有南北位置的差异。梅雨低涡路径存在长江与淮河两类南北分离形式,这与江淮流域西部大别山脉的地形影响有直接关系[1]。已有的地形对中尺度低涡影响的研究主要关注低涡的生成与维持,指出中尺度低涡系统的生成、出现时间、位置和强度均与特定地形的存在有关[2]。越过山脉的中尺度系统在背风坡产生天气变化,而有些则遇山脉消散,这与中尺度系统的不稳定性有关[3]。单体类中尺度对流系统,初期处于有限的准地转强迫和中等程度不稳定性状态,大多发生在有利的斜坡地形[4]。地形的存在对大别山地区低涡的维持以及降水的发展有重要作用,大别山的地形坡度最有利于降水的加强和低涡的维持[5-6]。更多的研究则针对地形对暴雨的影响,主要结论有[7-11]:地形具有强迫抬升作用,山脉地形能使西南暖湿气流带来的水汽和热量在迎风坡堆积,迎风坡和山顶往往出现较强的降水中心;同一种地形在不同时段对降水的影响不同,强降

* 本文发表于《高原气象》,2014 年 4 月第 33 卷第 2 期,394-406。

水落区往往位于地形和气流切变线处。地形的改变使中尺度暴雨中心位置和强度发生变化，但是局地地形的改变也只在有限区域内对局地中尺度降水系统产生影响[12]。显然，地形对系统演变以及强降水过程的重要影响是公认的，而关于中尺度低涡对中尺度山脉的绕行还有待深入分析。关于江淮梅雨低涡的特征，一些研究指出，梅雨期间长江流域的暴雨过程多与梅雨锋上自西向东移动的低层气旋性扰动有直接关系[13-15]。胡伯威等[16]将长江中下游的梅雨锋气旋性扰动分为两类，一类是与短波槽相联系的东移西南涡，另一类是长江中下游梅雨锋切变线上局地生成的中尺度低涡。傅慎明等[17]对2010年梅雨期间两个东移中尺度涡旋进行了对比分析表明，西南涡是由上而下发展的，而大别山涡则是由下而上发展的，两类涡旋生命史中均有较强的冷暖空气交绥。已有的各种结果丰富了对江淮流域低涡暴雨及地形影响的认识，但绕行低涡及其伴随的暴雨特征与异同还有待更多观测事实的验证。

因此，本文利用台站观测资料和美国国家环境预报中心（National Center for Environmental Prediction，NCEP）资料对2007—2011年梅雨期间引发江淮流域暴雨的低涡过程及特征进行统计分析，在此基础上分别选取绕行大别山两侧的沿北侧淮河流域和沿南侧长江流域的暴雨中尺度低涡进行对比分析。通过诊断分析和数值模拟，重点分析大别山地形对绕行低涡演变的影响，对两例低涡暴雨过程中环境系统的配置作用，如引导气流、高低空急流与山脉阻挡的配合作用进行分析，对两例低涡的湿度、热力、动力结构、强度变化以及引起的降水在山脉南北绕行过程中的异同进行综合分析，探讨经大别山南北侧的两例涡旋在环流背景与地形结合情景下的时空发展特征。

1　引发江淮流域梅雨期暴雨的低涡统计特征

1.1　梅雨期暴雨日和低涡暴雨的统计

利用国家气象信息中心提供的2007—2011年中国753个测站逐日降水资料，参照暴雨日的定义方法[18]，对江淮范围内（28°N—35°N，112°E—122°E）数据完整的36个代表站进行江淮流域梅雨期暴雨日数统计，规定一日内36个代表站中有2个或以上代表站出现日降水量≥50 mm的降雨天数为暴雨日数，5年梅雨期间共统计出49个暴雨日，占5年梅雨期总日数的33%。

梅雨期间强降水的发生、发展往往伴有中尺度低涡的影响[19]。参照杨引明等[20]的低涡识别方法，利用NCEP每6 h一次的全球分析资料FNL（1°×1°）和逐时的气候预报系统再分析CFSR（0.5°×0.5°）资料，对统计出的2007—2011年江淮流域梅雨期49个暴雨日进行低涡过程识别。识别方法如下：对地面至500 hPa各高度层常规观测资料进行客观分析，从绘制的各层流场和气压场判断是否有闭合的气旋式环流且有低压中心配合，如果有，即识别为低涡；低涡的识别以高度场出现闭合等高线和流场出现闭合气旋式环流为标准，低涡的垂直伸展高度以闭合气旋式环流发生的最高位势高度层来确定。分析结果显示，江淮流域受低涡系统直接影响的暴雨日数共20天，占暴雨总日数的41%，表明了低涡与江淮流域梅雨期暴雨有着十分重要的关系。

1.2　江淮流域暴雨低涡统计特征及分类

通过分析 2007—2011 年梅雨期暴雨低涡,确定共有 15 次典型的低涡暴雨过程,表 1 给出了 15 次过程中低涡的基本特征。从表 1 中可以看出,15 次低涡过程中有 6 次是已在长江中游存在的低涡系统,其余 9 次均为江淮流域局地新生的中尺度低涡,这表明局地新生的中尺度低涡占较大比例。低涡的垂直尺度发展到对流层中层 500 hPa 的仅有 1 例,垂直伸展至 700 hPa 和 850 hPa 的各有 7 例,这说明在江淮流域梅雨期活动的低涡垂直尺度一般在对流层低层 700 hPa 以下,其水平尺度在 500 km 以内,涡旋形态比参量[21],即系统高宽比为 0.01,比通常深厚的中尺度对流系统形态比参量(0.1)小一个量级,属于较浅薄的系统。这与杨引明等[20]的分析结果相一致。

1.3　经大别山的低涡路径特征

大别山山脉整体呈西北—东南走向,与低空西南气流呈准正交状态,是低涡东移路径上的正面阻挡障碍。特殊的地形条件对低空气流有明显的抬升,并造成绕流效应。尽管大别山脉主体海拔仅为 1500 m 左右,但对于浅薄中尺度低涡的发生、发展仍产生重要影响。图 1 为 15 次低涡过程的移动路径。从图 1 中可看出,生成于江淮流域的低涡,其源地主要集中在大别山区附近,多数在山的北部(淮河流域的河南中部),山脉迎风坡和背风区均有低涡生成,背风区更多,长江流域低涡的移动路径呈现沿大别山南侧绕行。在淮河流域活动的低涡绝大多数为淮河流域局地生成的低涡,长江流域活动的低涡多数是已在长江中游存在的低涡,它们的位置相对偏南。所统计的暴雨低涡东移路径与大别山脉的配置表明江淮流域低涡活动的特征,伴随低涡东移的强降水分布与江淮地区梅雨期降水在纬向上呈现多—次多—多分布有密切关系。

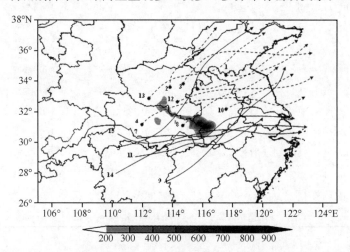

图 1　2007—2011 年梅雨期暴雨低涡移动路径

数值为低涡序号,实线为已在长江中游存在的低涡路径,虚线为江淮流域新生低涡路径,阴影区为大别山地形(单位:m)

Fig. 1　Tracks of vortices during the Meiyu period of 2007—2011. Number is series number of vortices. Solid line indicates the tracks of vortices existed at the mid-reach of Changjiang River, dashed line is local new vortex tracks, the shaded area is Dabieshan Mountain terrain(unit:m)

根据上面的分析结果,可以将梅雨期暴雨低涡大致分为两类,一类自大别山南侧绕行,沿长江流域东移入海;另一类自大别山北部附近生成,沿淮河流域向东或向偏东北移动。

2　南北低涡背景环流与山脉阻挡

为具体分析上述经大别山南北两侧绕行东移的暴雨低涡特征,自长江流域和淮河流域涡旋中分别选取典型个例(表 1 中的 4 号与 15 号暴雨涡旋):①4 号低涡,即 2007 年 7 月 8—9 日淮河流域的低涡暴雨过程,此次低涡生成在大别山北部迎风坡山前,此处山脊较低且山脉较窄,低涡越过山脉北端沿淮河流域东移进入黄海。②15 号低涡,即 2011 年 6 月 18—19 日长江流域的低涡暴雨过程,此次过程中低涡自长江中游东移绕行大别山南端后,偏向东南往长江下游流域移动,进入杭州湾再入东海。两次涡旋起始位置所处纬度比较接近,但是 4 号低涡偏向大别山北部,路径在长江北侧,15 号低涡偏向大别山南部,路径在长江南侧,它们的移动方向南北分离。

表 1　2007—2011 年梅雨期暴雨低涡特征
Table1　Characteristics of rainstorm vortices in the Meiyu period from 2007 to 2011

低涡序号	活跃时段	低涡源地	垂直伸展高度	水平尺度/km	形态比(高/宽)
1	2007－06－23—24	江淮流域	850 hPa,1.5 km	100~300	0.01
2	2007－06－27—29	江淮流域	700 hPa,3.0 km	300~500	0.01
3	2007－07－03—04	江淮流域	700 hPa,3.0 km	100~300	0.01
4	2007－07－08—09	江淮流域	700 hPa,3.0 km	300~500	0.01
5	2007－07－13—15	长江中游	700 hPa,3.0 km	300~500	0.01
6	2007－07－22—24	江淮流域	850 hPa,1.5 km	100~300	0.01
7	2008－06－08—11	长江中游	700 hPa,3.0 km	300~500	0.01
8	2008－06－13—14	江淮流域	500 hPa,5.5 km	300~500	0.01
9	2008－06－16—18	长江中游	850 hPa,1.5 km	300~500	0.01
10	2008－06－23—24	江淮流域	850 hPa,1.5 km	100~300	0.01
11	2010－07－08—10	长江中游	850 hPa,1.5 km	100~300	0.01
12	2010－07－10—11	江淮流域	850 hPa,1.5 km	300~500	0.01
13	2010－07－17—18	江淮流域	700 hPa,3.0 km	100~300	0.01
14	2011－06－13—16	长江中游	850 hPa,1.5 km	300~500	0.01
15	2011－06－18—19	长江中游	700 hPa,3.0 km	300~500	0.01

2.1　环流背景的异同

从两次涡旋对应的 500 hPa 环流形势(图 2)中可看出,两次浅薄低涡过程的 500 hPa 上中国东部均受关键低槽控制,但是淮河路径涡旋上空的低槽位置偏北,槽线在矩形方框北面,槽前等高线密集带风速较强,为西南风,槽后为西北风。槽线底端为低层中尺度涡旋中心位置(约在 32°N),槽前、槽底的偏西南风分量有利于引导低层中小尺度系统沿槽前气流向东偏北方向移动。而长江路径涡旋上空的低槽位置偏南,槽线位于矩形方框内南部,并且槽线走向倾斜度更大,形成槽后偏北风、槽前偏西风。同样,槽线底端为低层中尺度涡旋中心位置(约在30°N),但槽前引导气流强度较弱,特别是槽后为北风,驱动低涡向偏南方向移动。因此,高层环流的引导直接影响低层低涡的南北分离路径,以及相对于大别山两端的位置。两次个例中引导气流为偏北槽槽前强西南气流时,引导低层涡旋越过大别山北段最窄的山脉,到达山后弧形尾流区。而偏南槽槽前气流强度弱,由槽后的偏北风推动低层涡旋向南绕大别山南端后向东移。

从图2中还可看出,相应于南北两次涡旋个例的副热带高压(下称副高)北缘位置明显不同,偏北涡旋期间,副高5840 gpm 线在江苏中部;而偏南涡旋期间,5840 gpm 线大约在福建北部。这表明两次涡旋个例中副高北缘与低槽槽前气流构成的引导气流维持着浅薄气旋路径的南北差异。气流与大别山地形的相遇进一步形成了浅薄气旋局地移动路径特点。

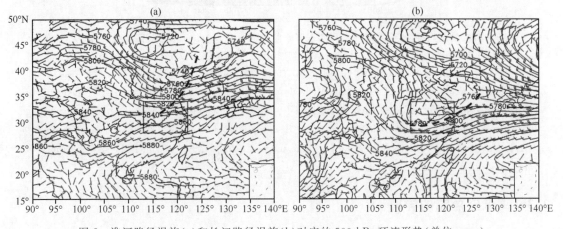

图 2　淮河路径涡旋(a)和长江路径涡旋(b)对应的 500 hPa 环流形势(单位:gpm)
虚线为槽线,方框区为江淮流域

Fig. 2　The 500 hPa circulations of two vortices with Huaihe River basin path (a) and Yangtze River basin path (b). Unit:gpm. Dash line is trough line,rectangle indicates Yangtze Huaihe River basin

2.2　暴雨雨带分布的异同

由于两次暴雨低涡个例的南北路径差异,伴随低涡的暴雨在大别山两侧的淮河流域及长江流域分别形成了 2 条 24 h 累积纬向雨带(图 3)。淮河路径雨带(图 3a),有 5 个暴雨中心,均位于低涡移动路径的南侧,5 个降水中心的降水量均达到 140 mm 以上,最强的中心在大别山以东安徽中部,达到 180 mm,河南、安徽、江苏均受到影响,造成了严重的暴雨灾害。长江路径雨带(图 3b)覆盖面积更宽,雨带中也有 5 个闭合强降水中心,最大中心强度为 140 mm,位于大别山以东的安徽南部。两次低涡强降水极值中心都出现在低涡经过大别山之后,位于低涡路径南侧。这与低涡过山后增强有一定关系,由南侧气旋式绕行大别山的低涡,因山脉阻挡的尾流效应,气旋性涡度增加;从北部越山的低涡下山后在山脉弧形气柱拉伸,气流辐合,气旋区增强,因此大别山对过山低涡及伴随暴雨的强度有正贡献。同时北路低涡进入大别山以东的江淮平原地区是涡旋增长区,而南路涡旋过大别山后路径偏南,进入安徽南部山区,因山脉下垫面摩擦和山脉坡度影响强度有一定减弱。高层引导气流的急流辐散效应和下垫面山脉地形的共同作用,对两次个例中低涡强度及其雨强中心形成的差异也有重要影响。

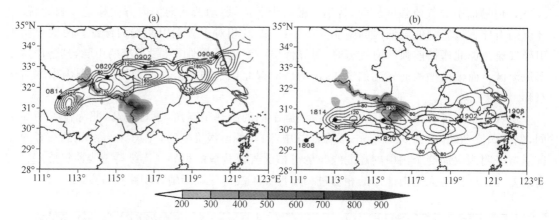

图 3　两次暴雨涡旋个例中 24 h 累积实况降水量(实线,单位:mm)和低涡移动路径(虚线)分布

4 位数字前 2 位为日期,后 2 位为北京时,阴影区为大别山地形(单位:m),(a)淮河路径涡旋

(2007 年 7 月 8 日 08:00(北京时,下同)—9 日 08:00),(b)长江路径涡旋(2011 年 6 月 18 日 08:00—19 日 08:00)

Fig. 3　The distribution of 24 h cumulated rainfall (solid line, unit:mm) and tracks of rainstorm vor-tices (dashed line), with Huaihe River basin path from 08:00 (Beijing time, hereafter the same) on 8 to 08:00 on 9 July 2007 (a)and with Yangtze River Basin path from 08:00 on 18 to 08:00 on 19 June 2011 (b). In the number of 4 digits, first 2 digits is date and last 2 digits is Beijing time. The shaded area is ter-rain (unit:m) of Dabieshan Mountain

2.3　高低空急流的异同

许多研究强调了高低空急流对低涡发展的环境背景作用[22-24]。对比两次低涡过程中高低空急流的配置(图 4)可看出,高空急流的南缘指示了低涡东移路径的大致位置与走向。大别山北侧低涡过程中,高空急流位置偏北(图 4(a)中实线),而在南侧涡旋过程中,高空急流位置偏南(图 4(b)中实线)。其次,低空急流(图 4 中虚线)左侧气旋式切变与高空急流南缘的配置,指示了低涡的基本位置,低层有低空急流左侧的气旋式风切变,向低涡提供旋转动量以及气流的低层辐合,高空急流南侧强风速的反气旋式切变造成高空辐散抽吸作用,高低空急流的耦合形成了有利于低涡发展与维持的局地环境。500 hPa 的垂直速度(图 4 中阴影区)则指示伴随低涡的强降水大致位置,同时也指示低涡的强度演变。

值得注意的是,大别山南部较高的主体,对低空急流有阻挡效应,特别是当低空急流势力范围较弱时,如北侧低涡过程的 8 日 14:00(北京时,下同),低空急流势力较弱,对应低涡在山前受阻(图略),之后低空急流转到山后(即山脉以东),沿避开大别山的东北—西南走向快速发展(9 日 02:00,图 4a),当然高空槽前的引导气流对此也起到了重要作用。对于南侧低涡过程,因为整个过程中低空急流势力较弱,因此大别山地形效应更为显著,图 4b 中显示了低空急流在大别山南端的绕行,此后低空急流避开山脉,并顺应高空引导气流方向,从而呈现东北—西南走向(图略)。

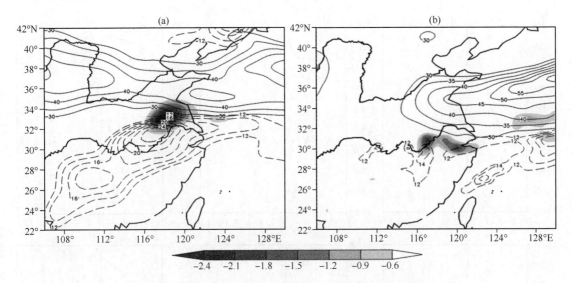

图 4　两次涡旋个例中各时刻高低空急流和垂直速度分布

实线为 200 hPa 全风速场（≥30 m・s⁻¹），虚线为 850 hPa 全风速场（≥12 m・s⁻¹），阴影区为 500 hPa 垂直速度场（≤−0.6 Pa・s⁻¹），(a)9 日 02:00 淮河路径涡旋过程，(b)18 日 20:00 长江路径涡旋过程

Fig. 4　The distribution of upper-and lower-level jets and vertical velocity in the vortex process with Huaihe River basin path at 02:00 on 9 (a)and in the vortex process with Yangtze River Basin path at 20:00 on 18 (b). Solid line indicates 200 hPa upper-level jet(≥30 m・s⁻¹), dashed line is 850 hPa low-level jet (≥12 m・s⁻¹), the shaded area is 500 hPa vertical velocity(≤−0.6 Pa・s⁻¹)

3　南北低涡动力特征与山脉作用

3.1　垂直动力结构特征

　　以低涡各时次中心位置向 4 个方向分别扩展 1.5 个经纬距作为低涡范围，分析低涡范围内基本物理量平均值的垂直分布。选取淮河流域低涡山前生成阶段（8 日 14:00）、低涡过山初步发展阶段（8 日 20:00）和山后低涡发展旺盛阶段（9 日 08:00），对长江流域暴雨低涡过程选取西南低涡长江中游加强阶段（18 日 14:00）、低涡山前减弱阶段（18 日 20:00）和低涡山后再次加强阶段（19 日 08:00），如图 5 所示。

　　淮河流域低涡过程中（图 5a～c），在低涡范围内，垂直上升运动的层次较为深厚，说明对于浅薄系统，上层槽区的上升运动对维持低涡内垂直运动有支持作用。以 700 hPa 高度为准，低涡生成阶段垂直上升运动强，达到 -6×10^{-1} Pa・s⁻¹，下山时，向下的气流增强，垂直上升运动显著减弱，降为 -3×10^{-1} Pa・s⁻¹，到达山后平坦地区，垂直上升运动再次增强，约为 -5×10^{-1} Pa・s⁻¹，涡旋区散度分布基本上是低层辐合并配有高层辐散，对涡度的演变具有较好的指示性，山前低涡区域涡度在 950 hPa 最强，达到 6×10^{-5} s⁻¹，下山时气柱拉伸，增强正涡度，正涡度厚度增加，山后平坦地区，摩擦力减弱，低涡涡度成倍增长，达到 14×10^{-5} s⁻¹，因此，山脉地形与下垫面的作用对低涡发展演变起到了重要作用。

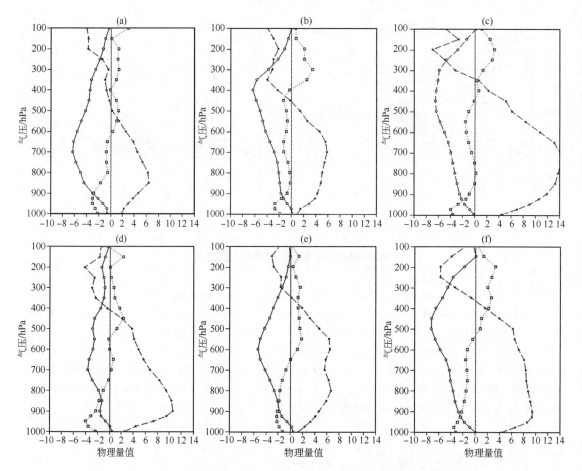

图 5　两次涡旋个例中淮河路径(a~c)和长江路径(d~f)各时刻低涡区域平均垂直
速度(实线,单位:10^{-1} Pa·s^{-1})、散度(短虚线,单位:10^{-5} s^{-1})和涡度(长虚线,单位:10^{-5} s^{-1})的垂直分布
(a)8 日 14:00,(b)8 日 20:00,(c)9 日 08:00,(d)18 日 14:00,(e)18 日 20:00,(f)19 日 08:00

Fig. 5　Vertical cross-sections of average vertical velocity (solid line, unit:10^{-1} Pa·s^{-1}), divergence (short dashed line, unit:10^{-5} s^{-1}) and vorticity (1ong dashed line, unit:10^{-5} s^{-1}) over low vortex area at Huaihe River Basin path (a~c) and at Changjiang River Basin path (d~f) of two vortex processes. (a)at 14:00 on 8, (b)at 20:00 on 8, (c)at 08:00 on 9, (d)at 14:00 on 18, (e)at 20:00 on 18, (f)at 08:00 on 19

　　在长江流域低涡东移过程中(图 5d~f),垂直上升运动是逐步增强,层次逐步增厚。涡旋区的低层辐合配有高层系统的辐散,辐合层次逐步加深。正涡度大值对应低层低涡,表现为当低涡山前受到大别山南端阻挡时,涡度有所减弱,当低涡绕过山脉南端到达山脉下游,获得气旋式旋转能量,强度再次增强,正涡度层次也加厚。淮河流域低涡的最大正涡度值大于长江流域低涡,其最大上升运动值所在层次也比长江流域低涡高,标志着两次个例中淮河流域低涡比长江流域低涡更为深厚、强盛。

3.2　不稳定能量特征

　　假相当位温 θ_{se} 表征了大气湿度、压力、温度的综合特征,表征了系统不稳定能量的分布。

θ_{se} 的高值区代表着高能区,等值线密集处则代表着能量锋区。在淮河流域低涡暴雨过程中沿低涡中心 θ_{se} 的经向剖面(图略)显示,低涡在东移过程中始终对应着 θ_{se} 线的陡峭密集带。淮河流域低涡在东移过程中低涡所对应 θ_{se} 梯度明显强于长江流域过程,而且高能区的中心值也是淮河流域过程强于长江流域过程。淮河流域低涡暴雨过程中低涡区域附近的 θ_{se850} 与 θ_{se500} 差值基本维持在 5~10 K,强盛时维持在 10~15 K,而长江流域低涡暴雨过程中则基本维持在 0~5 K,不稳定能量的积聚明显不如淮河流域低涡暴雨过程强,这与淮河低涡暴雨中心强度大于长江流域低涡暴雨一致。

3.3　湿动力特征

根据湿位涡理论[25],湿位涡是一个能同时表征大气动力、热力和水汽性质的综合物理量,湿位涡的单位为 PVU(1 PVU$=10^{-6}$ m^2 · K · s^{-1} · kg^{-1}),等压面上湿位涡的表达式为

$$MPV = MPV1 + MPV2$$
$$= -g(\zeta + f)\frac{\partial \theta_e}{\partial p} + g\left(\frac{\partial v}{\partial p}\frac{\partial \theta_e}{\partial x} - \frac{\partial u}{\partial p}\frac{\partial \theta_e}{\partial y}\right) \tag{1}$$

其中:湿正压项 MPV1 表示惯性稳定度$(\zeta + f)$和对流稳定度$-g\frac{\partial \theta_e}{\partial x}$的作用;湿斜压项 MPV2 包含了湿斜压性$(\mathbf{V}_p\theta_e)$和水平风垂直切变的贡献。当大气对流稳定时,MPV1>0,只有 MPV2<0垂直涡度才能得到增长,此时 MPV2 负值越强,表明大气斜压性越强;当大气对流不稳定时,MPV1<0,只有 MPV2>0垂直涡度才能得到增长[26-27]。

图 6 给出了南涡旋发展阶段(18 日 20:00)和北涡旋发展成熟入海前阶段(9 日 08:00)的 MPV1 和 MPV2 的比较。从淮河流域低涡暴雨过程沿低涡中心 MPV1 和 MPV2 的经向剖面(图 6a、c)中可看出,低涡暴雨区域北侧 MPV1 正值带与 MPV2 负值带对应,形成有利于垂直涡度增长的湿度热力动力环境。发展阶段 MPV1 和 MPV2 的中心位置较高(图略,但类似于图 6c、d),成熟阶段垂直方向上中心位置下降(图 6a、b),850 hPa 强度中心值显著增强(图 6a 中$+3.0$ PVU 是由$+1.2$ PVU 发展而来(图略))。同时,发展阶段垂直方向上 MPV1 强正值带和 MPV2 强负值带倾斜度较大(图略,但类似于图 6c、d),成熟阶段两个强梯度大值带表现更为直立(图 6a、b)。

从长江流域低涡暴雨过程低涡中心 MPV1 和 MPV2 的经向剖面(图 6c、d)中可看出,低涡暴雨区域北侧 MPV1 正值柱也与 MPV2 负值柱对应,但位置较淮河流域过程要偏南一些(低层指向 30°N),也形成了有利于垂直涡度增长的湿度热力动力环境。在强正、负值带的倾斜程度方面,也是随涡旋的成熟更加直立,但强度比淮河涡旋明显弱一些(图 6d 中-0.6PVU 是由-0.4PVU 发展而来(图略)),这也体现在图 5f(长江低涡)中所示涡度强度比图 5c(淮河低涡)中涡度约弱 1/3。不仅如此,长江低涡 MPV1 的正值强度与降水强度成正比,图 6c 中的 MPV1(发展阶段)强度小于成熟阶段中的强度,对应图 6c 阶段的强降雨中心值小于其成熟阶段的强降雨中心值(图略)。因此湿位涡反映了涡旋暴雨综合环境特征,其时空特征指示了涡旋暴雨的发展和演变。

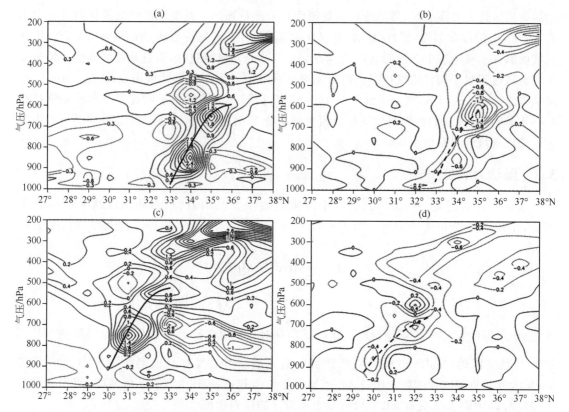

图 6　两次暴雨涡旋个例中沿低涡中心 MPV1（左）和 MPV2（右）的高度—经向剖面（单位：PVU）

(a)、(b)9 日 08：00，(c)、(d)18 日 20：00，倾斜的粗实线和粗虚线分别表示 MPV1 和 MPV2 大值轴线

Fig. 6　The height-longitudinal cross-section of MPV1 (left) and MPV2 (right) along vortex center in two rainstorm vortex processes. Unit：PVU. (a)、(b)at 08：00 on 9，(c)、(d)at 20：00 on 18. The thick solid lines and thick dashed lines indicate MPV1 and MPV2 high value axes，respectively

4　地形对低涡影响的数值试验

4.1　控制试验方案设计及结果检验

利用中尺度数值模式 WRF3.2 进行模拟，模式采用两重网格嵌套，初始场和侧边界资料为 NCEP 每 6 h 一次的 FNL(1°×1°)资料，垂直方向为 31 层，模式顶气压为 50 hPa。粗细网格分辨率分别为 30 km 和 10 km，格点数分别为 105×90 和 142×121，时间步长为 180 s。采用 RRTM 长波辐射方案、Dudhia 短波辐射方案、RUC 陆面过程方案和 YSU 边界层方案。淮河流域暴雨过程的模拟时段为 2007 年 7 月 7 日 08：00—9 日 08：00，模拟中心为 32.5°N、117.5°E；长江流域暴雨过程的模拟时段为 2011 年 6 月 17 日 08：00—19 日 08：00，模拟中心为 30°N、118°E。

为了考察 WRF 模式中微物理方案和积云参数化方案对江淮地区低涡暴雨过程的模拟效果，在粗细网格分辨率、格点范围及其他参数化方案不变的前提下，选取 Kessler、Lin、Ferrier

三个微物理方案和 Kain-Fritsch、Betts-Miller-Janjic 两个积云参数化方案,进行了 6 个组合试验,发现 Ferrier 方案(重点考虑平流项中水汽和总凝结降水的变化,并且在大时间步长时计算结果较为稳定)和 Kain-Fritsch 方案(将包含卷出、卷吸、气流上升和气流下沉现象的云模式耦合在一起,目前只包含深对流过程)的组合能较好地模拟出两次个例中低涡的演变情况,模拟的雨带位置和降水量都与实况比较接近。

图 7 是两次暴雨涡旋个例中细网格模拟的降水。对比图 3 和图 7 可看出,模拟的雨带整体走向与实况基本一致,几个主要降水中心在位置和强度上也与实况较吻合。从模式对涡旋时空演变的模拟情况(表 2)可看出,模拟的两个涡旋中心位置及强度都与实况较接近。

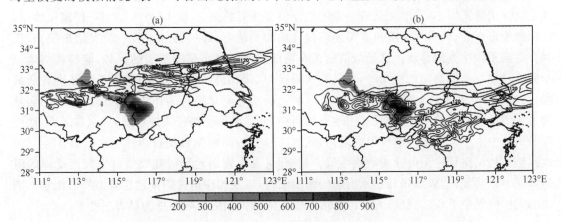

图 7 模拟的淮河路径暴雨涡旋(a,2007 年 7 月 8 日 08:00—9 日 08:00)和
长江路径暴雨涡旋(b,2011 年 6 月 18 日 08:00—19 日 08:00)24 h 降水量分布(单位:mm)
阴影区为大别山地形(单位:m)

Fig.7 The distribution of the simulated 24 h rainfall of rainstorm vortices with Huaihe River Basin path from 08:00 on 8 to 08:00 on 9 July 2007 (a) and with Changjiang River Basin path from 08:00 on 18 to 08:00 on 19 June 2011(b). Unit:mm. The shaded area is terrain (unit:m) of Dabieshan Mountain

表 2 两次暴雨涡旋个例中实况和模拟的 850 hPa 低涡中心位置及强度
Table2 The observed and simulated vortex positions and strength on 850 hPa in two rainstorm vortex processes

个例	时间/(日—时)	实况低涡中心		模拟低涡中心	
		位置/(°N,°E)	强度/gpm	位置/(°N,°E)	强度/gpm
淮河流域暴雨过程	08—14:00	31.5,112.0	1410	31.7,112.2	1420
	08—20:00	32.5,114.5	1410	32.6,113.4	1420
	09—02:00	33.0,116.5	1380	32.8,118.0	1370
	09—08:00	33.0,120.5	1370	33.2,121.2	1370
长江流域暴雨过程	18—08:00	29.5,111.5	1430	30.4,111.5	1420
	18—14:00	30.5,113.0	1430	30.8,113.0	1430
	18—20:00	30.5,115.5	1440	30.2,116.5	1430
	19—02:00	30.5,119.5	1430	30.5,119.0	1420
	19—08:00	31.0,122.5	1440	31.4,122.0	1430

总体而言,这两次暴雨过程的模拟比较成功,模拟结果用于分析研究具有合理性和可信度,分析研究时采用每 1 h 一次的细网格输出结果。

4.2　地形对低涡移动路径和强度的影响

　　为了研究大别山地形对低涡的影响,以上述试验中模拟效果较好的方案作为控制试验,在此基础上进行地形敏感性试验,采用与控制试验相同的参数化方案,将模式中大别山地区的地形高度设为 50 m,选取区域为 30.05°N—33.07°N,112.24°E—116.99°E。

　　图 8 给出了两次低涡暴雨过程中控制试验(保持原地形)和敏感性试验(降低地形高度)的低涡移动路径。从图 8 中可看出,整体上大别山地形对淮河流域低涡的路径影响小于对长江流域低涡影响,但控制试验和敏感性试验的低涡移动路径有差异,移动速度相差不多,这与大别山北部山脉范围小,高度偏低有一定关系。值得注意的是,8 日 17:00—20:00 控制试验中,因山脉地形存在,低涡在山前具有沿地形向北的倾斜绕行,而敏感性试验中没有地形阻挡,低涡自西向东较平直地移动。这是数值模式有精细的逐时时间尺度结果的优势,能够精细地显示演变过程。当低涡向北移动时,反气旋式路径与山脉阻挡(爬坡效应)造成低涡强度有所减弱(图 9),表明大别山北部地形对低涡活动演变确实有引导绕行的作用。在长江流域低涡暴雨过程的敏感性试验中,由于没有了地形的阻挡,低涡沿偏东路径快速移动,并东移入海,而在控制试验中由于大别山南部地形的阻挡,低涡路径显著向南偏移绕行山脉(见 18 日 17:00 位置),整体移动路径比无山脉的敏感性试验偏南,可见大别山地形对此类浅薄中尺度低涡的阻挡效应十分明显,造成低涡分别从山脉的两侧绕行,以及相应雨带的南北位置差异。由于大别山的主体位置位于长江流域,大别山地形对长江流域低涡的影响要更为显著一些。

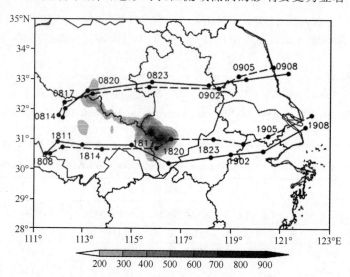

图 8　两次暴雨涡旋个例中低涡的移动路径
实线为控制试验,虚线为敏感性试验,其余说明同图 3

Fig. 8　Tracks of two rainstorm vortex processes. Solid line indicates control experiment, dashed line indicates sensitivity experiment, others are the same as Fig. 3

　　为了进一步认识南北低涡强度的过程演变,取区域螺旋度进行分析。螺旋度是一个用来衡量风暴入流强弱以及沿入流方向的水平涡度分量的参数[28],正的旋转风螺旋度大值中心及其演变较好地反映了造成暴雨的中尺度涡旋的发生位置及演变,较大的螺旋度值是低层中尺度低涡和地面气旋系统发生、发展的机制之一。计算螺旋度时,广泛采用的是 Davies *et al*[28]

的计算公式,即:

$$H = \sum_{n=0}^{N-1} \left[(u_{n+1} - C_x)(v_n - C_y) - (u_n - C_x)(v_{n+1} - C_y) \right] \tag{2}$$

式(2)中 C 的取法是根据经验假设,取为 $850 \sim 300$ hPa 气层内平均风速的 75% 且风向右偏 $40°$,本文使用模式输出资料,N 取为 4 层($1000 \sim 850$ hPa),计算了相应的总螺旋度。

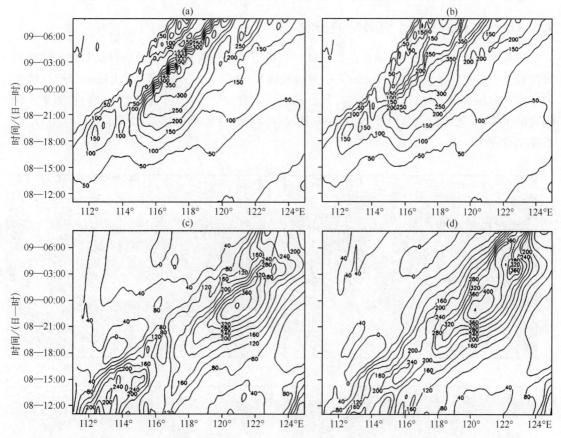

图 9 淮河流域暴雨过程沿 31.5°N—33.5°N(上)和长江流域暴雨过程沿 30°N—31.5°N(下)
平均总螺旋度的时间纬向分布(单位:$m^2 \cdot s^{-2}$)
(a)、(c)控制试验,(b)、(d)敏感性试验

Fig. 9 The time-latitudinal cross-section of average helicity along 31.5°N—33.5°N in Huaihe River Basin rainstorm process (up) and along 30°N—31.5°N in Yangtze River Basin rainstorm process (down). Unit:$m^2 \cdot s^{-2}$. (a), (c)control experiment, (b), (d)sensitivity experiment

从淮河流域暴雨过程中总螺旋度沿低涡移动区域的时间纬向分布(图 9a、b)中可看出,在控制试验中随着低涡的东移,螺旋度值在大别山北段 114°E 附近减弱为 100 $m^2 \cdot s^{-2}$,说明地形的阻挡造成低涡绕行和爬坡同时存在,使得低涡以反气旋式从大别山北段绕行,同时爬坡时气柱压缩,因此相应的螺旋度值减小,不利于垂直涡度的维持和增长,低涡相应的减弱。之后低涡东移至淮河平原地区,下山地形造成低涡螺旋度值开始持续加强至 350 $m^2 \cdot s^{-2}$,低涡也逐渐加强。而在敏感性试验中由于去除了地形,在原来的大别山北段地区螺旋度值没有明显减弱,螺旋度值持续增强至 350 $m^2 \cdot s^{-2}$,由于大别山北段海拔较低,故在此次过程中地形对淮河低涡强度和移动路径有影响,但不及对长江流域低涡强。对于长江流域暴雨过程(图 9c、d),当涡旋在大别山主

体迎风坡位置 116°E 附近时螺旋度值明显减弱,之后涡旋向大别山南段做气旋式绕行,正涡度增长,在山南侧螺旋度值增强至 360 m² · s⁻²,相应的低涡也经历了加强—减弱—加强的演变过程。而在敏感性试验中由于缺少了地形的阻挡,涡旋的演变缺少了向南绕行和山前减弱的阶段,低涡东移过程中为持续加强,螺旋度值在入海前强度可达到400 m² · s⁻²。对比分析来看,大别山地形对南北两侧涡旋均有绕行路径和强度变化影响,其中对长江流域低涡的影响更显著。

4.3　地形对低涡暴雨水汽条件的影响

当低涡移近大别山时,有地形的控制试验获得更强的水汽辐合,较敏感性试验(无地形)的水汽辐合中心值高 1 倍以上(图 10a、c 中等值线区)。从图 10 中可以看出,山脉南部迎风坡有利于水汽的辐合抬升,山脉北部弧形背风区有利于水汽的辐合汇聚,这两个区域均有利于水汽辐合的增强,对比两次个例中降水的分布(图 7)可看出,这两个区域都出现了强降水中心,中心降水量在 120 mm 以上。

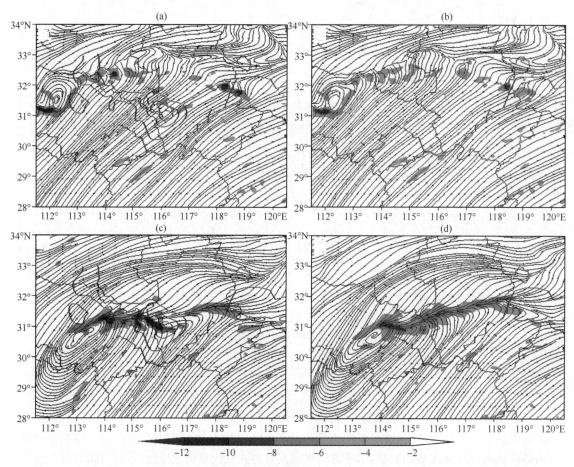

图 10　两次暴雨涡旋个例中低涡经大别山时 850 hPa 流场和水汽通量散度(阴影区,单位:10⁻⁵g · cm⁻² · hPa · s⁻¹)等值线为大别山地形,(a)有地形淮河路径涡旋,(b)无地形淮河路径涡旋,(c)有地形长江路径涡旋,(d)无地形长江路径涡旋

Fig. 10　The moisture flux convergence (the shaded, unit:10⁻⁵ g · cm⁻² · hPa · s⁻¹)and streamline when the two rainstorm low vortices pass Dabieshan mountain terrain on 850 hPa. Contour is Dabieshan mountain terrain,

(a)Huaihe River Basin vortex with mountain,(b)Huaihe River Basin vortex without mountain,(c)Yangtze River Basin vortex with mountain,(d)Yangtze River Basin vortex without mountain

5　结　论

通过对江淮低涡暴雨过程的统计分析和绕行大别山南北两侧,沿淮河与沿长江的暴雨低涡典型个例的对比诊断与模拟研究得到以下主要结论:

(1)根据近5年(2007—2011年)的统计,江淮梅雨期低涡暴雨日数占暴雨总日数的41%,表明低涡在江淮梅雨暴雨中的重要作用,并且绝大多数为浅薄涡旋,垂直尺度在700 hPa及以下,易受大别山脉的影响。

(2)浅薄低涡受大别山地形(南宽中窄北端矮)和高空引导气流的共同作用,在大别山南北两端,绕行与爬坡同时存在,并造成北侧沿淮河流域低涡增强大于南侧沿长江流域的低涡,以及低涡路径有偏南与偏北之分,进而低涡暴雨形成沿淮河流域和沿长江流域的两类雨带。

(3)由于山脉阻挡,北面沿淮河及南面沿长江的两次低涡都呈现山前迎风坡减弱,山后背风区增强的过程,同时高低空急流的风切变配置状态不仅有利于浅薄低涡的气旋式增强,而且指示低涡东移路径与位置,并且势力较弱的低空急流,受大别山南部地形影响也有绕行的阶段。并影响到山脉南北两侧低涡的强度增幅和伴随的暴雨强度在南部弱一些。

(4)沿淮河与沿长江的南北两例低涡暴雨的湿度热力动力特征的湿位涡表征显示,低涡在东移过程中始终对应着θ_{se}线的陡峭密集带,即高能值带。高能值中心和不稳定能量的聚集均显示此次淮河低涡暴雨强于长江低涡暴雨。垂直剖面上湿位涡正斜压分量梯度带的配置,形成有利于低涡垂直发展的环境,并且随低涡发展梯度带倾角增大,强中心值下移,而且强度与降水强度成正比。并且北路低涡的湿位涡因垂直切变大,其强度更强。

(5)数值试验显示,大别山地形对低涡路径沿淮河及沿长江的山脉南北绕行及两侧爬坡,低涡强度的山前减弱山后加强,以及低涡环境水汽辐合的强弱等方面均有直接影响。山脉阻挡和山体形态造成山脉南部迎风坡的强辐合抬升,以及山脉北部弧形背风处对气流拉伸的辐合汇聚区成为大别山地形有利于水汽辐合上升,增强低涡暴雨雨量的两个重要部位。由于大别山南段的主体部分范围大,高度更高,所以对绕行南部的低涡影响更为显著。

致谢:文中图表的规范化由赵文宁审核并进行修订绘制,在此表示感谢。

谨以此文献给尊敬的朱乾根教授。朱教授是我国著名梅雨研究领域的专家,在此领域贡献大,影响深。毕业时朱老师将我留在天气教研室,长期担任他的助教,恩师的培养和指教难以忘怀。

参考文献

[1] 苗春生,李婷.长江与淮河两流域梅雨锋结构异同对比分析[C].南京:大气科学前沿发展国际研讨会暨重点实验室年会文集,2012,(5):26-27.

[2] 卢晶晶,徐迪峰.地形对中小尺度低涡活动影响的数值试验研究[J].暴雨灾害,2011,**30**(1):19-27.

[3] Letkewicz C E,Parker M D. Forecasting the maintenance of mesoscale convective systems crossing the Appalachian Mountains[J]. *Wea Forecasting*,2010,**25**:1179-1195.

[4] Lombardo K A,Colle B A. The spatial and temporal distribution of organized convective structures over the

Northeast and their Ambient conditions[J]. *Mon Wea Rev*,2010,**138**:4456-4474.

［5］ 丁治英,罗静,沈新勇.2008 年 6 月 20—21 日一次 β 中尺度切变线、低涡降水机制研究[J].大气科学学报,2010,**33**(6):657-666.

［6］ 赵玉春,徐小峰,崔春光.中尺度地形对梅雨锋暴雨影响的个例研究[J].高原气象,2012,**31**(5):1268-1282.

［7］ 廖菲,洪延超,郑国光.地形对降水的影响研究概述[J].气象科技,2007,**35**(3):309-316.

［8］ Rudari R,Entekhabi D,Roth G. Terrain and multiple-scale interactions as factors in generating extreme precipitation events[J]. *Hydro Meteor*,2004,**15**:390-404.

［9］ Colle B A,Zeng Y G. Bulk micro-physical sensitivities within the MM5 for orographic precipitation. Part Ⅱ:Impact of barrier width and freezing Level[J]. *Mon Wea Rev*,2004,**132**:2802-2815.

［10］ 葛晶晶,钟玮,杜楠,等.地形影响下四川暴雨的数值模拟分析[J].气象科学,2008,**28**(2):176-183.

［11］ 池再香,邱斌,康学良,等.一次南支槽背景下地形对贵州水城南部特大暴雨的作用[J].大气科学学报,2011,**34**(6):708-716.

［12］ 冯强,叶汝杰,王昂生,等.中尺度地形对暴雨降水影响的数值模拟研究[J].中国农业气象,2004,**25**(4):1-4.

［13］ 董佩明,赵思雄.引发梅雨锋暴雨的频发型中尺度低压(扰动)的诊断研究[J].大气科学,2004,**28**(6):876-891.

［14］ Wang Z,Gao K. Sensitivity experiments of an eastward-moving southwest vortex to initial perturbations [J]. *Adv Atmos Sci*,2003,**20**(4):638-649.

［15］ 王晓芳,汪小康,徐桂荣.2010 年长江中游梅雨期 β 中尺度系统环境特征的分析[J].高原气象,2013,**32**(3):750-761,doi:10. 7522/j. issn. 1000－0534. 2012.00070.

［16］ 胡伯威,潘芬.梅雨期江淮流域两类气旋性扰动和暴雨[J].应用气象学报,1996,**7**(2):138-144.

［17］ 傅慎明,于翡,王东海,等.2010 年梅雨期两类东移中尺度涡旋的对比研究[J].中国科学,2012,**42**(8):1282-1300.

［18］ 王从梅,丁治英.河北夏季低涡暴雨的统计研究[J].自然灾害学报,2006,**15**(5):69-75.

［19］ 赵娴婷,苗春生,于波."0907"长江下游梅雨锋暴雨的数值模拟和诊断分析[J].气象科学,2012,**32**(2):194-201.

［20］ 杨引明,谷文龙,赵锐磊,等.长江下游梅雨期低涡统计分析[J].应用气象学报,2010,**21**(1):11-18.

［21］ 陆汉城,杨国祥.中尺度天气原理和预报[M].北京:气象出版社,2000:9-10.

［22］ 江玉华,杜钦,赵大军,等.引发四川盆地东部暴雨的西南涡结构特征研究[J].高原气象,2012,**31**(6):1562-1573.

［23］ 刘梅,张备,俞剑蔚.江苏梅汛期暴雨高空能量输送及高低空要素耦合特征[J].高原气象,2012,**31**(3):777-787.

［24］ 朱营礼,周淑玲,林曲凤,等.一次入海气旋快速发展的动力和热力学特征分析[J].高原气象,2012,**31**(3):788-797.

［25］ 吴国雄,蔡雅萍,唐晓菁.湿位涡和倾斜涡度发展[J].气象学报,1995,**53**(4):387-405.

［26］ Wu G X,Liu H Z. Vertical vorticity development owing to down-sliding at slantwise isentropic surface [J]. *Dyn Atmos Oceans*,1997,**27**:715-743.

［27］ 李耀辉,寿绍文.旋转风螺旋度及其在暴雨演变过程中的作用[J].南京气象学院学报,1999,**22**(1):95-102.

［28］ Davies Jones R,Burgess D,Foster M. Test of helicity as a tornado forecast parameter. In:Preprints,16th Conf on severe local storms[J]. *Amer Meteor Soc*,1990:588-592.

SRES 情景下宁夏 21 世纪温度和降水变化的模拟分析

陈晓光[1]　许吟隆[2]　陈　楠[1]　陈晓娟[3]　杨　侃[3]

(1. 宁夏气象防灾减灾重点实验室,银川　750002;

2. 中国农业科学院农业环境与可持续发展研究所,北京　100081;

3. 宁夏气象台,银川　750002)

摘　要:本文利用英国 Hadley 中心区域气候模式系统 PRECIS,在对气候基准时段(1961—1990 年)宁夏气候模拟分析及 1991—2010 年气候预测分析验证的基础上,在 SRES A2,B2 情景下对 21 世纪宁夏最高最低温度和降水进行了模拟,并分析其变化趋势和温度的日数频率变化。结果表明:在基准时段和 1991—2010 年期间,PRECIS 能够模拟出宁夏最高最低气温、降水量的月、季和年分布特征。在 2011—2100 年时段,宁夏的气温将持续上升,相对于基准时段年平均最高气温在 21 世纪的三个时段将分别偏高 1.6~1.8℃、2.5~3.6℃ 和 3.5~6℃,大于 34℃ 的最高温度日数频率将偏多 8~16d。21 世纪宁夏的年降水量变化不太明显,但季节性变化和年代际变化显著,夏季降水量明显减少,冬春季降水量明显增加。温度的不断升高和降水量的时空分布更加不均,未来宁夏高影响天气气候事件发生的频率和强度会增大。

关键词:PRECIS;SRES A2,B2 情景;温度;降水;宁夏

0　引言

近百年来,全球气候发生了以变暖为主要特征的显著变化。IPCC 第 4 次气候变化评估报告指出[1],在过去一百多年里,大气中 CO_2 浓度明显增大,全球地面平均温度在 1906 年到 2005 年里升高了 $0.74\pm0.18℃$,达到了 1000 a 以来的最高值。在全球变暖的大背景下,我国气候也发生了明显变化,近 50 a 来全国地面年平均温度上升了约 1.1℃[2,3],宁夏的年平均气温也在波动中持续上升,增温幅度高于全国平均值,最高最低气温变化显著[4~6]。宁夏的年降水量呈下降趋势,特别是近年来强降水日数增多,弱降水日数减少,气候有暖干化的趋势[6~7]。

由于气候变化不仅影响自然生态环境,而且对粮食生产、土地利用、水循环、人类健康等的影响都十分明显。宁夏地处西北内陆干旱半干旱地区,是气候变化的敏感区和生态环境的脆弱区,气候变暖对宁夏的影响更为显著。因此,研究全球气候变暖背景下宁夏未来的气候变化及其影响程度事关宁夏经济社会的可持续发展。

研究未来长时间的气候变化趋势,全球气候模式(GCM)模拟及其区域气候模式(RCM)手段是一种常用的有效方法。许吟隆等[8]利用 HadCM2 模式的模拟结果,分析比较了不同温室气体排放情景下,中国区域 21 世纪地面气温和降水量的变化趋势。张勇[9]等利用区域气候模式系统 PRECIS 进行了中国区域气候基准时段(1961—1990 年)和 SRES B2 情景下 2071—2100 年(2080s)最高、最低气温及日较差变化响应的分析。他们的研究结果表明,PRECIS 对中国区域最高、最低气温和降水量的具有模拟能力,能够模拟出温度和降水量的局地分布特

征。杨侃等[10]利用多个全球气候模式(GCM)的情景模拟结果,分析了不同温室气体效应下宁夏区域 21 世纪地面气温和降水量的可能变化,通过对气候基准时段(1961—1990 年)模拟值与观测值的对比分析,得出 GCM 对宁夏的气候变化具有一定的模拟能力,其中 ECHAM4和 HadCM3 对宁夏地面气温和降水量的模拟结果与观测接近。陈楠等[11]分析验证了 PRECIS 模式对宁夏区域气候的模拟能力,认为 PRECIS 能够模拟宁夏年平均和夏季平均的气温、降水的空间分布和季节分布特征。张颖娴等[12]通过分析 SRES A2,B2 情景下,宁夏 2071—2100 年时段的极端气温日较差、夏季日数及霜冻日数的变化,也得出 PRECIS 能够模拟出宁夏地区这些气象要素的空间分布差异和年际变化特征。徐宾等[13~14]研究了 PRECIS 不同水平分辨率对宁夏气候模拟结果的影响,当水平网格距为 50 km 和 25 km 时都能较好地模拟宁夏地区的逐月平均温度和降水的时间序列分布特征,以及逐日温度和逐日降水发生频率的分布特征。当 PRECIS 分辨率为 25 km 时,PRECIS 对宁夏地区月平均气温、降水的模拟和日气温与日降水发生频率分布特征的模拟与实况更加吻合。这些研究结果都说明,可以用 PRECIS 模拟未来宁夏地区的气候变化。

本文在前人工作的基础上,进一步分析了 SRES A2,B2 情景下 PRECIS 模拟的 21 世纪宁夏地区气温和降水量的变化趋势,2011—2040 年(2020s)、2041—2070 年(2050s)和 2071—2100 年(2080s)的气温、降水量的年、季变化,以及最高最低气温的日数频率变化,为评估计未来气候变化对宁夏的影响,采取更有针对性的适应措施提供基础数据支持。

1　资料和方法

本文使用英国 Hadley 气候中心高分辨率 AGCM-HadAM3P 全球模式的结果作为初始和侧边界条件,驱动其开发的区域气候模式系统 PRECIS[15],进行了中国地区基准时段 1961—1990 年和在 A2,B2 情景下 1991—2100 年的气候模拟情景输出,利用观测资料对气候情景进行订正。对最高最低温度的逐日观测值和 PRECIS 模拟值进行级别划分。当气温小于 34℃ 时,按间隔 2℃ 划分,气温大于 34℃ 时按间隔 1℃ 划分。然后计算出年、季和月每个级别上宁夏最高最低温度的日数频率,以期更细致地分析气候变暖发生的特征,为提高适应气候变化的针对性提供科学依据。

2　PRECIS 对宁夏气候变化的模拟能力检验

2.1　最高最低温度

在基准时段 PRECIS 模拟的宁夏最高最低气温很好的表现了温度变化的季节特征,模拟值与观测值的差值很小(图 1),最高温度的月平均差值小于 0.2℃,最低温度的月平均差值小于 0.1℃。表 1 给出了 SRES A2,B2 情景下宁夏 1991—2010 年的年和季的最高最低气温的模拟值与观测值的差值。由表可见,年最高气温的模拟值比观测值小 0.1~0.4℃,最低气温的模拟值比观测值小 0.5℃。从季节变化来看,冬季和春季最高最低气温的模拟值比观测值小 0~0.9℃。夏季和秋季小 0.3~0.4℃。由以上结果可知,无论是基准时段还是在 1991—

2010年期间,PRECIS对宁夏最高最低气温的模拟结果符合较好。

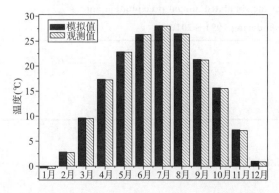

图1　宁夏基准时段月平均最高气温的模拟值与观测值

Fig 1　Comparison of simulated monthly mean maximum temperature with observation in baseline

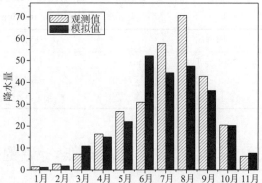

图2　气候基准时段月平均降水量的观测值与模拟值

Fig 2　Comparison of simulated monthly precipitation with observation in baseline

表1　宁夏1991—2010年、季的最高最低气温模拟值与观测值的差值(单位:℃)

Tab 1 Differences between the simulated annual, seasonal maximum, minimum temperature and observations in Ningxia during 1991—2010

年代际	春季		夏季		秋季	
	最高	最低	最高	最低	最高	最低
1991—2000	0.1	$-0.5\sim-0.4$	0.2-0.6	$-0.5\sim0.0$	$-0.4\sim-0.2$	0.2
2001—2010	$-0.1\sim-1.0$	$-1.3\sim-0.8$	$-0.1\sim0.3$	$-0.5\sim-0.2$	0.2	$-0.1\sim-0.5$
1991—2010	$-0.4\sim0.0$	$-0.8\sim-0.6$	0.3	$-0.4\sim-0.3$	$-0.1\sim0.2$	-0.2

年代际	冬季		年	
	最高	最低	最高	最低
1991—2000	$-0.4\sim-0.2$	$-0.5\sim0.2$	0.0	$-0.4\sim-0.1$
2001—2010	$-0.6\sim-1.0$	$-1.3\sim-1.2$	$-0.4\sim-0.2$	$-0.8\sim-0.6$
1991—2010	$-0.5\sim-0.6$	$-0.9\sim-0.6$	$-0.4\sim-0.1$	-0.5

2.2　降水量

宁夏的降水量季节分布不均,主要集中在夏季,春秋季次之,冬季最少,图2给出了基准时段宁夏月平均降水量的观测值和模拟值,由图可见,模拟值与观测值存在一个系统的偏差,但PRECIS能够很好地模拟宁夏降水量的月际分布特征。

在SRES A2,B2情景下,分析宁夏1991—2010年PRECIS的降水量模拟值与观测值的差值百分率得出,模拟的年降水量比观测的年降水量偏少2%～3%,春季的偏多7%～18%,夏季的偏少10%～14%,秋季的偏多11%～12%,冬季的偏少0～17%。宁夏同期的年降水量观测值为260 mm,相当于模拟值比观测值少了6～9 mm。总体上PRECIS模拟的降水量与观测值较符合。

表2　宁夏1991—2010年降水模拟值与观测值的差值百分率(单位:℃)

Tab 2 Percentage of differences between the simulated annual precipitation and observations in Ningxia during 1991~2010

年代际	春季	夏季	秋季	冬季	年
1991—2000	7~13	-22	42~51	0	-4~-2
2001—2010	7~21	-8~2	-15~-10	-29~-15	-5~0
1991—2010	7~18	-14~-10	11~12	-17~0	-3~-2

3　21世纪宁夏最高最低气温的变化趋势

图3是SRES A2,B2情景下PRECIS模拟的宁夏1991—2100年的年平均极端气温变化趋势。SRES A2情景代表了区域间经济发展与人口增长不协调,温室气体排放维持较高水平,SRES B2情景代表了区域性的可持续发展,世界人口缓慢但持续增长,温室气体排放维持中低水平。

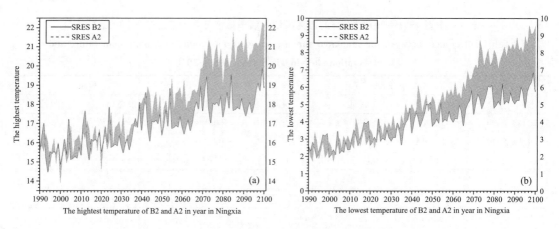

图3　SRES A2,B2情景下未来宁夏年平均最高最低气温的变化趋势(单位:℃)

(a)最高气温;(b)最低气温

Fig 3 Variation trends of annual mean maximum, minimum temperature in the future in Ningxia under SRES A2,B2 scenario (a. maximum temperature; b. minimum temperature)

可以看出在这两种情景下宁夏最高最低气温曲线在波动中持续上升,随时间的变化A2和B2情景下的差值越来越大,在2020s时段,其平均差值为0.3℃,在2050s时段,差值为1.1℃,而到2080s时段,其平均差值可高达2.5℃,说明温室气体的排放强度对未来宁夏温度变化的影响很大。

相对于基准时段,年平均最高气温在2020s,2050s,2080s三个时段分别升高1.6~1.8℃、2.5~3.6℃和3.5~6℃,而10年际的增温率在2020s为0.5~0.6℃,在2050s为0.9~1.2℃,而在2080s为1.2~2℃。由此可见,随着时间的推移,增温率越来越大,增温幅度越来越高,而夏季的10年际增温率更为显著。相对于基准时段宁夏年平均最低气温的增温幅度(表3b)在21世纪的三个时段分别升高为1.6~1.8℃,2.7~3.7℃和3.7~6.4℃,明显高于最高气温,冬季的最低气温增温幅度最大,春季的增温幅度较小。

表 3a SRES A2,B2 情景下 21 世纪三个时段宁夏最高气温相对于基准时段的变化(单位:℃)

Tab 3a Differences between the simulated maximum temperature and baseline in the 21st Century in Ningxia under SRES A2,B2 scenarios

年代际	春季	夏季	秋季	冬季	年
2011—2040	1.2~1.6	1.9~2.1	1.7~1.9	1.4~1.8	1.6~1.8
2041—2070	1.9~3.1	3.2~4.3	2.7~3.7	2.3~3.4	2.5~3.6
2071—2100	2.6~5.1	4.5~7.2	3.7~6.1	3.2~5.7	3.5~6

表 3b SRES A2,B2 情景下 21 世纪三个时段宁夏最低气温相对于基准时段的变化(单位:℃)

Tab 3b Differences between the simulated minimum temperature and baseline in the 21st Century in Ningxia under SRES A2, B2 scenarios

年代际	春季	夏季	秋季	冬季	年
2011—2040	1.3~1.6	1.7~1.9	1.5~1.8	1.7~1.9	1.6~1.8
2041—2070	2.3~3.2	2.9~4.0	2.5~3.8	2.9~3.9	2.7~3.7
2071—2100	3.1~5.5	4.0~6.8	3.5~6.5	4.3~6.7	3.7~6.4

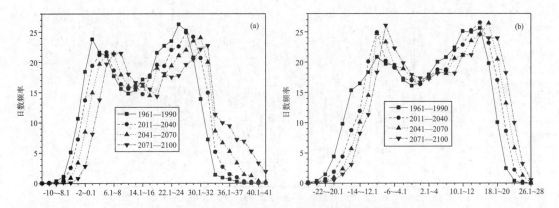

图 4 SRES A2,B2 情景下宁夏最高最低气温的日数频率

(a)SRES A2 情景下年最高温度日数频率;(b)SRES B2 情景下年最低温度日数频率

Fig 4 Daily frequency of maximum, minimum temperature in Ningxia under SRES A2B2 scenario

(a) daily frequency of annual maximum temperature under SRES A2;(b) daily frequency of annual minimum temperature under SRES B2

　　为分析宁夏最高最低温度变化的分布情况,本文计算了基准时段和 2011—2100 年最高最低气温的日数频率,并且计算了基准时段的日数频率与 2020s,2050s 和 2080s 三个时段日数频率的差值。图 4(a)和图 4(b)分别为 SRES A2,B2 情景下宁夏最高和最低气温的年代际日数频率分布,可以看出,一个共同的特点是日数频率都呈双峰型分布,而且随着时间的变化都向高温一侧移动,大于 32℃ 的最高温度日数明显增多(图略),特别是 34℃ 的最高温度日数比基准时段偏多了 8~16 d,这将意味着宁夏未来高温热浪事件发生的频率和强度会更大。在 SRES B2 情景下相对于基准时段在 21 世纪的三个时段,在 −18~−12℃ 范围的最低气温日数减少了 6~12 d,而在 18~24℃ 范围的最低气温日数比基准时段偏多了 7~16 d(图略)。宁夏地处干旱半干旱地区,生态环境比较脆弱,高温日数增多,低温日数减少,将对当地的工农业生产、经济社会发展和生活环境产生重大影响。

4　21世纪宁夏降水量的变化趋势

图 5 给出了 SRES A2,B2 情景下,1991—2100 年宁夏年降水量的变化趋势。由图可见,宁夏年降水量在两种情景下变化不大,有微弱增加的趋势,增加率为每 10 年 1~2 mm,但降水量的年代际变化很大,在 2030s,2060s 和 2090s 宁夏的年降水量相对较多,其他年代降水量相对较少。表 4 给出了 SRES A2,B2 情景下 2011—2100 年宁夏的年代际降水量相对于基准时段变化的百分率。由表可见,21 世纪宁夏的年降水量变化不大,但降水量的季节变化很大,春季和冬季明显增加,夏季明显减少,秋季略有增加,相对于基准时段在 21 世纪的后半叶降水量春季增加 43%~50%,夏季减少 14%~17%,秋季增加 0~12%,冬季增加 40% 左右。由于宁夏的降水量主要出现在夏季,夏季降水量占全年的 56%,春季占 18%,冬季仅为 2%,因此尽管冬春季增加明显,但年降水量变化不大。

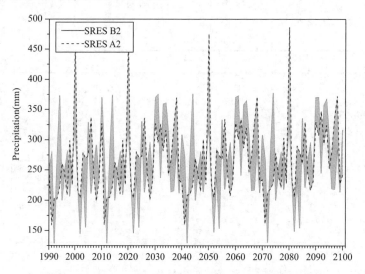

图 5　SRES A2,B2 情景下未来宁夏年降水量的变化趋势

Fig 5 Variation trends of annual precipitation in the future 90 years in Ningxia under SRES A2, B2 scenario

表 4　SRES A2,B2 情景降水量相对于基准时段变化的百分率(单位:%)

Tab 4 Percentage of simulated precipitation to baseline under SRES A2, B2 scenario

年代际	春季	夏季	秋季	冬季	年
2011—2040	15~18	−6	0~4	4~10	0~1
2041—2070	30	−11	0~7	21~22	0~2
2071—2100	43~50	−14~−17	0~12	42~43	1~3

5　结论和讨论

(1)PRECIS 能够模拟出宁夏最高最低气温的月、季和年分布特征。在基准时段模拟值与

观测值的差值很小,最高温度的月平均差值小于 0.2℃,最低温度的月平均差值小于 0.1℃;

(2)温室气体排放强度对宁夏未来最高最低温度变化的影响很大。在 SRES A2,B2 情景下,相对于基准时段,宁夏的年平均最高气温在 2020s,2050s,2080s 三个时段分别升高1.6~1.8℃,2.5~3.6℃ 和 3.5~6℃。每 10 年际的增温率在 21 世纪的三个时段分别为 0.5~0.6℃,0.9~1.2℃ 和 1.2~2℃。最低气温的日数频率在 −18~−12℃ 范围的减少了 6~12 d,最高温度的日数频率在大于 34℃ 时偏多了 8~16 d;

(3)基准时段 PRECIS 能够较好的模拟宁夏降水量的月、季和年的分布特征,在 1991—2100 年期间,SRES A2,B2 情景下 PRECIS 模拟的宁夏年降水量有微弱增加的趋势,但模拟的降水量季节变化较大,夏季明显减少,春季和冬季明显增加。

总的来看,PRECIS 具有模拟宁夏最高最低气温和降水量的能力,相对于降水量的模拟,对温度的模拟结果与观测更为符合。在 21 世纪随着温室气体排放量的持续增加,宁夏的气温会越来越高,伴随着的高影响天气气候事件也会越来越多,目前已经出现的干旱化现象在资源、人口、环境等多重压力下是否会进一步加剧,如何适应未来的气候变化,维持经济社会的可持续发展,将是我们需要面对的重大科学问题。

致谢:本文得到中国农业科学院林而达研究员的指导与帮助,深表谢意。

参考文献

[1] IPCC 第四次评估报告. www.ipcc.cn.

[2] 丁一汇,任国玉,石广玉,等.气候变化国家评估报告(1):中国气候变化的历史和未来趋势.气候变化研究进展,2006,**2**(1):3-8.

[3] 秦大河,丁一汇,苏纪兰,等.中国气候与环境演变评估(Ⅰ):中国气候与环境变化及未来趋势.气候变化研究进展,2005,**1**(1):4-9.

[4] 陈晓光,苏占胜,郑广芬,等.宁夏气候变化的事实分析.干旱区资源与环境,2005,**19**(6):85-90.

[5] 赵光平,杨淑萍,穆建华,等.全球变化对宁夏近 40a 极端气温变化的影响.中国沙漠,29(6):1207-1211.

[6] 郑广芬,陈晓光,孙银川,等.宁夏气温、降水、蒸发的变化及其对气候变暖的响应.气象科学,2006,**26**(4):412-421.

[7] 陈晓光,郑广芬,陈晓娟.气候变暖背景下宁夏暴雨日数的变化.气候变化研究进展,2007,**3**(2):85-90.

[8] 许吟隆,薛峰,林一骅.不同温室气体排放情景下中国 21 世纪地面气温和降水变化的模拟分析.气候与环境研究,2003,**8**(2):209-217.

[9] 张勇,许吟隆,董文杰,等.SRES B2 情景下中国区域最高、最低气温日较差变化分布特征初步分析.地球物理学报,2007,**50**(3):714-723.

[10] 杨侃,许吟隆,陈晓光,等.全球气候模式对宁夏区域未来气候变化的情景模拟分析.气候与环境研究2007,**12**(5):629-637.

[11] 陈楠,许吟隆,陈晓光,等.PRECIS 模式对宁夏气候模拟能力的初步验证.气象科学,2008,**28**(1):94-99.

[12] 张颖娴,许吟隆.SRES A2,B2 情景下宁夏地区日较差、夏季日数及霜冻日数变化的初步分析.中国农业气象,2009,**30**(4):471-476.

[13] 徐宾,许吟隆,张勇,等.PRECIS 模拟区域的选择对宁夏区域气候模拟效果的敏感性分析.中国农业气象,2007,**28**(2):118-123.

[14] 徐宾,许吟隆.PRECIS 水平分辨率对宁夏气候模拟影响的试验.高原气象,2009,**28**(2):440-445.

[15] 许吟隆,张勇,林一骅,等.利用 PRECIS 分析 SRES B2 情景下中国区域的气候变化响应.科学通报,2006,**51**(17):2068-2074.

上海地区近 138 年的高温热浪事件分析[*]

陈敏[1]，耿福海[1]，马雷鸣[2]，周伟东[1]，施红[1]，马井会[1]

(1. 上海市城市环境气象中心，上海　200135；2. 中国气象局上海台风研究所，上海　200030)

摘　要：深入了解特大城市高温热浪的变化特征和发生条件对于科学防御其引发的灾害具有重要的实际意义。本文根据中国气象局高温日及高温预警信号阈值定义了上海地区高温热浪三级标准，并引入高温有效积温，基于上海市徐家汇站 1873—2010 年日最高气温资料分析了上海地区高温热浪的多尺度时频特征；基于 NNC 环流指数和 NCEP 再分析资料，探讨了上海地区高温热浪异常偏强年的大气环流异常特征。主要结论有：(1)将高温有效积温与高温热浪发生频次结合，可更合理地表征高温热浪的炎热程度。(2)近 138 年来上海共发生 214 次高温热浪事件，其平均高温有效积温为 8.3℃，7月高温热浪发生频次及高温有效积温均多于 8 月。(3)近 138 年来上海地区高温热浪有三段持续偏多与偏强期：19 世纪 90 年代初至该世纪末、20 世纪 20 年代末至 50 年代初、80 年代末尤其是 21 世纪初以来；最强的高温热浪事件出现在 1934 年；而 21 世纪初以来的 10 年，其炎热程度正呈明显上升趋势。(4)上海地区高温热浪异常偏强年的主要环流特征是夏季北半球副热带高压异常偏强、西太副高异常偏西，印缅槽异常偏弱，如高温热浪异常偏强年夏季平均的西太副高西伸脊点伸展至我国东南沿海约 122°E 附近，而低纬地区印度半岛至孟加拉湾的低槽区基本消失。以上研究结果可供预报员在气候预测和高温热浪气候预警中参考。

关键词：高温热浪；高温有效积温；多尺度时频特征；大气环流异常

0　引言

IPCC 评估报告[1]指出，1906—2005 年的 100 年间，全球地表平均气温升高了 0.74℃。在全球气候变暖的背景下，极端高温、热浪等事件愈发频繁[2,3]；极端气候事件的变化可能对经济、社会和自然生态系统等造成重大影响，因而得到了国内外研究的广泛关注[4-6]。

上海地处亚热带季风性湿润气候区，是我国重要的经济发达城市，也是世界上人口超千万的超大城市之一，在我国国民经济和社会发展中占有非常重要的地位，极端气候事件对城市安全、社会经济可持续发展的影响和威胁日趋严重[7]。如 2010 年 8 月中旬持续多日 37℃ 以上的高温热浪天气，使全市日用电负荷屡创新高，8 月 12 日的 2621.2 万千瓦创了上海市日用电负荷历史新纪录；当日高温热浪所导致的上海中心城区日供水量也达到 668.74 万吨的极值；8 月 12、13 日，上海市各大医院的急诊人次达到每日 700～800 人次、市医疗救护中心每日的出车量均超过 850 次，其中"中风"、"中暑"和"腹泻"人数激增[8]。极端高温热浪天气严重考验着整个城市生命线的安全运转。

针对上海的极端高温天气，谈建国等[9,10]利用 1975—2004 年上海 11 个气象站气温资料

---

[*]　本文发表于《高原气象》，2013 年 4 月第 32 卷第 2 期，597-607。

揭示了夏季城市热岛和高温热浪的特征。丁金才[11]根据 1997—1998 年 7—8 月上海地区高温加密观测资料,应用 EOF 分析了高温分布。孙娟等[12]利用 2000 年上海市区及城郊 6 个自动气象观测仪每小时观测的气温记录进行小波变换,分析了城市热岛强度时间—频率的多时间尺度演变规律;朱家其等[13]对比分析了上海市城乡气温变化及城市热岛特征;史军等[14]基于徐家汇站 1873—2007 年的日最高、最低气温及其他 10 个气象站 1960—2007 年资料和西太平洋副高环流指数,分析了上海夏季高温气候变化特征及其影响因素。侯依玲等[15]通过对 11 个气象站的资料分析,得出上海地区年平均热岛中心有向南转移的趋势。

上述研究对了解上海的高温、热浪基本气候特征打下了一定的基础。尽管如此,已有研究仍缺乏对上海有气温观测记录以来的高温热浪事件的系统性分析。如史军等[14]参照张尚印等[16]方法定义了上海的不同等级高低温过程,并研究了其年代际变化;然而上海地区高温热浪事件的逐月分布特征、历史上的年际极端分布,以及如何有效地表征高温热浪事件的炎热程度仍不明确。尤其是在全球气候变暖的大背景下,进入 21 世纪以来,上海市高温热浪极端气候事件频发。如 2001—2010 年的 10 年间,徐家汇的年平均气温都在 17.5～18.5℃,较常年平均值(1971—2000 年)偏高 1.3℃以上,尤其是 2007 年的 18.5℃更是上海 1873 年有气温资料以来的历史最高值;10 年间,极端最高气温也多次刷新历史极值,尤其是 2010 年的夏季,上海经历了罕见的持续高温热浪天气,多个站点的极端最高气温都接近或超过了当地有气象记录以来的历史最高值。更加深入、细致地研究上海地区有观测记录以来城市高温热浪气候事件的分布、演变特征,并进一步探讨导致高温热浪异常偏强的大气环流异常特征,对于科学防御高温热浪和维护超大城市生命线系统的安全运转具有重要的实际意义。

1 资料和方法

1.1 资料

本研究所用气温资料为上海徐家汇(代表市中心区)气象站 1873 年 1 月 1 日—2010 年 12 月 31 日共 138 年 50403 个样本日的日最高气温资料。周雅清等[17]利用滑动 t 检验法检验气温资料中由于台站迁移造成的非均一性现象时发现,最高气温相对来说没有很大变化;同时在研究城市化影响对气温序列的作用时发现,最高气温序列中的城市化影响不明显,城市化影响贡献率也比较低。因此,虽然徐家汇站因为迁站、城市化以及 1950 年前后观测时制与时次不同等原因可能造成气温资料的非均一性,但是相对而言最高气温受影响最小,基于最高气温统计的高温热浪事件也能更好地反映上海地区近 138 年来的炎热程度。

大气环流资料包括大气环流指数和环流场资料,其中大气环流指数包括西太副高的面积指数、强度指数、西伸脊点、脊线位置、北界位置和印缅槽指数,均取自国家气候中心的月气候监测数据;环流场资料取自 NCEP 再分析资料的 2.5°×2.5°月平均场。

1.2 方法

在我国,一般当日最高气温达到或超过 35℃时称为一个高温日。高温热浪的定义则比较模糊,一般指连续的高温天气,其标准主要依据高温对人体产生影响或危害的程度而制定。世界各国和地区研究高温热浪采取的方法不同,高温热浪的标准也有很大差异。到目前为止,国际上还没有统一而明确的高温热浪标准。例如,世界气象组织[18]建议日最高气温高于 32℃ 且持续 3 天以上的天气过程为一次热浪;荷兰皇家气象研究所[19]认为最高温度高于 25℃ 且持续 5 天以上(其间至少有 3 天>30℃)的天气过程为一次热浪;美国、加拿大等国家气象部门[20]当预计白天热指数(综合考虑了温度和相对湿度)连续两天有 3 小时超过 40.5℃ 或者预计在任一时间超过 46.5℃ 时发布高温警报;德国科学家[21-22]基于人体热量平衡模型制定了人体生理等效温度(PET),并将其大于 41℃ 作为高温热浪检测预警标准。根据我国气候和环境特点,张尚印[16]等将日最高气温分为三个等级:高温≥35℃、危害性高温≥38℃、强危害性高温≥40℃,每个站连续出现 3 天≥35℃ 高温或连续 2 天出现≥35℃ 并一天≥38℃ 定义为一次高温过程,连续出现 8 天≥35℃ 或连续 3 天≥38℃ 高温定义为强高温过程;中国气象局规定[23]日最高气温≥35℃ 为高温日,连续 3 天以上的高温天气为高温热浪,同时还规定,各省(区、市)可根据本地天气气候特征规定界限温度值。

　　本文以中国气象局规定的"日最高气温≥35℃ 且连续 3 天以上"作为一次高温热浪事件的基本判别标准,同时为了给一线预报员提供更直观的参考,结合中国气象局发布的高温预警信号(2007 版)中黄、橙和红三色预警标准的气温阈值,定义了上海地区高温热浪事件三个等级的统计判别标准(表 1)。高温热浪事件总数为统计时段内一般、强和特强高温热浪事件次数之和。

表 1　高温热浪事件的等级判别标准
Table 1　the definition of the rank criterions of the heat wave events

等级	统计标准
一般	日最高气温在 35℃ 以上(含 35℃)样本日持续 3 天或 3 天以上但不足 5 天且 37℃ 以上(含 37℃)样本日不超过 2 天且没有 1 天在 40℃ 以上(含 40℃),判定为一次一般高温热浪事件
强	日最高气温在 35℃ 以上(含 35℃)样本日持续 5 天或 5 天以上但不足 8 天,或者在 37℃ 以上(含 37℃)样本日持续 3 天或 3 天以上但不足 5 天且没有 1 天在 40℃ 以上(含 40℃),判定为一次强高温热浪事件
特强	日最高气温在 35℃ 以上(含 35℃)样本日持续 8 天或 8 天以上,或者在 37℃ 以上(含 37℃)样本日持续 5 天或 5 天以上,或者在 40℃ 以上(含 40℃)的样本日出现 1 天或以上,判定为一次特强高温热浪事件

　　高温热浪可直接威胁人体健康,其炎热强度及持续时间比瞬时最高气温对死亡率有更大影响[18,24]。"有效积温"(EAT)概念常被用在生态与农业上,为某一作物生长期内高于其生物学下限温度的有效温度总和,以表征该地区可被充分利用的热量资源;如李军等[25]用≥10℃的有效积温表征华东地区的热量资源状况,研究作物耕作制度和积温变化的关系。为有效表征一次高温热浪事件的炎热程度,本文提出了高温的"有效积温"概念,取高温有效积温(EAHT)为一次高温热浪事件中每日最高气温与 35℃ 的差值之和,其值越大,表示该次高温热浪事件的炎热程度越重,对人体健康的危害也越重,反之亦然;在此基础上,可计算年、月高温热浪事件的累积高温有效积温,以表征相应的统计时段的炎热程度。

　　基于表 1 的判别标准以及高温有效积温的相关概念,本文统计分析了上海地区近 138 年高温热浪事件及事件各等级发生频次的多尺度时频特征、单次事件的高温有效积温和相应的月和年累积高温有效积温的分布演变特征。同时,通过大气环流指数和上海地区高温热浪特征参数的相关分析,以及上海地区异常炎热年份环流场的异常分布特征分析,初探了造成上海地区严重高温热浪的大气环流场的异常分布特征。

　　气象学上,常以算术均值或平均数来表征序列的均值、以标准差来表征序列围绕均值的平均变化幅度。在数列变量值变异较大的情况下,为避免极端数值的影响,统计学上[26]常以中位值和四分位差代替平均数和标准差来表征数列的均值及散布等统计特征——将一组变量按值大小顺序排列后分成四个相等部分,形成三个分割点,第二分割点对应的变量值即为中位值,第三与第一分割点的变量值的差值即为四分位差;同时引入极差的概念——即两个极端数值之差,比较四分位差和极差的大小,以表征数列的极端变异程度:极差远大于四分位差,说明数列极端值变异度较大而数列的均值代表性较好;反之亦然。对于整型数列,中位值、四分位差及极差的引入,还避免了其平均数及标准差等出现小数位的情况,表征的物理意义更明确。本文选用中位值、四分位差、极差来统计数列的集中趋势和离中趋势。

2 高温热浪事件的气候特征

2.1 高温热浪事件的等级分布

1873—2010年,上海地区日最高气温在35℃以上(含35℃)的高温日共有1853天,其中642天仅维持1天或2天,剩余的1211天都是以持续3天或3天以上的214次高温热浪事件出现。即上海地区138年来共发生了214次高温热浪事件。214次高温热浪事件中,一般性高温热浪113次(含378天高温日),强高温热浪57次(含312天高温日),特强高温热浪44次(含516天高温日)。214次高温热浪事件的平均高温有效积温达8.3℃,44次特强高温热浪事件的平均高温有效积温为21.3℃、57次强高温热浪事件的平均高温有效积温为8.1℃、113次一般高温热浪事件的平均高温有效积温为3.3℃(图1)。

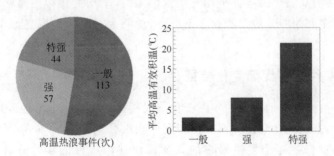

图1 上海地区近138年来高温热浪事件的等级分布(左)及平均高温有效积温分布(右)

Fig.1 The rank distribution(left) and the average EAHT(right) of the heat waves events in Shanghai nearly 138 years

2.2 高温热浪事件的逐月变化特征

上海地区214次高温热浪事件全部发生在6—9月,其中最早一次为1953年6月17日—6月19日,最迟一次为1949年9月15日—9月17日,两次都为一般性高温热浪事件。以事件发生的起始日期统计,7月最多,共发生118次高温热浪事件,其中一般性过程55次、强过程33次、特强过程30次;8月其次,共发生71次高温热浪事件,其中一般性过程43次、强过程19次、特强过程9次;6月份虽是初夏,但138年里也曾发生了18次高温热浪事件,其中一般性过程 9 次、强过程 4 次、特强过程 5 次；而进入初秋的 9 月，近 138 年只发生了 7 次高温热浪事件，其中一般性过程 6 次、强过程 1 次，截至 2010 年，9 月还没有发生过一次特强高温热浪事件（图 2）。以事件发生的结束日期统计，同样得到 7 月多于 8 月的结果，最少仍为 9 月。

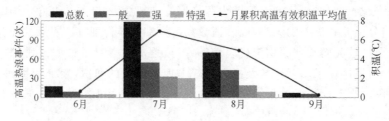

图 2　上海市高温热浪事件的年变化特征

Fig. 2　The annual variation of the heat wave events in Shanghai

相应地，各月高温热浪事件的累积高温有效积温 138 年来平均最高为 7 月的 7.0℃，其次为 8 月的 4.9℃，9 月以 0.3℃位列 4 个月之末。无论从高温热浪事件的发生频次还是累积高温有效积温来看，上海地区 7 月都比 8 月更炎热。

2.3　高温热浪事件的年际变化特征

近 138 年来，高温热浪事件年发生频次的中位值为 1，即平均每年发生 1 次；四分位差为 2，即平均变化幅度为 2 次/年；极差为 5，即一年中最多发生过 5 次高温热浪事件。其年累积高温有效积温的平均值为 6.9℃，平均变化幅度为 18.8℃，极大值为 124.0℃。按等级分，特强、强高温热浪事件近 138 年来年发生频次的中位值都为 0，四分位差都为 1 次，一年中最多也都发生过 3 次；一般高温热浪事件平均每年发生 1 次，平均变化幅度每年为 1 次，一年中最多发生过 4 次。各序列的四分位差都远小于极差，说明上海地区高温热浪事件各序列的均值代表性都较好。

2.4　高温热浪事件的年代际变化特征

高温热浪事件及高温有效积温的年际变化曲线很好地反映了上海地区近 138 年来高温热浪的极端变异年份，据此统计高温热浪事件年发生频次分别为 5，4，3，2，1，0 次的年数及相关高温热浪数据（表 2）。一年中发生最多的 5 次高温热浪事件的年数有 5 年，分别是 1940，1942，1947，1995 和 2006 年，其中 1942 年和 1947 年各发生了 2 次特强高温热浪事件、年累积高温有效积温分别为 67.0℃和 45.9℃（位列 138 年的第 2 和第 8），另外 3 年没有发生过一次特强高温热浪事件且年累积高温有效积温都在 31.4℃及以下；高温热浪事件年发生频次分别为 4，3，2，1，0 次的年数分别为 10，19，27，38 年和 39 年。发生过特强高温热浪事件的年数有 36 年；年累积高温有效积温超过 40℃的有 12 年，12 年中每年都发生了 2～5 次不等的高温热浪事件，其中除 1892 年外其余 11 年都发生了 1～3 次的特强高温热浪事件；年累积高温有效积温最高的年份为高温热浪事件年发生频次只有 3 次的 1934 年。因此，在分析高温热浪事件的年发生频次时，结合年累积高温有效积温能更好地反映该年由高温热浪事件引发的炎热程度。

表 2 高温热浪事件年发生频次的相关统计数据

Table 2 Frequency in a year of the heat wave events and its Related statistics

频次/年	年数	特强高温热浪事件次数	发生特强热浪事件年数	累积高温有效积温≥40℃的年数	年累积高温有效积温最高	年累积高温有效积温排序
5	5	4	2	2	67.0(1942 年)	2
4	10	9	7	6	59.0(2003 年)	3
3	19	10	7	2	124.0(1934 年)	1
2	27	12	11	2	51.9(1926 年)	5
1	38	9	9	/	24.5(1895 年)	23
0	39	/	/	/	/	/

　　值得关注的是,一年发生 4～5 次高温热浪事件的总共 15 年中,有 6 年发生在 21 世纪初以来的 10 年里、6 年发生在 20 年代末至 50 年代初;年累积高温有效积温超过 40℃的 12 年中也有 4 年出现在 21 世纪初以来的 10 年里、5 年出现在 20 年代末至 50 年代初。即 21 世纪初以来,上海地区高温热浪事件的年发生频次偏多年份明显增多、年累积高温有效积温偏高年份也明显偏多,高温热浪事件引发的炎热程度明显偏强。

　　上海地区高温热浪事件年发生频次的累积距平曲线(图 3)显示,138 年来上海地区高温热浪事件年发生频次持续偏少的时段有三段:自 1873 年建站至 19 世纪 80 年代末、20 世纪初的 10 年、20 世纪 50 年代前期至 80 年代中后期,对应在序列的 10 年滑动平均曲线上三段都为较明显的谷区;138 年来上海地区高温热浪事件年发生频次持续偏多的时段也有三段:19 世纪 90 年代初至该世纪末、20 世纪 20 年代末至 50 年代初、80 年代末以来尤其是 21 世纪初以来,对应在序列的 10 年滑动平均曲线上三段都为明显的峰区。同样的年代际演变特征在年累积

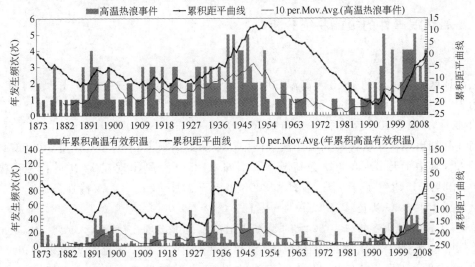

图 3 上海高温热浪事件年发生频次(上)及年累积高温有效积温(下)的年代际变化(累积距平曲线:升势——正距平,降势——负距平)

Fig. 3 Decadal variation of the frequency in a year (upper) and it's EAHT(lower) of the heat wave events in Shanghai (the accumulated anomaly curves: rising——positive anomalies, declining——negative anomalies)

高温有效积温的累积距平曲线及其 10 年滑动平均曲线上也都得到了一致反映,两对曲线的相似程度都超过了 95%,说明高温热浪事件的年发生频次、年累积高温有效积温反映的高温热浪事件的气候趋势是完全一致的。

无论是高温热浪事件年发生频次序列还是其年累积高温有效积温序列,其反应的 20 年代初的冷期、50 年代前期至 80 年代中后期的冷期以及 20 世纪 20 年代末至 50 年代初的暖期、80 年代末以来的暖期,在很多中国近百年气温序列分析中都得到体现[27-29],只是由于各种气温序列所用资料数量和方法不尽相同,其反映的冷暖期的起始或结束时间、冷暖程度等略有差异,但总体趋势一致。说明本文基于徐家汇站日最高气温所构建的高温热浪事件年发生频次及年累积高温有效积温序列,可以很好地反映上海地区近 138 年来冷暖期的气候趋势演变特征。

进一步分析,高温热浪事件持续偏少期最为明显的是 20 世纪 50 年代前期至 80 年代中后期,尤其是 1968—1982 年的 15 年间有 12 年没有出现过 1 次高温热浪事件。而高温热浪事件持续偏多期最为突出的是 20 世纪 20 年代末至 50 年代初,以及 80 年代末尤其是 21 世纪初以来,其中 1929—1950 年的 22 年间共出现了 58 次高温热浪事件且有 14 次为特强,而 21 世纪初以来的短短 10 年里共发生了 34 次高温热浪事件,其中 10 次为特强;从 10 年滑动平均来看,高温热浪事件年发生频次、年累积高温有效积温在 2010 年均创了历史最高,分别达 3.4次/年和 35℃/年。分析结果同样验证了前面的结论,即 21 世纪初以来的 10 年中,上海地区高温热浪事件的年发生频次及其引发的炎热程度都呈明显增加态势。

值得关注的是,在高温热浪事件的年发生频次、年累积高温有效积温序列反映的高温热浪事件的年代际变化趋势高度相似的情况下,其年际变化特征在有些年份表征得并不一致,比如1934 年:两者的相似程度只有 70% 左右,但这种互为补充的"不一致"正是本文引入高温有效积温的初衷:更加有效、合理地表征高温热浪事件所引发的炎热程度。

2.5　高温热浪事件的极端特征分析

2.5.1　极端最高气温

上海地区近 138 年的 1853 天高温日中,共有 4 天的极端最高气温超过或达到 40℃,其中最高为 1934 年的 7 月 12 日的 40.2℃,还有 3 天的极端最高气温都为 40.0℃,分别出现在1934 年 8 月 25 日、2009 年 7 月 20 日和 2010 年 8 月 13 日;4 天 40℃以上(含 40℃,下同)的极端最高气温都出现在 4 次特强高温热浪事件中。极端最高气温在 39.0℃以上、40.0℃以下的共有 26 天,其中 1 天出现在 1 次强高温热浪事件中,25 天分别出现在 12 次的特强高温热浪事件中,尤其是 1942 年始于 7 月 26 日和 2007 年始于 7 月 23 日的 2 次特强高温热浪事件中各自出现了 4 天 39℃以上、40℃以下的高温日。

总之,上海地区 138 年来共 30 天的 39℃以上高温日都出现在持续 3 天或 3 天以上的高温热浪事件中且其中的 29 天都出现在特强高温热浪事件中,没有 1 天是零星出现的;进一步分析发现,其中的 11 天出现在 20 世纪 20 年代末至 50 年代初的高温热浪事件持续偏多期、13天出现在 21 世纪初以来的 10 年中,即 21 世纪初以来的高温热浪事件中的 39℃高温日出现频率明显增多。

2.5.2　持续时间

表 3 列出了上海地区近 138 年来 214 次高温热浪事件持续时间前 10 名的事件,其中持续

20 天以上的有 4 次,最长为 1926 年的 7 月 22 日—8 月 14 日的 24 天,其高温有效积温达 49.9℃、位列 214 次高温热浪事件的第三;值得关注的是,上海近 138 年的极端最高气温 40.2℃出现在 1934 年始于 6 月 25 日的特强高温热浪事件中,其持续时间虽只排在第 3 位,但 其高温有效积温却排在了 214 次高温热浪事件之首。

进一步分析显示,持续时间前 10 名的高温热浪事件 9 次出现在 20 世纪 50 年代初以前且 4 次持续 20 天以上的高温热浪事件均出现在 20 世纪 20 年代末至 50 年代初的高温热浪持续 偏多期,21 世纪初以来持续时间最长的为 2003 年 7 月 19 日—8 月 6 日的 19 天,仅并列 138 年来的第五。因此从高温热浪事件的持续时间来看,20 世纪 20 年代末至 50 年代初的持续偏 多期明显强于 21 世纪初以来的 10 年。

表 3 高温热浪事件持续时间的排序统计(前 10 名)

Table 3 the order statistics of the lasting days of the heat waves events(Top 10)

排序	起始日期	持续时间（天）	日最高气温≥37℃ 的天数(℃)	极端最高 气温(℃)	高温有效 积温(℃)	高温有效 积温的排序
1	1926 年 7 月 22 日	24	11	39.0	49.9	3
2	1953 年 7 月 25 日	22	5	38.3	29.1	9
3	1934 年 6 月 25 日	21	16	40.2	62.2	1
4	1942 年 7 月 26 日	20	13	39.8	53.0	2
5	1934 年 8 月 10 日	19	10	40.0	33.7	5
6	1948 年 8 月 1 日	19	2	37.8	29.1	9
7	2003 年 7 月 19 日	19	7	39.6	36.6	4
8	1932 年 7 月 10 日	18	8	38.4	28.2	10
9	1947 年 8 月 8 日	16	?	36.4	11.6	并列 49
10	1894 年 8 月 16 日	15	6	39.4	29.2	8

2.5.3 高温有效积温

分别以单次事件的高温有效积温和年累积高温有效积温排序,前 10 名列于表 4。近 138 年的 214 次高温热浪事件中高温有效积温最高的为 1934 年 6 月 25 日—7 月 15 日的 62.2℃, 第二、第三分别为 1942 年 7 月 26 日—8 月 14 日的 53.0℃、1926 年 7 月 22 日—8 月 14 日的 49.9℃,1934 年 8 月 10 日—8 月 28 日的 33.7℃也排在了第 5 位;年累积高温有效积温最高的 也是 1934 年的 124.0℃,远远超过了位列第二的 1942 年的 67.0℃,2003 年以 59.0℃位列 第三。

表 4 高温有效积温的排序统计(前 10 名)

Table 4 the order statistics of the EAHT(Top 10)

排序	高温有效积温		年累积高温有效积温	
	事件起止时间	积温值(℃)	年	积温值(℃)
1	1934 年 6 月 25 日—7 月 15 日	62.2	1934	124.0
2	1942 年 7 月 26 日—8 月 14 日	53.0	1942	67.0
3	1926 年 7 月 22 日—8 月 14 日	49.9	2003	59.0

续表

排序	高温有效积温		年累积高温有效积温	
	事件起止时间	积温值(℃)	年	积温值(℃)
4	2003 年 7 月 19 日—8 月 6 日	36.6	1953	52.7
5	1934 年 8 月 10 日—8 月 28 日	33.7	1926	51.9
6	1998 年 8 月 7 日—8 月 17 日	33.1	2010	51.8
7	2007 年 7 月 23 日—8 月 3 日	33.1	1998	47.2
8	1894 年 8 月 16 日—8 月 30 日	29.2	1947	45.9
9	1953 年 7 月 25 日—8 月 15 日	29.1	1894	44.5
10	1932 年 7 月 10 日—7 月 27 日	28.2	2007	43.1

值得关注的是,1934 年虽然只发生了 3 次高温热浪事件,但 3 次均为特强高温热浪事件,其年累积高温有效积温位列 138 年之首;且当年累积 55 天 35℃以上的高温日、2 天 40℃以上的极端最高气温的纪录,截止到 2010 年也从未被打破。即从年累积高温有效积温和高温日数及极端最高气温来看,1934 年都是上海地区近 138 年来最炎热的一年。这一结论虽然不同于很多中国近百年气温序列分析研究中基于平均气温分析所得出的我国近百年来的最暖年:1998 年[27]和 2007 年[28],但反查相关的历史文献记载,还是可以发现一些 1934 年极度炎热的端倪,如中国气象视频网中的纪录片《1934 年上海高温》[30],以及 Hansen 等[31]基于 GISS 资料得出的美国年平均气温 1934 年仍略暖于 1998 年,相关的互联网资料也显示 1934 年夏季全世界很多地区都经历了罕见的酷暑、干旱[32]。

从表 4 中还可以看出,以单次事件的高温有效积温而言,21 世纪初以来的 34 次高温热浪事件并不突出,只有 2003 年始于 7 月 19 日和 2007 年始于 7 月 23 日的 2 次特强高温热浪事件进入前 10 名,远不如 20 世纪 20 年代末至 50 年代初的 5 次;但由于 10 年来每年发生高温热浪事件的频次明显增多,其年累积高温有效积温进入前 10 名的已增多至 3 年(2003,2007,2010 年),2005 年也位列第 11 位,已接近 20 世纪 20 年代末至 50 年代初的 5 年。

3　高温热浪事件的大气环流异常特征

3.1　与夏季西太副高、印缅槽等环流指数的相关特征分析

西太副高位于北半球对流层中层西太平洋上,夏季其南侧受西南和东南气流影响形成东亚热带辐合带(季风槽),其北侧受北上的西南和东南气流形成的偏南气流与来自中高纬的西北和东北气流影响形成东亚副热带辐合带(梅雨锋)[33];东亚夏季风从海洋带来大量水汽到我国东部直至韩国、日本南部,季风环流的强弱直接影响水汽输送,并严重影响降水[34]。很多研究表明,西太副高南北两条辐合带的强弱变化及其西太副高本身的强度、面积、东西及南北位置的异常都将造成夏季中国东部乃至东亚的天气、气候异常[35-38]。表 5 给出了上海地区高温热浪事件各特征参数与夏季平均西太副高、印缅槽环流特征指数的相关系数;因国家气候中心发布的环流指数始于 1951 年,高温热浪事件相关序列的初始年也取为 1951 年。

表5　1951—2010年上海地区高温热浪事件特征参数与夏季西太副高、印缅槽环流指数的相关系数
Table 5　The correlation coefficients of the characteristic parameters of heat wave in Shanghai and the Circulation indices of Western Pacific subtropical high and India-Burma trough in 1951—2010

环流指数 / 高温热浪事件	西太副高强度指数	西太副高面积指数	西太副高西伸脊点	西太副高脊线位置	西太副高北界位置	印缅槽
年累积高温有效积温	0.5783 **	0.5450 **	−0.5201 **	0.1054	0.1853	0.5701 **
年发生频次	0.5845 **	0.5523 **	−0.4539 **	0.0621	0.0928	0.5637 **
一般过程年发生时次	0.4215 **	0.4097 **	−0.3053 **	−0.0765	−0.0923	0.4111 **
强过程年发生频次	0.4212 **	0.4192 **	−0.2844 *	0.1266	0.1453	0.4410 **
特强过程年发生频次	0.3912 **	0.3293 **	−0.3829 **	0.1728	0.2624 *	0.3355 **

注：* 表示通过0.05显著性水平检验，* * 表示通过0.01显著性水平检验

　　可以看出,夏季平均的西太副高强度指数、面积指数与高温热浪事件各特征参数都呈正相关,且相关系数都通过了0.01显著性水平检验;西伸脊点与高温热浪事件各参数则呈负相关,除了与强过程序列只通过0.05显著性水平检验外,其余都通过了0.01显著性水平检验;西太副高脊线位置和北界位置与高温热浪事件各特征参数的相关性则基本都不明显,只有北界位置与特强过程序列的正相关通过了0.05显著性水平检验;夏季平均的印缅槽指数与高温热浪事件各参数也都呈正相关,且相关系数都通过了0.01显著性水平检验。即夏季西太副高偏强、偏大、偏西时,有利于上海地区高温热浪事件的偏多、偏强、偏热;夏季西太副高的北界位置偏北时,有利于特强高温热浪事件年发生频次的偏多;东亚夏季风水汽输送重要来源之一的印缅槽异常偏弱时,则有利于上海地区高温热浪事件的偏多、偏强、偏热。

　　图4进一步给出了夏季西太副高的强度指数、面积指数、西伸脊点以及印缅槽指数与上海高温热浪事件年累积高温有效积温的年际变化曲线(1951—2010年)。

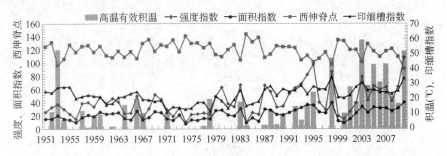

图4　夏季西太副高的强度和面积指数、西伸脊点及印缅槽指数与上海高温热浪事件年累积高温有效积温的年际变化(1951—2010年)

Fig. 4　Interannual change of the average subtropical high indices (Area, Intensity and West ridge point) over the West Pacific and the average India-Burma trough index of 1951—2010 summer

　　1951年以来年累积高温有效积温明显偏高的1953,1998,2003,2005,2007年和2010年(≥第90百分位数)对应的夏季西太副高强度和面积指数除了1953年外都明显强于1951—2010年的平均值,1953年夏季西太副高的强度与面积指数虽都略小于平均值,但也都为前后6～7年的峰值;年累积高温有效积温明显偏高的6年对应的西太副高西伸脊点也都较1951—2010年的平均值明显偏西;而印缅槽指数在这6年里也都明显大于平均值,即印缅槽较60年

平均值明显偏弱。

3.2　高温热浪异常偏强年的环流场异常特征

　　以年累积高温有效积温来表征该年高温热浪事件的强弱,进一步探讨上海地区高温热浪事件异常偏强年份的大气环流场的异常分布特征。与环流指数相匹配,年累积高温有效积温与再分析月平均环流场序列长度都取为 1951—2010 年;高温热浪异常偏强年取 1951—2010 年中年累积高温有效积温自小到大排序在第 90 百分位数以上的年份,有 1953,1998,2003,2005,2007 年和 2010 年共 6 年。分别计算上海地区高温热浪异常偏强的这 6 年的夏季环流平均场,以及 1951—2010 年的夏季环流平均场(500hPa),并对这两组场序列进行均值差异的显著性检验(t-检验)。

　　在对流层中层 500 hPa 北半球夏季(6—8 月)常年环流平均场(图 5a)的中纬度地区,副热带高压牢牢控制着副热带地区,其中在北太平洋、中美洲经北大西洋至非洲大陆北部各有一闭合的以 5880 gpm 等值线为特征线的环流中心;在低纬度地区,印度半岛至孟加拉湾为一明显的宽槽区。上海地区高温热浪事件异常偏强年的夏季 500 hPa 环流平均场(图 5b)的中纬度地区,副热带高压较常年明显偏强,常年的两环以 5880 gpm 线为特征线的闭合中心已连成一环,控制了除青藏高原以外的几乎所有副热带地区;60 年平均环流场上约在 132°E 以东的西

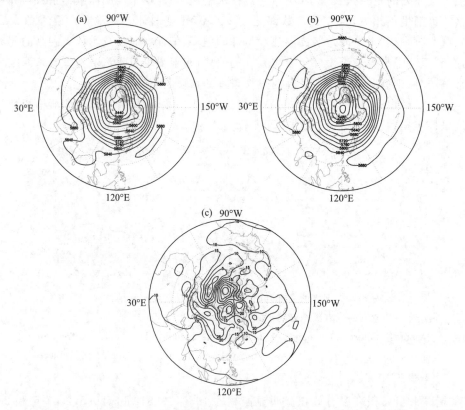

图 5　1951—2010 年夏季 500 hPa 平均环流场(a)、上海地区高温热浪异常偏强
年夏季 500 hPa 环流平均场(b)及两者的差异(c)(单位:gpm)

Fig. 5　500 hPa average circulation in summer of 1951—2010 (a) and summer of
stronger heat wave in Shanghai (b) and their difference (c) Unit:gpm

太副高西伸脊点已伸展至我国东南沿海约 122°E 附近；低纬度地区的印度半岛至孟加拉湾的低槽区则基本消失。结合高温热浪事件异常偏强年夏季 500 hPa 环流平均场与 60 年夏季 500 hPa 环流平均场的差异图（图 5c）看，环绕几乎整个副热带地区的 10 gpm 以上的正变高区，反映了上海地区高温热浪异常偏强年夏季整个副热带高压异常偏强、偏大，影响东亚地区的西太副高还异常偏西，而印缅槽则异常偏弱。t-检验显示，几乎在 50°N 以南的所有北半球地区，两组均值差异均通过了 0.01 的显著性水平检验（图略），即两者在上述地区的差异是非常显著的。张尚印等[39]在分析石家庄、南京、福州三市夏季高温的原因时，也指出强盛的西太副高控制是上述地区高温酷热的主要原因。

4 结论

参考中国气象局对高温热浪的定义并结合高温的预警信号，本文定义了上海地区三级高温热浪事件的统计标准，统计分析了 138 年来上海地区高温热浪事件的多尺度时频特征和极端分布特征；为有效表征高温热浪的炎热强度，本文还引进了生态与农业上常用的"有效积温"概念，计算了高温热浪事件的高温有效积温；并基于大气环流指数和高温热浪特征参数的相关分析，以及上海地区异常炎热年环流场异常分布分析，初探了导致上海地区严重高温热浪事件的大气环流场的异常分布特征。主要结果如下：

（1）1873—2010 年的近 138 年里，上海地区共发生了 214 次高温热浪事件，其中 113 次为一般过程、57 次为强过程、44 次为特强过程；且全部发生在 6—9 月，其中 7 月最多、8 月次之、9 月最少；平均每年发生 1 次，一年内最多发生过 5 次，这样的年数有 5 年。214 次高温热浪事件的高温有效积温平均为 8.3℃，其中特强过程平均为 21.3℃、强过程平均为 8.1℃、一般过程平均为 3.3℃，且 7 月最高、8 月次之、9 月最低，其年累积高温有效积温平均为 6.9℃。从高温热浪事件的发生频次和高温有效积温来看，上海的 7 月都比 8 月更炎热。

（2）1934 年虽然只发生了 3 次高温热浪事件，但始于当年 6 月 25 日的特强高温热浪事件的 62.2℃高温有效积温位列 214 事件之首、当年 124.0℃年累积高温有效积温也为 138 年来的极值，当年 7 月 12 日的最高气温 40.2℃、累积 55 天 35℃以上高温日也都为历史极值，即从高温有效积温、高温日数及极端最高气温来看，1934 年都是上海地区近 138 年来最炎热的一年。

（3）上海地区高温热浪事件持续偏多与偏强的时段有三段，突出的是 20 世纪的 20 年代末至 50 年代初、80 年代末尤其是 21 世纪初以来。单次高温热浪事件的最长持续时间、极端最高气温和最高高温有效积温，以及年累积高温有效积温的最高值、年累积高温日的最多值等历史极值纪录，均出现在 20 世纪 20 年代末至 50 年代初的持续偏多期；而 21 世纪初以来的短短 10 年里，高温热浪事件的相关历史极值虽然没有被突破，但其年发生频次偏多年份、年累积高温有效积温偏高年份、39℃以上高温日偏多年份都明显增多，10 年滑动平均的年发生频次、年累积高温有效积温均在 2010 年创了历史新高，即 10 年来高温热浪事件引发的炎热程度正呈明显上升势头。

（4）高温热浪事件年发生频次和年累积高温有效积温两组序列的累积距平曲线及 10 年滑动平均曲线的相似程度都超过了 95%，说明其反映的气候趋势是完全一致的；而两者年际变化曲线的相似程度则只有 70% 左右、其在有些年份表征的特征并不一致。这种互为补充的

"不一致"正是本文引入高温有效积温的初衷:更加有效、合理地表征高温热浪事件所引发的炎热程度。

　　(5)夏季北半球副热带高压异常偏强,西太副高西伸脊点位置异常偏西,印缅槽异常偏弱,是上海地区高温热浪异常偏强主要环流场特征。

　　由于历史观测资料的限制,本文仅侧重分析了上海地区的高温热浪情况,今后仍需结合对周边地区及我国其他大城市的高温热浪分析,加强对我国极端气候事件的认识,供防灾减灾参考。

参考文献

[1] Solomon S, Qin D, Manning M, *et al*. IPCC 2007: Climate Change 2007: the physical science basis[M]. Cambridge, United Kingdom and New York, NY, USA: Cambridge University Press, 2007: 1-996.

[2] 翟盘茂,潘晓华. 中国北方近 50 年温度和降水极端事件变化[J]. 地理学报,2003,**58**(增刊):1-10.

[3] 王鹏祥,杨金虎. 中国西北近 45 a 来极端高温事件及其对区域性增暖的响应[J]. 中国沙漠,2007,**27**(4):649-655.

[4] 高学杰. 中国地区极端事件预估研究[J]. 气候变化研究进展,2007,**3**(3):162-166.

[5] 胡宜昌,董文杰,何勇. 21 世纪初极端天气气候事件研究进展[J]. 地球科学进展,2007,(10):1066-1075.

[6] Katz R W, Brown B G. Extreme events in a changing climate: Variability is more important than averages [J]. *Climatic Change*, 1992, **21**(3): 289-302.

[7] 孟非,康建成,李卫江,等. 50 年来上海市台风灾害分析及预评估[J]. 灾害学,2007,**22**(4):71-76.

[8] 上海市气候公报(2010 年)[EB/OL]. http://inside. climate. sh. cn/qhjc/,2011-01.

[9] 谈建国,郑有飞,彭丽,等. 城市热岛对上海夏季高温热浪的影响[J]. 高原气象,2008,**12**(27,Suppl.):144-149.

[10] Tan Jianguo, Zheng Youfei, Tang Xu, *et al*. The urban heat island and its impact on heat waves and human health in Shanghai[J]. *Int J Biometeorol*, 2010, **54**: 75-84.

[11] 丁金才,叶其欣,丁长根. 上海地区高温分布的诊断分析[J]. 应用气象学报,2001,**12**(4):494-1499.

[12] 孙娟,束炯,乐群,等. 上海市城市热岛效应的时间多尺度特征[J]. 华东师范大学学报(自然科学版),2007,**2**:36-43.

[13] 朱家其,汤绪,江灏. 上海市城区气温变化及城市热岛[J]. 高原气象,2006,**25**(6):1154-1160.

[14] 史军,崔林丽,田展. 上海高温和低温气候变化特征及其影响因素[J]. 长江流域资源与环境,2009,**18**(12):1143-1148.

[15] 侯依玲,陈葆德,陈伯民,等. 上海城市化进程导致的局地气温变化特征[J]. 高原气象,2008,**27**(Suppl.):132-137.

[16] 张尚印,张海东,徐祥德,等. 我国东部三市夏季高温气候特征及原因分析[J]. 高原气象,2005,**24**(5):829-835.

[17] 周雅清,任国玉. 城市化对华北地区最高、最低气温和日较差变化趋势的影响[J]. 高原气象,2009,**28**(5):1158-1166.

[18] 谈建国,黄家鑫. 热浪对人体健康的影响及其研究方法[J]. 气候与环境研究,2004,**9**(4):680-686.

[19] Huynen M M, Martens P, Schram D, *et al*. The impact of heat waves and cold spells on mortality rates in the Dutch population[J]. *Environmental Health Perspectives*, 2001, **109** (5): 463-470.

[20] Kalkstein L S, Jamason P F, Greene J S, *et al*. The Philadelphia Hot Weather-Health Watch/Warning

System：Development and Application，Summer 1995[J]． *Bulletin of the American Meteorological Society*，1996，**77**(7)：1519-1528.

[21] Hoppe P R． Heat balance modeling[J]． *Experientia* ，1993，**49**：741-746.

[22] Matzarakis A，Mayer H． Heat stress in Greece[J]，*Int J Biometeorol*，1997，**41**：34-39.

[23] 徐金芳，邓振镛，陈敏． 中国高温热浪危害特征的研究综述[J]． 干旱气象，2009，**27**(2)：163-167.

[24] 谈建国，殷鹤宝，林松柏，等． 上海热浪与健康监测预警系统[J]． 应用气象学报，2002，**13**(3)：356-363.

[25] 李军，高苹，陈艳春，等． 华东地区耕作制度对积温变化的响应[J].生态学杂志，2008，**27** (3)：361-368.

[26] 胡健颖，马泰.《实用统计学》[M]，北京：北京大学出版社，1996：81-86

[27] 唐国利，任国玉． 近百年中国地表气温变化趋势的再分析[J]． 气候与环境研究，2005，**10**(4)：791-798.

[28] 唐国利，丁一汇，王绍武，等． 中国近百年温度曲线的对比分析[J]． 气候变化研究进展，2009，**5**(2)：71-78.

[29] 刘莉红，郑祖光，琚建华． 基于 EMD 方法的我国年气温和东部年降水量序列的振荡模态分析[J]． 高原气象，2008，**27**(5)：1060-1065.

[30] http://v. mywtv. cn/afterMediaFileAction. do? method＝getPlayMedia&fileId＝663.

[31] Hanson J，Ruedy R，Sato M，*et al*． A closer look at United States and global surface temperature change[J]． *J Geophys Res*，2001，**106**：23947-23963.

[32] http://stevengoddard. wordpress. com/2011/03/20/1934-the-big-lie/.

[33] 张庆云，陶诗言.夏季西太平洋副热带高压异常时的东亚大气环流特征[J]． 大气科学，2003，**27**(3)：369-380.

[34] 黄荣辉，张振洲，黄刚，等.夏季东亚季风区水汽输送特征及其与南亚季风区水汽输送的差别[J]． 大气科学，1998，**22**(4)：460-469.

[35] 陶诗言，徐淑英，郭其蕴． 夏季东亚热带和副热带地区经向和纬向流型的特征[J].气象学报，1962，**32**(2)：91-102.

[36] 丁一汇． 北半球夏季全球热带和副热带 200 hPa 平均辐散场的研究[J]． 气象学报，1987，**45**(1)：120-127.

[37] 黄荣辉，孙凤英． 热带西太平洋暖池的热状态及其上空的对流活动对东亚夏季气候异常的影响[J]． 大气科学，1994，**18**(2)：141-150.

[38] 况雪源，张耀存． 东亚副热带西风急流位置异常对长江中下游夏季降水的影响[J]． 高原气象，2006，**25**(3)：382-389.

[39] 张尚印，张海东，徐祥德，等． 我国东部三市夏季高温气候特征及原因分析[J]． 高原气象，2005，**24**(5)：829-835.

精细化预报预警平台在深圳的试验应用[*]

兰红平[1]　　魏晓琳[2]　　李　程[3]

(1. 深圳市气象局,深圳　518040;2. 深圳市气象服务中心,深圳　518040;
3. 深圳市国家气候观象台,深圳　518040)

摘　要:总结了深圳市在大城市精细化预报预警工作中的发展思路,系统地介绍了精细化预报预警业务的设计框架、技术支撑、发布渠道及产品设计等内容,并展望了大城市精细化预报预警业务的发展趋势。

关键词:精细化;预报预警;试验;深圳

0　引言

近几年,城市的气象灾害精细化预报预警发展迅速。2007 年 7 月 18 日,深圳实施了气象灾害的分区预警,将预警信号从以全市为发布单元改变为以街道行政辖区为最小的发布单元,将全市预警按 29 个街道行政区发布,发布单元 50~100 km²。许多城市也在探索精细化预报的方向[1],典型的例子有北京市气象局提供良好的奥运气象服务,2008 年北京奥运会之前,北京市实施分区、分片发布预报;北京奥运会期间,为奥运会开闭幕式和运动场馆发布定点、定时、定量预报[2]。广州基于 GRAPES 中小尺度数值预报系统,以短时临近预报系统 SWIFT和精细化预报系统为基础,提供了几分钟到 7 天的无缝隙、精细化预报预警产品[3]。

全球先进国家和地区精细化预报服务十分迅速[4-6]。如日本,全国有一万多部自动气象站和 48 部雷达组成的监测网络,将自动站资料和雷达估测降雨融合,形成全日本 1 km 格距的降雨分析数据和外推预报,同时还发展了 2 km 格距的逐时同化中尺度模式,将短时临近预报同中尺度模式结合起来,建立了 VSRF(Very Short Range Forecast)系统,每半小时订正未来6 h 的降雨预报,以此为基础发展日本及其乡镇的预警。而美国从 2007 年 10 月 1 日结束了实施二十多年的以县级行政区域为发布单元的风暴预警,正式改为基于风暴尺度影响范围的风暴预警发布,风暴预警不再按县级行政区域发布,而是根据风暴现在和将来的影响区域及范围用地理经纬度定义。香港天文台则发展了短时临近预报“小涡旋”系统,以及集合短时临近预报和中尺度模式的“RAPIDS”系统,将降雨预报格点化、定量化,通过手机客户端等定位手段,将已经和可能出现的降雨预报信息推送给用户,发展了新一代的定点降雨服务。

中国气象局对精细化预报预警工作十分重视[7],2007 年和 2008 年中国气象局分别实施业务建设项目“精细化气象要素预报业务系统”和“天气要素精细(乡镇)预报业务系统建设与改进”,基于数值预报产品释用技术的气象要素预报取得了很大的进展[8]。2011 年,中国气象

---

　*　本文发表于《气象科技进展》,2013 年第 3 卷第 6 期。

局组织开展大城市精细化预报服务试点工作,深圳与北京、上海、广州、西安、南京等城市作为试点城市开展。同时,2011 年第 26 届世界大学生运动会在深圳举行,因此深圳实施全国大城市精细化预报服务试点工作的思路是以《现代天气业务发展指导意见》为指导,结合 2011 年第 26 届世界大学生运动会气象服务筹备,以需求引领、科技支撑,探索适应大城市气象服务需求的集约、高效、互动的精细化预报服务模式,精细化预报服务为 2011 年第 26 届世界大学生运动会提供了有力保障。2012 中国气象局预报与网络司将"大城市精细化预报服务深圳模式"向全国省会以上城市气象部门推介。有文献给出精细化预报的思路和方向[9,10],本文具体总结了精细化预报预警平台在深圳试用的思路和进展,并对未来的发展趋势进行了展望。

1 建设思路及系统结构

深圳市气象局根据"统一预报、分区预警、重点提示、按需服务"的原则,以"需求牵引、服务引领、科技支撑",持续探索适应大城市气象服务需求的集约、高效、互动的精细化预报服务模式。着重在:一是不断增强精细化预报服务的科技支撑,实现监测的快速高效,灾害天气自动识别,确保精细化预报服务建立在短时临近预报系统和数值模式的科学基础上。二是实现重要场所和大运会场馆定点、定时、定量的气象要素精细化预报和个性化预报,提供未来 12 h 的逐时预报。三是开展分区域、分时段、分人群、分行业的城市精细化预报服务,重点应对大城市高影响天气在重点场所、重要时段、重要地区(路段)和重要人群的影响预报服务,这是大城市精细化预报预警服务的核心所在,也是在现阶段精细化预报预警的重中之重。四是精细化预报预警服务向对城市安全有重要影响的地质灾害气象风险预警、城市积涝风险预警预报等衍生次生灾害的精细化预报预警延伸,提高城市防灾的针对性和有效性。五是建立和优化精细化、智能化预报服务流程和平台,建立一体化、集约化和自动化的精细化预报服务平台,适应大城市对气象服务精细化、高效率、高频次以及广覆盖的需求。这是大城市精细化预报预警的基础和可持续发展的关键。大城市精细化预报服务工作,技术和平台支撑是基础,产品设计和表现方式是核心,服务渠道是关键。

和传统的预报预警模式相比,"精细化、高效率、高频次、广覆盖"的业务需求使得精细化预报预警业务面临一系列挑战,其主要体现在产品的时空尺度更小、精准度要求更高、发布频次更密,制作难度和时间成本加大。构建深圳精细化预报预警业务时,秉承"以准确率为基础,以产品为核心,以效率为优先"的设计理念。精细化预报业务框架设计见图 1,主要包括如下特点:

(1)以数据和产品为中心。建立气象业务数据中心,集中管理各种数据和产品,围绕数据中心开发业务和服务系统,为预报预警业务提供了坚实的数据支撑和良好的安全机制。

(2)业务系统前后台分离。产品的制作和显示在同一个系统常常导致产品效率低、服务效果差。前后台分离的策略,向后台的计算资源要效率,观测和预报资料一旦收集到,服务器端负责数据分析和提取、数据并行化计算、图形处理及预报预警产品分发等功能。客户端负责信息综合展示以及气象业务流程图形化、流程化和人机交互制作等。不仅系统的安装维护的成本低,而且显示效率极高。

(3)并行化计算设计。精细化气象服务产品类型多、频次高,对计算资源的要求越来越高,传统基于 PC 服务器或小型机的后台数据处理模式已不能满足日益增长的计算需求,深圳建设的高性能计算机其运算速度达到 34 万亿次/s，具有大容量存储以及万兆双核心交换，通过对核心算法进行并行化设计，提高运行效率，打开提升预报预警业务和服务能力的通道。

（4）智能化预警和流程设计。建设集约化、自动化的智能预报平台也是城市精细化预报预警的核心手段之一。一是预报流程自动提示，将预报任务按时间流提醒并展现给预报员。二是流程可视化的预报预警产品编辑制作模式，以"图文并茂，以图成文，同步制作"简化产品制作流程。三是根据实况监测和短临系统，当实况和预报出现超过阈值标准时，自动形成分区提示预报员发现并发布预报，重要情况则通过智能电话拨打和短信通知，减少错漏的可能。在预计可能出现灾害形成危险的情况下，直接将灾害信息拨打给防灾责任人。

（5）多渠道智能化、自动化分发。精细化预报预警产品制作发布系统与各分发渠道建立了标准的指令接口，依据预报预警业务规则和发布类别智能选择发布渠道，当发布指令时，被智能选择的各分发渠道同时自动启动，以多线程并发模式按业务要求将各种预报预警产品一次性分发出去，以保障较高的分发效率。

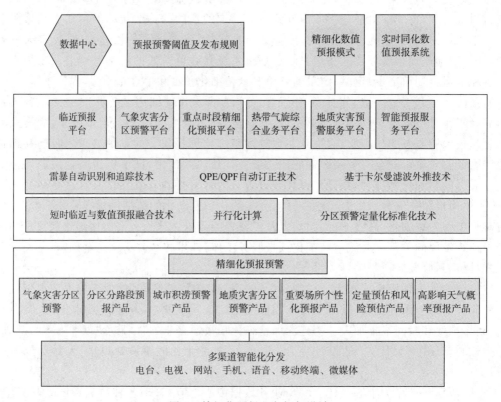

图 1　精细化预报业务框架设计

2　预报核心技术

2.1　雷暴自动识别和追踪预报技术

基于高时空分辨率雷达资料的雷暴云团识别、追踪及预警技术是目前最重要的临近预报预警技术之一[11]。深圳市气象局自主研发了雷暴自动识别和追踪预报技术,其核心算法是边界相关法[12]。在此基础上建立的雷暴自动识别和追踪系统,可以基于地图系统选取指定云团,获得云团空间位置信息、发展轨迹、演变特征和未来预测,也可对云团预报结果进行定量分析和验证。边界相关法预报引入交叉相关法或者光流法计算的风场,作为雷暴云团的运动矢量进行外推。

2.2 基于卡尔曼滤波的雷达回波外推技术

交叉相关方法是目前雷达回波外推的主流方法,但仅利用最新两个时次的雷达回波获得的风场是不稳定的,基于该风场的外推预报结果也具有不稳定性和较大误差;出现这种误差的主要原因是云带本身的波动性,雷达标定及其参数不稳定,地物及异常传播的影响,电磁波受到阻碍物遮挡、衰减、雷达波束的不完全充塞等随机因素;业务检验表明,单时次的风场在某具体格点的风速风向具有上述因素带来的高斯白噪声。抑制风场中的这种噪声干扰是提高回波预报质量稳定性和准确性的重要途径。利用卡尔曼滤波技术[13,14]改进雷达回波交叉相关算法,考虑过去 $0.5\sim1$ h 的回波趋势,可以提升回波预报的稳定性(改进效果见图2)。卡尔曼滤波方法是针对随机过程状态最优估计而设计的方法。由于交叉相关风场的抖动源自噪声干扰,而实验表明噪声服从"随机行走过程",因此可以设计离散的卡尔曼滤波来消除这种干扰。

卡尔曼滤波技术改进交叉相关风场的思路如下:利用交叉相关法获得最近 1 h 的速度矢量场序列,每个速度矢量场包括两个分量 u,v。设速度矢量场上有一点(x,y),该点在时刻 t 的速度分量为 $U(x,y,t)$ 和 $V(x,y,t)$。假定该点在$(t+\Delta t)$时运动到$(x+\Delta x,y+\Delta y)$,在很短的时间间隔 Δt 内速度分量值保持不变,即 $U(x,y,t+\Delta t)=U(x,y,t)$ 和 $V(x,y,t+\Delta t)=V(x,y,t)$。根据这个特点,对速度场中每个格点$(x,y)$分别设置两个卡尔曼滤波器 $K(x,y,u)$ 和 $K(x,y,v)$,其中卡尔曼滤波器的状态方程为常数。观测方程为:$U(x,y,t)=\{u_1,u_2,\cdots,u_t\}$ 和 $V(x,y,t)=\{v_1,v_2,\cdots,v_t\}$,分别是格点$(x,y)$在 $0\sim t$ 时刻某格点速度矢量场 u 和 v 分量的集合,观测数据进入卡尔曼滤波器的顺序是最新的观测数据最后进入,这样可以确保最新数据的影响较大。经过有限时次的滤波,会得到每个格点稳定的 u 和 v 分量,进而合成稳定的矢量速度场,进行外推预报。

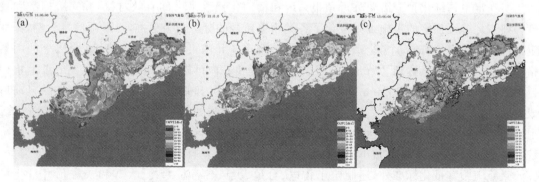

图 2　有卡尔曼滤波的 1 h 雷达回波外推(a),无卡尔曼滤波的 1 h 雷达回波外推(b),与实况
2013 年 5 月 16 日 13 时 06 分雷达回波(c)的对比

以 2013 年 5 月 16 日的飑线过程为例(图2),有卡尔曼滤波的回波 1 h 外推预报(图2a),回波强中心保持收敛状态;无卡尔曼滤波的回波 1 h 外推预报(图2b)系统强降雨中心已经扩

大散开。在系统性的天气过程,有卡尔曼滤波的 3 h 回波预报仍然可用;无卡尔曼滤波,回波发散很快,1 h 之后预报可用性就很差。1 h 回波预报评分(表 1)说明,使用卡尔曼滤波后回波更收敛,虽然击中率比不滤波的要低,但伪警率大幅下降,从而带来成功临界指数的提高,因为卡尔曼滤波可以提高风场的稳定度,能有效剔除无效的风矢量,进而提高预报质量。

表 1　使用卡尔曼滤波与不使用卡尔曼滤波的评分对比

个例	方法	预报时长	击中率(POD)	伪警率(FAR)	成功临界指数(CSI)
2013 年 5 月 16 日	使用卡尔曼滤波	60 min	0.82	0.14	0.70
12 时 00 分起报	不使用卡尔曼滤波	60 min	0.86	0.30	0.65

2.3　QPE/QPF 动态订正技术

精确的 QPE 和 QPF 是短时临近预报和精细化预报的关键技术,雷暴云团自动识别和追踪系统的 QPE/QPF 动态订正技术为经过吸收借鉴国内外先进技术基础上优化发展的重要技术,该项技术综合应用了动态调整 Z-R 降水估测技术、卡尔曼滤波偏差校准技术以及最优插值法订正技术,形成定量降雨估测 QPE 和 0～3 h 定量降水预报 QPF。卡尔曼滤波校准方法主要对各种因素造成测雨误差进行订正,首先根据历史资料和实时资料动态更新雷达探测区域内的 Z-I 关系场。设偏差校准因子: $f(t) = G(t)/R(t)$ 为一随机变量,G 为某一时刻雨量计测得的降水强度,R 为同一时刻雷达测得的降水强度。若随机变量 f 的两个独立估计值 f_1、f_2 可以由不同的方程而获得,则 f 的最佳估计值与 f_1、f_2 有如下关系: $f = f_1 + w(f_2 - f_1)$,确定权重 w 的准则是要以使得校准后的最佳估计值的方差最小。根据有关的原理,设计相应的卡尔曼滤波器对若干时次进行滤波运算,最后得到稳定的雷达降雨的订正场。雷达回波实况数据通过 Z-I 关系场运算得到降雨场后,经过订正场订正可以获得 QPE,雷达回波预报数据通过 Z-I 关系场运算得到降雨场后,经过订正场订正可以获得 QPF。订正场是逐 6 min 或者逐 30 min 滚动更新的。

2.4　分区预警定量化标准化技术

实现定量精细化预警需要临近预报系统和精细化预警平台的有效对接,并完善标准和规范等细节。分区预警的实施细则量化了各类预警信号的分区预警标准,以暴雨信号为例,深圳全市自动站代表站有 60 个,全市预警的标准是全市 1 h 内可能或者已经有 20 个以上的雨量指标自动站小时雨量达到 20 mm,分区预警标准是 1 h 内可能或者已经累计有 5 个以上指标自动站的小时雨量达到 20 mm 以上。系统根据监测实况和临近预报系统的量化产品自动形成分区预警级别和区域提示。以暴雨黄色预警为例:当监测实况出现或短临系统提示 5 个以上标准自动站小时降雨量将达 20 mm,系统就自动发出分区预警提示。当监测实况或短临系统提示 20 个以上标准自动站小时降雨量达 20 mm,系统就自动发出全市预警提示。

除暴雨预警量化标准外,还制定了雷电、台风、大风、高温、寒冷、大雾和灰霾预警量化标准。通过分区预警标准的制定实现预警信号的发布从完全人工决策发布过渡到预警信息自动智能化提示。依据分区预警评分标准,根据监测实况和临近预报产品可以制作形成分区预警的区域。

2.5 并行计算技术

传统基于 PC 服务器或小型机的后台多线程数据处理模式已不能满足日益增长的计算需求,为了充分利用计算资源提高预报预警的时效性,设计时空并行算法,使原有的插值算法、滤波算法、外推算法和同化算法具备时间并行与空间并行运算的能力,以显著提高运行效率。并行计算主要采用时间并行、空间并行及任务并行模式,时间并行即流水线技术,空间并行使用多个处理器执行并发计算,根据业务计算所要达到的目的和时效性要求,并行计算根据不同的业务分别采用数据并行和任务并行。数据并行把大的任务化解成若干个相同的子任务,然后并发处理,比如泛华南的自动站等值面产品,采用数据并行算法简单、高效且可靠。临近预报QPE/QPF 适合采用任务并行,每个任务目标不同,部分任务可以并发执行,例如 QPE 任务可以和 TREC 任务并发执行,等 QPE 和 TREC 任务完成后,QPF 和雷电预报任务又可并发执行。对于大范围格点数据,并行化的思路实际上就是将预报区域进行分解,同时对各子区域进行计算,通过消息传递交换边界,然后合并成一个整体。不同区域分解方式的并行计算速度有明显差别,根据业务系统的目标,选择合适的分解方式、消息传递的规模。并行计算与串行计算时效对比见表 2,其中串行运算 4 路 4 核的 CPU,每 CPU 运算速度为 2.4 GHz,总运算能力为 38.4 GHz,而并行运算采用 4 路 6 核的 CPU,每 CPU 运算能力为 0.8 GHz,总运算能力为19.2 GHz。从表 2 可以看出,在总运算只有串行运算能力一半的情况下,采用并行计算以后临近报总处理时间降低 4 倍以上,大幅提高预警的提前量。

尽管在精细化预报预警技术上有了长足的进步,但科技支撑能力的薄弱仍然是当前大城市精细化预报预警的软肋,基于短临预报系统的精细化预警的提前量严重不足,有些甚至是"现报"或"迟报"。短时临近预报的技术潜力已经临近极限。未来 3～24 h 的定时定点和定量化预报准确率的提高将主要取决于中尺度数值天气预报技术的发展。

表 2 并行计算与串行计算时效对比

类别	泛华南雷达拼图	QPE 和 TREC*	泛华南 QPF	自动站产品	合计
并行计算	8 s	10 s	15 s	10 s	43 s
串行计算	30 s	61 s	40 s	50 s	181 s

注:* 为 QPE,TREC 在进行内部并行运算外还进行任务并行。

3 系统支撑平台

精细化预报预警的实现需要高度集约的业务体系作为强力支撑,利用科技力量,深圳建立了智能化、自动化、集约化的六大业务系统:

(1)临近预报决策支持平台(PONDS)。该平台将北京、中国香港、美国及深圳等地自主开发的 BJ-ANC,SWIFT,WDSSII,TRACER 等多个临近预报系统按统一规格、统一标准集成,并采用客观评分方法实现在线对比检验。不断完善精细化临近预报网格产品数据库,不仅包括 1 km 网格距 0～3 h 逐 6 min 精细化定量降水估测和基于 4 km 网格距 0～6 h 逐小时定量降水估测产品,还包括重要时段精细化预报滚动更新产品,形成格点数据库并开展短时临近精细化预报业务实时在线客观检验和评估,是目前 0～3 h 精细化预报预警的主要支撑平台。

(2)实时同化数值预报系统(HAPS)。重点引进和优化美国俄克拉荷马大学风暴预测研究中心的三维变分方法改进版本的 WRF 模式及集合预报模式。模式格距为 4 km,范围为泛华南区域,逐时同化泛华南区域的 23 部多普勒雷达资料、自动气象站、GPS 水汽、风廓线等观测资料,预报时效为 24 h,是深圳 3～24 h 精细化预报预警的主要支撑技术。

(3)气象灾害分区预警平台(LWS)。基于短时临近与数值预报融合技术,进一步完善台风、暴雨、雷电和高温等灾害性天气的分区自动预警技术,优化定量判断指标、突出自动信息提示,提高自动预警的准确率和提前时效,实现系统自动分区预警提示和预报员人工干预相结合的气象灾害分区预警发布系统,降低预警信号的漏报率和空报率,加大预警信号发布的提前量。

(4)重点时段精细化预报服务平台。综合利用短时临近预报及雷达资料实时同化中尺度数值预报结果,开发重点时段分区预报制作系统,针对上下班高峰等重点时段发布降水、能见度、高温等高影响天气的精细化分区预报产品。系统可自动识别降水落区,预报人员采用人机交互方式,图文并茂编辑技术,完成定量分区预报图形和文字产品,并实现产品以短信、电台、网站多种方式自动高效同步发布。基于地理信息系统 GIS 空间分析技术叠加深圳及广东主要交通干线,采用人机交互制作交通气象精细化产品,自动生成图像、文字等信息显示在网站及电子地图上,使用户可指定任意一条交通干线查询获取道路天气最新预报预警信息。

(5)热带气旋综合预报服务平台(TOP)。开发数值预报产品台风自动客观识别定位技术,自动跟踪热带气旋的移动和发展,客观定量对比主客观预报的准确率,统计分析不同季节、不同强度和不同移动路径台风对深圳天气的影响,实现热带气旋的业务标准化、预报客观数值化、预估定量化和服务精细化。

(6)智能预报服务平台。初步建设了智能预报服务平台。一是系统集约化和自动化,预报服务流程,预报预警的制作、发布统一在一个平台上;流程全面可监控,提醒预报员完成相应的任务,减少错漏。二是智能化,智能预报平台上与数值预报、短时临近预报以及各种预报工具、方法和指标对接,发挥科技系统对预报服务支撑,下与发布平台和发布渠道对接,形成信息发布的一体化和高效率。三是将预报与服务对接,根据在相关区域的预警信息和灾害性天气实况信息通过短信和电话等方式,按级别通知值班预报员、处长、局领导等相关人员。突发灾害性天气具有发生速度快、致灾性强等特点,智能预报服务平台与语音自动外呼系统和短信系统无缝集成,及时将局内业务平台系统生成的气象灾害预警信息和灾害性天气临近提示信息自动形成音频或短信并自动传送给特定用户群,对内可进行灾害性天气业务提醒,对外可以推送给关心突发灾害性天气的部门如基层防灾责任人,有效实施点对点服务。

具有针对性的产品和服务系统是进行高精细化程度的时空要素预报技术上的一个巨大进步,目前 6 大业务系统已经基本覆盖了精细化预报预警的各个层面,但未来仍需在产品和平台的专业化、个性化上下功夫。灾害天气系统的突发性、局地性;服务对象的多元化、个性化和专业化,服务渠道的多元化,精细化预报预警的快速度、高频次、广覆盖的要求,探测系统的高时空、高密度,以及支撑系统的多元化和专业化,决定了大城市精细化预报预警必须建立在高度智能化预报平台的基础上。

4　产品及发布渠道

4.1　主要产品设计

（1）气象灾害分区预警。2007年7月深圳实施气象灾害分区预警业务，分区预警以街道行政辖区为最小发布单元，实现预警精细至街道，其将短时临近预报系统融入分区预警平台，实现分区预警的定量化、标准化和自动化，优化分区预警的表现形式。通过多年的实践，分区预警已经成为深圳市民所接受，特别是高级别的暴雨预警，局地性强，经常采用分区发布的模式，有效地提高了预警发布的针对性。

（2）重点时段的分区分路段预报。大城市气象灾害带来"放大效应"趋势日益明显，对气象条件更加敏感，经常几毫米降雨也容易诱发全市的交通大堵塞，尤其在上下班等重点时段；重点时段的分区分路段预报意义重大。降雨精细化预报主要根据临近预报系统 QPE 和 QPF，对 QPF 人工干预后，图文联动，快速形成当前的降雨实况和未来 3 h 的降雨预报精细到街道辖区的降雨分布图，同时形成精细到街道的短时预报服务文本。雷电精细化预报服务产品包括根据雷暴云团（35 dBz 以上）自动识别和追踪系统预报未来 1 h 云团的移动方向和影响区域。表现形式为雷电影响区域图和文字说明。重点时段交通干线高影响天气短时临近预报：主要是降雨、能见度，系统自动在人工干预 QPF 后，自动形成未来 2 h 按交通干线分路段降雨预报产品。春运期间则提供出入本省 4 个方向的交通要道的天气实况和未来 6 h 的交通干线预报。在发布原则上，按影响程度、重点时段、重点地区的优先级发布。

（3）暴雨风险及防御明白卡和城市积涝风险精细化预警。城市积涝是深圳最重要的暴雨衍生灾害之一，2010年深圳市气象局会同三防办联合在全市 140 个社区推广"社区暴雨灾害风险及防御明白卡"，每一个社区明白卡都有导致积涝发生的日雨量和小时雨量阈值，以及防灾责任人。我们开展定点积涝短临预报试点。当监测到或短临预报易涝点达到提示阈值时，对易涝点的防灾责任人进行短信提示和电话通知。其次，根据积涝经验值，系统自动形成积涝高风险分布图，在微博等渠道上发布。

（4）地质灾害分区预警。2005年深圳气象部门与国土部门开始联合发布全市统一的地质灾害预警。但降雨分析的不均匀造成全市统一发布地质灾害预警针对性不强，已经不能满足地质灾害防御要求。2012年开展深圳市地质灾害分区预警工作。根据 QPE，QPF 和地质灾害的降雨阈值，对全市的重要地质灾害易发区进行预警分区提示，预报员进行订正、编辑后进行制作与发布分区的地质灾害预警。将地质灾害预警精细到区一级，更贴近基层防灾人员需求。

（5）重大天气过程的定量预估和风险预估。提前两天为政府防灾部门和市民提供台风、大暴雨、强降温和高温天气过程定量预估灾害天气的影响程度和等级，为防灾提供决策建议。对灾害天气过程的风、温、雨的定量预估和影响程度进行预估，以气象信息快报、天气通报、新闻通稿的形式发布。

4.2　发布渠道

"最后一公里"问题一直是气象灾害预警和气象服务的根本问题，也是精细化预报服务关键问题之一。在发挥电台、电视等传统媒体优势的同时，更加突出网络、移动互联网等新媒体的作用,真正体现快速度、高频次、广覆盖的城市精细化预报预警发布的目标。精细化预报预警,突出在"快"字,首先,在电台直播间设立电台直播气象服务网页,针对电台用户的需求,实时刷新气象监测实况和更新气象灾害精细化预警,开发了交通干线天气预报以及上下班重点时段天气预报。还通过政府文件规定,高级别预警信号发布时,不仅加密直播预警信息,最高密度达到 5 min 发布一次。最高级别暴雨和台风预警时,还调整整个电台播出的风格,连续播出预警信息和防御指引。其次,是在"主动"发布上,开发"深圳天气"手机客户端,市民可自主在智能手机上下载使用,气象局主动推送预警信息和上下班等重点时段的天气信息,目前"深圳天气"客户端下载量已经突破 100 万。第三是在"高频率"和互动服务方面,开通"深圳天气"官方微博,台风暴雨等重要预警时,10~15 min 就更新一次微博信息,对引导社会各种自媒体发布预警信息,具有非常显著的效果,在台风"韦森特"期间,"深圳天气"的权威性、高频率和网络化,吸引各种官方和具有影响力的微博大量转发"深圳天气"的台风预警信息,达到"广覆盖"的目标,目前粉丝也已经达 100 万,成为预警信息发布的重要渠道。近期还挖掘了"微信"的传播功能,发挥微信的"互动"功能,在微信上开发了多种类型的预警预报产品,市民不仅可以获得气象台推送的预报信息,也随时主动以互动方式索取所需要的预警服务信息。另外,符合市民需求的深圳市气象局网站手机版也得到市民的欢迎。目前,气象服务信息公众有效覆盖率已经达 95% 以上,建立了高效的预警信息传播平台,与手机小区广播系统、短信平台、网站、传真系统和电台直播间等传播分发渠道自动联动,实行并发机制,预警信号发布时间也从 35 min 缩短到 3 min,提高了 12 倍。

4.3　精细化预报预警实例

　　智能化的预报预警技术平台在日常业务工作及重大气象保障服务的精细化预报预警服务工作中发挥了极其重要的作用。以 2011 年世界大学生运动会海上运动赛区发生的一次雷雨过程为例,综合雷达回波外推等预报依据,认为赛区(赛区位于深圳东部大鹏半岛东向开口的约 20 km² 的海湾内)将受到雷电的影响,于 11 时 40 分通知赛场人员,预计中午 13 时左右比赛场地将有雷暴(11 时 36 分雷达回波见图 3a),在 12 时 30 分发布了针对赛区的雷电预警信号(图 3b),12 时 48 分全体人员撤回安全区域(图 3c),13 时 30 分赛区受到了雷雨云系的直接影响(图 3d)。这次精细化到定点,提前量达到 40 min 的雷电预警取得了非常好的服务效果。

5　大城市精细化预报预警服务趋势和展望

　　高时空密度的雷达和自动气象站等监测网络是短时精细化服务的基础,提升短时临近预报系统,挖掘雷达和自动气象站在灾害天气的识别和临近预警已经逐步发挥巨大的作用,大城市精细化预报预警未来将更多地依赖于中尺度数值天气预报和同化技术的发展。雷达资料等高时空密度探测资料的逐时同化和中尺度模式的集合预报等的发展已经取得初步的成效,因此深入发展资料同化技术和中尺度集合预报技术是一个不可逆转的趋势,美国和欧洲等先进国家和地区目前已经在大力发展集合预报技术,同时,短时临近预报和中尺度模式产品的融合也是一个重要趋势。

　　大城市精细化预报预警服务将向专业化、个性化和多元化发展。以精细化要素预报和格点预报为基础,城市精细化预报预警服务要与城市重点防灾减灾需求结合起来,开发中小河流和水浸、地质灾害等灾害隐患区的精细化预报警服务产品和系统，开发符合社区安全防灾的精细化服务产品。城市精细化预报预警服务与市民生活需求结合起来，加强与市民每天息息相关的精细化服务，开发和完善上下班等重要时段预报预警服务和重要交通干线和路段的服务。城市精细化预报预警服务要与重点行业和人群结合起来，开发油、气、电、旅游和交通等城市生命线的精细化产品和服务，与行业需求相结合，开发适应公共交通、旅游等重要和重点行业的专业化、个性化的精细化服务产品和系统。

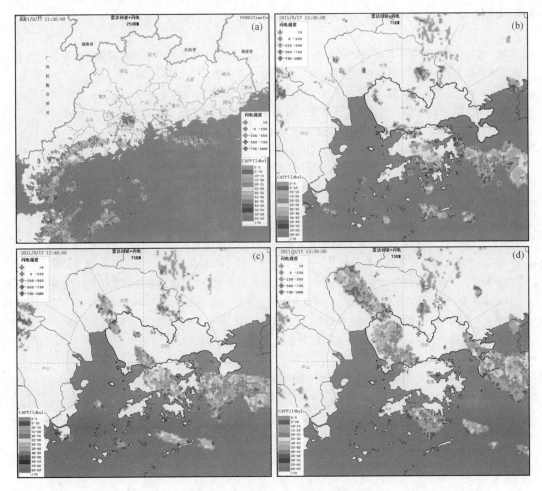

图3　2011年8月17日一次雷暴天气过程的精细化预报预警服务个例，11时36分(a)，12时30分(b)，12时48分(c)和13时30分(d)的雷达回波监测

大城市精细化预报预警发布将越来越多地依靠移动互联网，多种渠道互为补充。以手机为代表的移动互联网已经成为市民获取各种信息的主渠道。研究表明，市民浏览移动互联网的时间已经超过观看电视的时间，市民在移动互联网的时间也超过了电脑上网的时间。同时，以暴雨、强对流天气等对城市影响剧烈的天气系统都具有突发性、局地性等特点，影响时间短，传统的发布渠道和传播模式无法适应需求，移动互联网便捷性、及时性和高效性将无可替代地在未来精细化预警发布中发挥核心作用。但移动互联网与传统渠道有很大的差异，包括屏幕小、网速低、变化快、视频和图文等多元的特点，与现有的服务产品区别较大，因此开发适合移

动互联网特点的精细化预报预警产品将成为当前和今后相当长时间内的重要任务。

总之，以信息流为基础，以产品为中心，将各种预报预警技术、产品制作技术、预警提示技术、渠道发布技术集成起来，建立智能化预报平台，提高业务的集约化和自动化，提升科技支撑、预报预警效率和发布时效，减轻预报员的工作强度，将是未来发展大城市精细化预报预警的重要趋势。

参考文献

[1] 吴蓁. 城市精细化预报系统建设的必要性与重点、难点. 武汉区域气象中心城市群发展气象服务工作论坛优秀论文汇编，武汉：武汉区域气象中心，湖北省气象学会，2008，160-162.

[2] 王令，丁青兰，卞素芬，等. 奥运气象服务中的短时预报及预警. 气象，2008，**34**(S1)：263-268.

[3] 曾沁，林良勋，陈炳洪，等. 广州亚运气象预报系统介绍. 广东气象，2010，**31**(1)：封2-封3.

[4] 章国材. 美国国家天气局天气预报准确率及现代化计划. 气象科技，2004，**32**(5)：81-82.

[5] Glahn B, Gilbert K, Cosgrove R, et al. The gridding of MOS. *Weather and Forecasting*，2009，**24**(2)：520-529.

[6] Glahn H R, Ruth D P. The new digital forecast database of the national weather service. *Bulletin of the American Meteorological Society*，2003，**84**(2)：195-201.

[7] 端义宏，金荣花. 我国现代天气业务现状及发展趋势. 气象科技进展，2012，**2**(5)：6-11.

[8] 赵声蓉，赵翠光，赵瑞霞，等. 我国精细化客观气象要素预报进展. 气象科技进展，2012，**2**(5)：12-21.

[9] 矫梅燕. 关于提高天气预报准确率的几个问题. 气象，2007，**33**(11)：3-8.

[10] 冯业荣. 关于提高预报准确率——提高预报技术水平的一些思考. 第四届全国灾害性天气预报技术研讨会论文集，北京：国家气象中心，中国气象局应急减灾与公共服务司，2007，58-60.

[11] 林铖德，支树林，罗树如. 雷电落点和强度临近预报方法初探. 气象与减灾研究，2007，**30**(4)：57-60.

[12] 陈明轩，王迎春，俞小鼎. 交叉相关外推算法的改进及其在对流临近预报中的应用. 应用气象学报，2007，**18**(5)：690-701.

[13] Welch G, Bishop G. An Introduction to the Kalman Filter. (1997—09—17) http://homepages.inf.ed.ac.uk/rbf/CVonline/LOCAL_COPIES/WELCH/kalman.html.

[14] 兰红平，孙向明，梁碧玲，等. 雷暴云团自动识别和边界相关追踪技术研究. 气象，2009，**35**(7)：101-111.

一次北京大暴雨过程低空东南风气流
形成机制的数值研究[*]

盛春岩[1]，高守亭[2]

（1. 山东省气象科学研究所，济南　250031

2. 中国科学院大气物理研究所云降水物理与强风暴实验室，北京　100029）

摘　要：2002 年 6 月 24—25 日，北京门头沟附近发生了一次大暴雨过程。观测资料和数值模拟均发现，在暴雨发生前和发生过程中，北京地区边界层内出现了一支强盛的东南风气流。东南风气流沿太行山东坡爬升，触发了对流。为探讨这支低空东南风气流的形成原因，本文通过数值模拟和敏感性试验，对这支东南风气流的形成机制进行了研究。结果表明，这支低层东南风气流是一支冷湿的、伴有较强风速辐合的气流，主要是在天气尺度系统作用下生成的。东南风气流形成过程中，地表感热加热作用对其强度有加强作用。大暴雨开始后的潜热加热作用对这支东南风气流有正反馈作用，使气流的强度大大增强，因此，在降水开始后气流强度也增强，降水最强时低空急流的强度达最强。暴雨开始后，由于夜间地表降温造成山风效应，导致在北京西部山脚下出现偏北风。

关键词：北京大暴雨；低空东南风；形成原因；数值模拟

0　引言

大量的观测事实和研究均表明，夏季低空（1000 m 高度以下）偏东风气流是造成北京地区暴雨的一种常见的天气形势，这种暴雨机制大多数属于迎风坡地形降水[1]。Smith，Houze，Lin 等[2~4] 在对大量地形降水个例机制研究的基础上，总结了三类常见的地形降水机制：(1)产生在稳定大气中的迎风坡降水；(2)产生在条件性不稳定大气中的地形降水；(3)由播撒-受播云机制引起的地形降水。其中，第二种降水机制往往与低空急流有关。在这种降水机制中，地形降水还与低空急流的高度有关。国外的观测和研究发现[5]，在加利福尼亚中部的沿海地区地形降水与低空急流和地形脊的高度有非常密切的关系，这高度在 900×10^2 Pa 左右。孙继松[6] 总结了在华北地区低空偏东风气流作用下常常出现的两种降水落区：(1)降水带沿太行山东侧呈南北向分布，太行山以西的高原上几乎不出现降水；(2)造成高原上出现明显降水的低空切变线几乎处于"准静止"状态，太行山东侧降水量很小或不出现降水，指出低空偏东风气流背景下不同垂直分布气流对降水落区有不同的影响。显然，低空急流能否形成，急流的强度、位置等对暴雨的强度和落区有重要影响。

关于低空急流成因的研究很多。研究表明，由"边界层内应力"等地形动力作用会引起定

---

　*　本文发表于《地球物理学报》，2010 年 6 月第 53 卷第 6 期，1284-1294。

常性的低空急流[7,8]。边界层急流的形成往往与夜间边界层内热力条件关系非常密切,夜间边界层降温会导致夜间边界层内的风速突然增大[9,10]。下垫面热力差异的强弱、水平尺度的大小将直接关系到边界层急流的生消和尺度[11,12]。北京城市化进程会影响到城市边界层的风速,使得近地面平均风速变小[13]。李炬等[14]利用三年夏季系留气艇探测资料,分析了北京夏季低空急流的一般特征,结果发现,90%急流出现在 320 m 以下,认为斜坡地形产生的热成风、山谷风环流可能是北京夏季夜间低空急流形成的主要原因。但观测事实表明,夜间边界层内的大幅度降温并不总是伴有急流的出现,强降水与边界层急流几乎同时达到最强。这种机制被认为是暴雨与边界层急流之间的正反馈现象,很难用天气尺度低空急流的理论和观点来解释边界层急流在局地暴雨中的作用[15,16]。

2002 年 6 月 24 日到 25 日发生在北京西部的大暴雨就是一次典型的低空偏东风气流下的暴雨,但暴雨有着自身的特点。首先,暴雨的局地性很强。截至 25 日 08 时,北京地区有 5 个站降水量大于 50 mm,其中最大降水出现在门头沟,为 158 mm,而北京其他地区的降水量均为小雨或中雨(图 1(a))。暴雨发生过程中对流并不旺盛,是一次无雷电现象的强地形雨[17,18]。暴雨发生前,山顶和山坡大气是对流不稳定的,一支较强的低层东南风气流沿太行山东坡爬升,触发了山顶的不稳定大气,对流爆发。对流系统形成后向偏东方向移动,导致暴雨出现在山脚下的门头沟附近[19,20]。显然,低空的东南风气流是暴雨的重要触发机制。郭金兰等[18]在分析了本次暴雨过程的基础上,曾对这支边界层东南风急流的成因进行了探讨,指出这支边界层内的东南风气流是一支中尺度低空急流,具有超地转现象,其发生发展是低层偏东风与干、湿过程的"内边界效应"及强降水潜热释放等综合作用的结果。那么,这支东南风气流的形成原因究竟是什么,本文将利用 ARPS 中尺度数值模式,通过数值模拟及敏感性试验,对这一问题进行研究。

1　数值试验设计

使用美国 Oklahoma 大学风暴分析和预测中心开发的 ARPS(The Advanced Regional Prediction System)模式[21~24],对本次大暴雨过程进行了数值模拟。控制试验采用 27,9 km 双重单向嵌套网格,两层网格的中心均位于(40°N,116°E),两层网格点数均为 115×115×53,垂直方向采用正切曲线向上伸展,垂直方向平均高度均为 400 m,模式近地层高度为 20 m。模式采用全物理过程,包括两层的土壤植被模式、Lin 等[25]的冰微物理过程、TKE 次网格湍流和边界层参数化、全长波和短波辐射过程、Kain-Fritsch 积云对流参数化方案等。两层网格采用的都是全球 30 s 的地形资料。

模式使用 6 h 间隔的 1°×1°的 NCEP AVN 分析资料作为初始场和侧边界条件,使用常规地面和探空资料对初始场进行了客观分析。模式开始积分的时间为 24 日 08 时,共积分 24 h。

敏感性试验 1 是在控制试验的基础上将模式中的地表感热通量项关掉,即不考虑地表感热加热的作用;敏感性试验 2 是在控制试验的基础上采用干过程进行数值模拟,即不考虑凝结潜热项的作用。

2 控制试验结果分析

2.1 模拟的形势场分析

　　分析控制试验模拟的环流形势场以及 NCEP 分析场发现,控制试验很好地模拟出了暴雨发生前后的大气形势场。24 日 08 时,北京地区从地面到高层均为西北气流控制。其中,700~500 hPa 在内蒙古上空为一弱低涡,低涡中心位于北京西北部,华北大片地区受低涡后部的西北气流控制。850 hPa 到地面均为鞍形场,东北和西南地区为高压,内蒙古中部和江苏为低气压,北京地区位于鞍形场的西北部,地面风速很小。24 日下午,位于江苏的低气压减弱并缓慢东移,东北高压底部的偏东风逐渐加强并向内陆地区推进,形成了边界层的东南风气流。24 日 20 时,北京地区从 850 hPa 到地面均转为东南风,即低层为东南风,高层则依然为西北气流。北京本站 24 日 20 时的探空曲线清楚地显示(图 1b),北京地区从 850 hPa 到地面为一致的东南风,而 700 hPa 以上为偏西风。

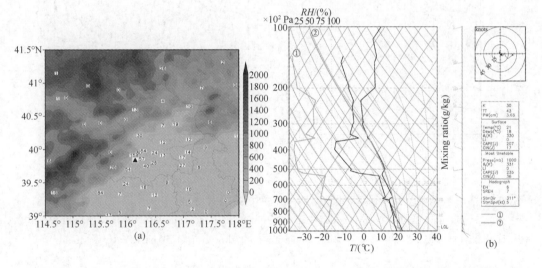

　　图 1 　(a)2002 年 6 月 24 日 08 时至 25 日 08 时(北京时,下同)北京地区附近降水量分布(单位:mm;阴影地区(色标)为地形等值线,▲为门头沟);(b)2002 年 6 月 24 日 20 时北京探空曲线(最左侧的细线为相对湿度探空),RH 为相对湿度。

　　Fig. 1 　(a)Rainfall observation from 08:00 24 to 08:00 25 June(unit:mm). The shaded is the height of the terrain,▲is the location of Mentougou;(b)Sounding by Beijing at 20:00 June 24,2002. The left curve is relative humidity sounding

　　图 2 给出了控制试验 27 km 网格模拟的暴雨发生过程中(25 日 02 时)500 hPa 和 850 hPa 的风场、位势高度场(a,c),以及对应的 NCEP 分析场(b,d)。可以发现,模式模拟的风场以及形势场与 NCEP 分析场非常相似。大暴雨发生过程中,北京地区一直处于低层东南风气流、高空(500 hPa)西北气流控制之中。

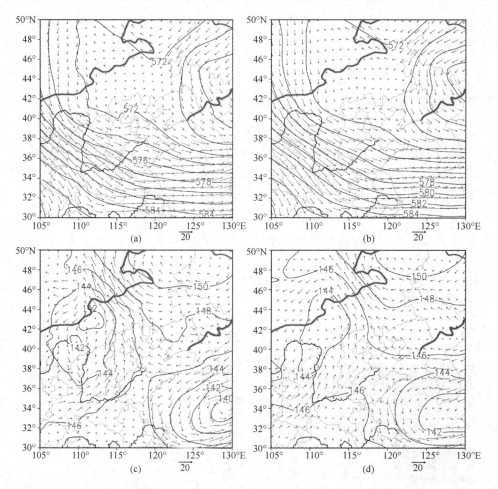

图 2　2002 年 6 月 25 日 02 时 500 hPa(a,b)和 850 hPa(c,d)形势场(等值线,单位 10 gpm)和风场(箭头)(a,c)控制试验 27 km 网格模拟结果;(b,d)NCEP 分析场

Fig. 2　Simulated wind (arrow)and geopotential height fields(solid) at 500 hPa(a,b)and 850 hPa(c,d) at 02:00 June 25,2002 (a,c)ARPS simulation on 27 km grid;(b,d)NCEP analysis fields

2.2　模拟的边界层东南风气流特征

图 3 给出了控制试验 9 km 网格模拟的近地面 10 m 风场和气温的演变。可以发现,这支来自渤海的东南风气流约宽 450 km、长 800 km,其前沿伴有很强的风速辐合。近地面 10 m 的气温分布表明,内陆地区为一个暖区,自南向北有一个很强的暖舌向北京地区伸展。渤海地区 10 m 气温约为 19℃,比内陆地区气温明显偏低,海陆温差造成东南风气流前部较强的温度梯度[图 3(a,b,c)]。24 日 20 时,东南风气流到达北京西南部的太行山脚下。东南气流过后,内陆地区的气温明显下降[图 3(c,d)]。东南风气流沿太行山东坡爬升过程中触发了对流,但风向基本为稳定的东南风[图 3(d,e)]。随着对流系统的发展和降水的不断增强,在太行山脚下出现了一股偏北风气流,与东南风气流之间形成了一条切变线[图 3(e,f)]。这股偏北风气流是地形阻挡作用形成的转向气流,还是山谷风效应引起的,将通过以下敏感性试验进行分析。

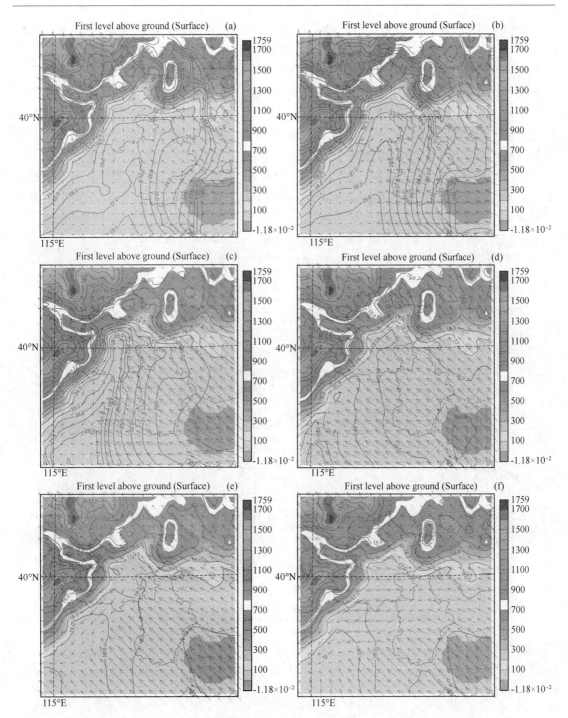

图 3 控制试验 9 km 网格模拟的近地面 10 m 风场(箭头)及气温(等值线℃)分布

(a)24 日 14 时(b)24 日 17 时;(c)24 日 20 时;(d)24 日 23 时;(e)25 日 03 时;(f)25 日 05 时(阴影区为地形高度)

Fig. 3 Model predicted wind (arrow)and temperature(℃)fields at 9 km grid at the first model level (∼10 m) above ground,at(a)14:00;(b)17:00;(c)20:00;(d)23:00 June 24;(e)03:00 June 25;(f)05:00 June 25 (The shaded is the height of the terrain)

沿门头沟(39.8°N)作东西向的风场垂直剖面,可以清楚地看到,自 24 日下午,有一支偏东风气流不断向西推进,对应边界层的东南风气流。这支来自东南方向的气流呈楔形,东部高,前缘较浅,具有明显的风速核(图 4a)。20 时,来自渤海的东南风气流到达北京西部的太行山脚下,偏东风达 9 m·s^{-1},水平全风速达 14 m·s^{-1}(图略),其前沿风速最大中心位于约 300~500 m 高度处(图 4b)。25 日 01 时前后(图 4(d)),就在强降水开始时,东南风气流水平风速达最大,偏东风达 11 m·s^{-1},水平全风速达 18 m·s^{-1}(图略)。根据北京南郊观象台的加时测风[18],在 25 日 02 时,距地面 50~900 m 的边界层内出现了较强的东南风气流,最大东南风速轴在距地面 600 m 处达 12 m·s^{-1},与 25 日 02 时的多普勒雷达观测的径向速度也非常一致。可以发现,控制试验较好地模拟出这支偏东风气流的结构特征。随后,随着对流系统的逐渐东移减弱,东南风气流也逐渐减弱。

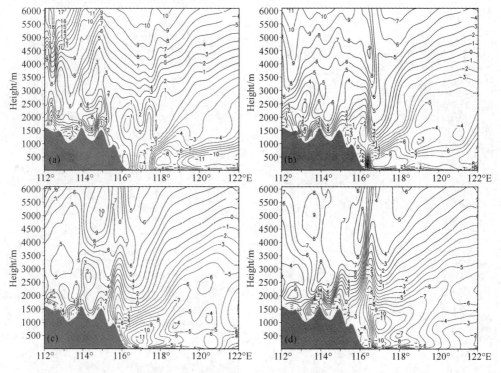

图 4 9 km 网格模拟的水平西风分量沿 39.8°N 的垂直剖面(m·s^{-1})

(a)24 日 17 时;(b)24 日 20 时;(c)24 日 23 时;(d)25 日 02 时

Fig. 4 Vertical cross-section of east-west wind component(m·s^{-1}) along Mentougou (39.8°N)at 9 km grid at (a)17:00 June 24;(b)20:00 June 24;(c)23:00 June 24;(d)02:00 June 25,2002

2.3 模拟的低层东南风气流热力特征

沿 39.8°N 作风场、气温以及位温的垂直剖面发现(图 5),随着午后内陆升温,在内陆地区近地层逐渐出现一个暖层,在下午—傍晚前后近地面气温高达 27℃,较东部海面气温高 8~9℃,而东部沿海则始终为冷区。在这支东南风气流向内陆地区推进时,与内陆的暖气团之间形成了清楚的温度交界面,在交界面上有明显的辐合上升气流[图 5(a,b)]。24 日 20 时,当这支东南风气流到达山脚下时,冷暖气团的交界面依然非常清楚(图5c)。20时后,随着东南气流沿山脉爬升,暖性气团在爬坡过程中被抬升到高层而消失(图5d)。

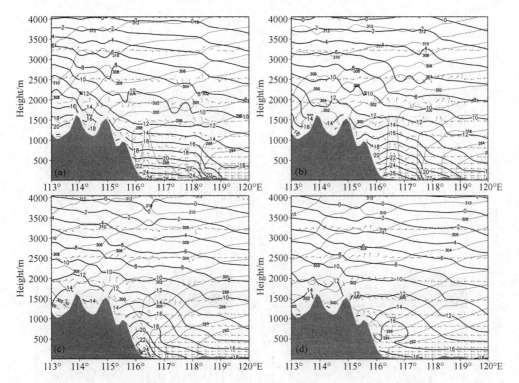

图5 9 km网格模拟的气温(实线,℃),位温(点线,K)及 u-w 风场(箭头)沿39.8°N的垂直剖面

(a)24日14时;(b)24日17时;(c)24日20时;(d)24日23时(其中,w放大了25倍)。

Fig. 5 Latitude-height cross-section of the temperature(solid,℃),potential temperature (dotted,K)and u-w wind field (arrow)along 39.8°N at 9 km grid at(a)14:00;(b)17:00; (c)20:00 June 24 and (d)23:00 June 24,2002

分析相对湿度场的垂直剖面发现,24日08时(图6a),大气的相对湿度场具有与风速相似的分布特征,即自渤海向内陆为一个高湿区,相对湿度都在80%以上。内陆地区湿层较浅,东部沿海湿层深厚,相对湿度场与东南风气流相配合,表明这种来自渤海的东南风气流为一支冷湿气流。白天由于陆面气温升高,内陆近地层逐渐演变成一个干区,干层厚度较浅,总体位于1.5 km以下的浅薄的边界层内[图6(b,c,d)],而东部大气依然为深厚的湿区。随着东南风气流沿山脉爬升,内陆的干大气逐渐消失[图6(e,f)]。

结合温度场、湿度场以及垂直运动场的分布发现,这支东南风气流气温较低、湿度较大,出现在午后,似乎具有海风的性质。但它又伴有较强的风速核和风速辐合中心,强度大、范围广,向内陆推进了两百多公里,其中必然有天气尺度系统演变的作用。那么,这支东南风气流是如何形成的,是天气尺度系统在起作用还是地表热力作用的结果,下面将结合敏感性试验结果进行分析。

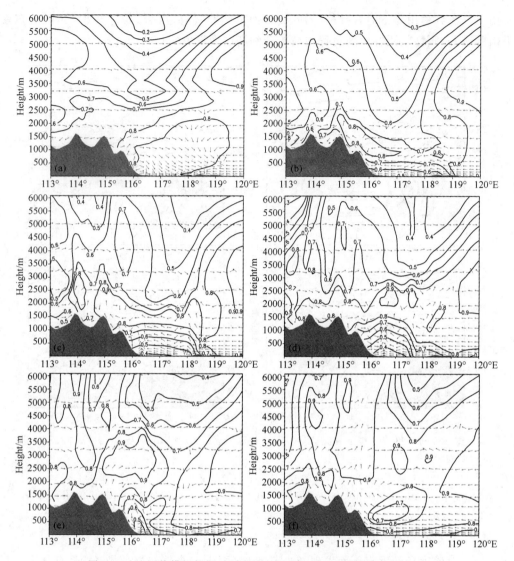

图6　9 km 网格模拟的相对湿度场(无量纲)沿 39.8°N 的垂直剖面

(a)24 日 08 时;(b)24 日 11 时;(c)24 日 14 时;(d)24 日 17 时;(e)24 日 20 时;(f)24 日 23 时

Fig. 6　Vertical cross-section of east-west relative humidity along Mentougou (39.8°N)at
(a)14:00 June 24;(b)17:00 June 24;(c)20:00 June 24 and (d)23:00 June 24,2002

3　敏感性试验结果分析

3.1　敏感性试验 1 模拟的东南气流特征

　　分析敏感性试验 1 模拟的风场发现,即使不考虑地表感热加热作用,模式依然模拟出低层的东南风气流,但气流的强度偏弱,向内陆推进的速度也偏慢。由图 7 可以发现,到 24 日 20 时,到达太行山脚下的东南气流最大偏东风仅为 5 m · s⁻¹(图 7b),最大全风速为 7 m · s⁻¹

（图略）。其后气流强度虽然略有加强，但总体不超过 8 m・s^{-1}，而最大风速中心一直位于东部海面[图 7(c,d)]。直到大暴雨开始后，到达山脚附近的东南风气流依然较弱。

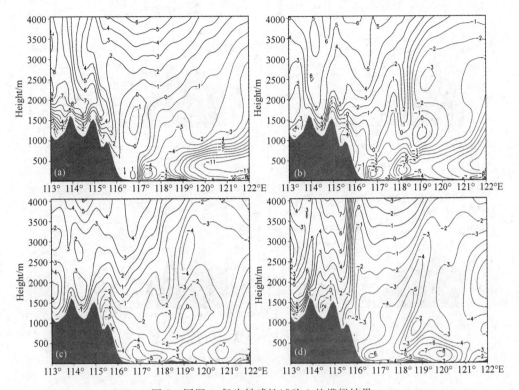

图 7　同图 4，但为敏感性试验 1 的模拟结果

Fig. 7　Same as Fig. 4，except for the simulation of sensitivity experiment one

3.2　敏感性试验 1 模拟的东南气流热力特征

沿 39.8°N 作风场、气温以及位温的垂直剖面发现（图 8），不考虑地表感热加热作用时，模式模拟的午后内陆依然有一个升温过程，但内陆气温较控制试验的明显偏低。17—19 时近地面最高气温达 23℃[图 8(b,c)]，较控制试验的 27℃低 4℃。但由于海上气温较低，在冷湿的东南气流与内陆暖气团之间形成了一个冷暖空气的交界面，交界面上具有清楚的温度梯度[图 8(b)]。至 24 日 20 时，这一冷暖空气交界面消失[图 8(c,d)]。

由此可见，即使不考虑地表感热加热的作用，低层东南风气流依然会形成，表明这股气流主要是天气尺度系统变化的结果。但模拟的这股气流强度明显偏弱，说明由于地表感热加热作用导致的海陆热力温差对于低层东南风气流的强度有影响。同时还发现，24 日 20 时后在这股东南风气流沿山脉爬升过程中，山脚下并没有明显的偏北风气流出现（图略），由此可以推测，控制试验模拟的山脚下的偏北气流与夜间地表降温有密切关系，很可能是由山风效应引起的。

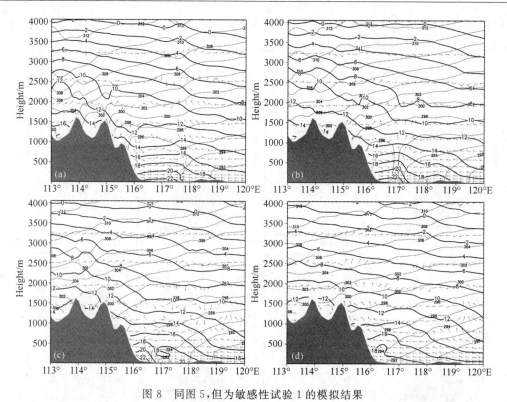

图 8　同图 5，但为敏感性试验 1 的模拟结果

Fig. 8　Same as Fig. 5，except for the simulation of sensitivity experiment one

3.3　敏感性试验 2 结果分析

分析敏感性试验 2 模拟的风场沿 39.8°N 的垂直剖面发现，干过程同样可以模拟出这支东南风气流。由图 9 可以看出，这支东南风气流在午后很快形成，并迅速向内陆地区推进。直到 24 日 20 时，当东南风气流到达太行山脚下时，干过程模拟的这支东南风气流全风速的大小与控制试验的类似，但东西风分量较控制试验的偏大，南北风分量偏小（图略），也就是说，干过程模拟的气流更偏向东西方向。23 时后，控制试验中对流爆发，低空东南风气流的风速进一步增强，而干过程模拟的这支气流强度却开始减弱。尤其是 25 日 02 时前后降水最强时，干过程模拟的这支气流明显减弱，偏东风仅为 9 m·s^{-1}左右（图 9d），全风速也只有 10 m·s^{-1}（图略），这一结果充分说明暴雨过程中的潜热加热作用对于边界层气流的强度有明显的增强作用，这与观测事实及孙继松[15]、郑祚芳等[16]、郭金兰等[18]的研究结果一致。

同时还发现，干过程模拟的低层东南风气流沿山脉爬升后，在 24 日 23 时后山脚下也出现了一支较强的偏北风气流，与控制试验的结果较为相似，结合敏感性试验 1 的结果可以认为，这支偏北风气流与地表感热作用有密切关系，主要是由于夜间地表降温形成的山风效应引起的。

4　结论

本文利用美国俄克拉荷马大学风暴分析预测中心开发的 ARPS 模式，对 2002 年 6 月

24—25 日的一次门头沟大暴雨过程进行了数值模拟及敏感性试验,重点研究了低层东南风气流的形成机制,可以得出以下结论:

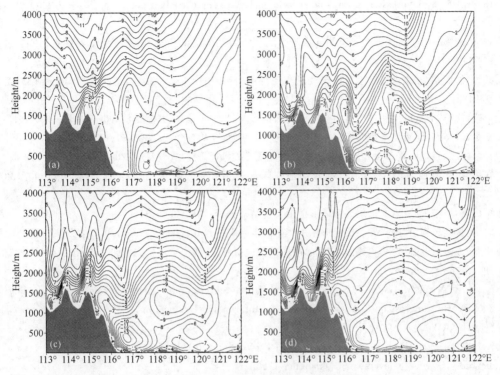

图 9   同图 4,但为敏感性试验 2 的模拟结果

Fig. 9   Same as Fig. 4,except for the simulation of sensitivity experiment two

(1)这支低层东南风气流是一支冷湿的、伴有较强风速辐合的边界层气流,主要是在天气尺度系统作用下生成的。

(2)东南风气流形成过程中,地表感热加热作用对其强度有加强作用。

(3)大暴雨开始后的潜热加热作用对这支东南风气流有正反馈作用,使气流的强度大大增强,因此,在降水开始后气流强度也增强,降水最强时低空急流的强度达最强。

(4)暴雨开始后,由于夜间地表降温造成山风效应,导致在北京西部山脚下出现偏北风。

参考文献

[1] 陶诗言. 中国之暴雨. 北京:气象出版社,1980.

[2] Smith R B. The influence of mountains on the atmosphere. *Advances in Geophysics*, 1979,**21**:87-230.

[3] Houze R A Jr. Cloud Dynamics. Academic Press,1993.

[4] Lin Y L. Orographic effects on airflow and mesoscale weather systems over Taiwan. *TAO*,1993,**4**: 381-420.

[5] Neiman P J,Ralph F M,White A B,*et al*. The statistical relationship between upslope flow and rainfall in California's coastal mountains:Observations during CALJET. *Mon. Wea. Rev.*, 2002,**130**:1468-1492.

[6] 孙继松. 气流的垂直分布对地形雨落区的影响. 高原气象,2005,**24**(1):62~69.

[7] 孙淑清,Dellosso L. 青藏高原对东亚大尺度低空急流的动力影响. 中国科学:B辑,1984,(6):564-574.

[8] 周军. 大气的边界效应与落基山东侧的低空急流的形成. 南京气象学院学报,1984,**7**(1):19-20.

[9] 奥银焕,吕世华,陈玉春. 河西地区不同下垫面边界层特征分析. 高原气象,2004,**23**(1):91-95.

[10] Rosenfeld D. Suppression of rain and snow by urban and industrial air pollution. *Science*,2000,**287**(10): 1793-1796.

[11] 张强,胡隐樵,赵鸣. 绿洲与荒漠相互影响下大气边界层特征的模拟. 南京气象学院学报,1998,**21**(1): 104-113.

[12] 孙力,许丽章. 北京地区夏季对流天气发生条件的研究. 中山大学学报(自然科学版),1996,**35**(增刊): 189-193.

[13] 彭珍,胡非. 北京城市化进程对边界层风场结构影响的研究. 地球物理学报,2006,**49**(6):1608-1615.

[14] 李炬,舒文军. 北京夏季夜间低空急流特征观测分析. 地球物理学报,2008,**51**(2):360-368.

[15] 孙继松. 北京地区夏季边界层急流的基本特征及形成机理研究. 大气科学,2005,**29**(3):445-452.

[16] 郑祚芳,张秀丽. 边界层急流与北京局地强降水关系的数值研究. 南京气象学院学报,2007,**30**(4): 457-462.

[17] 矫梅燕,毕宝贵. 夏季北京地区强地形雨中尺度结构分析. 气象,2005,**31**(6):9-14.

[18] 郭金兰,刘凤辉,杜辉,等. 一次地形作用产生的强降水过程分析. 气象,2004,**30**(7):12-17.

[19] 盛春岩. 两类(低涡切变和地形)华北暴雨的数值模拟研究[博士学位论文]. 北京:中国科学院研究生院, 2007.146.

[20] Sheng C Y,Xue M,Gao S T. Numerical simulation of an orographic torrential rain event in Beijing. The 2009 World Congress on Computer Science and Information Engineering (CSIE2009),Los Angeles/Anaheim,USA,2009.

[21] Xue M,Droegemeier K K,Wong V,*et al*. ARPS Version 4.0 User's Guide. Center for Analysis and Prediction of Storms, University of Oklahoma,1995.

[22] Xue M,Droegemeier K K,Wong V. The advanced regional prediction system (ARPS)—A multi-scale nonhydrostatic atmospheric simulation and prediction model. Part I:Model dynamics and verification. *Meteor. Atmos. Phys.*, 2000,**75**:161-193.

[23] Xue M,Droegemeier K K,Wong V,*et al*. The advanced regional prediction system (ARPS)—A multi-scale nonhydrostatic atmospheric simulation and prediction model. Part II: Model physics and applications. *Meteor. Atmos. Phys.*, 2001,**76**:143-165.

[24] Xue M,Wang D H,Gao J D,*et al*. The advanced regional prediction system (ARPS),storm-scale numerical weather prediction and data assimilation. *Meteor. Atmos. Phys.*, 2003,**82**:139-170.

[25] Lin Y L,Farley R D,Orville H D. Bulk parameterization of the snow field in a cloud model. *J Climate Appl Meteor.* 1983,**22**:1065-1092.

第二部分

纪念文章、诗歌

天气学原理和方法
东亚季风

观天地 知风云 乾坤气象毓灵根
为师友 治学校 桃李著述垂硕果

低空急流和暴雨

$$\frac{\partial}{\partial t}(\frac{1}{2}\zeta'^2) = -\nabla \cdot (\frac{1}{2}\bar{V}\zeta'^2) - \frac{\partial}{\partial p}(\frac{1}{2}\omega\zeta'^2) - v\beta\zeta' + \cdots$$

师生之缘
——忆朱乾根老师

矫梅燕

朱乾根老师离开我们已经 10 年了，每每忆及朱老师，我都会在内心涌动一份感慨：与朱老师的师生之缘是一份一生受益的难忘情缘。

我对大气科学和天气预报工作的认识，是大学时期从朱老师的《天气学原理与方法》开始的。那时，朱老师就已经是一位学术造诣颇高、影响深远而令学生有几分敬畏的教授了。我与朱老师的近距离接触是在我即将从南京气象学院毕业的前夕。那时的本科毕业生要求做毕业论文，我有幸被安排跟朱老师做论文，能由身为气象系主任、又是天气学专业权威的朱老师指导我做毕业论文，内心感到十分的荣幸。然而，更值得高兴的是由此开始了我与朱老师的师生之缘。还记得朱老师当时为我选择的论文题目是"中国夏季雨带的季节移动特征分析"。作为一名本科学生，做科研工作还仅仅是一种尝试，但就是通过这项较易上手且与气象业务紧密关联的毕业论文实习，让我对我国夏季雨带在主汛期中由南到北逐步北抬的活动特点以及我国夏季降雨的气候特征有所认识，成为我毕业后在省气象台做预报员及后来负责防汛抗灾气象服务工作重要的基础性专业知识。我也由此慢慢地体会到朱老师在学生教育培养方面细微之处的真功夫，因人因用施教，对我非常有针对性和实用性。

20 世纪 80 年代初期，研究生教育还刚刚开始，招生数量极其有限，我毕业后未能如愿考取硕士研究生，很有些遗憾。为此，毕业离校前，朱老师专门找我聊了一次，鼓励我要坚持学习，并表示他很高兴我能报考他的研究生。参加工作后，尽管边工作边学习十分困难，但有了朱老师的鼓励和期待，我克服了很多难言的困难，坚持工作之余学习备考，终于在毕业三年后如愿考取了朱老师的硕士研究生，有机会再续与朱老师的师生之缘。我回到南京气象学院读硕士研究生时，朱老师已经担任学院的院长，每一次与朱老师的交流，我都能感受到他身兼院长与教授这样双重角色的忙碌和辛苦。尽管是在这样辛苦忙碌之中，他对学生却始终保持着一份尽心施教的责任心和耐心细致、循循善诱的亲和态度。那种学者的修养、风度和气质给了我深刻的影响，也成为我日后注重自身品格修养并不断完善的榜样，这是朱老师给我的宝贵"身教"。

回忆跟朱老师读研的经历，最令我感动的是朱老师对我生活上的关心。我是工作了三年后才回母校读研的，读书时已经结婚，临毕业前怀孕了，朱老师知道后，一方面在忙碌的工作日程中，分出专门的时间指导我加快论文的分析和撰写工作，以便让我尽快答辩，提前毕业离校；一方面他又嘱咐师母李敏娴老师关心我的生活，每到周末，李老师都会打来电话要我到她家里去吃饭，为我改善伙食。在朱老师的悉心指导和安排下，我是我们那一届研究生中第一个完成论文答辩、提前毕业离校的学生。现在回想起来，作为女性为人之母这样的大事，我是在研究生毕业到分配参加工作的空隙中完成的，多亏有朱老师的理解和帮助。

　　离开学校,尽管不会那么经常地与朱老师联系,但在我人生经历的不同时期,来自老师的关心、问候和指导,犹如涓涓细流,让我感动和温暖,成为我工作上不断进取的激励和鞭策。我研究生毕业到安徽省气象局工作不久,组织上就选送我到芜湖市气象局挂职锻炼。朱老师知道后,专门委托他的学生转告我,要珍惜这样的基层锻炼机会,肯于吃苦,勤于实践,必将会在今后的工作中受益。我在安徽省气象局工作期间,朱老师到安徽出差去看望我,特意提出要看看我的女儿,并给我的女儿讲了我在学校读研究生期间为了早日完成学业,刻苦学习做论文的故事,以鼓励我的女儿好好读书。2001年初,我调到国家气象中心工作,担任中央气象台的台长。因为工作需要,在有重大的灾害天气出现时,需要接受中央电视台的新闻采访。那时候,天气预报成为新闻话题及气象专家上电视屏幕还是一件挺新鲜的事。朱老师看到我出现在电视媒体上非常高兴,专门从南京打来电话,对我作为一名预报专家的角色给予评价、鼓励并提出指导意见。记得有一年去南京出差,我去看望朱老师,他见到我时的那份高兴之情,眼睛里闪烁着愉快的泪花,让我感动和难忘。

　　如今,已在天国的恩师一定以他特有的慈祥和温和在继续地注视着他的这些学生,鞭策我们要一如既往地以积极的态度、不懈的勤奋,认真地对待工作、对待生活。我们会让老师放心的。

回忆我的好友
——朱乾根教授

陈隆勋

1951 年 8 月的最后一天,我到浙江大学地理系报到入学,开始我的大学生涯。也是这一天,当我到分配的宿舍时,逢到了我一生中引以为傲的好友朱乾根教授,也结识了另一位好友王得民。他们比我早几个小时到学校,学校把我们三个分配在一个房间。第二年,院系调整后我们到南京大学气象系时,也仍同住在一个房间,并且仍是一张上下铺床。在浙大时我住在下铺,到南大我住在上铺,我们一起朝夕相处四年。我比朱乾根年长一岁,比王得民年长二岁(分别是 18,17,16 岁),但最后王得民却先走了,朱乾根后来也走了,只剩下了我。我经常回忆起我们当年在一起的时光,十分怀念当年纯洁的日子。

一、在浙大和南大学习的日子

刚进浙大,我和朱乾根立即面临专业选择,有些专业情绪。原来,进地理系都不是我们的第一志愿,进系后又需再分配专业。当时地理系分地理、地质和气象三个专业。在 30 多位同学中,报名学气象学的只有 5 人,这还得力于么枕生和石延汉二位教授的宣传,我和朱乾根更看上学气象专业可以选一门普通物理或微积分。后来才知道,这对我们进南大气象系有重要意义。我选了微积分,另外 4 人选了普通物理。第一学期二门课时间不同,可以暗下旁听另一门课。因为地理系第一学期的课程是一致的,学气象的多一门课,再旁听则多了二门课,这须要有十分大的毅力,朱乾根做到了这一点,令我十分钦佩,他时常对我说起他父亲对他学习上的要求,对我也十分鼓舞。

1951 学年,全国所有大学都掀起了"思想改造"和学苏联模式,进行院系调整。思想改造的重点是批判崇美恐美思想。开始由老师们学习,最后扩展到学生,有一些同学倒出了不少"思想",但朱乾根比较实事求是,这可能与他老家苏北原来是新四军根据地有关。也正是朱乾根的实事求是使我感到朱乾根是一个可以深交的朋友,为我们埋下了一生的友谊。

学习苏联院系调整后,浙江大学地理系被分为三部分:学地理专业的调到华东师范大学,学地质和气象的调到南京大学地质系和气象系,留下一部分老师后来进入杭州大学。我们 5 人分到南大后立刻面临学习上的困难,主要是在浙大一年级时只学过一门物理或一门数学。按规定,朱乾根他们需要跟下一年级同学一起补数学课,不能学理论力学;我则因为没有学过普通物理,要补学普通物理而不能学理论力学和流体力学,也不能学无线电原理。后来经过系主任和任课老师同意,数学物理必须补上,其他课可以跟班上。这样我们 5 人要比班上其他同学多上一门课。尽管如此,我们都顺利克服了困难,朱乾根做得很好,考试成绩优秀。又因善于做同学的思想工作,得到系里表扬,在二年级下学期被选为团支部委员。

度过了困难的二年级,进入三年级后感到轻松,我们3人就开始享受一些经济上能承受的文娱活动。我们最感兴趣的是南京夫子庙旁的昆曲剧院。我和王得民尽可能节约我们每月2元钱的生活补贴,每月要去看一次昆曲,甚至昆曲中的名剧,如《牡丹亭》《长生殿》,我们看了两次。有时朱乾根主动请客,可以说文娱方面我们是一个小集团。由于朱乾根是团支部宣教委员,还负有组织班上文娱活动的任务,带头学会了跳交谊舞。总的说来,我们几个人一起活动多于集体活动。

二、工作和学术上的相互帮助

1955年夏季是我们班毕业的日子,但突然来了"扫清反革命运动"。班上非找出几个"反革命"不可,导致了毕业分配也被迫延期一个月余。我是第一批离开学校,分配到中国科学院,随后又被派去中国气象局联合预报中心实习。实习没有几天,朱乾根也被分配来到中央气象台,他在短期科当预报员,我则在"联合预报中心"中期科实习。我们二人又同在一处工作直到"联合预报中心"解散。其间我们也多次交流工作和生活体会,我发现他的体会多于我的不少。四个月后,"联合预报中心"解散,我回到中国科学院,在陶诗言先生指导下和邬宏勋一起做东亚季风大气环流论文。我们对当时国外提出的青藏高原南侧和北侧二支急流是高原分支形成的说法有不同看法,猜测高空本来就有二支急流,但我们的资料只到50°E左右。于是我在1956年春找到当时已是相当权威的预报员朱乾根,请他帮忙看看全球图。他十分热心,为我去查阅了不少冬季全球高空图,他告诉我他的一个结果是二支高空急流一直可以延伸到欧洲沿岸,同意我的想法。这样,我才大胆写出我的第一篇论文。第二篇有关夏季东亚大气环流的论文也是请他提意见我才放心。所以,他对我的帮助很大。自然,我们相互讨论,对他也有许多帮助,在生活上,也相互提出意见并相互帮助。

组建南京气象学院后,朱乾根一家调到南京,相互直接交往被迫停了一段时期。直到1972年,国内开展热带气象研究,我们才又在学术上相互帮助了。1980年,国内由云南省气象局樊平先生牵头,陶诗言先生学术指导,开始进行有组织的东亚季风研究。我作为技术组组长,自然第一个想到的是请朱乾根教授组织南京气象学院中有兴趣的学者参加。他十分高兴地答应了,并且之后他接连在这方面做了许多研究工作。在1985年,他接连发表了近20篇学术论文(其中12篇在国内学术杂志上用中文发表,7篇在国外学术杂志用英文发表)。其文章内容涉及东亚季风系统建立、振荡、动能平衡和能量交换,季风断裂过程、暴雨水汽源地、副热带季风北进机制及亚澳季风相互作用。这是他学术生涯最高产时期。他带头编写的《天气学原理和方法》一书作为预报员参考书、大学教科书及说明中国天气的学术著作在中国气象界产生了很大影响,起到了很大作用。1986年起,朱乾根又参加中美政府间季风研究合作项目,并作为这个项目技术组成员,5次参加中美季风研究学术讨论会(2次在美国,3次在中国)。随后,又于1992—1997年参加中日政府间"亚洲季风机制"合作研究项目,作为中国技术组成员,多次赴日本参加学术讨论会。在20世纪80年代末期,我和朱乾根、罗会邦3人会商筹备写一本新的"东亚季风"书。我们分工合作,并请朱乾根组织原南京气象学院作新的副热带季风研究,因为我们提出存在一个与印度季风相互独立又相互影响的"东亚季风系统"体系后,研究南半球澳大利亚季风与东亚热带地区南海和西北太平洋热带季风的学术工作很多,但如何用东亚季风系统这个观点来研究影响我国最大的副热带季风研究却很少。朱乾根组织的力量出色地做了大量工作。作为总结,他和何金海在《东亚季风》一书中写了专门的一章"东亚副热带夏季风",提出了东亚存在二条季风雨带——副热带季风雨带和热带季风雨带,它们和副热带高压北侧的副热带季风辐合带和南侧的热带季风辐合带相连,这两个辐合带是相互作用的,提出了一个夏季风中期振荡的自我调节机制。这个学术成果一直影响至今。在目前又掀起另一次副热带季风研究潮流,南京信息工程大学以何金海教授为首的学术力量正在以当年朱乾根领导的学术团队的研究成果的基础上大踏步前进,取得了新的成果,这与朱乾根在前期副热带季风研究成果是一脉相承的。1995 年,东亚季风研究学术成果得到国家承认,授予国家自然科学二等奖。

朱乾根教授不幸因病逝世,是气象界的重大损失,也是我的不幸,失去一位近 60 年深交的良友,十分痛心,特写此文作一个纪念。

思念无尽

李敏娴

　　乾根离开我们已经 10 年,在这 3600 多个日子里,我时时刻刻想念他的音容笑貌,他对窗伏案的身影仍在眼前,似乎伸手可及,仿佛和他生活在一起的日子并没有消失。他一生忙碌而丰富多彩,他坦坦荡荡做人,光明磊落做事。

　　1955 年,年仅 21 岁的乾根大学毕业后分配到中央气象台短期预报科工作。因工作认真负责,业务精良,两年后就担任领班预报员,负责全国短期天气预报。1960 年中央气象局建立南京气象学院,并从中央气象局调动一批业务骨干参加建校办学,乾根便是其中之一。从此,乾根的一生就与南京气象学院紧紧相连,他和老一辈的气象学院人一起参与和见证学院的诞生、成长、发展和辉煌。他也从一名普通教师直至后来成为教授、博士生导师,担任学院领导。他在各个岗位上都能全身心地投入,尽心尽力地工作,成果丰硕。

　　乾根是一名优秀的教师。40 余年来,他辛勤耕耘在教育第一线,教书育人、桃李满天下。南京气象学院建院伊始在南京大学开展教学活动,乾根刚到南京时就负责南京大学气象系学生的天气实习,又为南京农学院学生讲授气象学。1963 年为南京气象学院第一届气候 60 专业学生讲授天气学,他讲授复杂的天气知识时侧重物理意义,深入浅出,易于学生接受,是当时公认的教学效果最好的年轻教师之一。在为 62 级天动专业上过天气学后,乾根在两次教学经验的基础上于 1965 年写出了学院第一本天气学教材。"文革"期间到农场劳动,曾中断了教学多年。1971 年学院开办了天气预报短训班,他才被从农场调回,重新参加教学工作。在这些教学的基础上,以他为主编写了《天气分析和预报》这一教材,"文革"之后以此为基础出版了《天气学原理和方法》一书。这本书理论与实践结合紧密,物理概念清晰,循序渐进自成完整体系,出版后就受到国内广大读者的欢迎和好评。国内许多气象院校把它作为教材、教学参考书和研究生入学考试的主要参考书。广大气象台站把它列为预报员的进修和职称考试的必读书目。新加坡气象预报员认为这本书非常适合他们自学,并建议在世界出版社用英文出版,台湾中央大学也把它列为主要参考书。从 1981 年到 2007 年先后 5 次修订,发行 5 万余册。对于气象类书籍,如此出版量是少见的。这本教材 1997 年被评为国家级优秀教学成果一等奖。在表彰会上受到江泽民主席的接见。南京气象学院天气学教学也闻名于全国气象界。乾根于1977 年开始招收硕士生,指导过 28 名硕士生和 7 名博士生,还指导过英国爱丁堡大学来院交流的博士生 1 名。先后开设过 10 余门本科生、硕博士研究生课程。

　　乾根不仅教学成果突出,而且热爱科学研究。他在大学毕业后的第二年,1957 年发表了他的第一篇学术论文"北京的雾"。1972 年,应邀在安徽省气象局主持暴雨中尺度系统研究,研究中首次发现并提出了中国的低空急流。1975 年正式发表"低空急流与暴雨"一文,并因此获得 1978 年的全国科学大会奖,有人认为这是他第一篇成名之作。在此后的 7~10 年中他着重研究中国暴雨,成为该领域的专家之一。1983 年前后,应他的老同学陈隆勋研究员之邀,参加了国家有关东亚季风的研究,他的研究重点也转入了这一新领域。1985 年,在美国旧金山召开的第二次中美季风学术会议上,他和何金海教授等首次提出东亚季风可以划分为南海西太热带季风和中国东部大陆—日本的副热带季风的观点,受到与会者的重视,此后这一观点被广大气象工作者接受。他还是我国开展东亚冬季风研究的最早的专家之一。他学术思想活跃,不满足于常规,总是不断创新,因而常能开拓一些新的研究领域和方向。他对科研工作具有真心的兴趣,只要有空必是伏案钻研,乐此不疲。记得 2001 年到美国大儿子家探亲时,还不忘推演公式,写出了"正斜压涡度拟能相互转化所激发的乌拉尔山阻塞过程研究"一文。他发表的学术论文有 160 多篇,合著学术专著两部:《东亚季风》和《华南前汛期暴雨》。

在他工作的 48 年中(1955—2004),他满腔热情地投入教学、科研和学校的发展建设中,孜孜不倦地为中国的气象事业尽自己的一份心力。1992 年以朱乾根为首的南京气象学院天气动力学专业教学科研团队获批"江苏省优秀学科梯队"称号。1992 年 12 月,他获批国务院学位委员会第五批博士生导师资格,成为南京气象学院第一位博士生导师。同时,南京气象学院天气动力学专业和中国气象科学研究院联合申报成功博士学位点,为学院的发展奠定了重要基础。他对学校的发展寄予了深切的期望,在他离世前几个月还写诗赞美、期望学校的发展,现在的南京信息工程大学已实现了他的愿望并正在飞速地发展。

乾根是江苏姜堰溱潼镇人。他热爱那里的父老乡亲,每次回溱潼他都登门拜望家族和相识的长辈,与他们有谈不完的话题,如鱼得水地融入那个秀美的水乡,回来后每每乡音加重。他是溱潼的骄子,关心家乡的建设和发展,为他们出谋划策,在溱潼溱东大桥旁的建桥纪念碑上刻有捐资者,前排即有他的名字。在病重时,他还和侄儿一起咏诵他写的一首溱潼颂。

乾根孝敬父母、关爱家庭。1955 年大学一毕业他就在经济上帮助父母、资助弟弟们上学。1960 年他从北京调动工作到南京,当时暂住在南京毗卢寺,条件艰苦。可他随后就把身体不好的母亲接到南京治病,为她租住了房子、精心照顾,安慰忧郁的母亲。文革后又把母亲接到南气院的家中,尽力关心安慰她,让母亲欢心。在乾根病重时凡有家乡人来看望,他都嘱咐不要将生病之事告诉母亲。在他去世 3 年后,他母亲以 97 岁高龄去世。老人去世前我们多次探望她,她一直在问乾根到哪里去了,有时她似乎知道乾根先她而去了,因为乾根在世时每年都会回乡看望父母,春节期间都回去陪伴父母。他对岳父母和长辈很关心,帮助家中子侄成长。他 90 多岁的老岳母对他的离去伤心不已,为没能亲自送乾根而一直遗憾不已。

乾根性格是与人为善,平等待人,极富爱心和同情心。有一个鲜为人知的故事:早在"文革"期间,每当发表毛主席新的语录时,师生都要到市里游行庆祝。乾根也和另一位同事随大家到浦口,准备坐轮渡过江(当时南京长江大桥还未通车)。但造反派因家庭成分原因,不允许他俩上船。那位同志郁闷地在江边徘徊,乾根不顾自己当时的处境和心情,一直暗中跟着他,怕他一时会想不开。直到现在那位同志也不知道这段故事呢。他就是这种帮助别人而又不让对方知道的人。他对教师、学生、工人都是平等对待。学校有事专车来接他时,车子早到了,他总是请司机师傅到家里坐坐,关心询问。他对学生认真负责、平易近人。研究生的每一篇论文他都耐心细致地与他们探讨,提出修改意见,与学生关系很好,真正是他们的良师益友。在他离世多年后,他的墓前还有学生、同事、亲友祭扫的鲜花。

由于他性格平和,具有科学的、实事求是的精神,既能完满地完成上级交给的任务,又能为群众排忧解难,在各级领导岗位上都受到大家的好评。记得他在领导岗位上时,常有老师或者学生直接上家门反映问题,他总是耐心接待,有时甚至谈到深夜而不嫌烦。记得有一位来自经济不发达地区的少数民族学生，入学体检某一指标不太好，关系到她能否继续上学。他收到学生要求再做一次体检的要求后作出指示，应该给她一次机会，他觉得学生从大山里出来上学十分不易。最后，这位同学顺利通过体检，之后圆满完成学业并考上了研究生。她母亲还曾带着家乡土产上门感谢，我们因此还把她们拒之门外，现在想来，为没让她进门还有些不过意。

如今我们家安在黑龙江路上，每晚，我从阳台北望就能看到灯火辉煌的长江大桥和桥头堡上的三面红旗，这是通往学校的路。让我不由得回忆起 1963 年春天，乾根把我带到大江北岸龙王山脚下的南京气象学院，在那里我们生活了近 30 年，我们的两个儿子也出生、成长在那里。他总在看书、看报、思考，而不善于家务，家中东西放在那里也不清楚。记得孩子们尚小时的一个夏天，让他给孩子冲蜂蜜水，他却在碗中放入荤油，弄得家人啼笑皆非。他生性随和，在生活上要求甚少，问他想吃什么，总说随便，我倒反而有失望之感。但是，他在家中却是全家精神上的依靠，是随和而负责的丈夫和父亲。记得当年我上大气探测课时，有些理论上不懂之处就会请教他，他总是从物理意义上深入浅出地讲解，是我的良师益友。他还是孩子们慈祥和蔼的父亲，他渊博的知识和刻苦好学的精神潜移默化地影响着他们成长。20 世纪 70 年代，家用电风扇还少有，夏季晚上，大家常拿着席子到操场上乘凉，大人孩子坐在一起享受天伦之乐。在这轻松的氛围中，乾根给孩子们讲各类故事。更多的时候他仰望星空教他们认识勺子型的北斗七星、银河两端的牛郎织女星。在这样的气氛下孩子们增加了很多知识，产生了对自然科学的神往和兴趣。在他们成长的关键时刻，他们总能得到父亲的肯定和精心规划，使得他们日后也走进大气科学的殿堂。

深切怀念我的良师益友

——朱乾根先生

何金海

　　朱乾根先生是原南京气象学院院长、党委书记、著名气象学家和博士生导师。我有幸跟随先生多年,读书、治学、生活均受到先生的垂教、点拨与关心。于我来说,朱先生是位孜孜不倦、循循善诱的老师,是位兢兢业业、恪尽职守的领导,也是位卓越出众、勇于创新的科研合作者。朱先生辞世已有 10 年,然而斯人风范在我的心中却犹存如初。论辈分和学识,朱先生是我的老师;论关系,朱先生是我的领导;论情义,朱先生是我的知心朋友。一语言之,朱乾根先生是我的良师亦是我的益友。

　　朱先生一生勤奋,治学严谨、学识广博,不论在科研上还是在教学上都堪称后学学习的楷模,取得了诸多具有开创性的成果。在气象科研领域,朱先生建树独到,硕果累累。他在低空急流与暴雨(曾参加国家"华南暴雨实验")、东亚夏季风等方面的研究均做出了突出贡献;对冬季风的研究也走在时代的前沿。在教学上,他首次提出将"天气学"和"动力气象学"相结合的教学理念,堪称"实践教学"的开拓者之一。尤其值得一提的是,由朱先生主持编写的《天气学原理和方法》一书荣获国家教学成果一等奖。该书不仅树立了学校教学领域上的一座里程碑,一时"洛阳纸贵",而且至今在全国气象科研工作者和各级台站预报员之中仍旧广为参阅、有口皆碑。

　　朱先生从 1983 年起开始担任南京气象学院副院长,随后任院长、党委书记。在主管和主持学院工作期间,他高瞻远瞩、治校有方,建树颇多。在和同仁的共同领导下,学院教育体制实现了从"单一教学型"到"教学科研复合型"的历史性转变。他以敏锐的学术触觉、突出的科研能力、强大的号召力和凝聚力,极大地调动了教师的科研积极性,营造了团结一致、公正平等、锐意创新的科研氛围。为了改善科研条件,朱先生苦心创建了学校的科研平台和气象研究所,他鞠躬尽瘁,殚精竭虑,办了很多大事、实事、好事,至今仍旧在泽被后学。同时,作为一名知名学者,朱先生也身体力行,率先投入到科研中去。由他牵头组建的"季风团队",经过多年和同仁们的共同努力,已成为国内季风研究的主要力量之一,在国际上也享有一定声誉。朱先生繁重的行政、科研和教学工作,并未减少对学生培养工作的关心。他尽心尽责,眼光长远,真抓实干,带领大家在 1993 年成功申请到学校第一个博士生招生点,实现了学校博士培养的"零的突破",他本人也成为学校首位国务院批准的博士生导师。如今先生的学生已遍布世界各地,可谓"山河舒锦绣,桃李竞芳菲。"

　　朱先生既是引领我走向教学、研究殿堂的良师,也是一位和善宽厚的长者,用良师益友来形容先生,是再贴切不过的。自 1975 年调回学院工作以来及 1984 年赴美学术访问后回国的二十多年间,在学术上我一直都得到先生的指点,且与先生进行着亲密的合作。时相过从,相知甚深,受益匪浅。1984 年回国后,我有幸跟随先生参加中美季风合作研究。随后朱先生和我与王盘兴一起合作提出了"东亚副热带季风系统"的概念,这一概念受到了国内外气象学界的重视,成为荣获"国家自然科学奖二等奖"的重要成果之一。在这一观点形成和相关论文的写作过程中,朱先生的学术视野和凝练观点的创新睿智堪称大家,使我受益良多。

先生的学问让人敬佩,精深博大,严缜细密;先生的为人让人敬重,与人为善,平易近人。可谓"高山仰止,景行行止"。作为我们"季风团队"的带头人,先生虽学识渊博且身居高职,却从不居功自傲,以权威自居,反而一直谦逊平和,虚怀若谷。特别是在评优评先上,朱先生总是宽宏大度,克己让人,提携后辈。当年在评比让人羡慕的"突出贡献中青年专家"时,他毅然推荐了在第一线工作的专家;在评比"优秀学科带头人"时,他欣然谦让给年轻的同志。在学术研究上,朱先生一直鼓励大家平等讨论,互相帮助,共同进步,建设团队,以创新突破为目标,合力攻关重大难题。我回国后第一篇发表在《南京气象学院学报》上的关于水汽通量的文章,也得到了朱先生的倾心指导和润色点睛。在多年的合作中,我们从来不会因论文的署名先后而斤斤计较,从来都是相互谦让。朱先生总是倾心栽培我,每忆及此,不胜感慨,追念之情,不能自已。

朱先生身居领导岗位十余年,在我的记忆中他一直以一个平凡的研究工作者与学术同仁共事。在学术讨论中绝无领导的架子,在归纳和综合学术成果时十分尊重同行和合作者。在担任领导工作期间,由于行政事务繁忙,他常为不能静下心来写文章而苦恼,在他临近从领导岗位退下来时,他曾满怀希望地安排自己的研究工作。他始终保持着极大的科研激情,甚至在退休之后也仍旧不遗余力地继续专注于季风和灾害天气课题上未完成的研究。

然而,天未遂人愿,天不假年,先生不幸于2004年8月4日与世长辞,享年71岁。好在薪火相传,春风化雨,先生未竟的事业后继有人。古诗有云,"新竹高于旧竹枝,全凭老干为扶持。明年再有新生者,十丈龙孙绕凤池"。先生为学校气象学科的发展壮大呕心沥血,数十年如一日,为之打下了坚实的基业,他的精神遗产对学校影响深远。沿着先生开拓的道路,我们将会越走越远,续写无愧于时代的新篇章,创造无愧于先生在天之灵的新辉煌!

难忘良师益友

——朱乾根老师

蒋伯仁

2004 年 8 月初,我和几个同学正准备启程去南京看望朱乾根老师,不料 4 日却传来朱老师不幸辞世的噩耗。远在济南的我们无法相信这个残酷的事实,悲痛之余不仅为气象事业痛失英才而惋惜,也为我们从此少了一位至真至诚的良师益友而感到无比痛惜。

几年来,朱乾根老师的音容笑貌常在我们脑海中浮现,师恩难忘,四十余年情真意切的师生情谊历历在目,老师仿佛还在人间。

1962 年我们进入当时名为南京大学气象学院的气象系学习。经过一年多的基础课学习,1964 年开设了专业课——天气学。这是同学们早已期待的课程,因为听高年级的同学介绍,天气学很重要,将来工作中都要用到,一定要学好。所以都想早点学习专业课,更盼望有一个好老师。上课了,走上讲台的是一位文弱书生模样的年轻教师——朱乾根老师。起初,同学们多少有些怀疑,这么年轻能胜任如此重要的专业课教学吗? 大家如饥似渴、聚精会神地听着他轻声细语、有条不紊地讲解原理、推导公式,理论联系实际的典型个例分析。天气学知识的大门逐渐被打开,悬疑的心也释然了。同学们不得不佩服他的教学能力和学识水平,都喜欢上天气学课。在天气学实习课翻阅历史天气图时,同学们发现了不少朱老师分析的天气图,才对朱老师有了逐步的了解。原来他早年就读于浙江大学地理系,20 世纪 50 年代院系调整,又到南京大学气象专业学习,毕业后到中央气象台担任预报员。因此他既有坚实的理论基础,又有丰富的天气预报实践经验,从而在天气学的教学中,理论与实际结合地游刃有余。加上他谦逊的品格和循循善诱的教学方法,把热爱气象专业的我们引入一片新天地,为以后走上工作岗位奠定了扎实的天气学理论基础。

就在我们奋发学习之际,史无前例的"文化大革命"开始了。在"怀疑一切"的思潮影响下,"走资派"院领导被批斗靠边,学院停课,老师们也无所适从。朱老师本想与学生们一起边学习边参加"文化大革命"的活动,还主动搬到班里男生宿舍住。可是,像许多无辜的老师一样,他也不可幸免地受到冲击,他的良苦用心被误解,一些不明真相的同学写了他的大字报,无可奈何的他只好黯然作罢。

1968 年在"四个面向"的感召下,我们被分配到数千里之外的广西西北部山区工作,与老师天各一方。"文革"结束后,科技工作者焕发了青春,高考制度恢复,随之研究生招生也恢复了。当我为筹建公社气象哨,正在山区乡镇奔波时,在无意中得知朱老师招收研究生的消息,兴奋异常,多么希望能有机会再次成为朱老师的学生,继续充实自己的理论知识,提高学业水平。回到单位后我即刻与朱老师联系,他立即来信鼓励我抓紧时间复习,准备一试。但终因时间有限仓促上阵而落第。朱老师来信鼓励我不要灰心,早作准备,第二年再试,并指导我如何复习。但次年因工作繁忙等原因最终遗憾地放弃了,错失了这次机会,辜负了老师的期望。朱老师得知后也不无遗憾,感到惋惜,但仍鼓励我不要气馁,以后还有机会,并嘱咐我们在做好业务工作的同时要不断思考、总结,应开阔思路,多开展科研活动,有什么问题可以随时来信,他会尽力帮助。遵照老师的教诲,我们在日常业务工作中,认真总结研究重要天气过程,努力学习新技术、新方法,积极撰写论文、申报科研项目,积极参加科学研究,不断提高业务科研水平。与老师书信往来也不断,经常向老师汇报业务工作和科研课题进展情况,请教遇到的疑难问题,他在百忙中都是亲笔回信。至今还记得,根据预报工作实践,1980 年我们撰写了《红外卫星云图用于前汛期大雨暴雨天气预报的初步总结》一文,请他给予指导。朱老师收到后,对全文进行了仔细的审阅并提出了多条重要的修改意见。经认真修改后,以题为《华南前汛期暴雨的红外卫星云图特征》发表在《南京气象学院学报》1980 年第一期上。这是我们首次在高级刊物上发表论文,极大地鼓舞了我们钻研业务的积极性以及在科研工作中向高水平冲刺的信心。后来我们多篇发表在中高级学术期刊上的研究论文都曾得到过他的悉心指导。他记挂着远在边疆工作的我们,真诚地关注着我们的每一步成长,询问各方面有什么困难,并为我们取得的点滴成绩及进步而由衷的高兴。1984 年,由于工作需要,我被推上业务管理岗位。朱老师告诫我,不管在什么岗位,千万不能丢掉业务和科研。当工作中遇到挫折时,我随时向他倾诉,他总是不厌其烦地帮助我分析缘由,鼓励我尽快走出逆境。

尽管“文革”中受到不公正待遇,学校也长期处于无政府状态,但勤奋好学的他并没有消极。由于他一贯治学严谨,富有求实创新精神,积累了丰富的教学经验,“文革”一结束就在教学和科研中展示出非凡的才能。他与其他老师一道,对天气学教材精心总结、修改,并于“文革”后不久正式出版了凝聚他们多年教学经验的《天气学原理和方法》一书。由于较高的理论性和实用性,此书一出,不仅立即成为当时高等院校的重要天气学教材,同时也受到广大基层气象工作者欢迎。因为在当时业务学习风气浓厚,但专业书籍奇缺,特别是基层气象台站实在找不到一本系统的、全面的教科书供日常业务学习参考。朱老师在第一时间将此书寄赠我们,并亲笔题写赠言。我们如获至宝,工作中经常翻阅,同事也争相借阅,直至后来单位购到了几本才满足需要。该书曾获国家级高等院校优秀教学成果一等奖,为满足需求,曾多次印刷。朱老师与他的同行并未满足于此,他们与时俱进,紧随气象科技的发展,不断更新补充该书的内容和结构,又修订出版,直至今日该书在教学、科研和业务工作中仍发挥着重要作用。他把毕生精力奉献给气象科学教育事业,早已桃李满园,遍布海内外。不少学生已成为业务、科研技术骨干,学科带头人,或走上各级领导岗位,他们没有辜负学校及老师的培养及期望,在气象科技事业的发展进程中贡献着各自聪明才智。在气象科研中,他硕果累累,尤其对低空急流、东亚季风等方面的研究有突出贡献和独到的建树,其中何金海教授与他主持的“东亚季风研究”获国家自然科学二等奖。

随着全国科学大会奖、教育部奖、国家自然科学奖等荣誉接踵而至,朱老师从普通教师、硕士生导师到博士生导师的身份不断在变,行政职务也随着时代的需要从系主任、副院长、院长到书记在不断提升,不过我们始终称他老师,他很欣慰地说称老师最好,其他都是暂时的,只有老师是长久的。

虽然广西距母校路途遥远,但是一有可能,我们都要想方设法去看望朱老师,不错过当面向老师请教的机会,他和师母李敏娴老师也热情相邀到家中相聚。不论他是普通教师,还是后来当了院长、书记,虽工作繁忙,但每次见到我们,他和师母都高兴异常,千方百计抽空陪同,精心安排。有次我还带着儿子前往,他们格外高兴,忙里忙外张罗可口的饭菜,询问各方面情况,嘘寒问暖,关切之情溢于言表。不懂事的孩子好奇地在老师家中到处"参观",李老师慈爱地陪伴左右。多年过去了,每每说起当年的事情,早已长大成人的孩子至今还记得在老师家的情景,这种亦师亦友的真情实感总令我们难以忘怀。

让我终生难忘的是,由于常年在边远地区工作,家中父母年迈且体弱多病,期盼我能调回江苏工作,方便就近照顾。老父甚至给国家气象局的领导写信反映家中的困难,我们也有此愿望,希望能有机会调回家乡工作。得知这个情况后,朱老师与学院其他领导都十分关心,在力所能及的范围内作了安排。尽管最终我还是服从工作需要,至今也未能如愿,但老师们的关心和帮助让我永远铭记于心。难能可贵的是,在朱老师担任院领导后,对"文革"中曾经伤害过他的人,能够不计前嫌,胸怀坦荡,照样尽力予以帮助。

1994年底,中国气象局调我到山东省气象局工作,1995年举家迁往济南。从此,与母校及老师近了许多,同时因当时母校与气象局同属中国气象局管理,济南又位于交通大动脉上,南来北往十分便利,与时任南京气象学院党委书记的朱老师相逢的机会也多了许多。除了平常的电话联系外,在气象部门的一些重要会议期间与朱老师也常相聚,我们交流各方面情况,向他请教工作中遇到的疑难问题,并邀请他到山东具体指导业务和科研工作。

为了山东气象事业持续快速发展,迅速提高职工科技水平,更需要高水平的学科带头人。为此,我向老师及母校求助,提出了希望老师们多来讲学,多分配些高水平的研究生,为了开阔科研思路,培养学科带头人,希望大力支持《山东气象》期刊工作,请老师们多多投稿,这不仅可让山东的科技人员先睹为快,也可同时提高期刊质量等等一系列设想和要求。朱老师和学校老师们均给予大力支持,其中他先后将两篇研究论文《东亚季风区的季风类型》和《阻塞过程中正斜压涡度拟能相关转换机制的重要性》寄给《山东气象》首先发表(分别发表于2000年第4期和2002年第3期),供我们学习借鉴。

有幸的是,他曾于1995,1996年和2000年先后三次亲临山东,让我有机会回报老师多年的教导帮助,时至今日,追忆起来心中稍感宽慰。1995年10月,时任学院党委书记的朱老师到北京开会后,我邀请他到济南一停,他欣然应允。在济南,朱老师为全局科技人员作了题为"青藏高原和太平洋暖池对东亚夏季风降水的作用"的学术报告,还与南京气象学院的毕业生座谈,了解他们的工作、生活情况及对学校教学方面的建议,鼓励大家努力工作,多出成果,极大地促进了他们搞好业务和科研的积极性。次日,我们全家陪同他游览济南名胜——大明湖。他是第一次来这里,兴致很高,尤其是看到大片绿荫浓浓的垂柳,可高兴了。他说他最喜欢这种树,它们不仅容易成活,而且柳丝随风飘荡相当漂亮,他在湖边的垂柳下频频留影。泛舟湖上,登上湖心岛,看到历下亭两边何绍基所题写的对联——"海右此亭古,济南名士多。"他异常惊讶地说:"原来这副对联在这里。"问起缘由,他给我们讲起,以前虽然未来过济南,但少年时代读过《老残游记》一书,清楚记得其中所描写的济南风土人情及这幅名联,只是不知道它题写在哪里,今天无意之中得以见到怎么能不惊奇。我虽然在济南工作,但一是到济南的时间短,二来对济南的历史了解得并不多,《老残游记》也未看过,心中深感我这个"导游"实在不称职。朱老师的一席话,加深了我对济南深厚历史文化底蕴的了解。他环顾济南四周地形,不断与我们讨论济南的气候特征与地理环境的关系以及大明湖的一些小气候现象。只是时值深秋,已看不到满湖的荷花,感悟不到"四面荷花三面柳,一城山色半城湖"的意境,留下些许遗憾,我们衷心希望老师在合适的季节再来观赏这里有名的荷花。此后的1996年和2000年,朱老师还在师母的陪伴下两次到过山东,到基层台站调研指导,同时给了我不少有益的建议和帮助,留下了许多难忘的美好回忆。

2000 年母校 40 年校庆的情景更是让人记忆犹新,难以忘怀。参加完全院庆祝大会后,朱老师就自始至终与我们气象六二级的同学共同活动,大家在一起回忆往事,畅谈今天,相约等到退休后,去游览祖国的名山大川。与学生在一起,他显得那么兴奋与快乐,这将永远留在同学们的记忆中。

2004 年新年之际,我们还给远在美国与儿子团聚的朱老师一家在网上互致电子贺卡问候,庆贺新年的到来,但新年过后不久就得知朱老师因健康原因回国的消息。我们多次去电问候,虽然朱老师很乐观,但他的健康状况总让人牵挂于心。2004 年 5 月 22 日,我应邀参加南京气象学院更名为南京信息工程大学揭牌庆典活动,并代表校友在大会发言,但会上没有见到理应参加会议的朱老师,心中不免有些惴惴不安。后来得知,学校领导考虑到朱老师的身体健康状况,征求本人意见,没有参加大会。许久未见朱老师了,他的身体状况究竟如何,我急切想知道,因此会议一结束,当天下午就赶到朱老师家中。师生相聚分外高兴,看到他的精神和身体还好,我也稍稍放宽了心。畅谈了两个多小时,话别时朱老师和师母执意要送我到公交车站,一路上他用有力的手紧紧地握着我的手,临别反复叮嘱我要注意身体健康,下回再见。车开远了,朱老师还在向我挥手,此情此景让我终生难忘。万没料到,这次相见竟成永诀。

斯人已去,音容犹存,追忆往事,思绪万千。我十分庆幸在自己成长的人生历程中,能遇到对自己如此厚爱有加的良师益友——朱老师。可以告慰朱老师的是,您的学生们没有辜负您和母校的辛勤教育培养,您为之奉献终生的气象教育和科技事业正为造福人类快速发展,人们不会忘记这其中有您的心血和汗水。

怀念朱乾根老师

杨秀珍

六四从师四十载，治学严谨印象深；
理论实践结合紧，深入浅出理自明；
教书育人立师表，最受欢迎是乾根。

十年浩劫不计嫌，逆徒有难乐关心；
成长发展鼎相助，学术讲座播新经；
传世佳作天气学，南气博导第一人。

校庆相聚赛亲人，寸步不离像母亲！
嘘寒问暖盼发展，知心话儿说不完；
相约回乡溱潼聚，喜鹊湖上赛龙舟。

驾鹤西去整十年，音容笑貌历历显；
恩师后辈创新业，佳绩频频慰您心；
天堂之上呼风雨，耕云播雨保康宁。

我们跟随朱乾根老师上黄山

李京笃

  1986 年 7 月中旬,南京气象学院副院长朱乾根教授主持的季风课题研讨会在安徽省歙县紫阳宾馆举行。我当时跟随朱老师做会务,跑跑腿,张罗张罗事。会议开得十分热烈、成功。学校同去的专家有何金海、王盘兴等老师,他们风华正茂,是朱老师课题的中坚力量。参加会议的还有中国科学院大气物理研究所、空军气象学院、中山大学的几位老师共计十余人。这些老师当时都是中国气象界的中青年才俊,后来都成了大家。徽州地区气象局也派了多位预报员列席会议并听取朱老师的讲座。朱老师卓越的才华和诲人不倦的精神始终感染着每一个人。会议结束后,朱老师带领大家上黄山,一方面观赏黄山的风景,另一方面也考察黄山气象站。

  出发前就知道这几天有雨,是由一个登陆后减弱的台风所致。雨天登山,用朱老师话说,是经风雨、见世面。一开始雨很小,但随着攀登,雨势逐渐大了起来。当年朱老师已五十多岁,但爬山劲头不输年轻人。他带领着我们冒雨攀登,直到下午三四点钟才到达黄山气象站所在地——光明顶。陪同登山的有我的同学凌来寿,他时任歙县气象站站长,曾任黄山气象站站长。黄山气象站的同志们热情地接待了我们,给我们准备了可口的饭菜,还留好了住宿的房间。冒雨登山,又是风又是雨,体力消耗很大,吃起饭来,特别香甜。吃过饭,朱老师带领我们到气象站办公室参观。当时安徽省气象局已布了雷达,朱老师用对讲机与时任安徽省气象局副局长的肖永生校友通话,讨论这几天的天气情况。肖局长听见朱老师的声音,十分高兴,一番热情问候。肖局长说,这个减弱台风的主体不在黄山,只是扫过黄山。朱老师一边看着天气图,一边与肖局长讨论着天气趋势,相谈甚欢。我们一屋人也在热烈地谈论着。朱老师打完电话,对我们说:"今天我们真是经风雨了,估计明天早上雨能停,上午天气见晴。"说着说着,天色渐渐暗下来,气象站的同志建议我们先休息。大家也实在累了,不一会儿就进入了梦乡。

  第二天早上起来,雨小了,但还是下个不停。于是我请教朱老师,朱老师沉思了一会,他说:"根据昨天会商的情况,我估计今天早上八点左右雨会停,十点天会放晴。"朱老师 20 世纪 50 年代就是中央气象台的预报领班,预报水平很高。从招待所到食堂吃饭的路上,一伙登山的人在气象站门口躲雨,有大人,也有孩子,其中一位中年人唉声叹气地说:"真倒霉,好不容易上趟黄山,还下这么大雨,怎么看山呢?!"看我们过来,几个人就问我们说:"你们是气象站的吧,雨还下多长时间呢?"我说:"我们不是气象站的,我们是南京气象学院的。大家不要着急,估计八点多雨就会停了,十点多天就会放晴了。"他们听了,看看还在下雨的天,半信半疑的,有的找地方吃早饭,有的继续在门口躲雨。

  吃过早饭,我们在气象站办公室坐了一会。八点来钟,雨就停了。凌来寿及黄山气象站站长带领我们四处看看,大约九点多钟,天渐渐地亮了起来,云开始慢慢消散,闷了两天的阳光一束束投射在挂满雨滴的松树上,把松树装扮的晶莹璀璨。看着看着,我们也来了精神。我朝前方看去，只见移动的云像舞台上的幕布，慢慢拉开，显露出雨后的奇山异峰，煞是好看，山上一片欢呼声，真令人心旷神怡。忽然听到欢呼声中有伊里哇啦的声音，循声望去，是几位日本朋友也在雨后观山，高兴得手舞足蹈，其中一位矮胖男士，挺个大肚子正在拍录像。我们一行人围在朱老师周围，高兴地欣赏着这如诗如画的黄山美景。随后，我们又一起参观了几个景点，雨后黄山，实在太美了。

下午四点来钟，我们坐缆车下山了。快到汽车站时，有一家三口也往车站赶。其中一个稚嫩的声音喊着："爸爸，就是这个叔叔早上说要晴天。"孩子的爸爸过来对我说："你说的天气真准，什么时候雨停，什么时候天晴，真是神了。这趟黄山没有白来。"我立即说："不是我说得准，是我老师预报得准，朱老师可是国内外一流的气象专家。"说着，我拉着朱老师向他们介绍。朱老师友好地微笑着。这时，孩子的爸爸说："我孩子长大了，也要读南京气象学院。"朱老师说："好啊，学好了也可以当气象专家，也会报准天气预报了。"我们一边说一边走，不一会儿就乘车返程了。

这件事已经过了很多年，但至今仍历历在目。以后我随朱老师又经过很多事，成为人生的宝贵财富。朱老师就是这样，他的一言一行点点滴滴似春风化雨，滋润着我们成长。

我和朱乾根教授合作的第一篇论文

智协飞

朱乾根先生离开我们转眼 10 年了,当年他指导我做本科毕业论文时的情景至今仍然历历在目。我依然记得他老人家对我的谆谆教诲。

1986 年我被推荐为朱乾根教授的免试研究生,随后又被安排随他做本科毕业论文。一天,班主任老师通知我,说朱乾根教授要见见我,并给我布置论文工作。

早就听说朱乾根教授是我国著名气象学家,在天气动力学领域造诣精深,享誉全国。时任南京气象学院副院长的他公务繁忙,还要承担大量的科研和研究生教学任务。尽管如此,他仍然亲自指导本科生的毕业论文。能够跟随大师做毕业论文,真的让我感到很兴奋。于是,我怀着喜悦的心情去见我的导师朱乾根教授。

到行政楼朱老师的办公室门前,我轻轻地敲了敲门,屋里传来一声坚定沉稳而又温文尔雅的中年男子的声音"请进!"。进了办公室,朱老师招呼我坐下。然后,我们开始了师生间的第一次对话。

"协飞,你老家是哪里的?"

"苏北滨海。"

"哦,我也是苏北人,老家离你的老家不远。"

他的话一下子就拉近了我们的距离,我开始时的拘束也慢慢消除了。就这样,我们从扯家常开始,慢慢地转到讨论学习、工作。

朱老师布置给我的任务是利用波数—频率域能量方程研究热带大气低频振荡的维持和振荡机制。说着,他从书橱里拿出厚厚的一沓程序和一本硕士论文交给我,对我说:"这是你师兄的硕士论文和相关的运算程序,你去把它读懂,然后用最新的 ECMWF 格点资料计算热带大气波数域能量方程。"随后他又补充到:"现在对热带大气低频振荡的研究很热,还有很多问题不清楚。我们这项研究就是要用能量学方法搞清楚热带大气低频振荡的维持和振荡机制。"

"程序这么多啊,这么短的时间能完成这么复杂的计算吗?"我有些为难地问朱老师。

"有志者,事竟成! 我看你基础不错,只要肯下功夫,一定能完成!"朱老师鼓励我。临离开时,他还叮嘱我:"多读些国外最新的文献,有问题随时来找我。"

接下来的三个月,我便投入到紧张的科研工作中。当年,学校从日本进口了比较先进的计算机 M360R。对我来说,第一次使用当时所谓的"中型计算机"计算复杂的波数—频率域能量方程,既感到新鲜,也面临很多困难。海量资料的处理,复杂的程序运算,磁盘、磁带操作及有限的 CPU 资源对我们的工作都构成了挑战。我边干边学,算好了结果就拿去和朱老师讨论。师徒二人常常为得到新的结果而兴奋,也曾为一些难以解释的结果反复讨论、苦苦思索。最终,我圆满地完成了全部计算和绘图工作。

在随后的论文写作过程中,朱老师对我精心指导、严格训练。他以扎实的理论功底,渊博的专业知识和独到的学术见解为我们合作的文章增色添彩。作为一个纯粹的学者,朱老师以学术研究为生活,以教书育人为乐趣,他的儒雅博学和大家风范都给我留下了深刻的印象。他的科学创新精神和诲人不倦的敬业精神成为我日后教学、科研道路上的航标。

1988年我们合作的第一篇论文刊登在《Advances in Atmospheric Sciences》第五卷第二期。文章发表后,同学们纷纷表示祝贺。朱老师勉励我再接再厉,争取做出更大的成绩。他说:"科学无止境,发表第一篇论文只是科学道路上万里长征的第一步,今后要踏踏实实潜心做学问,争取做出更多更好的科研成果。"

在日后的教学、科研工作中我谨记先生的教诲,学习先生严谨治学、为人师表的风范。尽管现在我的教学、科研任务十分繁重,同时还指导十多名博士生、硕士生,但对本科生论文的指导仍然一丝不苟、精心组织、严格训练。近年来我指导的本科毕业论文先后有5篇发表在核心及以上期刊,其中1篇发表在《气象学报》英文版。此外,还有5篇论文获南京信息工程大学优秀本科毕业论文奖,其中2篇获江苏省高等学校优秀毕业论文二等奖。这些成绩的取得都和先生当年的谆谆教诲分不开。

回忆父亲　追根溯源

朱　彤　朱　彬

父亲离开我们已 10 年了,但似乎并未远去,您在书桌前的身影,上班、授课的形象,与我们交谈的情景依然是那么的真切,仿佛仍然生活在我们身边,让我们并未觉得您已离开。

在我们幼年和童年时代,父亲给我们的印象是个温和的爸爸,几乎从不训斥、责罚我们,这也是我们家的"严母慈父"模式使然。印象中父亲平时对我们学习上的事情管得并不多,但在我们学业和工作的关键时候都会为我们把握方向。有时考试考了 100 分也不表扬我们,倒是因为刚上二年级就开始看长篇小说而对我们刮目相看。现在想来,他应该是更看重知识的综合运用能力和分析、解决问题的能力吧。记得那时父亲经常出差,每次带回来的各地土特产,我们特别喜欢。还有一次带的是福建的竹床。最难忘许多个夏天的夜晚,大家围坐在竹床上听爸爸给我们讲水浒、三国和一些天文地理趣事,有时还有邻居小朋友也来听。等到夜深了该回家的时候,大家心里都还期待着明天晚上的故事。有的晚上也去大操场看露天电影,每次都早早地坐满了师生和家属。电影放映前的这段时间,学校广播站通常会报道一些国际国内形势、学校新闻等。记得有一次看电影前,广播报道一则学生的表扬信,大意是赞扬朱乾根老师天气学课程讲得好,教学认真负责并且风度儒雅。那是我第一次知道父亲是个好老师,心中为之自豪。

父亲出生在灵秀水乡——江苏姜堰溱潼镇,自幼天资聪颖,5 岁入学,毕业于家乡名校溱潼中学、泰州中学。1951 年先入浙江大学,后并入南京大学学习。毕业后被分配到北京中央气象台工作,并在那里认识了我们亲爱的母亲。1960 年被选派参加南京气象学院的筹建工作,在之后的 40 多年里为学院的建设发展、为祖国气象人才的培养、为气象科学研究奉献了自己毕生的精力。父亲给我们最深的印象是他在书桌、书架前的身影,这也确实是他一生出现最多的场景,从他青年到老年的众多照片也可见一斑。那时一直觉得他与其他人的爸爸没有什么不同,只是他时常出差不在家,而在家的时候总是坐在书桌前。很多年之后才知道,在那一段"文革"的特殊时期,他比许多人将更多地将时间用在编写教材和科研上,奠定了他之后的众多成就。为了参加华南前汛期暴雨试验,他去安徽各地气象台站连续工作了 3 个月,获得了大量第一手资料。通过那些理论结合实际的研究,他的两项研究成果获奖,低空急流与暴雨、江淮梅雨期暴雨研究,获得了 1978 年全国科学大会成果奖。在书桌前,他或者看书,或者写书写文章,书桌有不同,但他怡然而又专注的神情不变。在书桌上,他撰写了获得全国优秀教材一等奖的《天气学原理和方法》;发表了东亚季风等重要科研成果;拟就了学校发展的大政方针;抒发了对学校、对气象事业发展的拳拳之心。2002 年,学校气象学专业被评为国家重点学科,他深情地写下了《在毗卢寺的日子》,回忆建院初和学校气象学专业发展的历程以表达祝贺。2003 年末,南京气象学院即将更名为南京信息工程大学,他满怀豪情地赋诗表达了对学校事业发展的欣喜之情,而他并未因为获得的个人荣誉而表达过什么。记得有一次校庆期间,他很兴奋地告诉我们,现在全国每个地区级气象局都有南京气象学院的毕业生。也正是因为父亲对科研和气象事业的热爱,为我们营造出良好的科学和学习氛围。小学时我们包书用的封皮常是旧天气图,20世纪70年代就在他办公室看到过卫星云图,追根溯源起来,这是我们兄弟与气象结缘的开始。"低空急流"、"华南暴雨"、"东亚季风"、"越赤道气流"这些专业名词已融入我们的日常生活,自小对我们就耳熟能详。这种潜移默化的影响,造就了我们兄弟如今都以气象作为自己的事业。

爸爸的一生忙碌而充实。在学校,您的学生称赞您风度儒雅、循循善诱,是个知识渊博、学问精深的好老师。您的同事称赞您待人真诚,是个襟怀坦荡、平易近人的好领导。作为科学家,科学研究是您的工作更是您最大兴趣与爱好。在生病的前一年,您还在探索求新,推导了正斜压涡度和散度拟能方程,并发表两篇文章。就在生病期间您还辛苦工作,因为这是您的寄托,您精神上是愉快的。在去世前的两个月,也就是第二次住院的前两天,您还完成了科技部"973"十五个项目的评审工作。爸爸您太累了,好好休息吧。爸爸您放心,您在科学探索道路上求真求新、严谨踏实的学术精神已在您的学生们、在我们兄弟身上得以继承。只是您走得这么匆忙,那么多亲人朋友急切地从各地赶来,却未能赶上您离去的脚步。这一切似乎都不是真的。您的生命在我们紧握的手中流逝,我们却无法挽留。子欲养而亲不在,这是我们终生的遗憾,您的心此刻已升至一个无人企及的高度,但是您的生命在我们身上延续,您的音容笑貌在我们心中永存。亲爱的爸爸,我们永远怀念您!

父亲去世后,许多单位和个人敬赠了挽联。我们摘取、糅合了父亲家乡溱潼镇政府、溱潼中学和南京气象学院题写的挽联,作为人生总结刻写在父亲的墓碑上:

观天地　知风云　乾坤气象毓灵根
为师友　治学校　桃李著述垂硕果

追忆伯父

朱　平　朱　亮

"春蚕到死丝方尽，蜡炬成灰泪始干。"这句话是大伯父一生的写照。不仅是他对气象事业的鞠躬尽瘁，对莘莘学子的无私奉献，更体现在他对家庭的深切关爱和对家乡的无限眷念。

富裕家庭出身的大伯父并没有因此而带来舒适的生活。解放初期的几场运动浩劫不仅使家贫如洗，爷爷被蒙冤戴上了"资本家"和"右派"两顶帽子，奶奶更是受不了刺激而精神崩溃。那时候的大伯父才刚刚踏入高校的大门，下面还有三个正在求学的弟弟。

一家人的生活一下子穷困潦倒起来，为了减轻家庭的负担，大伯父只能省吃俭用，学习生活费用尽量自己想办法解决。寒假时间很短，为了节省回家的路费，他选择了默默地留在学校。暑假到了，思乡心切的大伯父为了能看看家里弟弟们和病中的母亲，不得不卖了御寒的棉袄，凑了点路费才得以回家。大伯是南京大学气象系毕业的高才生，由于品学兼优被学校保送到北京大学读研究生，考虑到家里的实际困难，他不得不选择放弃继续深造，离开了心爱的学校。

苦涩的日子凭着坚强的意志终于熬过来了，大伯父拿到工资的第一次就把为数不多的收入分成了三份，一份寄给家里，给父母补贴家用；一份寄给正在上大学的二弟生活学习之用；自己只留很少的一份，这样的情形一直坚持了很多很多年。

伯父工作以后的第一件事就是把他那患病的娘——我的奶奶接到身边，工作之余，大医院小诊所到处都能看到他求医问药的影子，奶奶的病时好时坏，发病的时候难免胡闹，大伯总是耐着性子不厌其烦的安抚劝导，直至奶奶完全心平气和下来。

1984年的冬天是个阴晦寒冷的冬天，那一年我的父亲不幸病倒。三个哥哥放下手里的一切工作轮番陪伴在他的病床前却未能挽留住父亲刚刚不惑之年的生命。那一年，我们姐弟俩一个14岁一个11岁，孤儿寡母的日子本该很艰辛，但是因为伯父们的关心，尤其是大伯父，不仅从经济上援助我们，他更担当了一个父亲应尽的职责，时刻关心着我们姐弟俩的学习成长，鼓励我们勤学上进，努力工作。我们在学习工作中不管遇到怎样的困惑难题总是习惯性地想到大伯父，成长中我们的每一个足迹都是在大伯父的注视关爱中度过的，心底里大伯父也早就成了父亲的代名词。从上大学填报志愿，到大学毕业参加工作，大伯父操碎了心，甚至为了我们的工作不惜放下自尊去找人帮忙。这样的事就是对他的亲儿子，他都没有这样屈就过。人前人后，我们就是大伯的小儿子和女儿，婚姻大事是他帮我们参谋，出嫁是从大伯家接走的。大伯永远是那么慈祥仁爱，可亲可敬。

老家里有什么麻烦难事，爷爷奶奶第一个想到的也都是大伯，大伯也总是在第一时间给予帮助和解决。大伯的工作很忙，一年到头难得有个休息日，即便这样每年寒假他也要挤出几天时间回家看看，来来往往也都是乘坐长途汽车，从来不用公车，不搞特权。每次回老家不是跟二老嘘寒问暖唠嗑儿，就是埋头图书馆中，身边总是带着学生们的论文和一堆资料，他的一生都在不断探索,除了搞科研以外,更多的是培养年轻一代,他常常感叹:希望就寄托在年轻人身上,要多出人才,出好人才,使他们接好班,为国家为人民做出更大的贡献。

往事如烟,思念如缕。2004 年 8 月 4 日大伯因病抢救无效,永久地离开了我们。惊闻噩耗,我怎么也无法相信眼前的一切,我们一直都守在抢救室外面,一直在为大伯祈祷,是老天不忍大伯受病魔折磨,还是天妒英才要收他到天界管理气象?医生的努力,亲人的呼唤都显得那么无力。大伯走了,带着家人、朋友、同事和学生们的无限眷念永远地走了,但是他的正直、无私、博学、朴实、仁爱、奉献精神永远留在我们心中。

天堂里的大伯您并不孤单,因为有我们的思念相伴。

第三部分 朱乾根的代表作

低空急流与暴雨*

朱乾根

（南京气象学院天气教研组）

低空急流与暴雨密切相关，了解它们之间的关系，对于提高暴雨预报的准确率有很重要的作用。我国广大气象台站工作人员在实践中早就注意到，当 850 hPa 或 700 hPa 的上游地区偏南风增强时，本地降水将会增大的现象，并以此找到了许多预报降水量的指标。不少单位对这个问题都曾进行过探讨。但由于资料的限制，对低空急流的事实及分析还存在一些分歧。为了共同讨论，现将对几个问题的认识，简述于下。

1　低空急流的尺度和结构

与暴雨有关的低空急流往往存在于西太平洋高压的西、北侧的西南气流中，其高度大约在800 hPa 到 600 hPa（高原地区可达 500 hPa 以上）。急流的左侧经常有切变线和低涡活动，伴有大片的降水带（在雨带中并有暴雨中心生成），是辐合上升运动区。其右侧为副高内部，通常天气晴朗没有成片的降水带发生，是辐散下沉运动区。图 1(a)—图 1(d) 是 1969 年 7 月 11 日 20 时各层偏西风等风速线图，图中在 500 hPa 以下各层的等压面上，沿长江中下游一直伸至湖南、广西皆有一偏南风最大风速轴。其中 700 hPa 和 500 hPa 最大风速轴上的风速比其上下层的风速大，可见在 700 hPa 至 500 hPa 存在低空急流。若以 700 hPa 大于 15 m/s 的风速范围大致表示低空急流的范围，则低空急流的长度在 1500 km 以上，而宽度则有 300～400 km。低空急流的左侧沿长江中下游北岸至贵州、云南为一雨带（图 2）。雨带中有两个明显的暴雨中心，一在宜昌附近，相

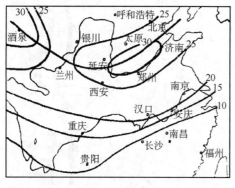

图 1(a)　1969 年 7 月 11 日 20 时 300 hPa
偏西风等风速线图

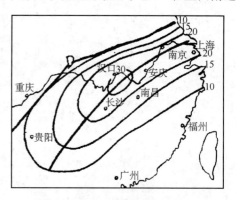

图 1(b)　1969 年 7 月 11 日 20 时 500 hPa
偏西风等风速线图

*　本文发表于《气象科技资料》，1975 年第 8 期，12-18。

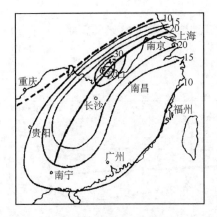

图1(c) 1969年7月11日20时700 hPa
偏西风等风速线图

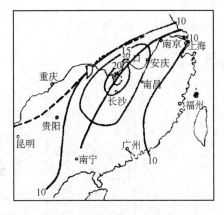

图1(d) 1969年7月11日20时850 hPa
偏西风等风速线图

应地在汉口、岳阳附近的低空急流轴上有一大风速中心(达40 m/s)与其配合。另一暴雨中心在淮北,因当时安庆、南京缺测风报,不能看出有相应的最大风速中心。但从其他例子中往往可以看到,在暴雨中心附近,常配置有低空急流上的最大风速中心。与宜昌暴雨中心相配合,在500 hPa及其下层有一西南低涡,此低涡位于切变线上并沿切变线向东移动。

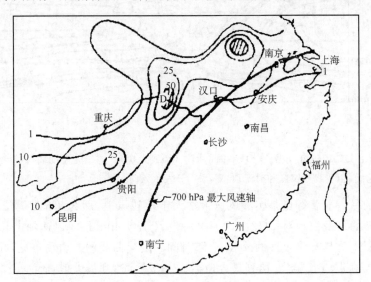

图2 1969年7月11日14—20时雨量图,图中D为700 hPa低涡中心

图3是通过低空急流中段的垂直剖面图。图中清楚地表示出在汉口、岳阳上空600 hPa附近有一低空急流,中心强度达40 m/s。另外在郑州、延安之间150 hPa附近有一强度在40 m/s以上的高空急流。在两急流之间为暴雨区。由图可见低空急流的结构与高空急流显著不同。在低空急流附近上下层等温线平直,无锋区配合,但有指向南的θ_{se}梯度,这是因为左侧暴雨区湿度较大的缘故。垂直速度的计算也表示出,低空急流的左侧,高空急流的右侧为上升运动区,并有上升运动中心,低空急流位于上升运动区的边缘,这里上升速度较小。低空急流的右侧则为下沉运动区。这种温、湿场分布表示在低空急流附近的上下层,有指向南的虚温梯度。这样的虚温梯度表明,在这里有向西的热成风,即$\frac{\partial V_g}{\partial z} < 0$。所以在低空急流轴之下实

际风垂直切变大于热成风,即$\dfrac{\partial V}{\partial z}>\dfrac{\partial V_g}{\partial z}$;而在低空急流轴之上因虚温梯度较小,而实际风速切变的绝对值较大,故有$\dfrac{\partial V}{\partial z}<\dfrac{\partial V_g}{\partial z}$。

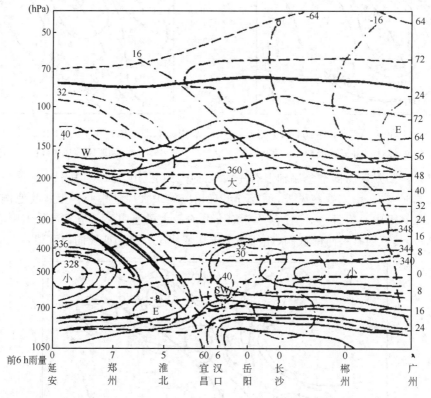

图 3　1969 年 7 月 11 日 20 时剖面图(细线为 θ_{se} 线,虚线为温度线,点断线为风速线,粗实线为锋区和对流顶,W,SW,E 表示风向)

　　低空急流的另一显著特点是实际风速常常大于地转风速,即为超地转风。但也并非任何时刻都是超地转的。我们曾对 1972 年 6 月 20—22 日 700 hPa 最大风速轴上几个点的 u 和 u_g 进行了比较。图 4 为具有代表性的 u 和 u_g 随时间的变化曲线图。由图可见,在急流增强时,u 和 u_g 均在增大,但 $u>u_g$。当 u 达到最大值后 12 h u_g 才达到最大值,此时 $u<u_g$,但以后在 u 和 u_g 减小的过程中,又转为 $u>u_g$。

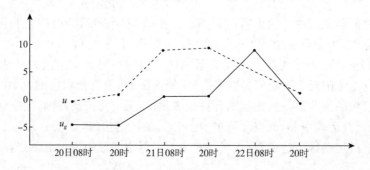

图 4　1972 年 6 月 20—22 日 700 hPa 图上 29°N、118°E 的 u 和 u_g 的比较

关于低空急流的尺度,日本的松本诚一等认为是属于中间尺度(数百千米),我国的分析似乎倾向于认为是大尺度。从以上分析中,我们认为低空急流是大尺度的系统(1000 km 以上),但在其上叠加有最大风速中心,这些最大风速中心和暴雨中心及低涡相配置,与低涡的尺度(数百千米)相当,可以认为是中间尺度的系统。

与低空急流相伴出现的暴雨究竟发生在急流的那一部位也有不同的看法。松本诚一等认为暴雨区与急流基本是重合的。从以上分析看则是在急流的左侧。在我们分析的其他例子中也有暴雨中心与低空急流相重合的,如 1972 年 7 月 2 日 08 时淮河流域的暴雨,但大多数情况下以及从整个急流和雨带来看,雨带及其中的暴雨中心基本上位于低空急流的左侧。低空急流与暴雨的配置不同,不仅表明了低空急流附近的垂直环流的不同,同时也说明了低空急流的形成及维持的原因是不同的。

对于暴雨的中心分析也发现,1 h 暴雨中心基本上是沿雨带的轴线方向移动的,因此它也是位于低空急流的左侧,沿低空急流方向移动的。在降暴雨前,低层首先有湿度的增大和不稳定能量储存。降暴雨时,上层湿度增加,不稳定能量释放。由此,我们可以把低空急流对暴雨生成的作用,概括为如下的过程:首先在急流的左侧,低涡的右前方,存在有上次暴雨所形成的湿舌,在湿舌的前部,由于有较大的比湿梯度,并且急流与等比湿线有较大的交角,所以比其上空具有较大的湿度平流使得这里低空湿度迅速增加,从而造成这里大气层上干下湿,形成了对流不稳定。又由于低

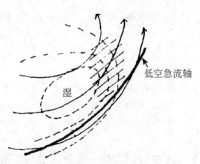

图 5　低空急流对暴雨的影响示意图
（阴影区为新的暴雨形成区）

空急流附近有较大的涡度平流,使低涡向前移动,低涡右前方的系统性上升运动,使得对流不稳定的气层抬升,不稳定能量释放产生了更强烈的上升运动和低层的辐合。再由于水汽经过急流轴不断地迅速输送并在这里辐合上升,因此新的暴雨区在上次暴雨区的前方生成(图 5)。如此循环,暴雨中心就沿着低空急流的方向移动,一直到其他不利于暴雨的条件发生时(如水汽来源被切断或有大范围的下沉运动出现时),暴雨消失。

2　低空急流的形成与维持

低空急流与暴雨的配置有两种形式。一种是急流与暴雨区基本重合,如 1972 年 7 月 2 日 08 时的低空急流。在其暴雨区中对流强烈,降水过程中不仅雷电交加,且有龙卷风生成,可以估计到在此暴雨区中,上下对流动量交换较强,因而使得高层强的西风动量下传,形成低空急流,在暴雨发生前后的垂直剖面图上可以发现,在暴雨发生前,该区上空西风速度较大,低空西风较小,暴雨发生后高空风速减小,低空风速增加,并有低空急流形成。以后此低空急流很快并进入大尺度的低空急流之中。另一种比较多见的是雨区及其暴雨中心位于低空急流的左侧。如 1969 年 7 月 11 日 20 时的低空急流。在其暴雨区中对流较弱,除个别站外,大片地区无雷电现象,上下对流动量交换较弱,在暴雨发生前后,低空急流上空及其上游的高空风皆较小,所以对流动量交换对于低空急流的形成是没有贡献的。那么这种低空急流形成和维持的机制是什么呢？为此,我们来讨论急流的强度变化 $\dfrac{\mathrm{d}V}{\mathrm{d}t}$。为简单起见,设急流轴与气流平行,

则有：

$$\frac{\mathrm{d}V}{\mathrm{d}t} = \frac{\partial V}{\partial t} + C_n \frac{\partial V}{\partial n} + C_p \frac{\partial V}{\partial p}$$

式中 V 为全风速。C_n, C_p 为急流在水平法线方向和垂直方向的移速，急流沿急流轴方向的移动速度是无意义的，故在式中不出现。由于在急流轴上 $\frac{\partial V}{\partial n} = \frac{\partial V}{\partial p} = 0$。故

$$\frac{\mathrm{d}V}{\mathrm{d}t} = \frac{\partial V}{\partial t}$$

此结果说明，急流轴上风速的强度变化，可以用风速的局地变化表示。

我们对 1972 年 6 月下旬的一次暴雨天气过程中低空急流的强度变化进行了计算。因为当时低空急流位于 700 hPa 附近，故可用 700 hPa 面上最大风速轴的强度变化表示低空急流的强度变化。又由于在此过程中低空急流主要为西风，我们取东—西向的运动方程：

$$\frac{\partial u}{\partial t} = - \left(u \frac{\partial u}{\partial x} + v \frac{\partial u}{\partial y} \right) - \omega \frac{\partial u}{\partial p} + f(v - v_g) + F_x$$

在急流轴上应有 $\frac{\partial u}{\partial p} = 0$，则上式可简化成：

$$\frac{\partial u}{\partial t} = - \left(u \frac{\partial u}{\partial x} + v \frac{\partial u}{\partial y} \right) + f(v - v_g) + F_x$$

上式中，右端第一项为平流项，第二项为地转偏差项，第三项为摩擦项。因为 F_x 与 $\frac{\partial^2 u}{\partial z^2}$ 成正比，而在急流轴上 $\frac{\partial^2 u}{\partial z^2} < 0$，故摩擦项只能使急流减弱，不能使急流形成和维持。

图 6，7，8 分别是 20 日 20 时到 21 日 08 时的 $\frac{\partial u}{\partial t}$ 及 20 日 20 时的平流值和地转偏差值。由图看到在最大风速轴上，平流项为负值，地转偏差项为正值，但地转偏差较风速平流的绝对值要大。$\frac{\partial u}{\partial t}$ 亦为正值，只是数量上稍小一些，这一方面是因为摩擦消耗使风速增长减慢了，另一方面也可能是所取的时间步长过长了一些。如取 6 h 时间步长，数值将会增大一些。我们对此过程中其他时间最大风速轴上的 $v - v_g$ 和 $\frac{\partial u}{\partial t}$ 也进行了计算，发现这两者的符号也总是相同的。以上事实说明低空急流的强度变化是由地转偏差所决定的。

在西太平洋副高西北边缘的西南气流中，其右侧为副高的辐散区，左侧常为切变线、低涡的辐合区。这种散度场的分布，促使空气由高压区流向低压区，产生地转偏差，从而使得气流加速形成急流，但仅仅由于这种原因还不可能使急流维持，由于摩擦消耗急流将减弱并逐渐与气压场相适应，而丧失超地转的特性。看来低空急流左侧低涡、切变线上所产生的暴雨，对于低空急流的形成与维持应有重大的贡献。因为一方面在暴雨区中强烈的上升运动，使得低层产生较强的空气辐合并使气流由高压指向低压并加速运动，另一方面暴雨区中有大量潜热释放，使得空气柱增暖，从而使低层降压造成暴雨区与副高之间的气压梯度增大，更加加速了气流的运动，形成急流，一旦急流形成后又促进了其左侧新的暴雨区的生成，如果此暴雨连续发生，急流也不断得到加强和维持。所以说，暴雨与低空急流是相互加强的，直到暴雨发生的条件消失时，暴雨消失，低空急流也随之减弱、消失。

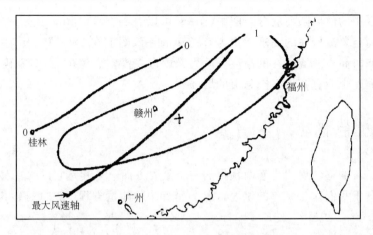

图 6　1972 年 6 月 20 日 20 时到 21 日 08 时 $\frac{\partial u}{\partial t}$ 的分布（单位：10^{-4} m/s²）

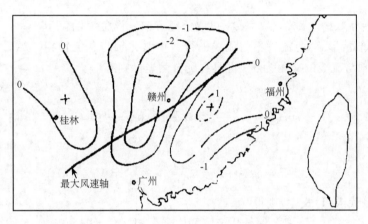

图 7　1972 年 6 月 20 日 20 时 700 hPa 上 $-\left(u\frac{\partial u}{\partial x} + v\frac{\partial u}{\partial y} \right)$ 的分布（单位：10^{-4} m/s²）

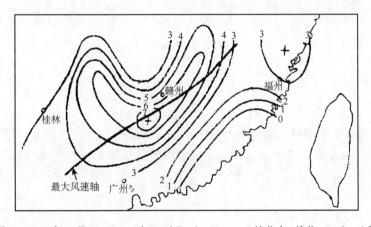

图 8　1972 年 6 月 20 日 20 时 700 hPa 上 $f(v-v_g)$ 的分布（单位：10^{-4} m/s²）

　　还应指出的是：如果说暴雨区低层的辐合是使低空急流形成和维持的重要因素。那么，低空急流所在的高度，也应该是暴雨区中辐合量最大的高度，这样才能使低空急流形成和维持。否则，急流层上下风速同时增加，则不会有急流形成。从《甘肃大暴雨天气分析和预报》一文中所给出的暴雨区中的散度随高度分布图中（图略）可以看到在 500 hPa 上有一最大辐合层，而此层正是当时低空急流所在的高度。更为有意义的是该图上在 200 hPa 上有一最大辐散层，而此层也正是当时高空急流所在的高度。因为暴雨区在高空急流的右侧，暴雨区上空的辐散所造成的地转偏差也应有利于高空急流的增强。

3　低空急流的移动

寻找低空急流的移动规律是暴雨预报的一个重要方面。尤其是它的水平移动对于暴雨预报更为重要。这里我们作一简单的讨论。取 p 坐标中的能量方程（略去摩擦）：

$$\frac{\partial K}{\partial t}+u\frac{\partial K}{\partial x}+v\frac{\partial K}{\partial y}+\omega\frac{\partial K}{\partial p}=-\left(u\frac{\partial\phi}{\partial x}+v\frac{\partial\phi}{\partial y}\right) \tag{1}$$

其中 $K=\dfrac{u^2+v^2}{2}$

此式与地转参数（f）无关，坐标 x,y 可取任意方向。设急流轴位于等压面上，在一般情形下，急流轴不与流线平行。今取 x 轴与急流轴相切（图 9），急流轴与流线的交角为 α。再取右旋自然坐标则有：

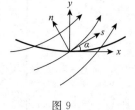

图 9

$$u=V_s\cos\alpha\quad v=V_s\sin\alpha$$

$$\frac{\partial}{\partial x}=\cos\alpha\frac{\partial}{\partial s}-\sin\alpha\frac{\partial}{\partial n}\quad\frac{\partial}{\partial y}=\sin\alpha\frac{\partial}{\partial s}+\cos\alpha\frac{\partial}{\partial n}$$

于是有：

$$V_s^{\,2}=u^2+v^2\ \text{及}\ u\frac{\partial}{\partial x}+v\frac{\partial}{\partial y}=V_s\frac{\partial}{\partial s}$$

用上面关系代入（1）式中，则得

$$\frac{\partial V_s}{\partial t}+u\frac{\partial V_s}{\partial x}+v\frac{\partial V_s}{\partial y}+\omega\frac{\partial V_s}{\partial p}=-\frac{\partial\phi}{\partial s} \tag{2}$$

在急流轴上 $\dfrac{\partial V_s}{\partial y}=0$，故

$$\frac{\mathrm{d}}{\mathrm{d}t}\left(\frac{\partial V_s}{\partial y}\right)=0$$

展开上式得：

$$\frac{\partial}{\partial t}\left(\frac{\partial V_s}{\partial y}\right)+C_y\frac{\partial^2 V_s}{\partial y^2}+C_p\frac{\partial^2 V_s}{\partial p\partial y}=0$$

式中，C_y,C_p 分别表示急流轴在急流轴的水平法线方向和垂直方向的移动，因急流轴沿急流轴方向的移动无意义，式中不出现 C_x。又设急流轴附近等压面上的最大风速轴与急流轴位置相同，则有 $\dfrac{\partial^2 V_s}{\partial p\partial y}=0$。故上式可写成：

$$C_y=-\frac{\dfrac{\partial}{\partial t}\left(\dfrac{\partial V_s}{\partial y}\right)}{\dfrac{\partial^2 V_s}{\partial y^2}} \tag{3}$$

将（2）式对 y 求导数，并注意到 $\dfrac{\partial V_s}{\partial p}=\dfrac{\partial^2 V_s}{\partial x\partial y}=0$ 则得：

$$\frac{\partial}{\partial t}\frac{\partial V_s}{\partial y}+\frac{\partial u}{\partial y}\frac{\partial V_s}{\partial x}+v\frac{\partial^2 V_s}{\partial y^2}=-\frac{\partial}{\partial y}\frac{\partial \phi}{\partial s} \tag{4}$$

又因：$\frac{\partial u}{\partial y}=\frac{\partial}{\partial y}V_s\cos\alpha=\cos\alpha\frac{\partial V_s}{\partial y}-V_s\sin\alpha\frac{\partial \alpha}{\partial y}=-V_s\sin\alpha\frac{\partial \alpha}{\partial y}=-V_s\sin\alpha\left(\sin\alpha\frac{\partial \alpha}{\partial s}+\cos\alpha\frac{\partial \alpha}{\partial n}\right)$

及 $\frac{\partial}{\partial y}\left(\frac{\partial \phi}{\partial s}\right)=\sin\alpha\frac{\partial^2 \phi}{\partial s^2}+\cos\alpha\frac{\partial^2 \phi}{\partial n\partial s}$

将以上两关系代入（4）式，并将所得结果再行代入（3）式，可得：

$$C_y=V_s\sin\alpha+\frac{\sin\alpha\frac{\partial^2 \phi}{\partial s^2}+\cos\alpha\frac{\partial^2 \phi}{\partial n\partial s}-V_s\sin\alpha\left(\sin\alpha\frac{\partial \alpha}{\partial s}+\cos\alpha\frac{\partial \alpha}{\partial n}\right)\frac{\partial V_s}{\partial x}}{\frac{\partial^2 V_s}{\partial y^2}}$$

上式表明急流的水平移动由 5 项所决定。其中最后两项，绝对值较小，可以略去，于是：

$$C_y=V_s\sin\alpha+\frac{\sin\alpha\frac{\partial^2 \phi}{\partial s^2}+\cos\alpha\frac{\partial^2 \phi}{\partial n\partial s}}{\frac{\partial^2 V_s}{\partial y^2}} \tag{5}$$

下面对这三项分别进行讨论。

第一项：$C_{y1}=V_s\sin\alpha$ 为 y 方向的风速分量（即在急流轴法线方向的风速）对急流轴水平移动的作用，它说明，当急流轴方向与气流方向不平行时（$\alpha\neq 0$），急流轴沿气流方向移动；当急流轴与流线平行时，则此项消失。

第二项： $$C_{y2}=\frac{\sin\alpha\frac{\partial^2 \phi}{\partial s^2}}{\frac{\partial^2 V_s}{\partial y^2}}$$

当急流轴与流线不平行时，产生此项的作用，急流轴与流线的交角愈大，这项作用愈强。为了在天气图上进行定性判断，可在急流轴上选取与等高线相交的某点（如图 10 上的 A 点），通过 A 点绘流线 s，与等高线 ϕ_1，ϕ_{-1} 分别相交于 C 和 B。比较 AB 和 CA 的距离，如 $AB<CA$ 则 $\frac{\partial^2 \phi}{\partial s^2}<0$，急流轴向左侧移动；如 $AB>CA$ 则 $\frac{\partial^2 \phi}{\partial s^2}>0$，急流轴向右侧移动。在图 10 上，$A$ 点处：$\alpha>0$；$AB<CA$；（在急流轴上 $\frac{\partial^2 V_s}{\partial y^2}<0$），则 $\frac{\partial^2 \phi}{\partial s^2}<0$，所以急流轴 A 点将向左侧移动（$C_{y2}>0$）。一般急流轴与流线交角很小，故相对第三项，此项作用也是较小的，除非 α 较大时，此项也可忽略。

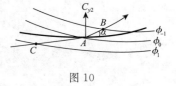

图 10

第三项： $$C_{y3}=\frac{\cos\alpha\frac{\partial^2 \phi}{\partial n\partial s}}{\frac{\partial^2 V_s}{\partial y^2}}$$

当急流轴与流线垂直时，此项消失，但这种情形极少。急流轴与流线交角愈小，此项作用愈大。所以在实际过程中，此项作用是较重要的。在天气图上定性估计此项作用是较方便的。不管急流轴与流线交角的符号，总有 $\cos\alpha>0$，$\frac{\partial^2 V_s}{\partial y^2}<0$。故此项符号决定于 $\frac{\partial^2 \phi}{\partial n\partial s}$。$\frac{\partial^2 \phi}{\partial n\partial s}$ 表示等

高线和流线汇合疏散的分布情形。如图 11 所示：当等高线散开程度比流线小（图 11(a)），或等高线汇合程度比流线大时（图 11(b)），则 $\dfrac{\partial^2\phi}{\partial n\partial s}<0$ 急流轴向左移动（$C_{y3}>0$）。当等高线散开程度比流线大（图 11(c)），或等高线汇合程度比流线小时（图 11(d)）则 $\dfrac{\partial^2\phi}{\partial n\partial s}>0$ 急流轴向右移动（$C_{y3}<0$）。

　　如果急流轴上是准地转平衡的，则等高线与流线平行，处处有 $\dfrac{\partial\phi}{\partial s}=0$，因而 $\dfrac{\partial^2\phi}{\partial s^2}=\dfrac{\partial^2\phi}{\partial n\partial s}=0$，第二、三项对急流轴的水平移动将不发生作用。$\dfrac{\partial\phi}{\partial s}\neq0$ 表示有地转偏差存在，因此第二、三项是由于地转偏差分布不均匀所造成的。事实上，在低空急流轴附近有较强的地转偏差存在，等高线与流线不一致，因而使低空急流轴发生水平移动。

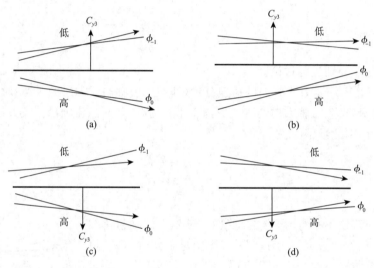

图 11

　　由上可见，只需从天气图上流线，等高线和急流轴的相互配置形式，就可定性判断各项的作用。当急流轴与流线完全平行时，仅需考虑第三项，当交角 α 较小时，可根据第一、三项判断；当交角 α 接近 $\dfrac{\pi}{2}$ 时，可根据第一、二项判断。当交角 α 接近 $\dfrac{\pi}{4}$ 时，各项皆需要。一般在实际工作中，一、三项是主要的。当等高线和流线的分析不够精确时，难于应用(5)式对低空急流的移动进行判断。在一定的假设下，可有以下求低空急流水平移动的定性规则（数学推导从略）：

　　(1)槽前、脊后急流轴有向右移动的趋势；槽后、脊前急流轴有向左移动的趋势。

　　(2)在最大风速中心之前，急流轴有向右移动的趋势，在最大风速中心之后，急流轴有向左移动的趋势。

　　综合这两条规则：当槽与最大风速中心叠置时，槽前急流轴右移，槽后急流轴左移，当脊与最大风速中心叠置时，急流轴位置稳定不动。

　　下面我们举一个例子来看(5)式的应用。图 12 是 1972 年 6 月 20 日 08 时 700 hPa 图。图中流线穿越急流轴线，在急流轴上有指向右侧的气流法向分速，根据第一项，最大风速中心附近的急流轴应向右移动。但在这里有很清楚的流线散开，且等高线散开程度比流线小，第三项应使急流向左移动,又$\dfrac{\partial^2 \phi}{\partial s^2}=0$ 第二项贡献很小。因此第一、三项相互抵消,急流轴水平法向移动应很少,此结果与实况基本符合。

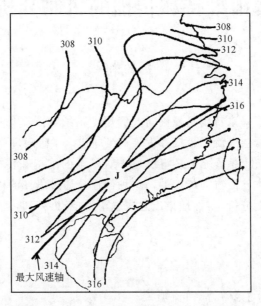

图 12　1972 年 6 月 20 日 08 时 700 hPa 图

　　综上所述可得以下结论:第一,低空急流的最大特点之一是有较大的地转偏差存在,而地转偏差又是促使急流形成、维持与移动的重要因素。第二,低空急流与暴雨是相互促进的,低空急流的存在有利于暴雨的发生,而暴雨的发生又促进了急流的形成和维持。第三,低空急流是大尺度的系统,是可以预报的,研究低空急流的移动规律,是提高暴雨预报准确率的一个重要方面。

参考文献

陶诗言.1965.长江中上游暴雨短期预报的研究//中国夏季副热带天气系统若干问题的研究.北京:科学出版社.

南京气象学院,安徽省气象局.1972.暴雨中分析(一)、(二).油印本.

安徽省气象局.1974.一次江淮低涡切变线暴雨过程分析.

南京气象学院天气教研组.1974.关于我国南方低空西南风急流预报的探讨.

湖北省气象局科研所.1974.梅雨期内连续暴雨与急流切变线、涡的关系的初步分析.

甘肃省气象局.1974.甘肃大暴雨天气分析和预报.

暴雨维持和传播的机制分析[*]

朱乾根

许多研究已经指出了降水特别是暴雨对天气尺度系统的反馈作用,例如在降水过程中凝结潜热的释放能够促进低层气旋的生成和发展[1~4];同时,在暴雨过程中还伴有低空急流的形成与维持等[5~6]。而天气尺度系统又必将反过来对暴雨的维持和传播发生影响。一般来说,暴雨区是沿其上空的基本气流方向传播的。这种传播是通过怎样的机制进行的呢?本文试图通过一次暴雨过程的实例分析,定性地指出这次暴雨形成、维持和传播的机制。

1　暴雨过程概述

1972 年 7 月 1—3 日主要在淮河流域发生了一次大范围的暴雨天气过程,降水首先从汉水中上游开始发生,而后向东移动并发展,1 日夜移到安徽淮北地区,雨量最强,2 日移到江苏。图 1 是 7 月 1—2 日 08 时的雨量图,由图可见,大雨主要集中在黄淮之间,范围广大,安徽省界首县日雨量达 470.8 mm,为这次暴雨的中心。

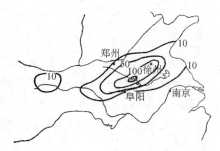

图 1　1972 年 7 月 1—2 日 08 时雨量图
（单位:mm,阴影区为大于 200 mm 降水区）

引发这次暴雨的天气尺度系统主要是 500 hPa 上的低涡,而后在降水过程中,低层(700 hPa,850 hPa)也相继有低涡生成,地面则形成了黄淮气旋。

2　垂直运动的传播

为了分析垂直运动,将非绝热的 ω 方程应用于 500 hPa 上:

$$\mathbf{\nabla}^2 \sigma\omega + f^2 \frac{\partial^2 \omega}{\partial p^2} = \frac{R}{P} \mathbf{\nabla}^2 \mathbf{V} \cdot \mathbf{\nabla} T + f \frac{\partial}{\partial p} \{ \mathbf{V} \cdot \mathbf{\nabla} (\zeta + f) \} - \frac{R}{c_p P} \mathbf{\nabla}^2 H \tag{1}$$

式中: $\sigma = -\dfrac{\alpha}{\theta} = \dfrac{\partial \theta}{\partial p}$ 为稳定度参数,H 为单位质量空气由于凝结潜热释放而引起的加热率,其他为常用符号。按照 Holton[8](1)式右端第一项为温度平流对垂直运动的贡献,可以近似地看作,当暖平流时有上升运动,冷平流时有下沉运动。右端第二项为涡度平流对垂直运动的贡献,可以近似地看作,当 500 hPa 上为正涡度平流时有上升运动,为负涡度平流时有下沉运动。

　*　本文发表于《南京气象学院学报》,1979 年第 1 期,1-7。

这两项统称为动力项。右端最后一项为凝结潜热释放对垂直运动的贡献,当凝结潜热释放时对上升运动有贡献,否则无贡献。这项称为热力项。

在 1 日 08 时的 500 hPa 图上(图 2),低涡位于河套地区,东部较冷西部较暖,等温线近于南北向与西风气流几乎垂直。淮河上游和汉水流域等温线密集,且西风较强(16~20 m/s),有较大的暖平流,而且又位于高原浅槽的前部,有弱的正涡度平流,因而这里应是强的动力上升运动区(以暖平流上升运动为主),降水开始从这里生成。2 日 08 时(图 3)黄淮之间普遍增温2~4℃。−6℃等温线由河南移到沿海,等温线密集带也移到江苏上空,同时这里的高空西风已增强到 26~28 m/s,有较强的暖平流,加上槽前的正涡度平流区也移到这里,因而 2 日 08时在江苏省上空应有较强的动力上升运动(仍以暖平流为主)。由上可见,与暴雨区的东移相配合,暖平流区及正涡度平流区也是自西向东移动的,特别是暖平流区其位置始终位于暴雨区的前部(比较图 1 和图 3),这说明动力上升运动对暴雨的形成、维持和传播有重要的作用。

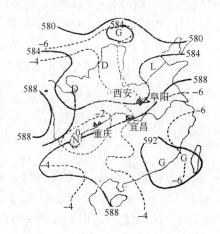

图 2 1972 年 7 月 1 日 08 时 500 hPa 图
(虚线为等温线,实线为等高线)

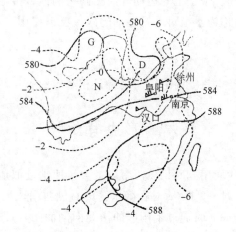

图 3 1972 年 7 月 2 日 08 时 500 hPa 图
(虚线为等温线,实线为等高线)

为与上述分析相对照,我们用运动学的方法(考虑地形作用)计算了大范围的垂直运动(空间步长取200 km)。图 4 是 1 日 20 时 3000 m 上空的垂直速度分布图,这张图大致可以表示 1 日 08 时—2 日 08 时的平均垂直运动情况,与图 1 对照可见,在 1—2 日 08 时的暴雨区上空为一上升运动区,上升运动中心在郑州与阜阳间,与暴雨中心相重合,中心数值为 12.5 cm/s,最大上升速度在 4500 m 附近,数值达 16 cm/s。这个上升运动区正好位于 1 日 20 时暴雨区的前部,与 1 日 20时 500 hPa 暖平流区相重叠(图略)。我们又按简化的降水量与垂直速度的关系式[7]用此垂直速度,推算了连续下降 24 h 的降雨量,不足 100 mm,只及暴雨中

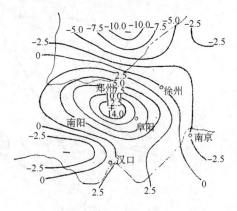

图 4 1972 年 7 月 1 日 20 时 3000 m
垂直速度分布(×10⁻² m/s)

心 470.8 mm 的 1/5。实际上暴雨并不是在一天之中均匀下降的,而是集中在数小时之内。例如,界首县从 7 月 1 日 20 时—2 日 04 时 8 h 内降水量即达 404 mm,占日雨量的 86%。如

以界首县 2 日 00 时—01 时 1 h 的降水量 112.2 mm 反推上升速度,则最大上升速度应为 4.6 m/s,平均上升速度为 2.9 m/s,超过了大尺度运动学方法所计算的上升速度 20 多倍。因此,可以近似地认为大尺度运动学方法所计算的垂直速度,主要代表动力上升运动;而两者之差(实际上与反推的上升速度量级相当),则代表中小尺度对流凝结释放所造成的热力上升运动。这部分热力上升运动是在大气处于对流不稳定(或条件不稳定)的情况下,由动力上升运动的触发而发展起来的。我们把它看作为暴雨对上升运动的直接反馈作用。如不考虑对流凝结潜热释放,如此强大的上升运动,使空气上升绝热膨胀冷却,引起的局地降温将远远超过 500 hPa 上的暖平流增温。因此可以说,暴雨区上空的实际增温,主要是由于对流凝结潜热释放所造成的。由于暴雨区上空的增温,使得暴雨区的前方冷空气一侧温度梯度增大,而在暴雨区的后方暖空气一侧温度梯度减小甚至反转为东暖西冷。因而在西风平流下,暴雨区前方暖平流加强,上升运动发展,而在暴雨区后方暖平流减弱,上升运动受到抑制,甚至转为冷平流下沉运动。于是上升运动区向暴雨区的前方传播。我们把这种凝结潜热释放对动力垂直运动的影响,称为暴雨对垂直运动的间接反馈作用。正是由于这种间接反馈作用推动了暴雨区向下游方向传播。

此外,暖平流的增强与西风气流的增强也有关,而西风气流的增强则与暴雨过程中相伴出现的低空急流的形成与维持是相对应的。

3 低空急流的形成与维持

我们用 850 hPa 西南风最大风速轴近似地表示低空急流轴。由图 5、图 6 可以看出,从 1 日 08 时—2 日 08 时在降水区的右侧西南风风速普遍由 12~16 m/s 增强到 20~26 m/s。图 7 是 2 日 08 时通过暴雨区的南北向剖面图,由图可见,在 700 hPa 左右有中心大于 28 m/s 的低空急流存在,而在 24 h 前是没有的(图略)。这说明低空急流是在暴雨过程中形成的。

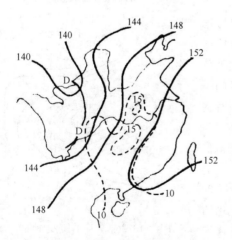

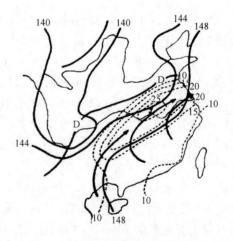

图 5 1972 年 7 月 1 日 08 时 850 hPa 图
[虚线为等风速线(m/s),实线为等高线及槽线]

图 6 1972 年 7 月 2 日 08 时 850 hPa 图
[虚线为等风速线(m/s),实线为
等高线及槽线,矢线为轨迹]

这次低空急流,不可能是一般所认为的对流动量交换所形成的。第一,因为低空急流位于暴雨区的右侧边缘,这里并没有对流发生或对流较弱。相反在对流较强的暴雨中心,而风速却较小(图7)。例如,汉口和南京两站皆在1—2日08时暴雨区的边缘。汉口没有降水发生,南京仅降2 mm,显然无对流,可是这两站850 hPa的风速,却分别由12 m/s和4 m/s增强到26 m/s和20 m/s,增长显著,这是用对流动量交换所不能解释的。第二,对流动量交换的结果,应使上下层风速趋于均匀。从图7可见,低空急流中心西南风速达28 m/s以上,向上风速显著减小,至更高空甚至转为偏东风,而在暴雨中心的西华上下风速却非常均匀,说明这里可能有对流动量交换发生,但这里却不是低空急流的中心,所以对流动量交换绝不是低空急流形成的原因。

那么,这次低空急流形成的主要原因是什么呢?

从1日20时的850 hPa图上(图8),可以看到在暴雨区及其周围地区实际风风向与等高线之间有明显的交角,且指向低压一侧,这样的流场和气压场配置表明,气压场对空气质点做功,空气的水平运动动能将要迅速增大,而在气压梯度较大的地区,显然增长得要更快些,就在这里形成了850 hPa上的最大风速带。另外,由于在高层无明显的地转偏差存在,甚至存在相反的地转偏差(图略),因而风速增长较慢甚至减弱。在摩擦层因受摩擦影响,风速增加也较慢。因而,在低空形成了西南风急流。

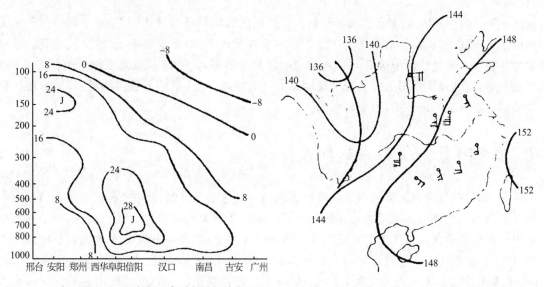

图7　1972年7月2日08时沿115°E剖面图(单位:m/s)　　图8　1972年7月1日20时850 hPa图

还应指出,与此同时,这里的地转风也是增加的,但比实际风的增长速率要小。例如汉口地转风由12 m/s仅增强到14 m/s;南京地转风由9 m/s仅增强到16 m/s。说明在暴雨发生前实际风速等于或小于地转风,暴雨发生后,因实际风的增长大于地转风的增长,变为大于地转风,即超地转风。超地转风的存在是低空急流的一个重要特征。从法向运动方程所揭示的力的平衡原理可知,只有当空气质点运动轨迹呈反气旋式弯曲时,大气才有可能较长时间保持超地转的状态。比较图5、图6及图8可以清楚地看出,从1日08时—2日08时(特别是在1日20时—2日08时),长江中下游及其以南广大地区,由偏南气流顺转为偏西气流,说明在这地区,空气质点的运动轨迹是反气旋式的。为进一步说明,我们绘制了2日08时前后通过

850 hPa 急流轴上几个点的空气水平运动轨迹(因这里的垂直速度不强,可近似认为运动是水平的),见图 6 之矢线,由图可见,这几点的一空气质点都是从副高脊线附近移来,并取反气旋式的运动路径,穿越等压线由高压指向低压。一面移动,一面加速,当到达气压梯度最大的区域时,风速也增强到最大。由于它继续作反气旋式的路径运动,因而保持为超地转的风速。这也可能就是经常看到的大多数低空急流总是存在于副高边缘的原因。

　　问题是,这样大范围的地转偏差是如何生成的呢?因为低空急流与暴雨过程同时发生,它的生成显然与暴雨的关系极为密切。这种关系可表述如下:一方面由于在暴雨过程中对流凝结潜热释放,并通过水平扩散,使暴雨区整个上空空气增暖,大气柱伸长,从而使低层减压,高层加压。在低层有低压生成(参见图 6,在河南一带有低涡生成),使其南侧副高边缘的气压梯度加大,即地转风增大。另一方面,由于对流凝结潜热释放引起巨大热力上升运动,同时产生低层辐合(参见图 4 及图 9),高层辐散,从而加强了低层由副高内部辐散出来的空气质点向暴雨区方向的运动,产生了指向低压的地转偏差。因此,在低压的南部,暴雨区的右侧、副高的边缘形成了超地转的低空西南风急流。

　　我们知道,在稳定的大气中,垂直运动是地转适应建立的重要机制[8][9],而在静力不稳定的大气中,可以看到对流凝结潜热释放所造成的热力上升运动,则是地转适应破坏的机制。一旦地转平衡破坏,超地转的低空急流建立以后,在低空急流的上空将出现:$\dfrac{\partial v}{\partial z} < \dfrac{\partial v_g}{\partial z} < 0$,即热成风($V_T$)小于实际风的垂直切变绝对值。在这样的流场和温度场结构下,将引起沿风矢量方向的水平涡度的减弱[5],从而造成围绕急流的垂直反环流,即暖空气下沉,冷空气上升。这种次生的垂直环流迫使暴雨区有向右侧移动的趋势。然而,由于与低空急流相对应的 500 hPa 气流的增强,加强了暴雨前方的暖平流动力上升运动,促使这里的不稳定能量释放,暴雨区仍主要沿基本气流方向传播,但稍向右偏。

4　水汽输送和不稳定区的传播

　　众所周知,低空急流是向暴雨区输送水汽的主要通道。因此,低空急流的形成与维持将有利于暴雨的水汽供应。但是并非在低空急流左侧的任何地区都可以有暴雨出现,而是在那些水汽通量辐合最大的地区才有暴雨生成。图 9 是 1 日 20 时 850 hPa 的水汽通量散度图。由图可见,在暴雨区为一水汽通量辐合区,其辐合中心在徐州、阜阳间,比暴雨中心略偏东,2 日 08 时,辐合中心沿东偏南方向移入江苏,暴雨中心也移到镇江、南京一带(图略)。然而,水汽通量辐合又主要是由空气速度辐合所决定的,也就是说,只有在低层辐合上升运动强烈发展的地区,才有水汽通量的大量辐合。上已阐明,在暴雨区的前方有利于动力上升运动的发展,但仅此是不能形成暴雨的。只有在对流不稳定的条件下,才能引起强烈的对流热力上升运动的发展,从而有暴雨形成。从本例的分析可发现,低空急流同时也是使对流不稳定区向暴雨前方传播的重要机制。

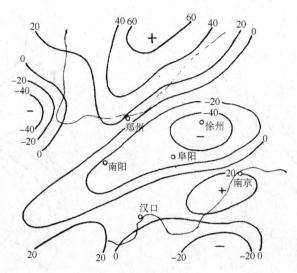

图 9　1972 年 7 月 1 日 20 时 850 hPa 水汽通量散度[×10⁻⁵ g/(kg·s)]

$$图 9\quad 1972\text{ 年 }7\text{ 月 }1\text{ 日 }20\text{ 时 }850\text{ hPa 水汽通量散度}[\times 10^{-5}\text{ g/(kg·s)}]$$

表 1 列出了郑州和南京两站在暴雨过程中,500 hPa 和 850 hPa 温度、湿度及稳定度的变化数据(郑州在暴雨边缘降中雨,南京位于 2—3 日 08 时的暴雨中心)。由表可见,郑州和南京在降雨前对流不稳定度是发展的(郑州 6 月 30 日—7 月 1 日,南京 6 月 30 日—7 月 2 日),降暴雨后,对流不稳定度迅速减小(郑州 7 月 2 日,南京 7 月 3 日),大气层结接近湿绝热。后者显然是由于暴雨过程中,水汽大量向上输送和凝结潜热释放的结果。而对流不稳定度的发展则是由于低层增温、增湿超过高层的增温增湿所造成,其中特别以低层的增湿影响最大。我们知道在降水未发生前,局地水汽的增加主要是由于水汽平流所造成的。图 10、11 表示了 1 日 08 时和 2 日 08 时 850 hPa 上的水汽平流情况,图上湿度中心与当时的降水区是重叠的,而在雨区的前方,等比湿线密集,有较强的湿平流,特别在 2 日 08 时,由于低空急流形成后,湿度平流明显增大,其数值大约由 1 日 08 时的 4×10^{-5} g/kg·s 增大到 24×10^{-5} g/kg·s,增长约 5 倍。而同时间该区上空 500 hPa 湿度平流,仅及 850 hPa 的一半。正是由于这种上下层之间的湿度平流差异。使暴雨前方有对流不稳定度的发展。从宏观上来看,就是对流不稳定区沿基本气流方向传播。它的传播与上空暖平流动力上升运动的传播基本一致,因此,在暴雨前方它们重合的地区便有新的暴雨形成。

表 1　降雨前后郑州、南京 T, T_d 和 $\Delta\theta_{se}$ 的变化(单位:℃)

日期	郑州							南京						
	500 hPa			850 hPa				500 hPa			850 hPa			
	T	T_d	θ_{se}	T	T_d	θ_{se}	$\Delta\theta_{se}$	T	T_d	θ_{se}	T	T_d	θ_{se}	$\Delta\theta_{se}$
6.30	−7	−18	58	22	13	73	−15	−8	−16	57	18	8	58	−1
7.1	−7	−13	61	20	16	79	−18	−5	−19	59	21	14	75	−16
7.2	−4	−9	68	17	15	72	−4	−6	−8	67	21	18	86	−19
7.3								−1	−2	84	20	18	84	0

时间:08 时,$\Delta\theta_{se} = \theta_{se}(500) - \theta_{se}(850)$

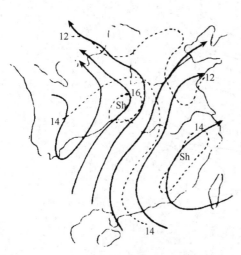 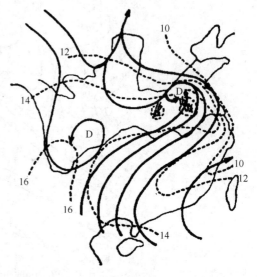

图 10　1972 年 7 月 1 日 08 时 850 hPa 水汽平流　　　图 11　1972 年 7 月 2 日 08 时 850 hPa 水汽平流
〔实线为流线,虚线为等比湿线(g/kg)〕　　　　　〔实线为流线,虚线为等比湿线(g/kg)〕

　　需要说明的是,由于这种不稳定度的变化过程有时时间很短促,因此,在现时的观测时间间隔(12 h)下,并非在降暴雨的每一探空站的记录中都能清楚地反映出来。

5　结　论

　　根据上面的分析,我们可以将这次暴雨的维持和传播过程概括如下:

　　首先,在对流不稳定区,主要是由于暖平流的动力上升运动,引起对流运动的发展产生暴雨。由于对流凝结潜热释放,一方面使暴雨区上空气层增暖,一方面加强了热力上升运动,形成和维持了低空急流。而后暴雨区对流不稳定消失,在暴雨区后部有暖平流动力上升运动的减弱(或冷平流下沉运动的发展),在暴雨区中则由于超地转的低空急流所引起的次生垂直环流,而有下沉运动发展,于是原暴雨区减弱、消失,与此同时,在暴雨区的前部,主要由于低层的湿度平流,使这里的大气层变为对流不稳定,而在上空又有暖平流动力上升运动的发展,遂促使不稳定能量释放,有新的暴雨产生。整个过程是一个新陈代谢的过程,从宏观上来看,就是暴雨区沿其上空的基本气流方向向前传播。当然,在这过程中,涡度平流的动力上升运动也有一定的作用,但相对于暖平流动力上升运动是较小的。

参考文献

[1] Danard M B. On the influence of released latent heat on cyclone development. *J. Appl. Met*, 1964, **3**(1):27-37.

[2] 新田尚. On the development of the relatively small scale cyclone due to the release of latent heat by condensation, *J. Met. Soc. Japan*, 1964, **42**(4).

[3] 黄士松,林元弼,韦统健,等.江淮气旋发生发展和暴雨过程及有关预报问题的研究.大气科学,1976,(1):27-41.

［4］斯公望. 一次江淮气旋发生发展动力因素的计算分析. 大气科学,1976,(2):6-17.

［5］松本诚一. Unbalanced low-level jet and solenoidal circulationassociated with heavy rainfalls, *J. Met. Soc. Japan*,1972,**50**:194-203.

［6］朱乾根. 低空急流与暴雨. 气象科技资料,1975,(8):12-18.

［7］南京气象学院天气教研组,安徽省气象局. 暴雨中分析(一)、(二).1972,油印本.

［8］Holton J R. An introduction to dynamic meteorology. New York:Academic Press,1972.

［9］陈秋士. 中纬度大尺度系统发生发展的物理过程,数值预报和数理统计预报会议论文集.1974.

急流切变线暴雨的诊断分析[*]

朱乾根　　周　军

（南京气象学院）

1　前言

通常，梅雨雨带位于低空 700 hPa 江淮切变线及地面静止锋之间，如果切变线上有西南涡东移，在长江中下游地区往往有锋面气旋生成并伴有暴雨。此时雨带和暴雨区可用切变线和地面锋加以确定。当地面锋很弱甚至分析不出锋面时，雨带及暴雨区常位于低空西南风急流的左侧及 700 hPa 切变线右侧。前一种形势下降水主要由锋面抬升形成和维持，后一种形势下降水则与低空急流和切变线的作用有关。但大尺度低空急流左侧雨带与急流轴间的距离因个例而异，仅用急流轴指示雨带南沿有时欠确切。另外，统计发现[**]，暴雨并不都发生在低空急流风速中心左前侧，在低空急流风速中心左侧和左后侧甚至急流下方都可能产生暴雨，因而有必要进一步弄清楚急流切变线暴雨的物理机制，并找出更好的物理量以诊断雨带及暴雨的确切位置。

近年来我们对 7 次南方暴雨过程做了分析。本文试图结合一些急流切变线暴雨的实例，对雨带位置及暴雨落区进行诊断分析。

2　物理量分布特征与雨带位置

1978 年 6 月 9—12 日，长江流域江南地区发生了一次暴雨天气过程。11 日 08 时 700 hPa 切变线在沿江一带，西南风急流轴位于桂林、邵武一线。地面冷空气很弱，仅在贵阳、汉口一线勉强可分析一段弱冷锋。总的来说雨带位于切变线与低空急流之间（见图 1），但雨区南沿距离急流轴较远，特别是西段急流左侧有相当大地区没有降水。因此单纯用切变线和急流轴来确定降水区位置，显然是不够确切的。

为了了解低层温度场与雨带位置的关系，我们计算了 $\bar{T}$ 场，$\bar{T} = (T_{700} + T_{850})/2$。由图 1 可见，整个江南雨带位于东西向的一狭窄冷舌中，冷舌轴线与雨量轴线基本重合，即在雨量轴线上 $\partial \bar{T}/\partial y = 0$。冷舌南北侧温度梯度很弱，不存在锋区。这种冷舌与降水区的配置关系，在降水过程中一直存在。由于冷舌本身很可能就是降水的产物，显然与降水带的同时性关系较

＊　本文发表于《气象》，1986 年第 6 期，2-6。

＊＊　南京气象学院实习台

好,因此不能作为雨带预报的依据。

实践证明,总能量锋区或相当位温 $\bar{\theta}_e$ 密集带与雨带或暴雨区有较好的配置关系。计算结果表明,该过程中雨带始终位于 700 hPa 和 850 hPa 平均相当位温 $\bar{\theta}_e$ 高值轴线以北的密集带上(图 2)。与图 1 相比,$\bar{\theta}_e$ 高值轴线位于低空急流轴左侧,与雨带南缘更接近,因此比低空急流轴具有更好的指示关系。

据 $\theta_e = \theta\exp[Lq/c_pT]$ 和雨带中 $\partial\bar{T}/\partial y \approx 0$ 的事实,可以推知 $\partial\bar{\theta}_e/\partial y \propto \partial\bar{q}/\partial y$,此式说明雨带上的 $\bar{\theta}_e$ 密集带实质上是由水汽经向梯度造成的。对比图 1 和图 2 可见,雨带北侧的 $\bar{\theta}_e$ 低值区正好是 $\bar{T}$ 的高值区,说明这里是一个高温干燥区;华南沿海的另一个 $\bar{T}$ 高值、$\bar{\theta}_e$ 低值区,则是副热带高压下沉运动所形成的。雨带南侧的 $\bar{\theta}_e$ 高值带,是一条以高湿为特点的暖湿空气带。所以与雨带配合的 $\bar{\theta}_e$ 密集带,实质上是大尺度的南方暖湿季风气团与北方变性的干热大陆气团之间的界面,它对雨带有指示性是可以理解的。

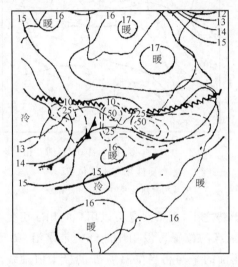 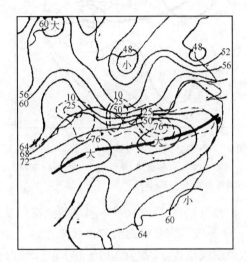

图 1　1978 年 6 月 11 日 08 时 $\bar{T}$ 场和
暴雨天气形势概况

[细实线为等 $\bar{T}$ 线,虚线为等雨量线(11 日 08 时—12 日 08 时),粗矢线为低空急流轴线,锯齿线为 700 hPa 切变线]

图 2　1978 年 6 月 11 日 08 时 $\bar{\theta}_e$ 场和雨带位置

(细实线为等 $\bar{\theta}_e$ 线,粗实线为 $\bar{\theta}_e$ 极大值轴线,虚线为等雨量线)

风速垂直切变 $(\partial v/\partial z)^2$ 与中尺度扰动的发展有密切的关系,一般来说切变愈强中尺度扰动愈易发展。但在本例中,发现低空急流轴附近风速垂直切变最大(图略),雨带并不发生在急流轴上,而是出现在切变值的极大轴与极小轴之间的过渡区中。这可能说明低层动力性扰动必须在大范围上升运动区中才能起作用,$(\partial v/\partial z)^2$ 极大值轴线上如果无上升运动,则虽有强的低层动力性扰动生成,也不能得到充分发展。

把 $\partial\theta/\partial z$ 与 $(\partial v/\partial z)^2$ 结合,可以得里查森数 Ri。计算表明,雨带及暴雨区一直位于 Ri 数极大值轴线与最小值轴线之间,图 3 为 11 日 08 时 Ri 数的分布。一般认为 $Ri \leqslant 0.25$ 时极易产生中尺度扰动,形成暴雨,而实际上图 3 中绝大部分地区均为 $Ri < 0$,结果并没有处处生成暴雨。这说明用 Ri 数做判据必须结合大尺度背景场的特点。但从图中可见 Ri 数极大值轴线可以作为大尺度雨带南部边缘的参考指标。

与低空急流相联系的另一个重要现象是压能（E_p）密集带对雨带的指示意义。我们曾经指出[1]，压能密集带与暴雨落区的关系甚至比低空急流轴线更好。本次过程中前期压能密集带与暴雨关系较好，后期较差，但仍比低空急流好。11 日 08 时 700 hPa 压能密集带位于江南，东面两个暴雨中心位于东西向压能密集带上，西面一个雨量中心在南北向压能密集带的出口区，这与我们所揭示的规律是一致的（图 4）。

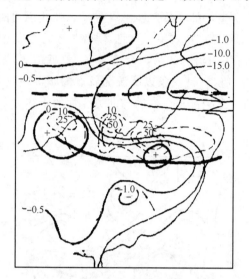 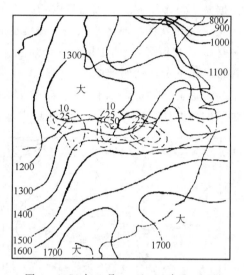

图 3　1978 年 6 月 11 日 08 时 Ri 数分布和雨带位置　　　　图 4　1978 年 6 月 11 日 08 时 700 hPa
〔细实线为 Ri 等值线（单位 10^2），粗实线（虚线）为　　　　　　　压能场与雨带位置
Ri 数极大值（极小值）轴线〕　　　　　　　　　　　　　〔细实线为等压能线（单位：3000 $m^2 \cdot s^{-2}$）〕

由此可见，在冷空气很不明显的急流切变线形势之下，雨带北缘可以用 700 hPa 切变线位置，或者压能场密集带北沿的位置来指示。雨带南缘的位置可以用压能密集带南沿、Ri 数的极大值轴线位置，或者 700 hPa 和 850 hPa 两等压面的平均相当位温场 $\bar{\theta}_e$ 的极大值轴线位置来指示。各物理量场的特征线与雨带的相对位置如图 5 所示。

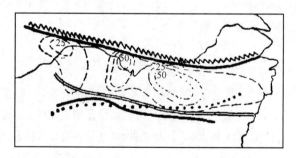

图 5　雨带位置与各种特征线的位置示意图
（锯齿线为 700 hPa 切变线，粗实线为压能场密集带南北边缘，双
细线为 Ri 数极大值轴线，粗点线为 $\bar{\theta}_e$ 极大值轴线）

700 hPa 和 850 hPa 的平均温度场虽对雨带有较好的同时性关系，但不能用于预报。在系统性降水中，$\Delta\theta_e$ 的负值中心常常不在雨带上，反而有时指示着下沉增温区；$(\partial v/\partial z)^2$ 的最大值轴线总与低空急流轴线相吻合，当雨带距低空急流轴较远时，$(\partial v/\partial z)^2$ 也不能很好地指示

雨带南缘位置。所以最好不用这几个物理量作为降水带的指示依据。

3 暴雨落区与边界层急流轴

如上所述,急流切变线形势下雨带的位置可用某些系统或物理量场中的特征线来指示。但雨带中暴雨区的位置,不能仅用低空急流上的风速中心来指示,还须作进一步探索。

在我国南方暴雨区的南侧,500 hPa 以下会同时存在两个相对独立的大风层,彼此风向相差很大,且各具风速轴心。1978 年 5 月中旬广西桂林地区发生了一场持续性大暴雨,当时雨区发生在 850 hPa 切变线以南、低空急流轴线以北,是一次急流切变线形势下的暴雨。图 6 是暴雨区西侧方向为 NNW-SSE 的高空风剖面图,从中可见高空风可以分为西—西北、西南、南—东南三个层次。每个层次都有一个急流轴心,最靠近地表的南—东南气流中心的急流轴心在海口上空 600 m 高度上,我们称它为边界层偏南风急流,以区别于南宁上空 2000 m 高处的西南风低空急流。

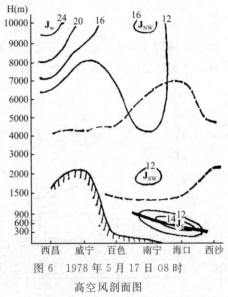

图 6   1978 年 5 月 17 日 08 时
高空风剖面图

(细实线为等风速线,粗实线为边界层急流轴,虚线为不同风层的分界面)

边界层偏南风急流和低空急流在形态特征和所在处空气的温湿状况等方面有很大的区别。而且边界层偏南风急流是我国南方暴雨普遍伴随的次天气尺度系统。众所周知,暴雨强降水出现在雨带中水汽通量辐合最强的地方,而边界层偏南风急流和低空急流,对水汽的输送和辐合状况,起十分重要的作用,因此可以用它们的空间位置指示暴雨落区的位置。

我们已经指出[2],暴雨的水汽主要靠其南侧的横向输送和西侧的纵向输送。这里的横向和纵向,指相对于低空急流轴的垂直方向和平行方向。由于低空急流轴一般近于 WSW-ENE 走向,所以横向近于南北向而纵向则近于东西向。纵向水汽输送主要集中在 850 hPa 到 500 hPa 之间,低层数值很小,因此主要是低空急流的贡献。横向输送主要集中在大气边界层中,是由近地层偏南风气流提供的。图 7 是降水区西侧和南侧的水汽横向输送垂直分布情况。从图 7a 中可见,南北方向上边界层偏南风急流所在的范围,就是水汽横向输送最强烈的地方,图中水汽输送等值线与边界层偏南风急流轴周围的等风速线走向一致,急流轴心也就是水汽输送轴心。在东西剖面(图 7b)中情况也是一样,南宁上空 600～900 m 处既是边界层偏南风急流的极大风速中心,又是水汽横向输送中心。图 7 再次证明进入暴雨区的横向水汽输送主要集中在大气低层,其输送通道与边界层偏南风急流相吻合,水汽直接来源于南海北部海面[2]。此外也再次证实了围绕低空急流轴存在一个经向垂直环流圈的事实[3]。

我们制作了 5 月 16—17 日和 5 月 26—27 日两个个例中边界层偏南风急流和低空急流水平伸展范围图(图略)。这里所说的边界层偏南风急流是按照如下标准选取的:①急流轴高度在 1000 m 以内;②风速在 11 m·s^{-1} 或以上;③急流轴以上再无其他大风层,或者虽有别的大风层,但风向差在45°以上且两轴间有2 m·s⁻¹以上的风速递减。图上还绘出1 h暴雨区位置及低空急流轴上的最大风速中心。由图中可见,在26—27日的过程中,暴雨区都位于低空急流轴上风速中心的左前侧,这符合通常所说的暴雨落区和低空急流轴之间的配置关系。在16—17日的过程中,16日08时暴雨区也在低空急流风速中心左前侧,但后两个时次暴雨区就分别出现在急流风速中心的左侧和左后侧。显然此时用低空急流轴和其上的风速中心就不能指示暴雨的确切位置了。但是如果用边界层偏南风急流轴和低空急流轴相交的方式来指示暴雨落区,则无一例外,所有的暴雨区全部出现在两轴相交后构成的第一象限内。由于这里是用两条急流轴相交的形式指示暴雨落区的,我们称之为"两轴相交法"。

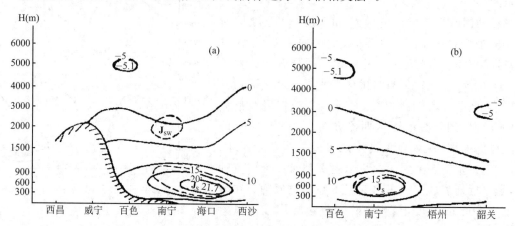

图 7　水汽横向输送垂直分布图
(实线为水汽横向输送等值线。虚线为急流范围)
(a)南北向剖面　(b)东西向剖面

　　两轴相交法的基础是建立在水汽输送中心对暴雨落区有直接的指示意义之上的,而水汽的纵向输送中心又是与低空急流相对应,横向输送中心则与偏南风边界层急流相对应。用探空站资料难以准确反映横向水汽输送中心的详细位置,不如直接用测风资料寻找边界层偏南风急流轴的位置方便。多数情况下两种急流轴总会相交,但也有的时候边界层急流轴会在低空急流南侧不远处终止,此时边界层急流轴的延长线与低空急流所构成的相交图案仍对暴雨区有指示意义。如16日20时的情况即是如此。分析表明,如果两轴相交愈近于或大于90°,且边界层急流愈强,则暴雨也就愈强;如果两轴近于平行或趋于相切,则低空急流左侧也就无强降水发生。这是由于水汽横向输送太弱,水汽的通量辐合也因此太弱的缘故。

4　小结

　　通过以上对无冷空气或冷空气较弱情况下,由急流切变线形成的雨带和暴雨落区的诊断分析,可以概括为如下几点:

　　(1)急流切变线形势下雨带与几种物理量场和天气系统的特征线间有好的对应关系。考虑到预报的时效,可以选取后延性较长的因子作为雨带位置的判据,它们是700 hPa切变线位置,Ri数极大值轴线位置,$\bar{\theta}_e$极大值轴线位置以及压能密集带位置。

　　(2)雨带中暴雨区的位置可以用低空急流轴和边界层偏南风急流轴(或其延长线)相交后

组成的第一象限来指示。风速愈大,愈近正交,降水也愈强;两轴趋于相切,降水就很弱。

（3）急流切变线间的降水带是由这两个系统本身的动力结构造成的,当它们一起出现以后,围绕低空急流轴会形成两个次生垂直环流圈,它们都会使气流在急流左侧上升,右侧下沉,同时在急流轴下方形成附加的偏南风气流。偏南风附加气流会加强水汽的横向输送,为急流左侧上升运动区低层提供大量的水汽,并使暴雨区内的层结不稳定重建,从而在低空急流和切变线之间形成雨带。

参考文献

[1] 朱乾根,包澄澜.压能场用于暴雨分析.气象科学,1980,(1-2):65-75.

[2] 朱乾根,周军.暴雨的水汽源地,华南前汛期暴雨文集.气象出版社,1981.

[3] 朱乾根,洪永庭,周军.大尺度低空急流附近的水汽输送和暴雨.南京气象学院学报,1985,校庆增刊:131-139.

A Study of Circulation Differences between East-Asian and Indian Summer Monsoons with their Interaction[*]

Zhu Qiangen（朱乾根）, *He Jinhai*（何金海） and
Wang Panxing（王盘兴）

Nanjing Institute of Meteorology, Nanjing

ABSTRACT: Primarily based on the 1979 FGGE data an analysis is made of the circulation differences between the East-Asian and Indian summer monsoons together with their oscillation features and also the interplay between various monsoon systems originating from the fact that the Asian monsoon area is divided into the East-Asian and Indian regions, of which the former is demarcated into the Nanhai (the South China Sea) and the Mainland subregion.

I　INTRODUCTION

The Asian monsoon studies have been focused on the Indian system in view of its great intensity and other profound features. In recent years Chinese researchers have indicated that the East-Asian and Indian summer monsoons are separate systems Cheng *et al*.[1,2] shows that both are separate systems with different properties and major elements of each own. During the period of the intense ITCZ when the Nanhai (the South China Sea) summer monsoon (SM) is active, the Indian SM is often in a break-off state, and vice versa. In 1979, for instance, an evident off-break happened in the Indian SM whereas the East-Asian SM was quite active. Jin *et al*.[3] demonstrates that the East-Asian SM has considerable influence on the Indian one, but there is only slight effect of the latter on the former as regards the surface pressure and low-level geopotential height fields and that the interface between both systems is around 95°—100°E. Liang *et al*.[4] indicates that in the transitional season the Nanhai SM originates upstream from the Indian SM and in midsummer from a cross-equatorial flow. Yet You[5] shows that the East-Asian SM results from the Indian.

It should be pointed out that the above studies are limited mainly to the Nanhai-western Pacific area without reference to China's mainland. On the other hand, while much research has been carried out into the SM over the mainland by Chinese investigators, no distinction is made between the SM over the mainland and India, especially over the mainland and Nanhai. In fact, as shown in the present work, the Nanhai SM is not just the eastward extension of

---

　　[*]　This article published in *Advances in Atmospheric Sciences*, 1986, Vol. 3 No. 4, 466-477。

the Indian monsoon and the mainland SM is not the northward extension of the Indian and Nanhai SM's, either. They are independent systems. The aim of this paper is to make analysis of the East-Asian and Indian SM and also a preliminary study of the differences between the subsystems over the Mainland and Nanhai.

In addition, the articles cited above show that, in general, the East-Asian system affects the Indian one as regards the interaction. However, this study indicates that the opposite type of effect can not be ignored.

II DIFFERENCES IN CIRCULATIONS BETWEEN THE EAST-ASIAN AND INDIAN SM SYSTEMS BEFORE AND AFTER THE ESTABLISHMENT

1. Differences in the Low-Level Circulations

Through a synoptic statistics study of the daily 700 hPa flow fields of both regions over the period of May—July 1979 major differences are obtained of the low-level circulations over these two SM areas prior and subsequent to the establishment. They are described as follows.

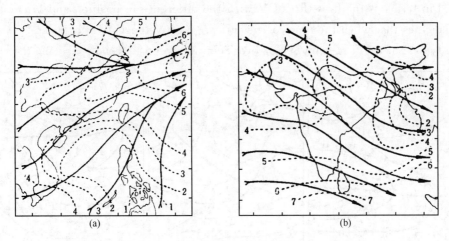

(a)   (b)

Fig. 1.   The mean flow field at 700 hPa for May—July 1979

(a) the East-Asian region; (b) the Indian SM region. Solid lines with arrows represent
streamlines and broken isotaches in units of m • s^{-1}

(1) Difference in the mean flow fields

Fig. 1 depicts that a) the WSW and WNW flows are prevalent for the East-Asian and the Indian regions, respectively; b) for the former the mean flow field exhibits an amplitude variation in direction $3/4\ \pi$ (WNW—SSE) and a greater relative variability* of the wind-speeds 0. 486 while for the latter only $3/8\ \pi$ (NW—WSW) and 0. 343; c) the mean flow field over the East-Asian region displays a marked convergence around 30°N while that over the Indian SM area essentially the parallelism of flows.

The difference of the prevalent current in direction is primarily due to the effect of the mean west flow past the Qinghai-Xizang (Tibetan) Plateau in a roundabout way while the difference in the complexity of the mean flow fields is based upon the fact that the East-Asian SM system consists in essence of the Mainland and Nanhai subsystems and the Indian system is simple in nature.

(2) *Difference in the characteristics of time sequences in the departure flow fields*

By applying the empirical orthogonal function (EOF) method to the vector fields major characteristics vectors (CV) are obtained of the time sequences Of the departure flow fields in both the regions for May—July 1979, together with the ratio of these CV fitted with the to-tal variance of the departure fields, ρ_h A comparison of ρ_h indicates that the first three of the CV are much more significant than the others for the East-Asian region while only the first CV is most important for the Indian SM area. In view of their consequence they are termed major CV of both the regions respectively (Figs. 2a—c and 3a).

As shown in Fig. 2, the subtropical high as the most important system in East Asia is illustrated in terms of the first three CV with the difference in position and orientation. A-nalysis indicates that when the time coefficients are positive (negative), the first CV shows a situation typical of the first rainy season over South China (the second period and the wet period

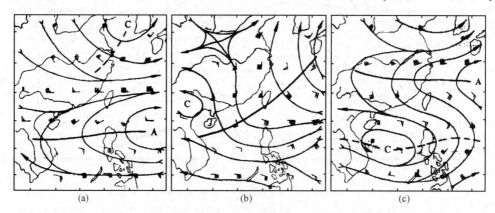

(a)　　　　　　　　　　　(b)　　　　　　　　　　　(c)

Fig. 2.　　Major CV of the time sequences in the daily departure flow fields at 700 hPa over the period of May—July 1979 in the East-Asian SM region

(a—the first CV; b—the second; c—the third, The wind speed is 10^2 times that of the normalized CV in units of m · s^{-1})

---

* The relative variability is defined as the ratio of the average to the mean variance, of the change in speed with position in space。

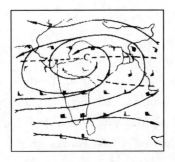

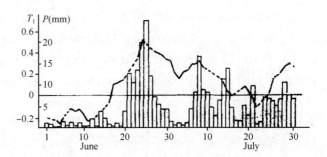

Fig. 3a.　The first CV of the time se-
quence for the Indian SM region; the others
are as in Fig. 2

Fig. 3b.　Relationship between the time coeffi-
cients (T_1) of the Indian first CV (curve) and the daily
average rainfall (P) of 21 stations in the central plain of
China (blocks) for June—July 1979

in North China); when the coefficients are positive, the third CV demonstrates a typical sit-
uation of the Changjiang-Huaihe plum-rain season; the second CV is capable of indicating a
situation favorable for vapor transport to all the above rainband.

The Indian depression is a unique system of importance to this region, which can be
shown in terms of the first CV, its center being in the middle and northern parts of the sub-
continent, covered by a continental high when the time coefficients are negative.

Based on the analysis of the evolution of time coefficients of the major CV of the East-A-
sian SM region, it is found that the May—July circulation evolution is featured by the pro-
gressive northward movement of the subtropical high; the weather processes of the rain-
band; the establishment of SM by the northward extension. And similar analysis made for
the Indian region indicates that the May—July circulation evolution is marked principally by
the replacement of the continental high by the Indian depression; the weather processes of
the dry by wet season; and the establishment by an outbreak. In addition, the time coeffi-
cients of the Indian first CV reflect a medium-term oscillation of the SM during its prevalent
activities, as shown in Fig. 3b by the quasi-synchronous change in the first CV time-coeffi-
cient curve for the Indian region and that of the daily averaged rainfall of 21 stations on the
central plain of the country over the period of June—July 1979.

2. *Differences in the Upper-Level Circulations*

Fig. 4 delineates the change in the 100 hPa divergence field versus time at 120° (East A-
sian) and 65°E (between the eastern Arabian Sea and West India), respectively. A compari-
son of both the cases indicates that the upper-level circulations of the two SM systems are
clearly displayed in the divergence fields. The Nanhai (5°—15°N) divergence field is estab-
lished in the third pentad of May, corresponding to the building-up of SM (12 May) in this
region. This divergence belt persists till the fifth pentad of July. Obviously, it is an upper-
level offsetting current necessary to the updraft from the low-level SM trough after the Nan-
hai SM has been established and it is the upper-level reflection of the trough with its precipi-

tation. Hence the movement of this belt indicates that of the trough or SM. On the other hand, for the region between the Arabian Sea and India (around 20°N) the divergence belt is formed in the fourth pentad of June, which corresponds to the time of the Indian SM establishment, about 7 pentads later than the starting of the SM over the Nanhai. To the north of the South China Sea divergence belt there exists an evident convergence belt with a region of descending air, relative to the western Pacific subtropical high at low levels. For the West Indian SM area, south of the upper-level divergence band lies an intense convergence belt, in relation to the equatorial anticyclone at low levels. In addition, another divergence belt shows up over the mainland to the north of the Nanhai convergence band. With respect to the rainband of the first rainy season in South China, this belt is maintained in the neighborhood of 25°N from the third pentad of May to the fourth of June; associated with the plumrain season over the Changjiang reaches, it moves northward to about 30°N between the fourth pentad of June and the same period of the next month, before its moving further northward and putting an end to the plum-rain period. In the meantime the Nanhai divergence and convergence belts march toward the north; so do the related low-level SM trough and subtropical high. It follows that the East-Asian SM region is concerned with two upperlevel divergence belts in the north and south, which correspond to two low-level convergence belts and monsoon rainband. In view of the fact that both of the divergence bands are established in the third pentad of May, the SM system starts simultaneously over the Nanhai and Mainland, showing a tendency for the wind to move northward synchronously except that the Narwhal SM system travels at a lower speed and over a shorter distance than the Mainland type. Over the Arabian Sea-Indian region, however, only one divergence belt is available and maintained around 20°N, which is related to the low-level Indian SM trough along with the rainfall.

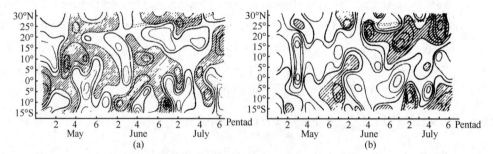

Fig. 4.　The time section of the pentad-averaged divergence field at 100 hPa for May—July 1979 (a—the section at 120 and b—at 65°E. The shaded area shows intense divergence; the heavy solid line denotes zero-value divergence; the double-broken the ridge line of the South-Asian high)

It is worth noting that both the Arabian Sea-India and the Nanhai divergence belts lie within the easterlies south of the South-Asian high, which are homologous to the low-level monsoon troughs, whereas the mainland divergence belt, relative to the low-level convergence band north of the subtropical high, lies within the westerly flow about or north of the ridge line of the South-Asian high. Therefore, the SM system associated with the upper-level divergence belt in the former case is tropical while the Mainland SM system related to the belt in the latter is subtropical in nature.

Based on the analysis of the evolution of the pentad mean u and v at the 100 hPa level (figures omitted) of the Nanhai (15°N, 115°—125°E) and the Indian SM region (15°N, 70°—80°E) for May—July 1979, it is found that a strong northeast wind over the sea after the third pentad of May is evidently the result of the westward by north movement of the South-Asian high center over this region, while for the Indian area a northeast wind begins only after the third pentad of June, i. e., about a month later than does an east wind in this region (the third-fourth pentad of May), which is closely linked to the eastward movement of the Iranian high. In view of the synchronous establishment of the low-level SM and upper northeast wind the seasonal transition of the upper-level circulation patterns over these two regions has significant differences in the setting-up process as well as in time, as demonstrated by the analyses above.

3. Difference in the Low-Latitude Circulations

Two vertical sections of the regions along 7. 5°N are selected for investigating the difference between the above SM systems in the circulation patterns at low latitudes. Fig. 5 illustrates the first and second CV of the u-component fields, which make to the square of the norm a contribution 42. 4 and 13. 0%, respectively.

As indicated by the first CV in Fig. 5a, for low latitudes, the interface between the east and west wind is located around the 400 hPa level; the Nanhai and Indian SM , regions each have an area of a stronger vertical shear of the zonal wind to the southeast, with the shear being even stronger in the area relative to the Indian region; since the first CV time coefficients in this period remain positive, the vertical disposition of the east and west winds is kept unchanged. However, the second CV indicates an opposite disposition over the low-latitude areas associated with the two SM regions, that is, the disposition over the Indian sector agrees with that as shown by the first CV, and that over the East-Asian region is to the contrary. The second CV time coefficients change to positive from negative in the mid-decade of May, leading to the intensification of the vertical shear of winds over the low-latitude Indian Ocean owing to the superimposition of these two CV and to an appreciable diminution of the shear over the Nanhai and the area to the east, with the total effect that the Walker circulation cell (an E—W vertical pattern) over the low-latitude Indian Ocean becomes reinforced from the mid-decade of May; the change of the second CV time coefficients from positive to negative in sign during the last decade of August suggests that the Walker cell in the western Pacific at low latitudes gets strengthened whereas that over the Indian Ocean is weakened. As a consequence, there exists significant difference in the low-latitude E—W vertical circulation pattern in relation to the two SM systems.

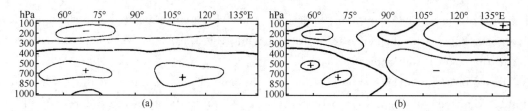

Fig. 5a and 5b.　The CV of the *u*-component fields in the 7.5°N vertical sections for May—August 1979

(a—the first CV; b—the second CV. The signs+and—denote a west and east wind, respectively)

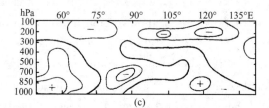

Fig. 5c.　The pattern of the first CV in the *v*-component field

in a vertical section along 7.5°N for May—August 1979

(The signs+and—denote a south and north wind, respectively)

　　Fig. 5c delineates a vertical section where the first CV in the *v*-component field makes a contribution of 20.6% to the square of the norm, much higher than do the Others. The fact that the first CV time coefficients of the *v*-component field are positive for May August 1979 for the most part results in the general pattern of the north and south winds in the low-latitude section as illustrated in Fig. 5c. This figure shows the difference in the low-latitude meridional circulations between the SM systems. The meridional circulation associated with the East-Asian system consists of a (weak) low-level cross-equatorial northward flow over Indonesia and a (strong) upper southward flow to the southeast of the South-Asian high while the circulation with respect to the Indian system is made up of a (strong) low-level Somalian jet and a (weak) southward flow to the southeast of the Iranian high. The interface between the meridional circulation cells is over the range from 80 to 90°E (at 7.5°N), where the circulation pattern is characterized by regions of a north wind, strong at low and weak at upper levels. The above-mentioned features are also typical of the circulation in the vertical section at the equator. Consequently, the two SM circulation cells on the low-latitude meridional planes associated with the two monsoon systems have significant properties different from each other.

　　Analysis indicates that the curves of the time coefficients of the three CV mentioned above have a nearly 40 day oscillation. The first CV in the *u* and *v* fields illustrates an in-phase oscillation of the vertical circulation cells (with an upper-level northeasterly and low-level southwesterly wind) at low latitudes in relation to both the SM systems; the second CV in the *u*-component field shows an antiphase oscillation of the zonal wind component in the low-latitude vertical sections relative to the SM systems. The latter case agrees quite well with the conclusion of Jin *et al*. [3].

III   INTERACTION BETWEEN THE SM SYSTEMS

As indicated in the introduction, the authors inclined toward varied emphases on the role of one of the SM systems in the mutual interplay. So far, the complicated problem has not been examined systematically-that is, only a small number of cases have been analyzed, with diagnostic analysis made merely of some of the aspects and dynamic studies just in the infancy. Therefore, it is of value to carry out extensive diagnostics of the problem. In the present work this problem is investigated through wave propagation, vapor transport and energy exchange and better understanding has been gained.

1. *Wave Propagation*

Fig. 6 shows the time-dependent evolution of the 850 hPa geopotential height H and the west-wind component u along 15°N. As illustrated in Fig. 6a, between 50 and 120°E H has a 40 day periodic oscillation for both the systems but the amplitude in the East-Asian SM region is smaller and 1～2 pentads later than the one in the Indian area. It follows that the wave motion is propagated eastwards, damping, until it disappears east of 120°E.

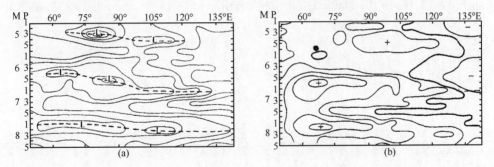

Fig. 6.   The time-dependent evolution of the 850 hPa geopotential height H (a) and the west-wind component u (b)along 15°N in units of 10 geopotential meters and m・s^{-1}, respectively. The isoline interval is 2 units. P—Pentad; M—Month

Fig. 6b shows that (1) over the Nanhai region an east wind is shifted to a west wind for the third pentad of May (during this period the SM system is established) with a 40 day periodic oscillation (mainly the alternation of the winds) and a smaller speed<10 m・s^{-1}; (2) in the fourth pentad of June (when the Indian monsoon breaks out) over the Indian area a weak west wind is greatly intensified, attaining a maximum speed>20 m・s^{-1} in the center of the wind belt, followed by a nearly 40 day oscillation of the wind intensity. Similar to the behavior of the wave motion in the height field, waves in the u field are carried eastwards, damping and vanishing to the east of 135°E.

Similar analyses made of the temperature and moisture fields (figures omitted) indicate that they are marked by a significant periodic oscillation. After the SM prevails over the

Nanhai, the temperature at 850 hPa drops below 20℃ and the moisture increases to above 14 g/kg, while in India when the monsoon has broken out (the fourth pentad of June) both the fields at the level show analogous change. Like the alternation of the east and west winds and oscillation of the west wind intensification mentioned above, the two element fields, particularly the moisture one, have a nearly 40 day oscillation, which is propagated eastwards in phase with that of the H and u fields.

It can be seen from the above that after the establishment of SM over the Nanhai and Indian Ocean the associated fields of H, u, q and T on the 850 hPa surface along 15°N undergo considerable variation. The first three, in particular, display a nearly 40 day in phase oscillation which is propagated towards the east.

Analyses of the 850 hPa power-spectrum curve (Fig. 7a) and the time-dependent evolution of the pentad mean height at 100 hPa (Fig. 7b) indicate that the height fields at low and upper levels have a quasi 40 day oscillation which is propagated eastwards and then northwards. The transfer of a high-value (low-value) area from India to a high-value (low-value) area south of the Changjiang River of China takes, on the average, about $2 \sim 3$ pentads, which is in agreement with the conclusion of He $et\ al$[7]. that it takes approximately $10 \sim 12$ days for the vapor fluxes of a maximal vertical integration to be transported eastward through India (75°E) to the Nanhai and then northward across its boundary (18.75°N).

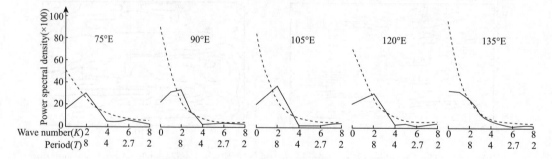

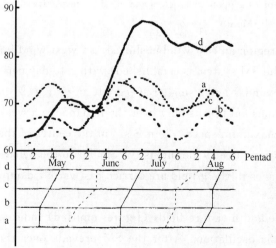

Fig. 7. The 850 hPa power-spectrum curves (7a, top) and the time-dependent evolution of the pentad mean height at 100 hPa (7b, left) for some regions. Fig. 7a shows the spectrum curves at 75, 90, 105, 120 and 135°E along 15°N for May—August 1979 (solid line) and the confidence $a = 0.05$ (broken line); Fig. 7b depicts pentad mean-height curves: a—India (15°—20°N, 70°—80°E); b—Bay of Bengal (10°—15°N, 85°—100°E); c—Nanhai (15°—20°N, 110°—125°E); d—southern side of Changjiang River (25°—30°N, 110°—125°E). The graph at the bottom indicates lines connecting the peak-(solid) and valley-points (broken line)

2. Vapor Transport

The bated-pass (with a 40~50 day oscillation) filtered data are analyzed from the vertical-integration vapor-flux field for May—September 1979. This frequency band is selected for use just because it is a band having a significant oscillation for a vapor flux (uq) field at low latitudes. The first and second CV fields obtained are illustrated in Fig. 8. The first CV field (where the ratio of a fitting to the total variance is 50%) indicates dearly that a positive-value center is between 10 and 15°N and a negative to the northeast, a zero-value line coinciding with the South-Asian SM trough. This means that when the time coefficients are positive, a vapor-transporting west wind is strong on the southern side of the trough and so is an east wind on the northern side, and vice verse. The second CV field (34%) shows that a positive center is shifted northeastwards with respect to that of the first CV field and a negative region shows up to the southwest. Since the curve of the first CV time coefficients goes by 1/4 wavelength in phase ahead of that of the second (figure omitted), the vapor transport oscillation is propagated northeastwards, implying that a large amount of water is transferred from the Indian into the East-Asian SM system with a low-frequency oscillation in intensity.

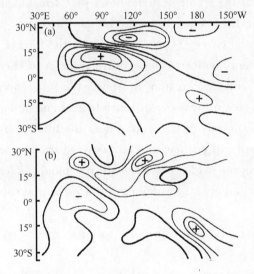

Fig. 8.   The normalized CV for a vertical-integration vapor transport (in terms of the band-pass faltered data of a 40~50 day periodic oscillation)

(a—the first CV; b—the second CV. The heavy solid line denotes a zero-value line. The isoline interval is 0.08)

3. Energy Exchange between Both SM Systems

The transport of various energies through a vertical section (0°—40°N, 100°E) for August—September 1982 is calculated with the data of 8 upper-air stations (48694, 48568, 48455, 48327, 56739, 56247, 56046 and 52652) in the vicinity of the interface of both the SM systems (about 100°E). For calculation purpose, the sector is divided into 4 regions, i. e., two parts in vertical by the 500 hPa surface and two portions in horizon by the boundary of the east and west winds at 300 hPa. These regions are labelled as Ⅰ and Ⅱ (north of the boundary and above and below the surface, respectively), Ⅲ and Ⅳ (south of the boundary and above and below the surface, respectively). The calculation results are given in Table 1.

Table 1. Energy-Flux Density through the 100°E Vertical Section* (Units: J · hPa^{-1} · cm^{-1} · s^{-1})

Energy	Region						Whole Section
	Ⅰ	Ⅱ	Ⅰ+Ⅱ	Ⅲ	Ⅳ	Ⅲ+Ⅳ	
$uc_pT(10^5)$	2.34	0.65	1.68	−1.24	0.89	−0.1	0.48
$uL_q(10^3)$	1.88	2.70	2.20	−0.34	7.61	3.92	3.49
$u\varphi(10^5)$	1.07	0.13	0.706	−1.07	0.07	−0.462	−0.09
$uK(10^2)$	4.04	0.15	2.53	−1.52	0.22	−0.58	0.44
$uE(10^5)$	3.43	0.80	2.41	−2.53	1.03	−0.52	0.43

* c_pT—sensible heat energy; L_q—latent hear energy; φ—potential energy; K—kinetic energy; E—total energy.

From the table the following can be summed up concerning the energy exchange between the two SM systems from the period of its prevalent activities to the retreat.

(1) The calculation of the whole section shows that sensible and latent heat and kinetic energies are carried to the East-Asian from the Indian SM region (including the Plateau in the north) whereas potential energy is transferred from the former to the latter region. The calculation of the total energy indicates an eastward transfer of energy.

(2) Evidently. the Nanhai SM region transports the total energy to the Indian and this is accomplished via the westward transfer of sensible heat and potential energy by the upper-level easterlies. In the lower part of the troposphere the total energy and all components of energy are carried eastward. In particular, the eastward-transported latent heat energy (in form of vapor) is by no means neglected, although its amount is less than those of potential and sensible heat energy. A quite large amount of the vapor is turned into SM rainfall for the East-Asian region.

(3) The Qinghai-Xizang Plateau transports various types of energy to the Mainland SM subregion.

It follows that for the energy exchange between the East-Asian and Indian SM regions (the latter includes the Plateau in the north) energies are transferred eastwards and for that between the Nanhai and Indian SM systems the total energy is carried westward. It should be noted that the eastward transfer of latent heat energy is of particular importance to the Mainland SM rainfall.

Ⅳ CONCLUDING REMARKS

This article indicates that the East-Asian and the Indian SM systems are characterized by significant differences and strong interaction. The complexity of the lower-tropospheric flow field and some other aspects of the East-Asian system originates from two subsystems (i. e. , the Nanhai tropical and Mainland subtropical SM systems) different in essence as its components while the Indian system is simply tropical in nature. So complicated is the interplay between both the systems in forms of wave propagation, vapor transport and energy exchange. Particular emphasis is on the interaction in a low-frequency oscillation way extremely important to low latitudes. The results show that the effect of the Indian on the East-Asian SM system takes the first place. Some studies, however, emphasize a reverse effect which, as demonstrated by Zhu et al.[8], may be concerned with the inter play in a secondary low-frequency-oscillation way. Such effect can be visualized as low-latitude easterly waves progressing from the Nanhai to the Bay of Bengal.

REFERENCES

[1] Chen Longxun, Jin Zuhui, et al. Medium-range oscillation in tropical circulation during streamer over Asia. Acta Oceanologica Sinica, 1983, **5**: 575-586 (in Chinese).

[2] Chen Longxun, Luo Shaohua. An analysis of atmospheric circulation at low latitudes over the western Pacific during the strong and the weak ITCZ periods, Proceedings by Institute of Atmospheric Physics, Academia Sinica, Science Press, 1979, (8): 77-85 (in Chinese).

[3] Jin Zuhui, Chen Longxun. On the medium-range oscillation of the East Asia monsoon circulation system and its relation with the Indian monsoon system, Proceedings of the Symposium on the Summer Monsoon in Southeast Asia. People's Press of Yunnan Province, 1982, 204-217 (in Chinese with English abstract).

[4] Liang Biqi, Liang Mengxuan, Xu xiaoying. The cross-equatorial current in the lower troposphere and the summer monsoon in the South China Sea. Proceedings of the Symposium on the Summer Monsoon in Southeast Asia. People's Press of Yunnan Province, 1981, 39-48 (In Chinese with English abstract).

[5] You Liyu. The influence of seasonal transit of circulations in the Northern and Southern Hemispheres on the activities of summer monsoon, Proceedings of the Symposium on the Summer Monsoon in Southeast Asia, People's Press of Yunnan Province, 1982, 30-44 (in Chinese with English Abstract).

[6] Zhang Jijia, Wang Panxing, et al. Synoptic and statistical analysis of the seasonal transformation of the low-latitude atmospheric circulation and the effect of diabatic heating by the Qinghai-Xizang Plateau. Journal of Nanjing Institute of Meteorology, 1983, (1): 1-13 (in Chinese with English Abstract).

[7] He Jinhai, Murakami T, Nakazawa T. Circulation with 40—50 day oscillation and changes in moisture transport over Asian monsoon in 1979 summer. Journal of Nanjing Institute of Meteorology, 1984, (2): 163-175 (in Chinese with English abstract).

[8] Zhu Qiangen, Wang Xin. Energy exchange between the eastern and western monsoon regions in Asia during summer and its oscillation. Journal of Nanjing Institute of Meteorology, 1985, (3): 266-275 (in Chinese with English abstract).

我国的东亚冬季风研究*

朱乾根

（南京气象学院）

摘　要：本文对我国近年来关于东亚冬季风及与其相联系的南半球夏季风的研究作了介绍和评述。

　　几年来，我国气象工作者对东亚冷涌向赤道的传播，冷涌引起的中低纬环流相互作用，冬季风的低频振荡特征，冬季风与厄尔尼诺事件的联系等做了大量工作，涉及当今世界关于季风研究的所有前沿课题，所取得的成果已经接近或达到国际水平。但某些领域的研究尚需加强。

1　概述

　　东亚的东北季风是北半球冬季最活跃的环流系统，它的活动可以影响全球范围大气环流的变化。强的冬季风爆发后能够向南传播侵入南海抵达赤道地区，尔后越过赤道转为南半球的夏季风。因此，东亚冬季风的活动，不仅会造成中高纬地区的强烈降温、降雪、大风、霜冻等灾害性天气，还可引起低纬地区以至印度尼西亚，澳大利亚等地的暴雨，从而影响这些地区的旱涝。对东亚冬季风的研究既具有很高的学术价值，更具有重要的社会经济意义。

　　图 1[1]显示了北半球冬季对流层高、低层的环流。由图可见，在北半球低纬 70°E—180°的宽广范围内，低层皆为一致的东北风，并越过赤道进入南半球。130°E 以东的越赤道气流主要

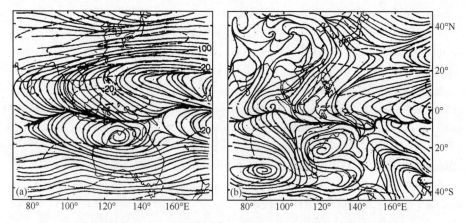

图 1　1987 年 1 月低纬 200 hPa(a)和 850 hPa(b)流场
[虚线为等风速线(n mile/h)，矢线为流线，粗实线为高(低)层辐散(合)带]

　　*　本文发表于《气象》，1990 年，第 16 卷第 1 期，3-10。

是来自太平洋副热带高压的东北信风；130°E 以西的越赤道气流主要是来自西伯利亚—蒙古冷高压的东北季风。越过赤道的气流在南半球转为西北风，这就是南半球的夏季风。这股西北气流与来自南半球中纬的偏南气流在 5°S 附近辐合，形成了南半球夏季对流降水带（图 1(b)）。在高层，南北半球低纬皆为副热带反气旋控制，其中北半球的反气旋主体偏东。在低层辐合带上空为高层辐散带，南侧为偏北风，在南半球副热带地区下沉，至低层后又转为偏南气流转回到辐合带中，构成了南半球的局地 Hadley 环流。在北侧为偏南风，越过赤道进入北半球后与西风急流相汇合并下沉，至低层转为东北风，越过赤道后再辐合上升，构成了北半球的局地 Hadley 环流。

以上虽是 1987 年 1 月的平均流场，但大致表示了北半球东亚冬季风的环流特征。

东亚冬季风活动可以分为三个阶段，即爆发阶段、向南传播阶段和中低纬环流相互作用阶段。一般将影响中高纬地区的冬季风称为寒潮，当冬季风侵入低纬后称为冷涌。

1957 年陶诗言[2]研究了影响中国的寒潮源地和路径，把巴尔喀什湖至新西伯利亚一带确定为亚洲寒潮的关键区。这些概念至今仍被广泛应用。广大气象台站对寒潮预报进行了大量的工作。20 世纪 80 年代初，我国气象工作者集中进行了寒潮中期预报的研究，仇永炎等[3][4]对其作了系统的总结。他们指出，全国性寒潮爆发，大多发生于极区高压打通，切断极涡构成东半球倒 Ω 流型下，并给出了倒 Ω 流型的建立、演变和寒潮爆发各过程中的能量变化。这些研究为认识寒潮暴发的物理机制和寒潮预报做出了贡献。

70 年代末，我国开始了有组织的东亚季风研究，但主要致力于夏季风，只是在近几年东亚冷涌的研究才逐步开展，本文将着重一对此进行介绍和简单的评述。

2 冷涌向赤道的传播

卢文通等[5]研究了东亚冷涌向南传播的非地转特征。图 2 是他们根据欧洲中期天气预报中心的资料，计算的一次强冷空气影响下 850 hPa 的非地转风分布，在冷高压中心的东侧和南侧均有较强的向外流出的非地转风气流，锋区附近的偏北非地转风尤其清楚。此外，在高原东北侧有很强的偏北非地转风。这说明非地转风与高原的绕流作用有关。正是由于这种强的非地转风，促使冷空气从高原东侧加速南下。500 hPa 上的非地转风同样是在锋区附近较强，但以偏南风为主。这种上下层的非地转风分布，产生了锋区附近的次级环流。朱乾根等[6]和杨松等[7]的数值试验结果，清楚地表明这种次级环流的存在。图 3 是以 1982 年 12 月 24 日 20时作为初始场，积分 24 h 和 48 h 120°E 上的经圈环流。由图可见，30°N 以北整层为冷空气偏北下沉气流，30°N 附近为偏南上升气流，构成一个深厚的经圈环流。而且计算表明，积分 48 h (b) 的下沉和上升速度均强于积分 24 h(a) 的。这说明冷涌在南下过程中环流是在不断加强的。从图 3 还可看到，在 30°N 以南的低纬，偏北风冷涌只存在于近地面的浅薄气层中，一般不超过 700 hPa。可见冷涌是一股从冷气团中自低层泄出向南传播的东北气流。丁一汇等[8]根据 5 年资料统计表明，在 1000 hPa 上冷涌主要经东海向西南进入南海，在 107°E 附近越过赤道到达南半球。陆菊中等[9]指出，在前冬冷涌主要从台湾海峡进入南海，在后冬冷涌先从东海向东南进入西太平洋，尔后再向西南经菲律宾进入南海。另有一些冷空气从西部经广西沿中南半岛东岸南下。从东部南下的冷空气主要在海上移动，变性快，温、湿度较高；从西部南下的冷空气主要在陆地上和中南半岛东岸冷水上翻区移动,变性慢,温、湿度较低。丁一汇等[10]研究了西伯利亚冷高压形成和南下变性过程中的热量收支状况。

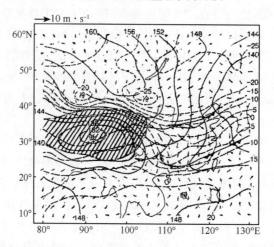

图 2   1980 年 1 月 29 日 12 GMT 850 hPa$(V-V_g)$分布
实线为等高线,虚线为等温线,矢线表示非地转风风向、风速,阴影区为高原地形

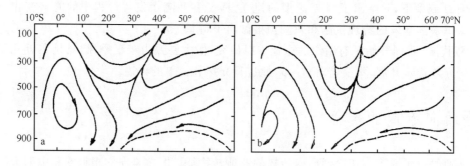

图 3   120°E 上的经圈环流
(a)积分 24 h,(b)积分 48 h

冷空气进入南海后,一般在冷锋前部常会产生气压涌升和北风加强的现象,并很快向南传播,共速度可达数十米/秒,这就是冷涌前缘,它具有重力波的特征。周学群[11]指出,中纬对流层中低层的冷平流可能是冷涌前缘的波动源,只有在南海 700 hPa 附近具有稳定大气层结时,才能产生重力波。

朱乾根等[5]对于青藏高原大地形对冷涌的作用进行了数值试验研究。图 4(a),(b),(c),(d)分别是有地形时积分 12,24,36,48 h 的近地面流场。图中显示出 3 个主要特征:(1)在大地形东部边缘有一大于 6 m·s^{-1}的偏北风带,30°N 以北为西北风,以南为东北风,称为冷空气输送带。在无大地形的试验中不存在,因此,这是冷空气沿高原东侧绕流加速而形成的。(2)积分 12 h 南海东北风前缘抵达 15°—20°N,积分 24 h 东北风已扩展到赤道地区,向南传播速度达 50 m·s^{-1}左右,大大超过风速。在无大地形的试验中,同样出现这种现象,只是速度略小些。在试验中冷涌过境时风速增强均先于温度下降,因此可以判断,冷涌前缘具有与大地形无关的重力波特征。(3)在冷涌前缘后部出现一个东北风风速极大中心,先是沿高原边界向南移动,然后沿高原南侧转向西移进入孟加拉湾。由于其移速较冷涌前缘慢,沿高原边界传播,且风向与大地形边界大致平行,特别是在无大地形的试验中此移动的风速中心不复存在,因而可以认定,这是大地形边界所激发的 Kelvin 波。此外,绝热与非绝热试验的积分结果基本一致,因此对冷涌来说,高原的热力作用不是主要的。陆维松等[12]从包含大地形效应的线性浅水方程组出发,考虑了青藏高原大地形由西向东的等斜率坡度,从理论上导得了文献[6][7]所揭示的现象,进一步证实了 Kelvin 波和重力惯性波的存在。

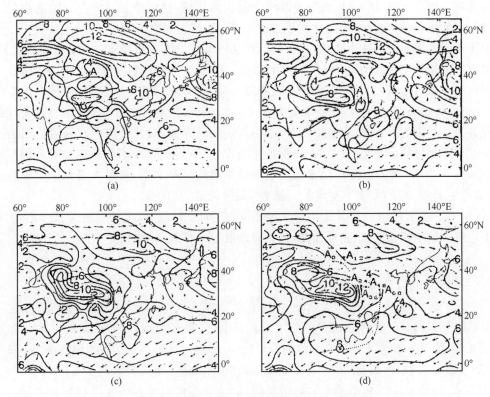

图 4　有地形时数值模拟的地面流场和等风速线(m·s^{-1})

(初始场同图 3)

3　冷涌引起的中低纬环流相互作用

冷涌南下侵入低纬后,常可引起加里曼丹西北海面上积云对流的发展和扰动的加强。朱复成[13]研究了这种积云对流的发展过程。起初冷涌前缘的低层辐合有利于积云的发展,加里曼丹和马来西亚半岛的陆风辐合以及暖洋流也对积云发展有利;随后冷涌的降温降湿又破坏了积云生成发展的条件,从而产生负反馈作用。然而冷涌的总体影响是促进积云对流活跃的。由于强对流降水,水汽大量凝结释放潜热,使得这里成为北半球冬季的热源中心。陈隆勋等[14]计算了亚洲季风区各月的热源结构,他们指出夏季亚洲的热源中心在孟加拉湾,冬季亚洲大陆成为冷源,热源中心移至西太平洋低纬地区。

低纬对流发展对低纬环流有重大影响。朱抱真[15]的数值试验表明,由东亚大陆进入低纬的东北冷涌,可以导致局地 Hadley。环流和西太平洋 Walker 环流的加强。朱乾根等[6]的数值试验表明,冷涌不仅可使局地 Hadley 环流加强,而且可使 Hadley 环流圈南移(图 3),同时还证实有青藏高原大地形比没有大地形时的 Hadley 环流更强些。局地 Hadley 环流加强的原因，一方面是冷空气南移下沉加强了它的下沉支，另一方面是冷涌激发的对流上升运动加强了它的上升支。杨松等[7]指出，冷涌南下过程中东亚副热带西风急流即开始加强，这可能是由于冷涌下沉，引起高层辐合及偏南气流加强，在地转偏向力的作用下转为偏西气流，从而加强了西风急流。积分 36 h 至 48 h 副热带西风急流达到最强，这可能是对流上升引起高层向北的辐散气流加强，从而使偏南气流达到最强的结果。以后西风急流减弱。

由于东亚冷涌向南的冲击作用，在赤道低层还可以激发出一系列向东西方向传播的波动，其中最主要的是向东传播的 Kelvin 波，它的特征是以纬向气流为主，强西风区向东传播。

中高纬环流对于低纬对流的响应也很明显。莫秀珍等[16]的计算表明，在北半球冬季期间，存在 7 种遥相关型，其中太平洋-北美遥相关型（PNA）的产生，即与印度洋到西太平洋的对流发展有关。黄荣辉[17]的理论研究指出，冬季低纬热源异常，对北半球中高纬对流层大气环流的异常有很大影响。冬季低纬强迫源所产生的准定常行星波，准水平地通过对流层传播到高纬度对流层上层，波的振幅在此最大。他的数值试验结果表明，热带太平洋上空的热源异常，可以产生 PNA 型的大气环流异常。理论与观测结果颇为一致。

Hadley 环流与 Walker 环流上下层气流相反，是斜压性的。而低纬对流引起的 PNA 型波列上下层流型的位相相同，是正压性的，这种波动属于二维 Rossby 波。

4　冬季风与低频振荡

东亚冬季风具有明显的振荡现象。仇永炎[3]指出，寒潮活动周期为 20 天左右。陈隆勋等[18]分析得出，北半球冬季长波射出辐射（OLR）具有 14 天和 30～60 天的周期振荡。整个冬季 14 天周期振荡向东传播，1980—1981 年和 1981—1982 年冬季这种振荡主要活动于 160°E—180°，然而在 1982—1983 年冬季厄尔尼诺期间，活动中心移到赤道印度洋和东太平洋。朱乾根等[19]和吴秋英等[20]的数值试验发现，冬季，当地表温度受热力学方程（不考虑温度平流）制约时，海表温度（SST）异常可以形成对流扰动。SST 扰动及对流降水均具有准双周振荡的特征，且降水量的振荡位相比 SST 振荡位相落后 1/3 周期。SST 的变化主要与太阳辐射有关（不考虑平流时），而降水强度的变化与积云的发展有关。因此，可以认为，准双周振荡是由云-辐射相互作用所形成的。此外，试验表明扰动是向东传播的，并可引起周围广大地区内的环流变化，可见这种振荡是东传的，在 SST 异常暖的地区振荡更为活跃。

杨松等[21]的研究发现，弱冷空气活动具有单周周期振荡，强冷空气活动则具有准 40 天周期振荡。图 5(a)、(b)、(c)分别是 1980—1981 年冬季寒潮关键区的 850 hPa 温度距平、单周滤波和准 40 天滤波曲线。由图 5(a)可见，整个冬季有多次弱冷空气活动，各区之间无明显的对应关系，很难追踪它们的活动规律。但其中有 3 次较强的冷空气活动，可以从关键区一直追踪到南海。在关键区内振幅最大，越向南振幅越小，由关键区传播至南海约需 7 天。图 5(b)、(c)显示，单周周期的冷空气活动振幅很小，而准 40 天周期的冷空气活动振幅较大。准 40 天周期振荡与 3 次强冷空气活动一一对应，单周周期振荡虽也与强冷空气活动相对应，但它更多的是与弱冷空气相对应，且其振幅小。因此，一直影响到南海的强冬季风主要具有准 40 天的低频振荡特征。

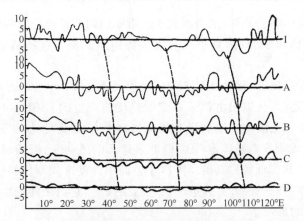

图 5(a)　1980—1981 年冬季寒潮关键区和 4 个影响区的 850 hPa 温度距平曲线

（A 为江北区, B 为江南区, C 为华南沿海, D 为南海, 下同）

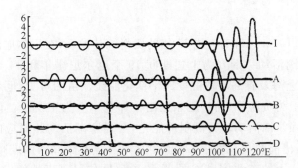

图 5(b)　1980—1981 年冬季寒潮关键区和 4 个影响区的单周滤波曲线

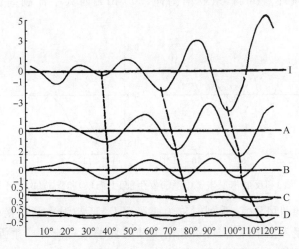

图 5(c)　1980—1981 年冬季寒潮关键区和 4 个影响区的准 40 天滤波曲线

　　分析表明南半球的夏季风同样具有显著的低频振荡特征。智协飞等[22]研究了北半球低频季风活动与南半球低频夏季风对流的联系。他们根据 1981 年 11 月—1982 年 3 月的 OLR 和 850 hPa 风场资料, 用扩展经验正交函数分析发现, 冬季 850 hPa 上来自东亚沿岸的 30~60 天的低频东北风, 向南传播越过赤道后可以转为印度尼西亚—北澳大利亚地区的夏季西北风。当其与澳大利亚热低压西侧的低频偏南风辐合时, 可以产生的强烈的对流, 该地区进入夏季风活跃期。反之,夏季风中断。此外,来自西太平洋沿赤道向西延伸的低频西北风与澳大利亚以东海上加强的低频西南风辐合时,夏季风对流区将向东扩展。这些结果与未经滤波的分析相似。

1985年李崇银[23]提出了"移动性CISK"驱动季风槽脊等30～60天周期变化的观点,强调了积云反馈的作用。随后,又提出由积云对流加热反馈产生的CISK-Rossby型波动,是赤道以外热带大气30～50天振荡的主要激发和驱动机制[24]。由此可见,积云对流反馈可以加强原已存在的低频季风活动。徐德祥等[25]强调低纬地区的风切变、流场辐散辐合、非绝热加热以及地转参数 f 等,是热带低频振荡的基本因子。而中纬度准周期性斜压发展导致的低频冷涌,是热带大气低频振荡的一种外界强迫。在适当条件下,它们之间产生共振,可使热带大气低频振荡获得突发性的加强。

5　冬季风与厄尔尼诺

李崇银[26][27]根据1910—1984年共75年的资料统计发现,在厄尔尼诺发生前的冬半年经常有频繁的东亚强寒潮活动。图6为上述期间19个厄尔尼诺年和14个反厄尔尼诺年发生前,冬半年(10～4月)上海及青岛平均温度距平变化曲线。由图可见,厄尔尼诺年4月份之前的半年内两地都基本上为负距平;而反厄尔尼诺年却基本上为正距平。说明厄尔尼诺事件发生前东亚确有频繁的强寒潮活动。其机制可能是,与强寒潮活动相对应的500 hPa强东亚大槽向东南方向传播时,槽前的负高度距平使西北太平洋副热带高压高度减弱并南移,从而促使副高南侧赤道中太平洋上的东北信风减弱,最终导致厄尔尼诺事件的发生。徐淑爱[28]指出,冬季风强年,亚洲西风环流减弱,东亚槽南伸,500 hPa西太平洋副高偏弱。冬季风弱年则相反。

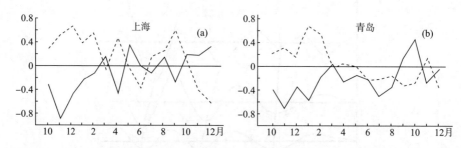

图6　厄尔尼诺年(实线)和反厄尔尼诺年(虚线)发生前,上海(a)和青岛(b)月平均温度距平变化曲线

东北信风减弱(即西风异常,强烈时称为西风爆发)还与强冷涌向南侵入南半球有关。如上所述,东北风冷涌侵入南半球后,可引起南半球的夏季风对流并产生强烈扰动,在扰动北侧的赤道西太平洋上就可产生西风异常,强烈时产生西风爆发。朱乾根等[29]指出,1986—1987年厄尔尼诺的发生与1986年夏季以来赤道西太平洋上的西风异常有关。由于该年赤道西太平洋北侧SST异常暖,加之该处有南半球偏南风异常,促使西太平洋赤道附近扰动频繁发展,因而赤道西太平洋上西风加强。可见来自南半球的强冷涌也会促使西风爆发或东北信风减弱。

陈隆勋等[30]指出,1981—1982年冬季OLR 30～60天振荡在赤道西太平洋和印度洋异常活跃,但是在 1982—1983 年厄尔尼诺发生期间,西太平洋的低频振荡受到抑制,而在东太平洋得到加强。这似乎表明,冬季低频振荡可以激发厄尔尼诺的发生。实际上,强冬季风和赤道西风爆发皆具有低频振荡特征,因此,这些结论都是一致的。

厄尔尼诺的发生对东亚冬季风也会产生强烈影响。郭其蕴[31]、朱乾根等[29]指出,厄尔尼诺事件发生的当年冬季,东亚冬季风偏弱。郭其蕴还指出,厄尔尼诺当年冬季东亚大陆冷空气南下路径偏东(实际上是冬季风偏弱的表现),东亚冬季风经圈环流异常,表现为近赤道地区下沉,而在南北半球副热带上升,因此我国南方多雨。反厄尔尼诺年情况相反,冷空气路径偏西,东亚冬季风经圈环流主要表现为赤道附近上升,南北两侧下沉,我国南方少雨。赖莹莹等[32]指出,冬季风强且晚,华南春雨少;冬季风强且早,华南春雨多。

6 结束语

多年来,我国对冬季风的研究主要限于寒潮暴发及其对我国各地的影响,这方面已经取得许多重要成果。但对于冬季风的向南传播,青藏高原对冷涌的作用,冷涌对低纬对流、环流和南半球夏季风的影响,低纬对流对中高纬环流的作用,低频冬季风活动以及冷涌与厄尔尼诺的关系等很少研究。而这些问题对于认识冬季风的活动规律及其与大气环流的相互作用都是极为重要的,对于中长期天气预报也是极为有用的。同时,这些问题也是当代世界气象界致力研究的前沿课题。

我国气象工作者在短短几年中对这些课题进行了研究,并取得一批可喜的成果,从而填补了这方面的空白。中美季风科研合作计划及其实践对推动我国冬季风的研究起到了积极的作用。目前这种合作研究正在继续深入,相信必将取得更丰硕的成果。

虽然我国的冬季风研究在使用手段和方法上,在取得的成果上已经接近或达到国际先进水平,但研究还是不平衡的,在某些领域研究尚不够深入,成果也不多。今后我们更应有组织有计划地进行,克服上述不平衡现象。我们必须加强低频冬季风活动的研究,低纬冷涌对流对中高纬环流反馈的研究,以及冬季风与厄尔尼诺的联系等的研究。我们还必须加强诊断分析的研究,以便揭露更多有意义的新事实,在此基础上通过各种方法探讨其物理过程,为设计热带数值预报模式提供依据,为改善我国的寒潮预报提供新的思路。

参考文献

[1] Darwin Tropical Diagnostic Statement. 1987,**6**(1).

[2] 陶诗言. 东亚冬季冷空气活动的研究,短期预报手册. 中央气象局,1957.

[3] 仇永炎,等. 中期天气预报. 科学出版社,1985,309-346.

[4] 仇永炎,等. 寒潮中期预报研究进展. 气象科技,1983(3).

[5] 卢文通,丁一汇,温市耕. 东亚冬季风中非地转风的初步研究. 气象科学研究院院刊,1988,**3**(2):138-150.

[6] Zhu Qiangen, Yang Song. Simulation study of the effect on cold surge of the qinghai-xizang plateau as a huge orography[J]. *Acta Meteorologica Sinica*, 1989, **3**(4):448-457.

[7] 杨松,朱乾根. 冷涌结构及冷涌期中低纬环流相互作用的数值试验. 热带气象,1989,**5**(3):228-333.

[8] 丁一汇. 东亚冬季风的统计研究. 热带气象,1990,**6**(2):119-128.

［9］陆菊中，林春育.东亚冬季风强弱变异与梅雨期旱涝的关系.气象科学技术集刊，1987，(11)：77-82.

［10］Ding Y H，Krishnamurti T N. Heat budget of the Sibarra in high and the winter monsoon. *M. W. R.* 1989，**115**，2428-2449.

［11］周学群.两次冷涌过程的分析.热带气象，1989，**5**(1)：57-62.

［12］Lu Weisong，Zhu Qiangen. Theoretical study on effect of qinghai-xizang plateau upon cold surge[J]. *Acta Meteorologica Sinica*，1990，**4**(5)：620-628.

［13］朱复成.冬季风潮及其对低纬深厚积云对流和低层流场的影响，天气学新进展.气象出版社，1986，309-325.

［14］陈隆勋，李维亮.亚洲季风区各月的大气热源结构，全国热带夏季风学术会议文集.云南人民出版社，1982，246-258.

［15］朱抱真.冬季风期间行星尺度环流特征的数值研究，西安全国季风会议.1988.

［16］莫秀珍，梁必骐，冯志强.北半球冬季风期的遥相关与低频振荡，1988.同［15］.

［17］黄荣辉.冬季低纬热源异常在北半球对流层大气环流异常中的作用.气象学报，1985，**43**(4)：410-422.

［18］Chen L X，Xie A. On the propagation of biweekly oscillation in northern winter and its relation to the El Niño. AMS. 1988.

［19］朱乾根，吴秋英.热带大气准双周振荡的数值试验研究[J].气象科学，1989，**9**(4)：341-352.

［20］吴秋英，朱乾根.热带大气环流对低纬太平洋 SST 暖异常的响应.南京气象学院学报，1990，(1)：11-22.

［21］杨松，朱乾根.东亚地区冬季大气低频振荡与冷空气活动关系的初步研究[J].南京气象学院学报，1990，**13**(3)：309-347.

［22］智协飞，朱乾根，雷兆崇.印尼—澳大利亚北部低频夏季风活动及其与南北半球流的联系[J].热带气象，1990，**6**(4)：307-315.

［23］李崇银.热带大气运动的特征.大气科学，1985，**9**(4)：336-346.

［24］李崇银.赤道以外热带大气中 30～60 天振荡的一个动力学研究.1988.同［15］.

［25］徐德祥，何金海，朱乾根.热带大气低频振荡基本因子的一个动力学分析.1988.同［15］.

［26］李宗银.频繁的强东亚大槽活动与 El Nino 的发生.中国科学(B 辑)，1988，(6)：667-674.

［27］李崇银，胡季.东亚大气环流与厄尔尼诺相互影响的一个分析研究.大气科学，1987，**11**(4)：359-364.

［28］徐淑爱.冬季风异常的环流特征及其与初夏华南降水的关系.热带气象，1988，**4**(3)：263-271.

［29］朱乾根，谢立安.1986—1987 年北半球冬季亚、澳地区大气环流异常及其与西太平洋 SST 异常的联系.热带气象，1988，**4**(3)：254-262.

［30］Chen L X，Xie A，Murakami T. OLR 资料可揭示的 El nino 和 30～60 天振荡之间的关系.气象科学技术集刊.气象出版社，1987，(11)：26-35.

［31］郭其蕴.东亚季风活动与厄尔尼诺的关系.1988.同［15］.

［32］赖莹莹，吴晓敏.冬季风与华南春夏降水，广东省气象台技术报告.第 8610 号，1986.

青藏高原大地形对夏季大气环流和
亚洲夏季风影响的数值试验[*]

朱乾根　　胡江林

（南京气象学院）

摘　要：利用 OSU 的大气环流模式进行了青藏高原大地形对夏季大气环流影响的数值试验。结果显示在无大地形的情况下，大陆性气候将向南扩展，印度和我国东部地区的季风严重地减弱南移。在增加青藏高原地形高度的情况下，亚洲区的季风仍然存在，季风环流发展，热带季风的降水进一步增加。试验结果还证实，高原地形对大气环流的影响远不是局限于夏季风地区，它对南北半球之间的相互作用、全球东西风带的南北位移等都有巨大的影响。

关键词：青藏高原；大气环流；夏季风；数值试验

　　青藏高原大地形对大气环流的影响特别是对亚洲夏季风的影响的研究一直是气象界感兴趣的课题，Manabe 和 Terpstra[1]通过青藏高原大地形的对比试验，指出大地形对亚洲冬季风的环流型的维持作用是重要的。朱乾根和杨松[2]通过数值模拟指出青藏高原大地形的热力作用对东亚冬季风无明显影响，而它的动力作用非常显著。对于夏季的情况，Murakami 等[3]用一个 8 层的两维模式模拟了有地形和无地形两种情况下的夏季风环流，指出只有在模式中引入山脉后方能模拟得到比较实际的纬向风。Hahn 和 Manabe[4]用 GFDL 的九层大气环流模式模拟了有地形和无地形情况下的南亚季风环流，指出当没有大地形阻挡时大陆性气候将向南扩展，夏季风南退。钱永甫和郭晓岚[5]用一个五层大气和一层海洋的有限区域原始方程模式模拟出无青藏高原大地形时东亚地区的副热带降水将增加，而倪允琪[6]利用低谱全球模式得到地形作用将增大青藏高原降水量的结果，骆美霞、张可苏[7]指出对东亚季风环流系统的形成，大气的非绝热作用比地形的动力作用更重要；而对印度季风环流系统的形成，地形的动力作用和大气的非绝热热力作用同等重要。

　　以上研究强调了大地形对大气环流的影响的重要性。然而由于大气环流的复杂性，所有的研究仍然只是初步的，需要用更多的大气环流模式来检验这些结论。况且以上很多试验并非用完全的大气环流模式，也没有考虑增加地形高度情况下的结果。本文从 OSU 的两层大气环流模式出发，经长时间积分，讨论了模式大气去掉青藏高原大地形和增加青藏高原大地形高度两种情况下夏季大气环流的平均状况，重点放在对我国夏季天气气候有重要影响的亚洲季风环流上。

---

* 本文发表于《南京气象学院学报》，1993 年第 16 卷第 2 期，120-129。

1　模式简单介绍及试验方案

1.1　模式简单介绍

为说明青藏高原大地形对夏季大气环流和夏季风的影响,我们采用包含全部物理过程、实际的海陆分布和地形高度的俄勒冈州立大学两层大气环流模式(OSU—AGCM)。该模式在垂直方向上采用 σ 坐标

$$\sigma = (p - p_T)/\pi$$

其中 $0 \leqslant \sigma \leqslant 1$,向下增加。$p_T$ 为模式顶气压,固定为 200 hPa。地面气压参数 $\pi = p_s - p_T$,p_s 为地面气压。主要的变量分布在模式的 $\sigma = 0.25$ 和 $\sigma = 0.75$ 面上。模式动力学方程组矢量形式如下

$$\frac{\partial}{\partial t}(\pi \boldsymbol{V}) + \boldsymbol{\nabla} \cdot (\pi \boldsymbol{V V}) + \frac{\partial}{\partial t}(\pi \boldsymbol{V} \dot{\sigma}) + f \boldsymbol{K} \times \pi \boldsymbol{V} + \pi \boldsymbol{\nabla} \Phi + \pi \sigma \alpha \, \boldsymbol{\nabla} \pi = \pi \boldsymbol{F} \tag{1}$$

$$\frac{\partial}{\partial t}(\pi c_p T) + \boldsymbol{\nabla} \cdot (\pi c_p T \boldsymbol{V}) + \left(\frac{\rho}{p_{00}}\right) \frac{\partial}{\partial \sigma}(\pi c_p \alpha \dot{\sigma} \theta) - \pi \alpha \sigma \left(\frac{\partial \pi}{\partial t} + \boldsymbol{V} \cdot \boldsymbol{\nabla} \pi\right) = \pi H \tag{2}$$

$$\frac{\partial \pi}{\partial t} + \boldsymbol{\nabla} \cdot (\pi \boldsymbol{V}) + \frac{\partial}{\partial \sigma}(\pi \dot{\sigma}) = 0 \tag{3}$$

$$\frac{\partial}{\partial t}(\pi q) + \boldsymbol{\nabla} \cdot (\pi q \boldsymbol{V}) + \frac{\partial}{\partial \sigma}(\pi q \dot{\sigma}) = \pi Q \tag{4}$$

$$\alpha = RT/\rho \tag{5}$$

$$\frac{\partial \Phi}{\partial \sigma} = \pi \alpha \tag{6}$$

这里 $p_{00} = 1000$ hPa,$\theta = T \left(\dfrac{p_{00}}{p}\right)^\kappa$,$\kappa = \dfrac{R}{c_p}$,$R$ 为气体常数,c_p 是定压比热,其他符号具有气象上通常的意义,其中 $\boldsymbol{\nabla} \cdot (\pi \boldsymbol{V V}) = (\pi \boldsymbol{V} \cdot \boldsymbol{\nabla}) \boldsymbol{V} + \boldsymbol{V} \boldsymbol{\nabla} \cdot (\pi \boldsymbol{V})$,$\dot{\sigma} = \dfrac{\mathrm{d}\sigma}{\mathrm{d}t}$,当 $\sigma = 0$ 和 $\sigma = 1$ 时 $\dot{\sigma} = 0$。

模式在水平方向的离散化采用有限差分形式,水平格距分别为 5 个经距和 4 个纬距,时间积分方案采用中央差和向前差交替进行的方式。对每个积分小时先进行四步松野格式的向前差,后进行两步蛙跃格式的中央差,时间步长为 10 min。模式中下边界的地表温度、地表湿度和雪盖为预报变量,分别由地表热平衡方程、地表水分收支方程和雪量收支方程决定。地表类型分耕地、森林、草地、半沙漠、沙漠、冻土、陆冰、海冰和海洋九种。边界层采用通常的整体空气动力学方法参数化,其中拖曳系数 c_D 修正为

$$c_D = \begin{cases} \text{Min}[0.001(1+0.07|V_s|), 0.0025] & \text{水面} \\ \left. \begin{array}{l} 0.002(1+3z_s/5000), z_s \leqslant 1660 \\ 0.004(1+1z_s-1660)/10960, z_s > 1660 \end{array} \right\} & \text{非水面} \end{cases}$$

这里 z_s 为地表高度,V_s 是地表风速。c_D 的这种取法与原模式有所不同,主要是为了使青藏高原地区的 c_D 比较接近 1979 年青藏高原科学考察的观测结果[8]。

模式还包括干对流调整、大尺度凝结和蒸发、积云对流、长波辐射和短波辐射等物理过程。太阳常数取 1351 J/(m² · s),模式中还考虑了 O_3 含量的纬度和季节变化。模式中海表温度

是逐日变化的,取值为多年平均值。

1.2　试验方案

本文要考虑的是青藏高原大地形对大气环流和夏季风的作用,共包括 3 个试验。除了地形这个边界条件外,初始条件都是相同的:大气为等温($T = 310$ K)、静止($V = 0$),初始地表温度等于纬向平均的海表温度,初始地表湿度是耕地:0.6、森林:0.6、草地:0.5、半沙漠:0.1、沙漠:0.01、冻土:0.05,大气湿度低层取 50%、高层取 10%,初始的雪盖由文献[9]读出。而地形这个边界条件在试验 Ⅰ(也称为控制性试验)中取实际的地形高度(网格点平均高度),这个高度在青藏高原大地形地区的最高高度为 4400 m 左右。试验 Ⅱ 为去掉青藏高原高度试验,地形的高度在青藏高原地区(60°—120°E,18°—58°N)取为 200 m(如果实际地形高于 200 m)。去掉青藏高原不仅去掉了高原的动力作用,而且使得高原对大气的加热降至低层。试验 Ⅲ 为增加青藏高原高度试验,地形的高度在青藏高原地区增加一个 ΔH,由下式给出

$$\Delta H(I, J) = 2000.0 \times \sin\left(\pi - \frac{I - 55}{70}\right) \times \sin\left(\pi - \frac{J - 14}{48}\right)$$

其中 $\pi = 3.1416$,$I = 60, 65, 70, \cdots, 120$ 表示经度数,$J = 18, 22, 26, \cdots, 58$ 表示纬度数。增加高原高度不仅使高原的动力屏障作用抬高,而且使高原对大气的加热高度抬高。3 个试验积分时间均是从 5 月 1 日到 7 月 31 日共 92 个模式日,这样在分析夏季(7 月份)大气环流时能基本排除初始场过于粗糙造成的影响。

2　试验结果分析

由于大气环流模式的特点,本文讨论模式大气夏季的平均环流状况,以 7 月份 31 天平均来代表。控制试验结果已在文献[10]中给出,这里不再详述。总的来讲,经过改善高原 c_D 的 OSU—AGCM 对夏季大气环流特别是季风环流有比较强的模拟能力,模拟的结果无论在地面、对流层低层、对流层高层均是可信的。主要的大气活动中心和环流系统与实况接近,特别是印度夏季风,东亚副热带季风模拟很成功。不足之处是南海—西太平洋热带辐合带不明显。下面主要分析试验 Ⅱ 和试验 Ⅲ 与控制试验 Ⅰ 的差异。

2.1　海平面气压

图 1(a)和图 1(b)分别是试验 Ⅱ 和试验 Ⅲ 模拟的夏季平均的海平面气压场。与试验 Ⅰ 的结果比较,亚洲热低压有明显的变化。试验 Ⅱ 中热低压范围加大,低压中心北移。试验 Ⅲ 中热低压范围缩小,在南亚和东亚各有一低压中心。可见亚洲大陆夏季的热低压与青藏高原大地形的动力作用并无必然的联系,它是一个由热力作用形成的低压,近地面的热力作用对这个低压的发展起了决定作用,这与长期以来形成的认为海平面气压型是由近地面层的热力作用占主导地位的认识相一致。另外,试验 Ⅱ 中太平洋副高的主体比较弱,范围比较小,赤道太平洋的东西向气压梯度加大,这表明去掉青藏高原大地形后东西向的 Walker 环流在这一带可能发展,西太平洋地区对流活动有所加强。试验 Ⅲ 与试验 Ⅰ 比较北太平洋副高主体和北大西洋副高主体加强。以上分析表明青藏高原大地形对地面环流的影响并非仅局限于青藏高原地区,它对北半球乃至全球低层环流系统的影响都是不可忽视的。

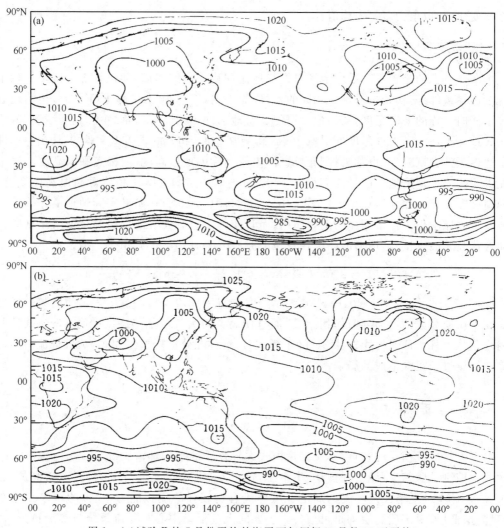

图 1　(a)试验Ⅱ的 7 月份平均的海平面气压场(7 月份 31 天平均)
　　　　(b)试验Ⅲ的 7 月份平均的海平面气压场

2.2　对流层低层环流

　　图 2(a)和图 2(b)分别是试验Ⅱ和试验Ⅲ的夏季 850 hPa 平均环流。试验Ⅱ和试验Ⅰ比较,去掉青藏高原大地形后青藏高原上的强大气旋性环流已经为来自中亚的西风气流所代替,而在这支西风气流的南北两侧各有一气旋性环流发展,原来控制印度半岛、中南半岛、我国东部地区和日本的大尺度西南季风气流南移,西北气流控制我国长江以北地区。亦即印度季风和东亚副热带季风南移。很显然印度的气旋性环流与亚洲热低压向南扩张有关。因此印度西南季风的南移与高原地区加热降至低层有关。而东亚大陆副热带季风的减弱,则与高原大地形的动力屏障作用消失有关。试验Ⅲ与试验Ⅰ比较,位于青藏高原上的气旋性环流在地形增高后更加强大,由索马里低空的越赤道气流发展而来的经印度半岛、中南半岛的大尺度西南气流更加强盛,东亚大陆副热带季风向北扩展,西太平洋副高环流位置更加偏北,与此同时,南海—西太平洋热带季风及其辐合带发展,这说明增加大地形高度时季风环流特别是热带季风

环流加强。

图 2　(a)试验Ⅱ的 7 月份平均的 850 hPa 环流;(b)试验Ⅲ的 7 月份平均的 850 hPa 环流

2.3　对流层中高层环流

图 3(a)和图 3(b)分别是试验Ⅱ和试验Ⅲ的 400 hPa 平均环流。试验Ⅱ与试验Ⅰ最大的差别是去掉青藏高原大地形后南亚的反气旋系统减弱南移,而西太平洋副高的反气旋系统发展加强,两者已连成一片。可见青藏高原大地形在对流层中有使热源北抬的作用。去掉高原大地形后高原南面的上升气流已为下沉气流所代替(图略)。副热带高压的南移,使整个北半球西风带南移,从青藏高原北部伸向贝加尔湖地区的槽减弱消失,整个欧亚大陆为较平直的西风所控制,而在副热带高压南面的东风带变窄。试验Ⅲ与试验Ⅰ比较,增加青藏高原大地形高度后高原上空的反气旋环流更加强大,西太平洋上空的反气旋也有所发展,北美西岸的槽更加明显。特别有意义的是南半球的反气旋环流也更加强盛。这些都有利于季风环流的发展和南北半球相互作用的加强。青藏高原作为一个巨大的热源,对全球大气环流特别是季风环流的形成与维持有特别重大的意义。

图 3　(a)试验Ⅱ的 7 月份 400 hPa 平均环流；(b)试验Ⅲ的 7 月份 400 hPa 平均环流

2.4　纬向风

图 4(a)、(b)分别是试验Ⅱ与试验Ⅰ和试验Ⅲ与试验Ⅰ 400 hPa 平均的纬向风速差值图。由图可见，去掉高原大地形后南北半球的东西风带(图 4(a))和增加高原大地形高度后南北半球的东西风带(图 4(b))都有显著的变化。从纬度上看这种变化在南半球几乎是同位相的而在北半球是反位相的。在低纬印度尼西亚以东西太平洋地区，东风都是增强的，但其他地区东风都是以减弱为主的。在北半球，图 4(a)中东风带南移，西风在 40°N 以南得到了显著的加强，其中以 35°N 左右西风增加最多。西风分量增值中心为欧亚大陆、太平洋中部和大西洋中部。但中纬度西风带在去掉高原大地形后总的趋势是减弱的，特别是西风极大值的地方改变最大。图 4(b)与图 4(a)相反，北半球的副热带地区东风增强、西风减弱，而在中高纬西风增强，且这种改变的中心与图 4(a)的中心基本一致，只是符号相反。但在南半球，不论是减小还是增加高原的高度，这种变化却几乎是一致的：在澳大利亚地区的北部西风增强，南部西风减弱。这种南北半球不对称响应的原因尚不清楚，可能与经圈环流的改变有关。

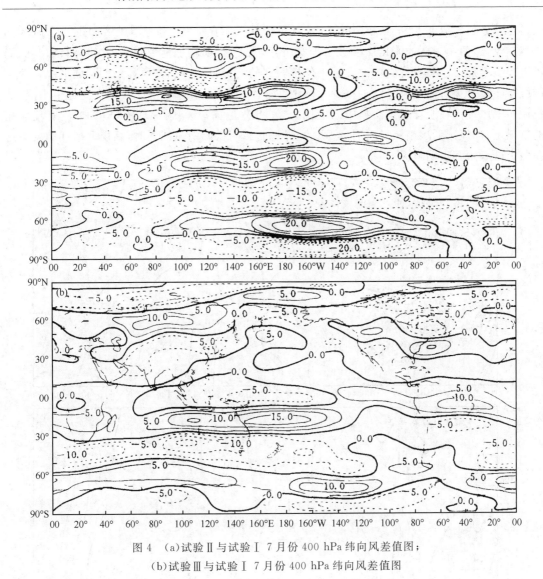

图 4　(a)试验Ⅱ与试验Ⅰ7月份400 hPa 纬向风差值图；
(b)试验Ⅲ与试验Ⅰ7月份400 hPa 纬向风差值图

2.5　低纬经向风

　　图 5 是试验Ⅱ、试验Ⅲ与试验Ⅰ低纬地区经向风差的等值线图。平均的经向风在季风区表示季风经向环流的强弱。由图可见,这种改变是有规律的,显著的。图 5(a)是试验Ⅱ与试验Ⅰ在 850 hPa 的经向风差值图,图中绝对值的最大值在青藏高原的西侧和东侧,去掉高原后南风明显减弱。这不能用高原的机械动力作用来解释,只能认为这与热源分布的改变有关。图中还清楚地显示东非越赤道气流减弱,北印度洋南风减弱,表明青藏高原大地形不是阻挡了南亚夏季风,而是诱发了大尺度西南气流的北进。东亚季风总的说来也是南退的,但情况稍复杂些。在中南半岛、南海北部和我国东部南风都是减弱的,这说明这一带季风减弱,但 120°E 左右南北半球低纬南风分量和越赤道气流都是加强的,这与图 2(a)这一带季风辐合带发展一致,显示对流活动在菲律宾一带的西太平洋地区发展,南北半球的相互作用和能量转换加强,南海—西太平洋热带季风发展。图 5(b)是试验Ⅲ与试验Ⅰ的 850 hPa 经向风差等值线图,图

中显示越赤道气流在 $50°—180°E$ 增强,东亚热带季风明显加强,南亚季风区和东亚季风区都比现在要强,两个半球的能量交换进一步增加。这显然表明增加地形高度,北半球接收到的能量进一步增加;减少地形高度,北半球大气接收到的能量将减少。季风环流的强弱取决于两半球维持能量平衡所需能量输送的多少。图中在非季风区这种平均经向风的改变是很小的,这也说明季风环流在全球能量交换中的地位。$400\ hPa$ 经向风差(图略)与 $850\ hPa$ 具有反位相的特征,当季风区低层南风加强时,高层的北风加强;当低层南风减弱时,高层北风亦减弱。这在两个试验中都很明显。

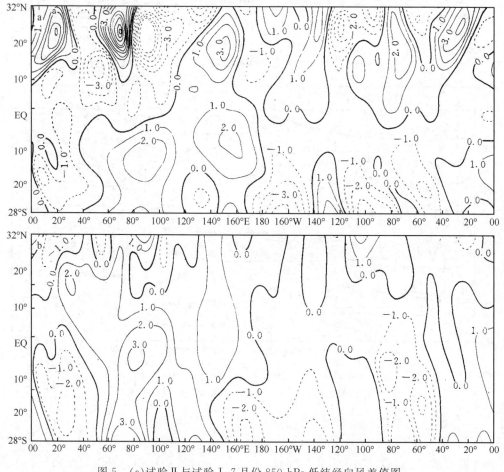

图 5 　(a)试验Ⅱ与试验Ⅰ 7 月份 850 hPa 低纬经向风差值图;
(b)试验Ⅲ与试验Ⅰ 7 月份 850 hPa 低纬经向风差值图

3 　讨论

传统的概念认为:造成我国西北部干旱气候的是由于高原的屏障作用,热带季风不能顺利地推向北面。而在东部平原地区,没有高原阻碍,西南季风和东亚南海季风的低层西南气流所携带的水汽可以向北输送,形成高温多雨的夏季风气候。然而试验Ⅱ却显示当高原作为抬升的热源和大地形的动力作用去掉后,由中亚向南输送的偏北气流将从青藏高原地区直接转向东移侵入我国,由南半球的越赤道气流转变而来的西南气流将从印度半岛南移到 $10°—15°N$ 左右。这支西南气流在东南亚和我国只能到达南海和东南沿海,印度半岛和我国的长江流域及以北地区均为干燥的西北气流控制,因此,大陆地区的副热带季风严重地减弱。试验Ⅲ显示增高高原大地形高度后,不但索马里越赤道气流、印度半岛和东南半岛的西南气流仍将维持,强度有所加强,而且 $60°—120°E$ 的越赤道气流明显加强,亚洲季风区的低层气旋性环流、高层反气旋环流明显增强。这些结果显示大范围的亚洲夏季季风主要由高原的热力作用而引起,高原大地形的动力作用主要影响高原及我国东部局部地区的夏季风。高原的热力作用对季风形成与维持的作用是通过低纬季风地区的平均经圈环流(季风环流)来实现的。在试验Ⅱ的情况下,由于没有青藏高原大地形作为抬升的热源的热力作用,该地区经圈上的平均环流与北半球其他非季风区经圈上的平均经圈环流类似。$30°N$ 左右是副高的下沉区,南亚高压减弱,同时西太平洋暖池地区的对流加热就显得更为突出。低层是西南气流和东南气流的辐合处,季风槽发展加强,有利于季风降水的发展。在试验Ⅲ的情况下,由于增加青藏高原大地形的高度,因此该地区的热源作用更为突出,使得亚洲季风区的平均经圈环流进一步加强。而高原的热力作用可能是引起该地区经圈环流的主要原因:存在高原时,北半球对大气加热最大的感热加热中心在高原上空,那里存在强烈的上升运动,因此需要大范围的中低层辐合来补偿,西南气流就是在这种情况下从印度半岛、孟加拉湾、中南半岛抵达我国的东部地区形成强大的夏季风的。这就是高原对周围低层大气起了抽吸作用。增加高原高度,这种趋势进一步加强,而去掉高原后这种对对流层中低层的直接加热不再存在,这时亚洲季风区和全球其他地区一样,$10°—15°N$ 左右的海洋上有最大的对流加热,季风环流减弱南移,整个南亚和东亚沿 $30°N$ 左右都处在副热带高压带的控制下。而西太平洋暖水区这时对流活动最强,季风最活跃。季风区经圈环流的这种改变,使得全球的东西风带有明显的移动以及南北两半球能量交换的增加或减少。可见大气环流对高原大地形的响应是全球性的,远不局限于亚洲季风区,而且以热力因素为主。

4 结论

本文通过大气环流模式讨论了青藏高原大地形对夏季大气环流特别是夏季风的影响,通过分析文中三个数值试验的结果,可以得出如下主要结论:

(1)去掉高原大地形和增高高原大地形后,亚洲大陆的近地面流、对流层环流和东西风带都有明显的变化。这些改变与平均经圈环流的改变有关,而平均经圈环流的改变又与加热中心的高度有关。加热中心越高对低层气流的抽吸作用越强,经向环流也越强。

(2)增加青藏高原大地形高度后亚洲季风环流仍将继续存在并进一步加强。而去掉高原大地形后大陆性气候将向南扩展而不是夏季风气候向北延伸,从中亚向南输送的西北气流将控制我国长江以北的广大地区。大尺度的西南气流南移,原印度季风区和东亚大陆副热带季风将严重地削弱。这说明青藏高原大地形对夏季风环流的作用可能以热力作用为主,但对东亚大陆副热带季风来说,动力作用也是显著的。

(3)无论是去掉或增加高原大地形高度的试验中,南海—西太平洋热带季风均加强。这说明青藏高原大地形对南海—西太平洋热带季风的形成关系不大。

(4)高原大地形对大气环流的影响远不局限于东亚地区或亚洲季风区,它对南北两半球的相互作用、全球东西风带的分布与强度都有明显的影响。

参考文献

［1］Manabe S，Terpstra T B. The effects of mountains on the general circulation of the atmosphere as identi-
fied by numerical experiments. *J Atmos Sci*，1974；**31**；3-42.

［2］Zhu Qiangen. Yang Song. Simulation study of the effect on cold surge of the qinghai-xizang plateau as a
huge orography[J]. *Acta Meteorologica Sinica*，1989，**3**(4)；448-457.

［3］Murakami T，Gadbole R V，Relkar R P. 1970.

［4］Hahn D G，Manabe S. The role of mountains in the South Asian monsoon circulation. *J Atmos Sci*，1975；
32；1515-1541.

［5］Kuo H L，Qian Yunfu. Numerical simulation of the development of mean monsoon circulation in July.
Mon Wea Rev，1982；**110**(12)；1879-1897.

［6］Ni Y Q *et al*. The climate of China and global climate. Beijing；China Ocean Press，1984，327-344.

［7］骆美霞，张可苏.大气热源和大地形对夏季印度季风和东亚季风环流形成作用的数值模拟.大气科学，
1991，**15**(2)；41-52.

［8］章基嘉，等.青藏高原气象学进展.科学出版社，1988；74.

［9］Schlesinger M E，Gates W L. The January and July performance of the OSU two-level atmospheric gener-
al circulation model. *J Atmos sci*.1980，**37**；1914-1943.

［10］胡江林，朱乾根.青藏高原感热加热对夏季大气环流和亚洲季风影响的数值试验.热带气象，1993，**9**(1)；
78-84.

近百年北半球冬季大气活动中心的长期
变化及其与中国气候变化的关系[*]

朱乾根　　施　能　　吴朝晖　　徐建军　　沈桐立

（南京气象学院，南京　210044）

摘　要：研究了近 110a 北半球冬季 6 个主要大气活动中心的长期变化，检测其突变年份，划分了各自的阶段性。同时分析了大气活动中心与中国气候的关系，发现西伯利亚高压强度与中国冬季气温存在明显的负相关，北太平洋高压强度与中国冬季降水有较好的正相关。

关键词：大气活动中心；年代际变化；气候变化

1　引言

全球气候变化引起科学家的广泛关注。为了了解气候变化的原因，世纪尺度、年代际的气候及大气环流变率研究是不能忽视的。早在 20 世纪 20 年代，Walker 和 Biss 提出了三大涛动与世界天气的关系。然而，与研究南半球的南方涛动相比，北半球大气活动中心的变化还缺少研究。Hurrell[1]，Rogers[2] 曾研究了冰岛低压与北大西洋涛动（NAO）的长期变动与区域气候的关系。Kashiwabara[3]，Trenberth[4]，Trenberth 和 Hurrel[5] 先后指出，1976 年以后北太平洋海平面气压异常低（阿留申低压异常强），有明显的年代际变化。Nitta[6] 指出这种变化与热带 SST 增暖有关。文献[7,8]进一步指出年代际变化带来的遥相关型异常和近期特征。看来，这种变化很值得追溯到更早的时段去仔细研究。其实，早在 20 世纪 60 年代，文献[9,10]就指出过气候振动与大气活动中心变化有关。现文中利用北半球海平面气压的长序列资料更深入地研究北半球冬季大气活动中心的长期变化特征及其与中国气候变化的关系。

2　资料与方法

2.1　资料

海平面气压取自英国气象局整理的北半球 1884—1994 年逐月 5°纬度×5°经度的格点资料。气温及降水资料源于中国及邻近地区共 62 个测站的逐月资料，资料年代从 1881 年起，插补的方法是自然正交展开[11,12]。这里选用国内 36 个测站进行分析。冬季用 12 月、1 月、2 月的平均。文中的冬季大气活动中心特征分别用阿留申低压（40°—55°N,160°E—160°W），冰岛

---

* 本文发表于《气象学报》，1997 年 12 月，第 55 卷第 6 期，750-757。

低压(55°—65°N,50°—20°W),西伯利亚高压(40°—55°N,90°—110°E),北大西洋高压(30°—45°N,20°W—10°E),北美高压(40°—60°N,90°—120°W),北太平洋高压(20°—30°N,120°—170°E)的海平面气压平均值来表示。文中计算了 1884/1885—1993/1994 年共 110a 各个大气活动中心逐年区域平均值,代表逐年平均强度。由于主要关心大尺度环流异常,所以采用较大区域的平均值代表中心强度。这样做可以减少随机误差,避免早期资料缺测的问题。

2.2　方法

为了解气候序列的长期趋势,计算气候趋势系数,它定义为气候序列与自然数列之间的样本相关系数[13]。

为了解各大气活动中心的阶段性,找出其突变年份,使用了累积距平曲线法,移动 t 检验方法。

文中使用 Morlet 小波分析技术分析多尺度的气候序列的演变特征。小波,即

$$\Psi(t) = e^{-2\pi it}\exp\left[-\left(\frac{2\pi}{K_4}\right)^2 |t|^2/2\right]$$

小波变换系数即为

$$\widetilde{f}(t',a) = \frac{1}{\sqrt{a}}\int f(t)\Psi^*\left(\frac{t-t'}{a}\right)\mathrm{d}t$$

式中,$f(t)$ 是资料序列,$\widetilde{f}(t',a)$ 是小波系数,$t=1,2,\cdots,n$。t' 反映小波位置的移动参数。a 是决定小波宽度的膨胀尺度,具有时间的特性。Ψ^* 是 Ψ 的共轭函数。文中取 $|K_4|=a$,a 所对应的即为周期,$n=110\mathrm{a}$。

3　北半球冬季大气活动中心长期演变特征

表 1 给出各大气活动中心的气候趋势系数。可以看出,近 110a 来,阿留申低压系数是明显的负趋势,强度趋于不断加强之中。北美高压系统也是负趋势,表明北美高压不断减弱的趋势。其余 4 个活动中心强度没有明显的长期趋势。

表 1　北半球冬季大气活动中心强度趋势系数(1884/1985—1993/1994)

阿留申低压	冰岛低压	西伯利亚高压	北大西洋高压	北美高压	北太平洋高压
−0.42	0.01	−0.03	−0.00	−0.41	−0.10

表 2 给出 6 个大气活动中心的阶段性及相邻阶段强度差值的 t 检验信度。t 检验表明,绝大多数符合突变标准。图 1 给出其中 4 个大气活动中心的时间曲线及累积距平曲线(北太平洋高压,北美高压曲线图略)。可以看出,阶段的划分是合理的。

表 2　6 个大气活动中心的阶段性及相邻阶段强度差值的 t 检验信度(括号内数值)

	1	2	3	4
阿留申低压	1884/1885— 1921/1922(0.001)	1922/1923— 1944/1945(0.001)	1945/1946— 1975/1976(0.005)	1976/1977— 1993/1994

	1	2	3	4
冰岛低压	1884/1885—1897/1898(0.01)	1898/1899—1950/1951(0.001)	1951/1952—1970/1971(0.001)	1971/1972—1993/1994
西伯利亚高压	1884/1885—1912/1913(0.05)	1913/1914—1943/1944(0.001)	1944/1945—1977/1978(0.001)	1978/1979—1993/1994
北大西洋高压	1884/1885—1901/1902(0.10)	1902/1903—1944/1945(0.01)	1945/1946—1977/1978(0.01)	1978/1979—1993/1994
北美高压	1884/1885—1919/1920(0.001)	1920/1921—1978/1979(0.05)	1979/1980—1993/1994	
北太平洋高压	1884/1885—1898/1899(0.05)	1899/1890—1943/1944(0.01)	1944/1945—1976/1977	1977/1978—1993/1994

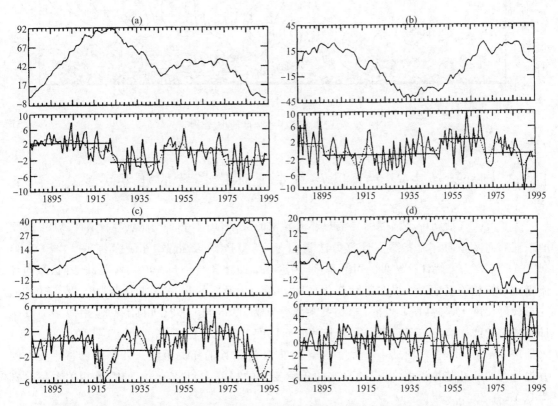

图 1　阿留申低压(a)、冰岛低压(b)、西伯利亚高压(c)、北大西洋高压(d)的累积距平曲线(上)及时间曲线(下)
（单位：hPa。图中虚曲线为高斯 9 点滤波曲线，不同时段的平均值已用直线标在图上）

　　综观图 1 及表 2 看出，在近 110a 内大气活动中心强度有 4 个明显的阶段性变化（北美高压除外），3 次明显的突变大体发生在 20 世纪 20 年代前后、40 年代中期、70 年代中后期。需指出，Trenberth[4] 所制作的北太平洋地区冬季海平面时间曲线图（1946—1988 年）与图 1 中阿留申低压第 3、4 时段演变曲线是非常一致的。Hurrel[1] 在研究 NAO 的十年际变化时指出，20 世纪初至 30 年代末，80 年代开始冰岛低压均是异常强的，这两个时段与文中所划分的冰岛低压的第 2、4 时段较一致。

　　图 2 是阿留申低压中心的小波分析图。可以看出在 110a 的变化中,具有 3a 左右与 5a 左右的年际振荡以及 15—25a 的年代际振荡。对照前面的阿留申低压的 4 个变化阶段,可以发现,它们具有密切的联系。在 20 年代第 1 次突变之前,年际振荡以 4a 左右的周期为主,而年代际振荡表现出 14a 左右的周期特征,并且振荡是近百年最弱的阶段。在第 2 阶段,20 世纪 20 年代到 40 年代中,年际振荡开始有一个明显减弱的时段,后又表现出较强的 4a 左右周期变化,而这时年代际振荡的周期和振幅都有所加大,以 16a 左右占优。第 3 阶段,年际周期加大,为 6a 左右,年代际周期为 20a 左右,并且振幅都加大。在第 4 阶段,年际振荡分别表现为 3a 和 8a 振荡,而年代际振荡明显减弱。

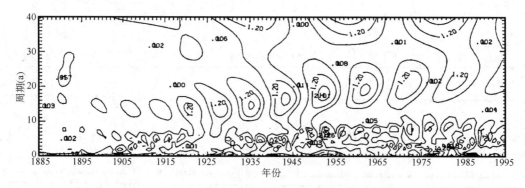

图 2　阿留申低压中心强度的小波分析

4　各大气活动中心之间以及与东亚环流指数的相互关系

　　为了解大气活动中心强度的异常与环流异常的关系,用海平面气压资料计算了 110a 逐年的东亚纬向及经向环流指数。计算方法类似于 500 hPa 环流指数,东亚范围取 40°—60°N,60°—150°E。为了解计算结果的可靠程度,用近 43a 的计算结果与 500 hPa 亚洲纬向、经向环流指数计算相关系数。结果在年际变化尺度上,纬向、经向的相关系数分别为 0.28 与 0.33,在年代际尺度上(经高斯 9 点滤波)相关系数分别为 0.55 与 0.63。由此看来,用海平面气压计算的东亚纬向、经向环流指数,在较长的时间尺度上是能表征经、纬向环流强度的。

　　表 3 给出 6 个大气活动中心强度与经、纬向环流指数的相关矩阵。计算前已将一元回归方程计算的线性趋势消去,以反映真实的年际变化的相关。0.05,0.01 的临界相关系数分别为 0.19,0.25。

　　由表 3 可知,阿留申低压与北太平洋高压相关系数为 -0.09;冰岛低压与北大西洋高压相关系数为 -0.44,这与北太平洋涛动及北大西洋涛动相吻合。此外,由表 3 还可看出,冰岛低压、北大西洋高压与亚洲纬向环流指数相关系数为 -0.68,0.63。这表明强 NAO 与亚洲地区强纬向环流一致。而地面强 NAO 对应 500 hPa 是 Wallace[14] 所定义的弱 WA 遥相关型。文献[7]指出,20 世纪 80 年代初开始 WA 遥相关型异常弱,文献[1]指出,80 年代开始 NAO 空前强。这种环流异常对亚欧气候变暖的影响已在文献[1]中讨论过了。另外,西伯利亚高压与亚洲经向环流的相关系数达到 0.65,这表明弱的西伯利亚高压对应亚洲地区弱的经向环流。

但是,阿留申低压与亚洲地区的经、纬向环流的相关并不大。北太平洋高压与纬向环流指数的相关达到0.53。

表3 近110a北半球冬季大气活动中心及经、纬向环流指数的相关矩阵

	1	2	3	4	5	6	7	8
1	1.00	−0.14	0.05	0.04	0.24	−0.9	0.17	−0.16
2	−0.14	1.00	0.17	−0.44	0.26	−0.29	−0.68	0.21
3	−0.05	0.17	1.00	−0.22	0.10	−0.15	−0.31	0.65
4	0.04	−0.44	−0.22	1.00	−0.11	0.17	0.63	−0.11
5	0.24	0.26	0.10	−0.11	1.00	−0.35	−0.30	0.04
6	−0.09	−0.29	−0.15	0.17	−0.35	1.00	0.53	−0.09
7	0.17	−0.68	−0.31	0.63	−0.30	0.53	1.00	−0.23
8	−0.16	0.21	0.65	−0.11	0.04	−0.09	−0.23	1.00

(已各自减去长期趋势项。表中1:阿留申低压;2:冰岛低压;3:西伯利亚高压;4:北大西洋高压;5:北美高压;6:北太平洋高压;7:纬向环流指数;8:经向环流指数)

5 冬季北半球大气活动中心与中国气温降水的关系

近40a来中国气候与大气环流的关系的研究已做得较多,但由于资料所限,从长序列角度研究得较少。为此,作者研究了自1900年以来94a冬季北半球大气活动中心与中国气温、降水的关系。首先分别计算了各大气活动中心平均强度与中国36站冬季气温和降水94a的相关系数。结果表明,西伯利亚高压与中国冬季气温有极明显的负相关,36个测站中29个站达0.05信度(临界值为−0.21,对94a),13个站达0.001信度(−0.33以上)[图3(a)]。对于降水,北太平洋高压与中国冬季降水存在正相关,但显著程度不如气温,虽然35个测站正相关,但达到0.01信度的站只有4个,0.05信度的9个,见图3(b)。

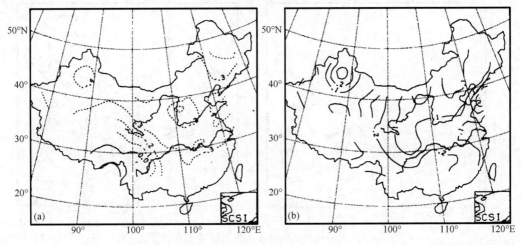

图3 西伯利亚高压中心强度与中国冬季气温的相关(a)北太平洋高压中心强度与中国冬季降水的相关(b)

(虚线为负值,间隔为1,年代1900/1901—1993/1994年)

　　为了更加细致地研究西伯利亚高压与中国冬季气温的关系,可根据前面对西伯利亚高压划分的阶段性分别进行考虑。这里仅对后两个阶段进行分析,并且计算了同时段中国 36 个测站冬季气温的气候趋势系数。

　　图 4 分别是两个时段的西伯利亚高压与中国冬季温度的相关系数(a,b)及两个时段冬季气温的气候趋势系数(c,d)。从图 4(a)可见,在 1944/1945—1977/1978 年这 34a 间,西伯利亚高压强度与中国绝大部分地区的冬季气温都呈反相关,中国新疆北部、华北、东北及浙闽都有相关系数达-0.4 以上的测站;长江上游、西南有-0.5 的中心。从图 4(c)可见,在这一阶段内中国新疆、西南、华东及江南地区为降温趋势,且川贵地区降温最强;东北和华北为升温趋势,尤其以东北地区升温最为明显。将图 4(a)与图 4(c)对照来看,可发现负相关最强的长江上游,川贵地区也是气温下降(负趋势)最大的地区,在华东、江南、西北地区两图说明的情形也比较吻合,只是华北中部和东北的微弱升温区与图 4(a)不太一致。从图 4(b)可见,1978/1979 年至今这一时期内,西伯利亚高压强度与中国冬季大部分地区呈负相关,其中东北、西北及华北北部的相关系数达到 0.5 以上,正相关出现在中国西南地区。由图 4(d)可见,这一阶段中

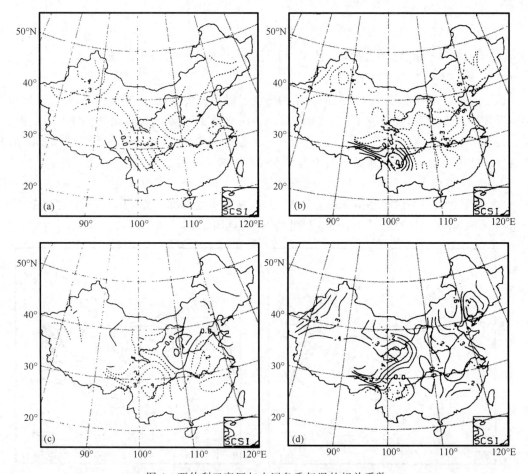

图 4　西伯利亚高压与中国冬季气温的相关系数

[(a)1944/1945—1977/1978;(b)1978/1979—1993/1994]以及中国冬季气温的趋势系数

[(c)1944/1945—1977/1978;(d)1978/1979—1993/1994]

(虚线为负值,间隔为 1)

国绝大多数地区呈升温的正趋势,升温最强的是西北、东北及华北北部,只在西南地区表现为降温。综合图 4(c)和图 4(d)来看,发现两者说明的情况比较一致。因为最近这一时段西伯利亚高压强度较弱,从图 4(c)上看,它与中国绝大多数地区为负相关可知,此期间中国大部分地区为较暖的升温区,这与图 4(d)一致。并且华北北部及东北地区较强的负相关与该地区的升温趋势正中心对应很好;西南地区两者间的正相关与该区的降温趋势也较一致的。

比较图 4(a)与图 4(b)可发现当西伯利亚高压处于强盛时期,它与气温负相关较强区域大致在长江流域,位置偏南;而当西伯利亚高压较弱时,它与气温负相关较强地区在华北东部、东北南部,位置偏北。可认为,这两地区是与西伯利亚高压强度变化最敏感的地区。此外,无论西伯利亚高压偏强或偏弱的气候阶段,中国西南端皆为正相关区(图 4(a),(b))。西伯利亚高压越强(弱),这里的气温越高(低)。这表明气温变化不受西伯利亚冷空气的影响。这种机制值得进一步研究。

同样也可根据北太平洋高压的阶段性对其与中国降水关系进行研究。这里只分析后两个阶段的情况(图略)结果发现,不论在 1944/1945 年至 1976/1977 年北太平洋高压较弱的阶段,还是在 1978/1979—1993/1994 年至今较强的阶段,它与同时期中国大部分地区冬季降水都存在正相关。前一阶段长江流域相关较大,后一阶段相关较大处在东南沿海及黄河上游。表明北太平洋高压较弱时,对中国南方地区降水影响明显,随着其强度增强,降水受其显著影响的区域偏北。

6　结论

(1)北半球冬季主要的大气活动中心在近 110a 内分别发生了 3 次气候突变,时间约为 20 世纪 20 年代,40 年代中期,70 年代中后期。各活动中心变化时间差别不大。

(2)近 110a 来,阿留申低压有明显变强的趋势,北美高压有变弱的趋势。其他活动中心强度无明显的趋势变化。

(3)110a 期间,阿留申低压与北太平洋高压的年际变化呈负相关,冰岛低压与北大西洋高压也存在负相关。它们的阶段性也较相似,反映了北太平洋涛动与北大西洋涛动。而且北大西洋涛动比北太平洋涛动明显,强大得多。

(4)冰岛低压与北大西洋高压和亚洲地区纬向环流指数有较好的负、正相关,表明强 NAO 对应亚洲地区强的纬向环流。西伯利亚高压强度与经向环流指数有明显的正相关。

(5)从长时间尺度来看,冬季西伯利亚高压强度与中国气温有明显的负相关;北太平洋高压强度与中国降水则存在正相关。可见西伯利亚高压和北太平洋高压是影响中国冬季气候的重要系统。近百年来,它们的强度经历了两个强两个弱的时段,这与中国冬季气温两段冷、两段暖是一致的。

参考文献

[1] Hurell J W. Decadal trends in the North Atlantic Oscillation: regional temperatures and precipitations. *Science*. 1995,**269**:676-679.

[2] Rogers J C. The association between the North Atlantic Oscillation and Southern Oscillation in the North-

ern Hemisphere. *Mon Wea Rev*. 1983,**112**(10):1999-2015.

[3] Kashiwabara T. On the recent winter cooling in the North Pacific. *Tenki*. 1987,**34**:777-781(in Japanese).

[4] Trenberth K E. Recent observed interdecadal climate change in the Northern Hemisphere,*Bull Amer Meteor Soc* ,1990,**71**:988-993.

[5] Trenberth K E,Hurrel J W. Decadal atmosphere-ocean variations in the Pacific. *Climatol Dynamics* ,1994,**9**:303-319.

[6] Nitta T,Yamada S. Recent warming of the tropical sea surface temperature and its relationship to the Northern Hemisphere circulation. *J Meteor Soc Japan* ,1989,**67**:375-383.

[7] 施能.北半球冬季大气环流遥相关型的长期变化及其与我国气候变化的关系.气象学报,1996,**54**(6):675-683.

[8] 施能,朱乾根.大气环流年代际变化问题.气象科技,1995,(3):12-17.

[9] 王绍武.近 90 年大气环流的振动(上).气象学报,1964,**34**(4):486-506.

[10] 王绍武.近 90 年大气环流的振动(下).气象学报,1965,**35**(2):200-214.

[11] 屠其璞.一种气温序列延长的插补方法.南京气象学院学报,1986,**9**(1):19-31.

[12] 屠其璞.近百年来我国降水量的变化.南京气象学院学报,1987,**10**(2):117-189.

[13] 施能,陈家其,屠其璞.中国近 100 年来 4 个年代际的气候变化特征.气象学报,1995,**53**(4):431-439.

[14] Wallace J W,Gutzler D S. Teleconnection in the geopotential height field in the Northern Hemisphere. *Mon Wea Rev*. 1981,**109**:784-812.

大气环流的正斜压流型特征与季风类型[*]

朱乾根　　刘宣飞

（南京气象学院大气科学系，南京，210044）

摘　要：利用 NCEP/NCAR 的 1982—1994 年全球 12 层等压面上的风场资料，计算了大气流场的正压分量（即质量加权垂直平均）和斜压分量（即各层实际风与正压分量的差值），分析了全球冬夏季正斜压流场的分布特征，并从地面风场的正斜压流型角度对全球季风进行了分类。指出：斜压流场和正压流场的季节变化都可以产生冬夏季盛行风向的反转，因而都能够产生季风。斜压流场反映了大气中不均匀加热（主要是海陆热力差异）所驱动的热力环流，而正压流场则主要代表动力作用所产生的环流，这对认识季风的性质很有意义。进一步分析表明：亚洲热带地区、非洲、南美等典型季风区属斜压流型季风区，南、北半球太平洋中部的副热带地区也为季风区，但属正压流型季风区，而东亚副热带地区则属正斜压流型共同组成的混合流型季风区。

关键词：正压大气；斜压大气；季风；季节变化。

1　引言

经典季风学说认为由海陆热力差异以及其他加热不同所造成的冬夏季对流层低层盛行风向的显著转换是季风形成的根本原因，并根据地面盛行风向的冬夏季转换确定了季风区（Ramage[1]）。然而，曾庆存等[2]和王安宇等[3]指出，凡是冬夏季盛行风（风向和风速）差异显著（即季节变化大）的地区均应视为季风区，这样一来，季风区的范围就大为扩大，季风不仅存在于热带、副热带而且扩大到温带，不仅存在于低层而且存在于高空。经典的季风区具有其特定的含义[4]，可称之为狭义的季风区，而根据季节变化强烈与否定义的季风区则可称为广义的季风区[2]。

亚洲是典型的季风区。陶诗言和陈隆勋[5]提出存在一个东亚夏季风环流系统，它与印度夏季风环流系统既相互独立又相互作用。朱乾根、何金海[6]进一步指出：东亚夏季风可划分为南海—西太平洋热带夏季风和中国大陆东部—日本副热带夏季风这两个子系统，东亚夏季风的复杂性在于它是由两种不同性质的季风组成，而印度夏季风则是单纯的热带季风性质[7]。

众所周知，斜压大气和正压大气有很大不同，斜压大气内部存在水平温度梯度，而正压大气内部水平温度梯度均匀；斜压大气主要由水平方向不均匀加热强迫所形成，而正压大气主要由动力强迫所形成。斜压大气的季节变化能够形成季风，Webster 和 Song Yang[8]利用南亚地区对流层风的垂直切变大小（即斜压性强弱）定义了南亚夏季风指数，管兆勇等[9]指出亚洲夏季风流场具有较强的斜压性，强斜压区的范围可反映夏季风活动的基本范围。然而，正压大

---

[*]　本文发表于《气象学报》，2000 年 4 月，第 58 卷第 2 期，194-201。

气环流的季节变化也有形成季风的可能,例如:东亚大陆副热带夏季风及其季风雨带与西太平洋副热带高压的季节变化有密切的联系,而西太平洋副热带高压是属于正压型的环流系统。那么,东亚副热带夏季风是否属于正压型季风呢? 如果是,那么过去从东西向海陆热力差异的性质作为出发点来研究东亚副热带夏季风的结论和方法是否都错了呢?

因此,我们有必要在确定哪些地区属于季风区的基础上,采用将大气环流进行正斜压分解的方法,进一步从正、斜压季风流场的季节变化角度确定哪些地区属于正压型季风区,哪些地区属于斜压型季风区,或者是混合型季风区。只有分清类型才能更有针对性地进行研究。

2　资料和方法

本文采用美国 NCEP/NCAR 再分析计划提供的 1982—1994 年全球逐月风场(U, V)、位势高度场和温度场资料[10],资料的垂直层次取为:1000,925,850,700,600,500,400,300,250,200,150,100 hPa 共 12 层,资料的水平分辨率为 $2.5° \times 2.5°$。

将实际风场 $\boldsymbol{V}$ 分解为 $\boldsymbol{V}_T$ 和 $\boldsymbol{V}_C$ 这两部分之和[11],即:

$$\boldsymbol{V} = \boldsymbol{V}_T + \boldsymbol{V}_C$$

其中
$$\boldsymbol{V}_T = (P_S - P_T)^{-1} \int_{P_T}^{P_S} \boldsymbol{V} dP$$

则有
$$\boldsymbol{V}_C = \boldsymbol{V} - \boldsymbol{V}_T$$

式中:P_S 为地面气压,P_T 为上边界等压面(取为 100 hPa)。$\boldsymbol{V}_T$ 为 P_S 至 P_T 间的质量加权平均风场,代表对流层中实际风随高度不变的部分。P_T 取为 100 hPa 是因为此层大致是高空急流所在高度,这保证了 $\boldsymbol{V}$ 的大小是随高度递增的,从而保证了 $\boldsymbol{V}_T$ 位于 P_S 和 P_T 之间。由于 $\boldsymbol{V}_T$ 随高度没有变化故称其为气流的正压分量,$\boldsymbol{V}_C$ 随高度发生变化故称其为斜压分量。

对于冬季(1 月)实际风场 $\boldsymbol{V}_1$ 和夏季(7 月)实际风场 $\boldsymbol{V}_7$ 可分别分解为:

$$\boldsymbol{V}_1 = \boldsymbol{V}_{1T} + \boldsymbol{V}_{1C} \tag{1}$$

$$\boldsymbol{V}_7 = \boldsymbol{V}_{7T} + \boldsymbol{V}_{7C} \tag{2}$$

3　全球正斜压大气环流的分布特征

3.1　正压大气环流的分布特征

图 1(a)为多年 1 月份平均的正压大气环流。由图可见,赤道两侧低纬地区各存在一条副热带高压带,分别位于 15°N 左右和 20°S 左右,北半球的副热带反气旋中心分别位于北非东部、西太平洋和中美,其中以西太平洋副热带高压最为显著,其东端伸至中太平洋,西端伸至印度半岛。南半球的副热带反气旋中心分别位于大西洋、西印度洋、西太平洋和南美。两副热带反气旋之间为东风带。在北半球中高纬西风带中存在 3 个波,其中 3 个槽分别位于北美东北海岸、东亚东北海岸及欧洲东部,前两者强大,后者较浅。在南半球中高纬西风带中存在 4 个波,4 个槽分别位于 20°E,70°E,160°W 和 90°W 附近,但比北半球东亚和北美的槽弱得多。

图 1(b)为多年 7 月份平均的正压大气环流。与 1 月份相比较可见,整个东、西风带均向

北位移,北半球副热带高压带北移至 30°N 附近,东非之副热带高压中心移至西北非洲,其他两个中心略向东北移,青藏高原上空另建立了一个弱的副热带高压中心。南半球副热带高压带北移至 10°S 左右,中心分别位于南非、北澳和南美,东亚和北美的西风槽减弱东移,欧洲东部西风槽略为西退。南半球的西风槽除 90°W 槽东移至 50°W 外,其余 3 个移动不明显。总的说来,1 月和 7 月正压流场的环流形势分别与 1 月和 7 月的 500 hPa 实际环流相似(图略)。

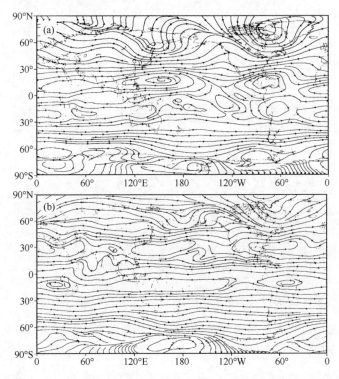

图1　1982—1994 年平均的 1 月(a)和 7 月(b)的大气流场正压分量

3.2　斜压大气环流的分布特征

850 hPa 斜压流场与正压流场相比有显著不同。1 月份(图 2a)东半球的热带东风带为西风带所代替,中高纬的西风带则为东风带所代替,北半球热带辐合带位于 10°N 附近,两个气旋中心分别位于北非和西太平洋,中美无闭合中心,但有一浅槽。南半球的热带辐合带位于 17°S 附近,三个气旋中心分别位于南非、北澳和南美。在北半球中高纬地区,两个强大的反气旋中心分别位于亚洲东北部和北美的东北部。南半球极地反气旋中心偏于东半球。7 月份(图 2b)北半球热带辐合带北移至 30°N 附近,气旋中心分别位于青藏高原附近和北美西海岸。在中高纬,亚洲东北部的反气旋东移至北太平洋,并向南伸至低纬地区,北美反气旋中心移至格陵兰岛,且在北大西洋出现一反气旋脊。南半球热带辐合带北移至 4°S 附近,两个中心分别位于印度尼西亚以东的洋面上和南大西洋低纬地区,另一个中心已消失,中高纬的环流形势变化不大。

200 hPa 斜压流场与 850 hPa 的斜压流场基本相反(图略),这里我们不把高低层季风环流作为两个季风环流系统,而是立足于对流层低层的环流,将对流层高低层环流视为季风环流的两个组成部分。

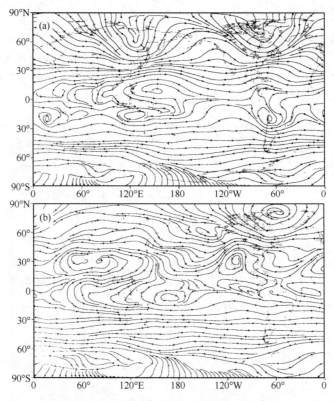

图 2　1982—1994 年平均的 1 月(a)和 7 月(b)的 850 hPa 大气流场斜压分量

由上可见,正压环流与斜压环流的纬向风带和环流系统基本相反。与北半球相比,南半球冬夏季的环流变化较弱。

4　地面风场季节转变成因和季风类型

季风区的冬夏季地面盛行风向必须有反转,但经典的计算方法很不方便[1]。下面我们用地面 1 和 7 月的气候平均风场来代表冬夏季盛行风,计算了 1 月和 7 月风向的夹角,讨论其性质。

由式(1)和(2),有:

$$V_7 - V_1 = (V_{7T} - V_{1T}) + (V_{7C} - V_{1C})$$

即:

$$\Delta V = \Delta V_T + \Delta V_C$$

其中:Δ 表示 7 月与 1 月之间风的矢量差。因此,实际风的冬夏季转变(季节变化)可分解为正压分量的季节变化和斜压分量的季节变化这两部分的矢量和。

图 3(a)给出了地面 1 月和 7 月实际风夹角大于 120°的区域(阴影区),绘出了该区域内 1 月和 7 月实际风的矢量差(ΔV)。将图中阴影区域与经典季风区域[1]相比较可知,它不仅包含了经典季风区,如:亚澳地区、西非和东非地区、南美地区以及欧亚大陆北部的一些地区,而且还包含经典季风区之外的一些地区,如:南、北半球太平洋中部的副热带地区,即这些地区的地面风向也有强烈的季节变化。这里,我们感兴趣的是图 3a 中阴影区的冬夏季风向的明显反转究竟主要是由斜压风还是由正压风的季节变化所造成。

为此,我们分别计算了上述阴影区内地面正压风和斜压风的 1 月和 7 月矢量差,即 ΔV_T
(图 3b)和 ΔV_C(图 3c)。将图 3(b)和图 3(c)分别与图 3(a)比较,发现:①在南亚、北澳、非洲和
南美这些经典季风区,ΔV_T 的模较小或者方向与 ΔV 相反,ΔV_C 的模较大而且方向与 ΔV 相
近,因此,这些地区实际风向的季节反转主要由斜压风的季节变化造成,即这些经典季风区的
季风主要是由其斜压分量流场的季节变化所致,为此,将这些地区称为斜压流型季风区;②在
南、北半球的太平洋副热带地区,实际风向的季节反转主要由其正压分量的季节变化所造成,
可将这些地区称为正压流型季风区;③在东亚副热带季风区和北美大陆的副热带地区,实际风
向的季节反转由正压风和斜压风季节变化的共同作用所造成,因此这些地区可称为混合流型
季风区。

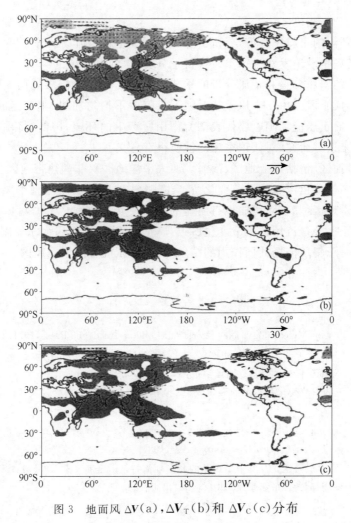

图 3   地面风 ΔV(a),ΔV_T(b)和 ΔV_C(c)分布

由上面分析可见,正压风和斜压风的季节变化均可造成地面实际风向的冬夏季反转,即它
们都可形成季风,但在不同的地区,正压风和斜压风的作用大不相同。经典的季风学说认为只
有斜压风才能形成季风,正压风不能形成季风,显然这是不全面的。

对于亚洲这一全球最典型的季风区,其热带地区的季风基本上是经向海陆热力差异驱动
下的纬向斜压流型季风,而东亚副热带夏季风则不仅仅与纬向海陆热力差异驱动下的斜压风

有关,还与正压风有关。其实,副热带高压与中国大陆副热带夏季风及其雨带的密切关系早已成为中国广大气象工作者的共识,而副热带高压却是正压型环流系统,因此,东亚副热带夏季风属混合流型季风也是好理解的。由此看来,以东西向海陆热力差异作为出发点来研究东亚副热带夏季风并据此确定其强度指数可能是不全面的。

类似图 3,我们还计算了 850 hPa 风的 1 月和 7 月转变(图略)。与图 3(a)比较发现,两者基本相同,但在东亚副热带季风区差异显著,该地区 850 hPa 上的 1 月和 7 月实际风的夹角仅为 60°左右,达不到 120°的一般标准,因此,确定季风区最好用地面风而不用 850 hPa 风。

5　结论

通过对大气环流的正斜压分解,分析了全球冬夏季正斜压流场的分布特征,从对流层低层流场的正、斜压流型角度出发对全球季风进行了分类,得到以下结论:

(1)大气环流的斜压分量和正压分量的季节变化均能形成对流层低层实际风向的冬夏季反转,因而都能形成季风。由于斜压流场反映了大气中不均匀加热(主要是海陆热力差异)所驱动的热力环流,而正压流场则主要代表动力作用所产生的环流,因此,将季风环流分解为正压和斜压两部分来进行研究,对认识季风的性质很有意义。

(2)亚洲热带地区(包括南亚地区、南海—西太平洋地区)、非洲热带地区、南美等经典季风区的季风主要由斜压分量流场的季节变化所产生,这些地区属斜压流型季风区;南、北半球太平洋中部的副热带地区,其实际风向也有明显的季节反转,因此也为季风区,但其实际风向的季节反转主要由正压分量流场的季节变化所致,属正压流型季风区;而东亚副热带季风区实际风向的季节反转是正斜压流场共同作用的结果,属正斜压混合流型季风区。

参考文献

[1] Ramage C S. Monsoon Meteorology. New York and London:Academic Press,1971.

[2] 曾庆存,张邦林. 大气环流的季节变化和季风. 大气科学,1998,**22**(6):805-813.

[3] 王安宇,尤丽钰. 对流层低层的季风. 地理学报,1990,**45**:302-310.

[4] 张家诚. 大气环流的季节变化和季风的科学概念. 全国热带夏季风学术会议文集. 昆明:云南人民出版社,1983.

[5] Tao Shiyan ,Chen Longxun. A review of recent research on East Asian summer monsoon in China. Monsoon Meteorology,London:Oxford University Press,1987.

[6] 朱乾根,何金海. 亚洲季风建立及其中期振荡的高空环流特征. 热带气象,1985,**1**:9-18.

[7] 陈隆勋,朱乾根,罗会邦,等. 东亚季风. 北京:气象出版社,1991.

[8] Webster P J,Yang S. Monsoon and E NSO:selectively interactive systems. *Quart J Roy Meteor Soc*,1992,**118**:877-926.

[9] 管兆勇,徐建军,郭品文,等. 亚洲夏季风结构和变动的斜压和正压特征:斜压模分析. 气象学报,1997,**55**(2):146-153.

[10] Kalnay E,*et al*. The NCEP/NCAR 40-year Reanalysis Project. *Bull Amer Meteor Soc*,1996,**77**(3):437-471.

[11] Peixoto J P,Oort A H. Physics of Climate. 吴国雄,刘辉,等译. 北京:气象出版社,1995.

Barotropic and Baroclinic Enstrophy Equations with their Applications to a Blocking Circulation [*]

ZHU Qiangen(朱乾根) and HUANG Changxing(黄昌兴)

(Department of Atmospheric Sciences, Nanjing Institute of Meteorology, Nanjing 210044)

ABSTRACT: After the manner for studying atmospheric kinetic energy, concepts of atmospheric enstrophy $(\zeta^2/2)_m$ and barotropic and baroclinic enstrophy $(\zeta_m^2/2, \zeta_s^2/2)$ are developed with their relations investigated, whereupon are established, separately, equations for the 1000—100 hPa extent-averaged $\zeta_m^2/2$ and $\zeta_s^2/2$ over a limited area and on a local basis. Study shows that controlling their changes are the following factors: the terms of their fluxes (viz. , divergences), β effect, their mutual conversions, production and dissipation. Analysis is undertaken of these terms-dependent physical mechanisms for the variations in barotropic and baroclinic enstrophy and by means of the equations, calculation is conducted of the terms during the development of an Okhotsk blocking circulation, indicating that the total, barotropic and baroclinic enstrophies experience noticeable variations, from which we see that the latter two factors can really characterize the development as a whole, thus revealing the mechanisms at different stages of the circulation history.

Key words: barotropic/baroclinic atmosphere, enstrophy. β-effect mechanism, conversion mechanism, blocking circulation

I   INTRODUCTION

As one of its dominant attributes, the energy of the atmosphere has long drawn widespread attention. Earlier meteorologists had focus on the variation in atmospheric energies, internal, potential and kinetic, and on their mutual conversions. As early as 1962, Wiin-Nielsen (1962) published a paper concerning the kinetic energy conversion between shear and mean flows in vertical, which implies actually the conversion between barotropic (BT) and baroclinic (BC) kinetic energy and later, in 1963, he showed a study of kinetic energy transformation between atmospheric zonal and vortical flows. Lorenz (1955) proposed a concept on atmospheric available potential energy (APE) and investigated its role in maintaining general circulations. Nitta (1970) indicated the growth and conversion of the APE in a tropical atmosphere. Chen *et al*. (1978) reported on the part played by kinetic energy budget of divergent and non-divergent winds in mid-latitude cyclonic systems and two years later (Chen, 1980) they published a contribution in connection with 200 hPa kinetic energy transformation

*   This article published in *Acta Meteorological Sinica*, 2003, Vol. 17 No. 1, 28-36。

between divergent and vortical flows in northern summer in the tropical and subtropical atmosphere. Ding *et al.* (1987) showed the kinetic energy budget in a low of the Bay of Bengal. Chen *et al.* (1991) indicated the transformation between APE and kinetic energy around the onset of South-China-Sea summer monsoon. Wiin-Nielsen and Chen (1993) formulated the equations of atmospheric BT and BC kinetic energy and applied to the study of two cyclones, revealing the mechanism for variations of the two forms of energy thereof. All the above studies have focus upon the variation of, and conversion between, various forms of kinetic energy and the APE. In fact, atmospheric vorticity and divergence are predominant variables studied in atmospheric motions as well and the vorticity, in particular, represents one of the primary factors in contemporary atmospheric sciences. Although the vorticity is a variable for depicting atmospheric vortical property, it is unable to measure, as "a kind of energy", the vortical strength of atmospheric motions because of its directional character. After the manner of constructing expressions for atmospheric BT/BC kinetic energy we define the total, BT and BC enstrophy upon which to derive equations of the latter two, followed by giving the physical mechanisms for their changes. Eventually, analysis is undertaken of the evolution of an Okhotsk blocking circulation, arriving at useful fruits.

II CORRELATION OF BAROTROPIC AND BAROCLINIC ENSTROPHIES

The P_S to P_T extent-averaged vertical relative enstrophy over a unit-area of the surface takes the form

$$k(x,y,t) = \frac{1}{P_S - P_T} \int_{P_T}^{P_S} \frac{1}{2} \zeta^2 (x,y,t) \mathrm{d}p \tag{1}$$

where k denotes the local enstrophy, ζ is the vertically relative vorticity (only vorticity given hereafter for short) and P_S and P_T are the integration pressure at the surface and top limit, respectively. In this work, P_S and P_T are set to be 1000 and 100 hPa, in order, and vertical velocity $\omega = 0$ is assumed at P_S and P_T. Thus, Eq. (1) can be rewritten as

$$k = \left(\frac{1}{2} \zeta^2 \right)_m \tag{2}$$

The BT and BC enstrophies over a locality are defined, respectively, as follows.

$$k_m(x,y,t) = \frac{1}{P_S - P_T} \int_{P_T}^{P_S} \frac{1}{2} \zeta_m^2 (x,y,t) \mathrm{d}p \tag{3}$$

where $\zeta_m(x,y,t) = \frac{1}{P_S - P_T} \int_{P_T}^{P_S} \zeta(x,y,t) \mathrm{d}p$ is the BT vorticity

and

$$k_s(x,y,t) = \frac{1}{P_S - P_T} \int_{P_T}^{P_S} \frac{1}{2} \zeta_s^2 (x,y,t) \mathrm{d}p \tag{4}$$

where $\zeta_m(x,y,t) = \zeta(x,y,p,t) - \zeta_m(x,y,t)$ stands for the BC vorticity.

Equations (3) and (4) can be given, respectively, as

$$k_m = \frac{1}{2}\zeta_m^2 \tag{5}$$

$$k_s = \left(\frac{1}{2}\zeta_s^2\right)_m \tag{6}$$

Due to the fact that

$$\frac{1}{P_S - P_T}\int_{P_T}^{P_S}\frac{1}{2}\zeta^2(x,y,t)\mathrm{d}p = \frac{1}{P_S - P_T}\int_{P_T}^{P_S}\frac{1}{2}(\zeta_m + \zeta_s)^2\mathrm{d}p = \frac{1}{P_S - P_T}\int_{P_T}^{P_S}\frac{1}{2}(\zeta_m^2 + \zeta_s^2 + 2\zeta_m\zeta_s)\mathrm{d}p$$

and

$$\frac{1}{P_S - P_T}\int_{P_T}^{P_S}2\zeta_m\zeta_s\mathrm{d}p = \frac{2\zeta_m}{P_S - P_T}\int_{P_T}^{P_S}\zeta_s\mathrm{d}p = \frac{2\zeta_m}{P_S - P_T}\int_{P_T}^{P_S}(\zeta - \zeta_m)\mathrm{d}p = \frac{2\zeta_m}{P_S - P_T}(\zeta_m - \zeta_m) = 0$$

we find a close relation from Eqs. (2)—(4), i. e. ,

$$k = k_m + k_s \tag{7}$$

of which both sides are partially differentiated with respect to t, yielding

$$\frac{\partial k}{\partial t} = \frac{\partial k_m}{\partial t} + \frac{\partial k_s}{\partial t} \tag{8}$$

Equations (7) and (8) show that the P_S to P_T extent-averaged enstrophy is the sum of the BT and BC equivalents on a local basis.

Averaging (7) and (8) over a horizontal area σ, we obtain a relationship of spatially [σ $(P_s - P_m)$] mean enstrophy to BT/BC analogs, i. e. ,

$$\frac{1}{\sigma}\iint_\sigma k\,\mathrm{d}\sigma = \frac{1}{\sigma}\iint_\sigma k_m\,\mathrm{d}\sigma + \frac{1}{\sigma}\iint_w k_s\,\mathrm{d}\sigma$$

and

$$\frac{1}{\sigma}\iint_\sigma \frac{\partial k}{\partial t}\,\mathrm{d}\sigma = \frac{1}{\sigma}\iint_\sigma \frac{\partial k_m}{\partial t}\,\mathrm{d}\sigma + \frac{1}{\sigma}\iint_\sigma \frac{\partial k_s}{\partial t}\,\mathrm{d}\sigma$$

which are denoted as

$$K = K_m + K_s \tag{9}$$

$$\frac{\partial K}{\partial t} = \frac{\partial K_m}{\partial t} + \frac{\partial K_s}{\partial t} \tag{10}$$

Equations (9) and (10) show the $\sigma(P_s - P_m)$ averaged enstrophy is the sum of the regional mean BT/BC counterparts and we hence refer to the areal mean enstrophy as the regional total.

III   FORMULATIONS OF BT/BC ENSTROPHY

The relative vorticity is expressed as

$$\frac{\partial \zeta}{\partial t} = -\mathbf{V}\cdot(\mathbf{V}\zeta) - \frac{\partial}{\partial p}(w\zeta) - v\beta + (f + \zeta) + \frac{\partial w}{\partial p} + \frac{\partial w}{\partial y}\frac{\partial u}{\partial p} - \frac{\partial w}{\partial x}\frac{\partial v}{\partial p} + F \tag{11}$$

in which $\beta = \frac{\partial f}{\partial y}$ and $\mathbf{V}$= horizontal two-dimensional space operator, and both sides of which are multiplied by ζ, leading to the local enstrophy total of the form

$$\frac{\partial}{\partial t}\left(\frac{1}{2}\zeta^2\right) = -\mathbf{V}\cdot\left(\frac{1}{2}\mathbf{V}\zeta^2\right) - \frac{\partial}{\partial p}\left(\frac{1}{2}w\zeta^2\right) - v\beta\zeta + (f\zeta + \zeta^2)\frac{\partial w}{\partial p} + \zeta\left[\frac{\partial w}{\partial y}\frac{\partial u}{\partial p} - \frac{\partial w}{\partial x}\frac{\partial v}{\partial p}\right] + F\zeta \tag{12}$$

into whose right-hand side are inserted the equalities of $\zeta = \zeta_m + \zeta_s$, $V = V_m + V_s$ and $\omega = \omega_m + \omega_s$. The whole extent averaging is taken, making for

$$\frac{\partial k}{\partial t} = -\boldsymbol{\nabla} \cdot \frac{1}{2}[(V_m + V_s)(\zeta_m + \zeta_s)^2]_m - \frac{\partial}{\partial p}\frac{1}{2}[(\omega_m + \omega_s)(\zeta_m + \zeta_s)^2]_m -$$

$$\beta(v_m + v_s)(\zeta_m + \zeta_s) + \left\{[f(\zeta_m + \zeta_s) + (\zeta_m + \zeta_s)^2] \times \frac{\partial}{\partial p}(\omega_m + \omega_s)\right\}_m +$$

$$\left\{(\zeta_m + \zeta_s)\left[\frac{\partial}{\partial y}(\omega_m + \omega_s)\frac{\partial}{\partial p}(u_m + u_s) - \frac{\partial}{\partial x}(\omega_m + \omega_s) \cdot \frac{\partial}{\partial p}(v_m + v_s)\right]\right\}_m +$$

$$[F\zeta]_m \tag{13}$$

which, because of $\dfrac{\partial}{\partial p}(\quad)_m = 0$, can be simplified as

$$\frac{\partial k}{\partial t} = -\boldsymbol{\nabla} \cdot \frac{1}{2}[(V_m\zeta_m^2 + V_s\zeta_s^2 + 2V_s\zeta_s\zeta_m + V_s\zeta_s^2)]_m - \frac{\partial}{\partial p}\frac{1}{2}[(\omega_m\zeta_s^2 +$$

$$\omega_m\zeta_s^2 + 2\omega_s\zeta_s\zeta_m)]_m - \beta(v_m\zeta_m + v_s\zeta_s)_m + \left[f\zeta_s\frac{\partial\omega_s}{\partial p} + 2\zeta_m\zeta_s\frac{\partial\omega_s}{\partial p} +$$

$$\zeta_s^2\frac{\partial\omega_s}{\partial p}\right]_m + \left[\frac{\partial\omega_m}{\partial y}\frac{\partial u_m}{\partial p}\zeta_s + \frac{\partial\omega_s}{\partial y}\frac{\partial u_s}{\partial p}\zeta m + \frac{\partial\omega_s}{\partial y}\frac{\partial u_s}{\partial p}\zeta_s - \frac{\partial\omega_m}{\partial x}\frac{\partial v_s}{\partial p}\zeta -$$

$$\frac{\partial\omega_s}{\partial x}\frac{\partial u_s}{\partial p}\zeta_m - \frac{\partial\omega_s}{\partial x}\frac{\partial u_s}{\partial p}\zeta_s\right]_m + [F\zeta]_m \tag{14}$$

which is the expression of total enstrophy on a local basis. We shall derive below the equations for local BT and BC enstrophies.

Vertical averaging made of Eq. (11) leads to

$$\frac{\partial\zeta_m}{\partial t} = -(\boldsymbol{\nabla} \cdot \boldsymbol{V}\zeta)_m - \left(\frac{\partial}{\partial p}\omega\zeta\right)_m - v_m\beta + \left[(f + \zeta)\frac{\partial\omega}{\partial p}\right]_m +$$

$$\left[\frac{\partial\omega}{\partial y}\frac{\partial u}{\partial p} - \frac{\partial\omega}{\partial x}\frac{\partial v}{\partial p}\right]_m + F(\zeta)_m \tag{15}$$

Equation (14) multiplied by ζ_m gives

$$\frac{\partial k_m}{\partial t} = -\zeta_m(\boldsymbol{\nabla} \cdot \boldsymbol{V}\zeta)_m - \zeta_m\left(\frac{\partial}{\partial p}\omega\zeta\right)_m - v_m\zeta_m\beta + \zeta_m\left[(f + \zeta)\frac{\partial\omega}{\partial p}\right]_m +$$

$$\zeta_m\left[\frac{\partial\omega}{\partial y}\frac{\partial u}{\partial p} - \frac{\partial\omega}{\partial x}\frac{\partial v}{\partial p}\right]_m + \zeta_mF(\zeta)_m \tag{16}$$

into which are substituted $\zeta = \zeta_m + \zeta_s$, $V = V_m + V_s$ and $\omega = \omega_m + \omega_s$, and after operations and rearrangement we have

$$\frac{\partial k_m}{\partial t} = -\boldsymbol{\nabla} \cdot \left(V_m\frac{1}{2}\zeta_m^2\right) - \zeta_m\boldsymbol{\nabla} \cdot (V_s\zeta_s)_m + \left[-\zeta_m\frac{\partial}{\partial p}(\omega_s\zeta_s)_m - v_m\zeta_m\beta +\right.$$

$$\zeta_m\left(\zeta_s\frac{\partial\omega_s}{\partial p}\right)_s + \zeta_m\left(\frac{\partial\omega_s}{\partial y}\frac{\partial u_s}{\partial p}\right)_m - \zeta_m\left(\frac{\partial\omega_s}{\partial x}\frac{\partial v_s}{\partial p}\right)_m\left.\right] + \zeta_mF(\zeta)_m \tag{17}$$

which is the expression of BT enstrophy locally.

Equation (14) minus Eq. (17) leaves

$$\frac{\partial k_s}{\partial t} = -\left[\boldsymbol{\nabla} \cdot \frac{1}{2}(V_m\zeta_s^2 + 2V_s\zeta_s\zeta_m + V_s\zeta_s^2)_m\right] - \beta(v_s\zeta_s)_m + \zeta_m\boldsymbol{\nabla} \cdot (V_s\zeta_s)_m +$$

$$\left[-\frac{\partial}{\partial p}\frac{1}{2}(\omega_m\zeta_s^2 + \omega_s\zeta_s^2 + 2\omega_s\zeta_s\zeta_m)_m + \left(f\zeta_s\frac{\partial\omega_s}{\partial p} + 2\zeta_m\zeta_s\frac{\partial w_s}{\partial p} + \zeta_s^2\frac{\partial\omega_s}{\partial p}\right)_m +\right.$$

$$\left(\frac{\partial \omega_m}{\partial y}\frac{\partial u_s}{\partial p}\zeta_s + \frac{\partial \omega_s}{\partial y}\frac{\partial u_s}{\partial p}\zeta_s - \frac{\partial \omega_m}{\partial x}\frac{\partial v_s}{\partial p}\zeta_s - \frac{\partial \omega_s}{\partial x}\frac{\partial v_s}{\partial p}\zeta_s\right)_m\right] + (F\zeta)_m - F_m\zeta_m \qquad (18)$$

which is the formulation for local BC enstrophy.

Averaging Eqs. (17) and (18) over a limited area σ gives, respectively, the spatially $[\sigma$ $(P_s - P_m)]$ mean BT and BC enstrophy equations:

$$\frac{\partial K_m}{\partial t} = -\left(v_m\frac{1}{2}\zeta_m^2\right)_t - [\zeta_m \nabla \cdot (V_s\zeta_s)_m]_\sigma - (v_m\zeta_m\beta)_\sigma + \left[-\zeta_m\frac{\partial}{\partial p}(\omega_s\zeta_s)_m + \right.$$

$$\left.\zeta_m\left(\zeta_s\frac{\partial\omega_s}{\partial p}\right)_s - \zeta_m\left(\frac{\partial\omega_s}{\partial x}\frac{\partial v_s}{\partial p}\right)_m\right] + [\zeta_mF(\zeta)_m]_\sigma \qquad (19)$$

$$\frac{\partial K_s}{\partial t} = -\frac{1}{2}[(v_m\zeta_s^2 + 2v_s\zeta_s\zeta_m + v_s\zeta_s^2)_m]_t - [\beta(v_s\zeta_s)_m]_\sigma + [\zeta_m \nabla \cdot (V_s\zeta_s)_m]_\sigma +$$

$$\left[-\frac{\partial}{\partial p}\frac{1}{2}(\omega_m\zeta_s^2 + \omega_s\zeta_s^2 + 2\omega_s\zeta_s\zeta_m)_m + \left(f\zeta_s\frac{\partial\omega_s}{\partial p} + 2\zeta_m\zeta_s\frac{\partial\omega_s}{\partial p} + \zeta_s^2\frac{\partial\omega_s}{\partial p}\right)_m + \right.$$

$$\left.\left(\frac{\partial\omega_m}{\partial y}\frac{\partial u_s}{\partial p}\zeta_s + \frac{\partial\omega_s}{\partial y}\frac{\partial u_s}{\partial p}\zeta_s - \frac{\partial\omega_m}{\partial x}\frac{\partial u_s}{\partial p}\zeta_s - \frac{\partial\omega_s}{\partial x}\frac{\partial u_s}{\partial p}\zeta_s\right)_m\right]_\sigma + [(F\zeta)_m - F_m\zeta_m]_\sigma \qquad (20)$$

where l signifies the boundary of the horizontal domain σ. and $V_m(V_s)$ the outward BT (BC) winds at the boundary and over it vertically.

IV   MECHANISMS FOR CHANGES IN BT/BC ENSTROPHY

Equations (17) and (18) reveal the mechanisms of variation in BT/BC enstrophy over a local area. The first primary term of Eq. (17) denotes the flux divergence of BT enstrophy, indicating the magnitude of out-(inward) divergence (convergence) of the energy under the guidance of local BT flows, suggestive of the strength of the source (sink), and that of Eq. (18) implies the same except for the BC enstrophies and that it is more complicated in structure compared to that Eq. (17). The study term of Eq. (18) includes 3 parts, the first and third denoting the flux divergence of BC enstrophy transferred by BT and BC flows, respectively, and the second of mixed BT/BC enstrophies ($\zeta_m\zeta_s$) by BC currents. This is collectively called a term of the flux divergence, or simply term of flux.

The next biggest terms of Eqs. (17) and (18) suggest the β-effect-produced variation of BT/BC enstrophies. As the Coriolis parameter f grows poleward, so does β effect. leading to $\beta > 0$. When they are positive and transferred northward (southward), the BT/BC enstrophies experience decrease (increase) in order to keep absolute vorticity unchanged and when negative and transported northward (southward), BT and BC enstrophies would be augmented (reduced) due to increased absolute value of negative vorticity for keeping absolute vorticity constant. This term is for β effect. The reversal occurs in the Southern Hemisphere.

Of much interest are the third largest terms of the two equations composed of the same components but with opposite sign, suggesting that for their being positive (negative) the BT enstrophy decreases (increases), causing the BC equivalent to increase (decrease) at the same amount, implying that BT and BC enstrophies are converted into their opposite form.

This term is therefore for the mutual conversion of both the forms, or the conversion term for short.

Now, we come to the fourth bigger term made up of a few factors, responsible for the production and disappearance of BT/BC enstrophies. As mechanisms for the variation in enstrophies, they are grouped in two classes, one for the genesis/lysis of enstrophy caused by divergence $(\partial \omega_p / \partial p)$ and the other by solenoidal effect. Both types are collectively referred to as the production term.

The last terms of Eqs. (17) and (18) denote the dissipation of BT/BC enstrophies.

The production term contains ω in calculation, yielding possibly bigger errors, and is thus combined with the dissipative term to form a residual term, named thus a net production term.

Equations (19) and (20) indicate the mechanisms of BT and BC enstrophy changes averaged spatially $[\sigma(P_s - P_m)]$. respectively. The rhs first terms of both equations show the net fluxes of the related enstrophy around the boundary (1) of the horizontal zone σ, the others being almost in the same form as in Eqs. (17) and (18), respectively.

V　STUDY OF MECHANISMS OF BT/BC ENSTROPHY CHANGES IN A BLOCKING CIRCULATION

Huang *et al.* (2001) explored the evolution of BT/BC enstrophy locally during the development of the Ω-shape Okhotsk blocking circulation during 3—11 June, 1998, which is employed as an example for diagnosing the variation of the regional mean total, BT and BC enstrophies and the mechanism during its life span in terms of Eqs. (19) and (20), respectively.

It is seen therefrom that during 3—4 June (defined as the brewing stage) and 10—11 (collapsing) the three factors are smaller than 2.3, 1.3 and 0.8, in order compared to > 4.7, >2.7 and >1.2 in the persistent period, thereby displaying a full life cycle of the circulation. Also, this figure presents the way for these factors to vary (from central difference scheme)—during June 3—7 they are all increased as opposed to the variation for 8—11 June. And the mechanisms for changes in regional mean BT and BC enstrophies based upon Eqs. (19) and (20), respectively, are given in Fig. 2, whereof Fig. 2(a) exhibits the BT enstrophy enhancement for which the terms of conversion, β effect and fluxes (for the terms, see the last section) are predominant but which is mitigated thanks to the net production terms, and during its weakening the mechanism is largely the terms of net production, fluxes and, to less extent, β effect but the conversion term prevents its diminution. And Fig. 2(b) illustrates that during BC enstrophy intensification, the mechanism is dominantly the terms of fluxes, net production and, to less degree, β effect while in its reduction the term of conversion dominates, next to which is that of β effect, with the net production acting against the diminution.

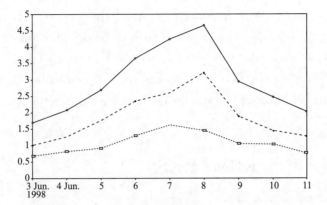

Fig. 1　Total (line with open circles), BT (with solid circles)
and BC enstrophies (with open squares) of the Okhotsk blocking
circulation during 3—11 June, 1998. Units: 10^{-5} m^2 · s

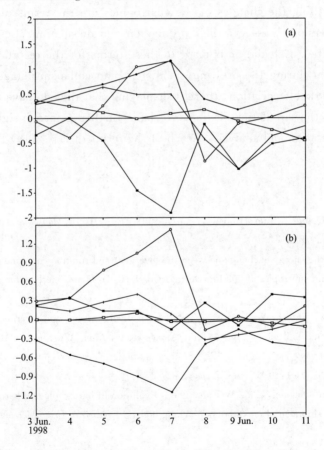

Fig. 2　Eq. (19)-given variations in BT (a) and Eq. (20)-calculat-
ed variation of BC enstrophy (b), with local variation denoted by a line
with crosses on it, fluxes with open circles, conversion with full circles, β
effect with open squares and net production with solid squares. Units:
10^{-15} m^{-2} · s^{-2}. Otherwise as in Fig. 1

Viewed from the life cycle of the blocking system, the conversion term is always responsible for converting BC into BT enstrophies in such a considerable amount as to play an essential role in the blocking, the flux term experiences great change in the previous-stage blocking, largely enhancing BT/BC enstrophy and the net production alleviates the growth of BT enstrophy during the anterior blocking, thus favoring its enfeebling in the subsequent period.

Ⅵ　CONCLUDING REMARKS

From the above analysis we come to the following. The ensemble features of a general circulation can be not only measured by kinetic and APE but characterized by enstrophy as well. For BT/BC enstrophies on a local and a regional basis we present their expressions, indicating that controlling the changes of the enstrophies are the terms of BT/BC enstrophy fluxes, their conversion, β effect, their production and dissipation. Besides, their mechanisms are investigated. Calculation is made of these terms for the record blocking, with the results showing that during the brewing, persistent and collapsing stages, BT/BC enstrophies undergo remarkable variation, thereby displaying that they do have the ability to depict the full history of the circulation. Thus, we have further gained insight into the system through the computation and analysis of each of the terms of Eqs. (19) and (20).

REFERENCES

Chen Longxun, Zhu Qiangen, Luo Huibang, et al. 1991. East Asian Monsoons, Beijing: China Meteor. Press, 256-259 (in Chinese).

Chen T C. 1980. On the energy exchange between the divergent and rotation components of atmospheric flow over the tropics and subtropics at 200 hPa during two Northern Hemisphere summers, Mon. Wea. Rev. , 108:896-912.

Chen T C, Jordan C A, Thomas W S. 1978. The effect of divergent and non-divergent winds on the kinetic energy budget of mid-latitude cyclone system: A case study, Mon. Wea. Rev. , 106:458-468.

Ding Yihui, Zhang Baoyan, Fu Xiuqin. 1987. Study of kinetic energy budget of a Bay of Bengal low, J. Tropical Meteorology, 1:20-30 (in Chinese).

Huang Changxing, Zhu Qiangen, Zhou Weican. 2001. Evolution of barotropic and baroclinic vorticity and enstrophy in the development of an Okhotsk blocking high, J. Nanjing Inst. Meteor. , 24:356-363 (in Chinese).

Lorenz E E. 1955. Available potential energy and the maintenance of the general circulation, Tellus, 7: 157-167.

Nitta T. 1970. A study of generation and conversion of eddy available potential energy in the tropics, J. Meteor. Soc. Japan, 48:524-528.

Wiin-Nielsen A. 1962. On the transformation of kinetic energy between the vertical shear flow and the vertical mean flow in the atmosphere, Mort. Wea. Rev. , 90:311-323.

Wiin-Nielsen A, Brown Jr J A, Drake M. 1963. On atmospheric energy conversion between the zonal flow and
    the eddies, *Tellus*, **15**:261-279.

Wiin-Nielsen A, Chen Tsing-Chang. 1993. *Fundamentals of Atmospheric Energetics*, Oxford: Oxford Univ.
    Press,140-144.

在毗卢寺的日子里[*]

　　1960 年国庆节,正当北京天安门广场举行国庆大典的时刻,我正坐在由北京至南京向南飞驰的火车上,一路遐想着南京大学气象学院究竟是个什么样的环境。一下火车就雇了一辆三轮车,带着简单的行装,一捆被褥和一只藤箱直奔南京大学气象学院办公室报到,办公室在南大校园里的一座小洋楼里,楼虽然已经旧了,但当时还算很气派。依稀记得是周煦文同志(后来他担任了南京气象学院副院长)接待了我,他说这里是学院办公的地方,气象系设在毗卢寺,并告诉我毗卢寺就在长江路的最东头,好在我曾在南京大学读过书,对南京还比较熟悉,报到后就直奔毗卢寺而去,从寺的东边门进去一看,原来气象系宿舍就在寺的东厢房,由于离西侧的大殿很近,天井就很狭小,光线暗淡。当时担任气象系支部书记的汤浩同志很热情地接待了我,把我安插在东厢房一间屋里住宿,进去一看,里面半间已经住满了,外面半间还有空床,我就住到外间靠近门口西窗东侧的床上。刚将行李安放好,几位同宿舍的舍友就陆续回来了,其中一位就是夏平先生,原来他已在我之前就从中央气象台调到这里,还有一位刚从北京大学数学系毕业分配来的高个子年轻人,互报姓名后得知,他叫刘桂馥,后来发现,他最爱睡觉,一天能睡十几个小时。

　　当时,气象系系主任是朱和周先生,他是我比较熟悉的长者,在北京中央气象局时他曾带我搞过科研,他是气象专家,但在系里他花在科研上的时间却很少,几乎把全部精力都用在教学管理、教学改革和教学之中。副系主任是王鹏飞先生,他是大气物理学家,除了教学外,几乎把他一生的精力全部贡献给气象科学普及、气象台站业务建设和气象史的研究,整天孜孜不倦,每次深夜我起床如厕时,总看到他房间窗上的灯光。章基嘉同志当时是教研室主任,是留学苏联的副博士,长期天气预报专家(后来担任南京气象学院副院长、中国气象局副局长,并被评选为工程院院士)。申亿铭同志是大气物理教研室主任,是留学苏联的大学生(后来调到北京气象学院任院长、党委书记)。教研室大约有十几位教师,除气象专业课老师外尚有数学老师数人,记得气象专业的老师还有林锦瑞、张月英、刘美珍等,数学老师还有潘闻天、吴林馥、王文霞等。

　　由于 1960 年招收的第一届新生都在南大听课,气象专业课开课时间又较晚,所以教研室老师大多在备课,一开始教研室让我备气象学课程,学院迁址到江北后才改教天气学。恰好这时南京农学院农业气象系办了一个老预报员进修班,无人教气象学,就聘请我去上课,对我来讲是首次上气象专业课,也可能这就是气象系成立之后开出的第一门课,教学反映很好,同学都很满意,从而使我获得第一次在学院开课免予试讲的优待。

　　由于我和夏平先生都有多年从事天气预报的经历,所以南京大学气象系同学进行天气学大实习时,总要邀请我们俩去代课,通过授课,我们俩不约而同地萌发了应该把主要是描述性的天气学改造成为实践与理论相结合的天气学的设想。这就是后来出版的已畅销二十余年深受广大师生和海内外华人气象工作者欢迎的《天气学原理和方法》一书(获国家级高等院校优

　　* 本文刊登于《南京信息工程大学报》,2002 年 9 月 15 日第 247 期,第 4 版。

秀教学成果一等奖)的思想缘由。可惜夏平先生后来离校定居海外,未能参加此书的编写。可能就是因为这一"设想"曾引起究竟是先开天气学课还是先开动力气象学课的争议,为了解决这一矛盾,从而促使我们要抓紧时间早日完成《天气学原理和方法》一书的写作。由于后来的诸因,使得这本书直至 1979 年才得以正式出版。

除天气学外,另一门具有学院特色的课程就是长期天气预报,它是以章基嘉同志为首的另一批年轻人共同完成的,这已经是学院迁居江北以后的事了。

自气象系告别毗卢寺迁居于龙山脚下后,教学又有了新的发展,1961—1964 年,大批南大、北大气象专业毕业生纷纷进系,为气象系的发展增添了新的力量。70 年代后期开始,乘国家改革开放之春风,母系不断选拔从气象台站归来的毕业生及其他年轻教师出国深造,他们多数已学成归来,新老教师济济一堂为南京气象学院气象系之发展贡献力量。今日,龙山更加翠绿,大气科学系更加灿烂辉煌。

此文完成后第二日,怀着对 42 年前的憧憬,在夫人陪同下,我又重返毗卢寺,值得欣慰的是,除了教研室的房子已荡然无存外,东厢房依然如旧。这儿就是南京气象学院大气科学系的起点。

如今,大气科学系气象学科已成长为国家重点学科,倍感欣慰,谨以此文表示祝贺。

附录一　　朱乾根同志生平述略

大事年历表

1934 年 5 月 8 日生于江苏省姜堰市溱潼镇。

1939 年 5 岁时于溱潼镇读私塾；

1944 年 9 月—1945 年 8 月，就读溱潼长江小学六年级；

1945 年 9 月—1948 年 8 月，就读溱潼初级中学；

1948 年 9 月—1951 年 8 月，就读省立泰州高级中学；

1951 年 9 月—1952 年 8 月，于浙江大学地理系学习；

1952 年 9 月—1955 年 8 月，由于全国院系调整，转入南京大学气象系学习并毕业；

1955 年 9 月—1960 年 2 月，任中央气象局中央气象台预报员；工作 2 年后即担任领班预报员，负责全国短期天气预报；

1960 年 2 月—1960 年 8 月，下放至辽宁锦西高桥农场劳动锻炼；

1960 年 10 月，调任南京气象学院；

1960 年—1980 年 9 月，南京气象学院教师；

1978 年，江苏省先进科技工作者；

1980 年 9 月—1986 年 9 月，南京气象学院副教授；

1980 年 10 月，加入中国共产党；

1981 年 1 月—1983 年 11 月，南京气象学院气象系副主任；

1983 年，南京气象学院优秀共产党员；

1983 年 11 月—1987 年 11 月，南京气象学院副院长；

1986 年 9 月，南京气象学院教授；

1987 年 11 月—1992 年 3 月，任南京气象学院院长；

1988 年，国家级有突出贡献中青年专家；

1989 年，南京市劳动模范；

1989 年，全国优秀教师；

1990 年，全国高等学校先进科技工作者；

1991 年，国家级政府特殊津贴获得者；

1992 年 3—7 月，国家高级行政学院第二期高等学校党政干部培训班学习；

1993 年 9 月，被国务院批准为南京气象学院博士生导师；

1992 年 3 月—1995 年 6 月，任南京气象学院院长党委书记；

1999 年 9 月，光荣退休；

2004 年 8 月 4 日，因病去世。

主要科研课题

国家气象局重点项目

1972 年,安徽省中尺度暴雨试验;

1978—1980 年,华南前汛期暴雨试验;

1981 年,福建龙岩边界层暴雨试验;

1983 年之后,东亚季风与旱涝;

1983 年之后,中美季风科研协作。

国家自然科学基金

1987—1988 年,低空急流和暴雨;

1988—1990 年,东亚季风研究;

1989—1990 年,地气物理过程与中国气候;

1992 年,国家自然科学基金重点项目(参加),中国低纬环流海—气耦合模式的研究。

国家攻关项目

1992 年,1991 年特大洪涝灾害研究。

国家重大关键项目

1991 年,气候动力学和气候预测理论。

获奖和荣誉称号

1978 年,江苏省先进科技工作者;

1978 年,低空急流与暴雨,全国科学大会奖,朱乾根;

1978 年,江淮梅雨期暴雨的研究,全国科学大会奖,朱乾根;

1979 年,暴雨维持和传播的机制分析,江苏省科学技术奖,朱乾根、陈学溶;

1980 年,急流与暴雨和梅雨期若干问题的研究,江苏省科技成果三等奖。章基嘉、朱乾根;

1982 年,长江流域暴雨,国家气象局科技成果三等奖,朱乾根;

1983 年,南京气象学院优秀共产党员;

1985 年,1982 年华南前汛期暴雨成因及预报试验研究,国家科技进步三等奖,李真光、包澄澜、梁必骐、王两铭、朱乾根等;

1988 年,国家级有突出贡献中青年专家;

1989 年,南京市劳动模范;

1989 年,全国优秀教师;

1990 年,全国高等学校先进科技工作者;

1990 年,东亚季风研究,国家气象局科技进步二等奖,陶诗言、陈隆勋、朱乾根、丁一汇、何金海等 9 人;

1991 年,国家级政府特出津贴获得者。

1994 年,热带准 40 天振荡的现象、成因及其与热带外环流的遥相关,何金海、朱乾根、徐祥德、罗哲贤、雷兆崇等;

1995 年,东亚季风,国家自然科学研究二等奖,陈隆勋、丁一汇、何金海、朱乾根;

1996 年,宁夏旱涝的动力诊断模式试验及中长期预报,宁夏科技进步二等奖,陈晓光等、朱乾根

1997 年,天气学原理和方法,国家级高等院校优秀教学成果一等奖,朱乾根、林锦瑞、寿绍文、唐东昇。

主要社会兼职

中国气象学会理事,常务理事;

中国气象学会天气与极地专业委员会副主任;

中国气象学会教育与智力开发专业委员会副主任;

国家自然基金评审委员会委员;

江苏省气象学会副理事长,名誉理事;

江苏省首届学委员会委员;

南京气象学院学位委员会主任;

中国科学院大气物理研究所顾问委员会委员;

中美季风合作研究中方科学顾问;

中国大百科全书特约编辑;

南京竺可桢研究会理事;

《气象学报》、《热带气象学报》等 5 个刊物编委会委员;

江苏省人大代表,1993—1998;

中共江苏省第 8 次代表大会代表;

全国季风科学研究协作技术组副组长。

出国情况

1985 年 3 月,赴美国考察气象高等教育并参加第一次中美季风会议;

1988 年 10 月,赴英国参加南京气象学院气象系与爱丁堡大学大气科学系合作研究签字仪式,并考察英国气象局、欧洲中期预报中心、雷丁大学、牛津大学等气象业务和气象教育;

1989 年 7 月,赴香港参加第一次西太平洋及东亚气象与气候会议;

1993 年 10 月,赴韩国大气科研室中心成立大会,访问韩国气象局、汉城大学并做学术报告;

1994 年 2—3 月,赴日本气象研究所合作研究;

1994 年 6 月,赴意大利参加国际季风会议;

1995 年 3 月,赴泰国参加亚洲季风会议;

1996 年 5 月,赴台湾参加第三次西太平洋及东亚气象与气候会议;

1996 年 12 月,出席日本京都亚洲季风区气候变化学术会议;

1997 年 2 月,出席印度尼西亚巴厘岛第一届 WMO 国际季风研讨会。

附录二　发表论著目录

论　文

1975. 朱乾根. 低空急流与暴雨[J]. 气象科技资料,(8):12-18.

1979. 朱乾根. 暴雨维持和传播的机制分析[J]. 南京气象学院学报,(1):1-7.

1980. 朱乾根,段永明,洪永庭,陈楠,林仙祥. 锋面暴雨雨团活动的波动性[J]. 南京气象学院学报.(1):34-41.

1980. 朱乾根,包澄澜. 压能场用于暴雨分析[J]. 气象科学,(1-2):65-75.

1982. 朱乾根,朱谦阳. 大、中尺度低空急流与暴雨[J]. 南京气象学院学报,(2):168-177.

1983. 朱乾根,周军,王志明,胡欣. 华南沿海五月份海陆风温压场特征与降水[J]. 南京气象学院学报,(3):150-158.

1984. 吴承宗,朱乾根. 一次暖式切变型飑线的特殊特征[J]. 气象科学,(1):79-84.

1984. 朱乾根,苗新华. 我国夏季风北进时期的动能平衡分析[J]. 南京气象学院学报,(2):139-150.

1985. 朱乾根,何金海. 亚洲季风建立及其中期振荡的高空环流特征[J]. 热带气象,1(1):9-18.

1985. 朱乾根,洪永庭,周军. 大尺度低空急流附近的水汽输送与暴雨[J]. 南京气象学院学报,1(2):131-139.

1985. 朱乾根,王信. 亚洲东西季风区之间的能量交换及其周期振荡[J]. 南京气象学院学报,1(3):266-275.

1986. 朱乾根,周军. 急流切变线暴雨的诊断分析[J]. 气象,(6):2-6.

1986. 何金海,李俊,朱乾根. 关于东亚地区夏季季风环流圈的数值试验[J]. 热带气象,2(4):291-300.

1986. Zhu Qiangen, He Jinhai, Wang Panxing. A study circulation differences between East-Asian and Indian summer monsoons their interaction[J]. *Advances in Atmospheric Sciences*,3(4):466-477.

1986. 朱乾根,周军. 江淮地区急流切变线暴雨的物理机制及诊断分析[J]. 南京气象学院学报,2(4):315-324.

1987. 朱乾根,吴洪,谢立安. 夏季亚洲季风槽的断裂过程及其结构特征[J]. 热带气象,3(1):1-8.

1988. Zhu Qiangen,Zhi Xiefei. Maintenance and oscillation mechanisms of summer tropical upper-tropospheric easterlies[J]. *Advances in Atmospheric Sciences*. 5(2):127-139.

1988. 朱乾根,谢立安.1986—1987年北半球冬季亚澳地区大气环流异常及其与西太平洋 SST 异常的联系[J]. 热带气象,(3)254-262.

1989. He Jinhai,Li Jun,Zhu Qiangen. Sensitivity Experiments on Summer Monsoon Circulation Cell in East Asia[J]. *Advances in Atmospheric Sciences*. 6(1):120-132.

1989. 朱乾根,沈桐立. 我国东部雨带北进与长波西退的联系[J]. 南京气象学院学报,12(1):1-10.

1989. Zhu Qiangen. Yang Song. Simulation study of the effect on cold surge of the qinghai-xizang plateau as a huge orography[J]. *Acta Meteorologica Sinica*,3(4):448-457.

1989. 杨松,朱乾根. 冷涌结构及冷涌期中低纬环流相互作用的数值试验[J]. 热带气象,5(3):227-234.

1989. 朱乾根,杨松. 东亚副热带季风的北进及其低频振荡[J]. 南京气象学院学报,12(3):249-258.

1989. Zhu Qiangen, Wu Qiuying. Numerical study of quasi-biweekly oscillation in tropical atmosphere[J]. *Acta Meteorologica Sinica*,3(5):582-593.

1989. 朱乾根,吴秋英. 热带大气准双周振荡的数值试验研究[J]. 气象科学,9(4):341-352.

1989.李立,朱乾根,雷兆崇.低空急流发生、发展的数值试验(Ⅰ)——数值模拟[J].南京气象学院学报,**14**(4):345-353.

1990.朱乾根.我国的东亚冬季风研究[J].气象,**16**(1):3-10.

1990.朱乾根,杨松.青藏高原大地形对冷涌作用的数值模拟研究[J].气象学报,**48**(2):162-171.

1990.吴秋英,朱乾根.热带大气环流对低纬太平洋 SST 暖异常的响应[J].南京气象学院学报,**13**(1):11-22.

1990.李立,朱乾根,雷兆崇,沈桐立.低空急流发生、发展的数值试验(Ⅱ)——动力学分析[J].**13**(1):40-49.

1990.Xu Xiangde, He Jinhai, Zhu Qiangen. A dynamical analysis of basic factors of low-frequency oscillation in the tropical atmosphere[J]. *Acta Meteorologica Sinica*,**4**(2):157-167.

1990.朱乾根,侯定臣.生物圈变化与气候[J].气象科学,**10**(2):201-207.

1990.朱乾根.坚持社会主义办学方向 深化我院教育改革——纪念南京气象学院建院 30 周年[J].南京气象学院学报,**13**(2):117-122.

1990.杨松,朱乾根.东亚地区冬季大气低频振荡与冷空气活动关系的初步研究[J].南京气象学院学报,**13**(3):309-347.

1990.Zhu Qiangen, Zhi Xiefei, Lei Zhaochong. Low-frequency summer monsoon in Indonesia-northern Australia and its relation to circulations in both hemispheres[J]. *Acta Meteorologica Sinica*,**4**(5):545-553.

1990.Lu Weisong, Zhu Qiangen. Theoretical study on effect of qinghai-xizang plateau upon cold surge[J]. *Acta Meteorologica Sinica*,**4**(5):620-628.

1990.智协飞,朱乾根,雷兆崇.印尼—澳大利亚北部低频夏季风活动及其与南北半球环流的联系[J].热带气象,**6**(4):307-315.

1991.朱乾根,朱复成.大气科学[Z].自然科学年鉴.

1991.朱乾根,徐祥德.南北半球经向气压驻波与热带季风的相关特征[J].南京气象学院学报,**14**(1):18-24.

1991.陆维松,朱乾根.青藏高原大地形对冷涌作用的理论研究[J].气象学报,**49**(4):385-393.

1991.朱乾根,智协飞.中国降水准两年周期变化[J].南京气象学院学报,**14**(3):261-268.

1991.Zhu Qiangen, Zhi Xiefei. Quasi-biennial oscillation in rainfall over china[J]. *Acta Meteorologica Sinica*,**5**(4):426-434.

1992.赵天良,徐祥德,何金海,朱乾根.两类大气热机对大气环流型影响的数值试验[J].热带气象,**8**(1):52-59.

1992.朱乾根,何金海.亚洲冬季风及其相联系的南北半球环流相互作用[J].地球科学进展,**7**(2).

1992.Zhu Qiangen, Shi Neng. Variations in the teleconnection intensity indices and their remote response to the EL NINO events in the northern hemisphere[J]. *Acta Meteorologica Sinica*,(4):433-455.

1992.朱乾根,陈晓光.我国降水自然区域的客观划分[J].南京气象学院学报,**15**(4):467-475.

1992.余斌,朱乾根,徐祥德.源地冷空气强度变异与冷涌活动特征的数值试验[J].中国科学院研究生院学报.**6**(4):356-366.

1992.赵天良,徐祥德,何金海,朱乾根.海陆纬向非均匀热力结构与跨赤道气流和温带西风急流分布的关系[J].热带气,**8**(4):315-322.

1993.徐祥德,何金海,赵天良,朱乾根.强迫二维 Rossby 波传播特征的数值试验[J].气象学报,**51**(1):111-117.

1993.朱乾根,施能.初夏北半球 500 hPa 遥相关型的强度和年际变化及其与我国季风降水的关[J].热带气象学报,**9**(1):1-11.

1993.胡江林,朱乾根.青藏高原感热加热对 7 月份大气环流和亚洲夏季风影响的数值试验[J].热带气象学报,**9**(1):78-84.

1993.Jonathan S. Kinnersley,朱乾根,孙照渤,何金海.臭氧和平流层动力学的相互作用[J].南京气象学院学报,**16**(1):13-21.

1993.杨松,朱乾根,王建德. 东亚季风垂直环流的低频振荡及其机制[J]. 南京气象学院学报,**16**(1):55-60.

1993. Yang Song, Zhu Qiangen, Wang Jiande. Low-frequency oscillation and mechanism of vertical circulation of eastern asian monsoon[J]. *Acta Meteorologica Sinica* ,**7**(2):176-185.

1993. Shi Neng,Zhu Qiangen. Studies on the Northern Early Summer Teleconnection Patterns，Their Interannual Variations and Relation to Drought/Flood in China. *Advances in Atmospheric Sciences*，**10**(2):155-168.

1993.朱乾根,胡江林. 青藏高原大地形对夏季大气环流和亚洲夏季风影响的数值试验[J]. 南京气象学院学报,**16**(2):120-129.

1993.施能,朱乾根. 北半球冬半年遥相关型强度指数的年际变化特征及其与厄尔尼诺的遥响应[J]. 南京气象学院学报,**16**(2):131-138.

1993.徐祥德,赵天良,何金海,朱乾根. 澳洲大陆热力强迫对南北半球环流异常的影响效应[J]. 大气科学,**17**(6):641-650.

1993.陈晓光,朱乾根,徐祥德. 河套华北地区旱涝前期的环流异常和遥相关机制[J]. 南京气象学院学报. **16**(4):392-398.

1993.周允中,朱乾根,靳世强. 1991年梅雨期中尺度雨带活动特征[J]. 南京气象学院学报. **16**(4):484-487.

1994.施能,朱乾根,倪东鸿,王盘兴. 初秋孟加拉湾—日本海遥相关的特征及其与大气环流和中国降水的关系[J]. 热带气象学报,**10**(1):19-27.

1994.施能,朱乾根,古文保,黄静. 夏季北半球500 hPa月平均场遥相关型及其与我国季风降水异常的关系[J]. 南京气象学院学报. **17**(1):1-10.

1994.朱乾根,余斌. 东亚冷涌期间低纬环流和降水形成的数值试验[J]. 气象学报. **52**(2):172-179

1994.朱乾根,智协飞. 北半球冬季中高纬30～60天振荡动能源—汇的特征[J]. 气象学报. **52**(2):172-179.

1994. Zhu Qiangen, Yu Bin. A numerical experiment study on the forming mechanisms of low-latitude circulation cells and precipitation during an east asian cold surge[J]. *Acta Meteorologica Sinica*. **8**(4):419-430.

1994.朱乾根,杨松,肖稳安. 总云量资料所揭示的东亚经度上季风之进退及低频振荡特征[J]. 南京气象学院学报. **17**(4):405-410.

1995. Li Qingquan, Zhu Qiangen. Analysis on the source and sink of kinetic energy of atmospheric 30～60 day period oscillation and the probable causes[J]. *Acta Meteorologica Sinica*. **9**(4):420-431.

1995.朱乾根,何金海. 中高纬度低频环流系统与东亚季风低频变化及其异常[J]. 地球科学进展. **10**(3):304-305.

1995.施能,朱乾根. 南半球澳大利亚—马斯克林高压气候特征及其对我国东部夏季降水的影响[J]. 气象科学. **15**(2):20-27.

1995. Zhu Qiangen, Hu Jianglin. Effects on Asian Monsoon of Gigantic Qinghai—Xizang Plateau and Western Pacific Warm Pool[J]. *Advances in Atmospheric Sciences*. **12**(3):351-360.

1995.施能, 朱乾根. 大气环流年代际变化问题[J].气象科技. (2):12-17.

1995.智协飞,朱乾根,陈旭红,何卓玛. 北半球平流层低层大气季节内振荡特征[J]. 应用气象学报. **6**(4):492-495.

1996.陈晓光,徐祥德,朱乾根. 河套华北地区旱涝的前期环流异常与大西洋海温的关系及其数值模拟[J]. **54**(1):102-107.

1996.施能,朱乾根. 东亚冬季风强度异常与夏季500 hPa环流及我国气候异常的关系[J]. **12**(1):26-33.

1996.何金海,朱乾根. T$_{BB}$资料揭示的亚澳季风区季节转换及亚洲夏季风建立的特征[J]. 热带气象学报. **12**(1):34-42.

1996.兰红平,朱乾根,李爱武. 我国北方地区土壤增湿效应的数值研究[J]. 南京气象学院学报. **19**(1):18-23.

1996.朱乾根,何金海. T$_{BB}$资料所揭示的亚澳季风之季节循环特征和年际异常[J]. 应用气象学报. **7**(2): 129-137.

1996.管兆勇,朱乾根. 暖池区海温异常影响夏季大气环流低频变化的数值试验个例分析[J]. 南京气象学院学报, **19**(2):151-159.

1996.沈桐立,朱乾根,丁一汇,陈子通. 热带大气高频温度异常对大气低频振荡影响的数值模拟研究[J]. 南京气象学院学报, **19**(2):160-167.

1996.施能,鲁建军,朱乾根. 东亚冬、夏季风百年强度指数及其气候变化[J]. 南京气象学院学报,气象学报. **19**(2):168-177.

1996.朱乾根,兰红平,沈桐立. 土壤湿度和地表反射率变化对中国北方气候影响的数值研究[J]. **54**(4): 493-500.

1996.施能,朱乾根,吴彬贵. 近40年东亚夏季风及我国夏季大尺度天气气候异常[J]. 大气科学.**20**(5): 575-583.

1996.黄静,朱乾根. 长江流域旱涝年低频风场分布和演变的差异[J]. 南京气象学院学报. **19**(3):276-282.

1996.施能,朱乾根. 北半球大气环流特征量的长期趋势及年代际变化[J]. 南京气象学院学报. **19**(3): 283-289.

1996.徐建军,朱乾根,施能. 年代际气候变率问题的研究[J]. 南京气象学院学. **19**(4):488-495.

1997.Zhu Qiangen, Bai Huzhi. Winter Qinghai-Xizang T$_{bb}$ features in relation to atmospheric circulation pattern and asian-australian monsoons[J]. *Acta Meteorologica Sinica*, **11**(3):320-327.

1997.白虎志,朱乾根. 青藏高原冬季冷暖与亚澳季风之异常[J]. 南京气象学院学报,**20**(1):35-40.

1997. 黄静,朱乾根,李爱武. 与长江流域旱涝相联系的全球低频环流场[J]. 热带气象学报,**13**(2):146-157.

1997.朱乾根,管兆勇. 青藏高原感热加热异常与夏季低频环流的数值研究[J]. 南京气象学院学报, **20**(2): 186-192.

1997.He Jinhai, Zhu Qiangen. . T$_{bb}$ data-revealed features of Asian-Australian monsoon seasonal transition and Asian summer monsoon establishment[J]. *Journal of Tropical Meteorology*. **3**(1):18-26.

1997.徐建军,朱乾根,施能. 近百年东亚季风长期变化中主周期振荡的奇异谱分析[J]. 气象学报,**55**(5): 620-627.

1997.徐建军,朱乾根,施能. 近百年东亚冬季风与ENSO循环的相互关系及其年代际异常[J]. 大气科学,**21**(6):641-648.

1997.朱乾根,施能,徐建军,沈桐立. 近百年北半球冬季大气活动中心的长期变化及其与中国气候变化的关系[J]. 气象学报,**55**(6):750-758.

1997.胡欣,朱乾根. 两种强迫热源对夏季北半球大气低频环流影响的数值试验[J]. 南京气象学院学报,**20**(4):417-424.

1998.徐建军,朱乾根. 印度—太平洋海温的气候模态及其年代际异常[J]. 海洋预报,**15**(1):10-18.

1998.Xu Jianjun, Zhu Qiangen, Sun Zhaobo. . Interrelation between east-asian winter monsoon and Indian/pacific SST with the inter-decadal variation[J]. *Acta Meteorologica Sinica*, **12**(3):275-287.

1998.徐建军,朱乾根. 东亚季风的准两年振荡及其与ENSO变率的联系[J]. 南京气象学院学报, **21**(1) 23-31.

1998.葛旭阳,朱乾根,矫梅燕. 1976/1977年与1982/1983年El Nino事件的大气海洋特征[J]. 南京气象学院学报,**21**(1):53-60.

1998.Xu Jianjun,Zhu Qiangen,Zhou Tiehan. Monsoon Circulation Related to ENSO Phase-Locking[J]. *Advances in Atmospheric Sciences*, **15**(2):267-276.

1998.施能,朱乾根,徐建军. 十年际大气环流及东亚季风气候异常成因研究[J]. 地球科学进展,**13**(4): 412-413.

1998.朱乾根,葛旭阳,矫梅燕. 1976—1977 年及 1982—1983 年厄尔尼诺事件过程差异的年代际背景[J]. 气象科学,**18**(3):203-213.

1998.徐建军,朱乾根,周铁汉. 东亚夏季风与中国夏季降水年际异常的分型研究[J]. 南京气象学院学报,**21**(3):313-320.

1998.朱乾根,徐建军. 赤道东太平洋海温长期变化中的突变现象及其与全球增温的同步性[J]. 南京气象学院学报,**21**(3):354-362.

1998.刘宣飞,朱乾根. 中国气温与全球气温变化的关系[J]. 南京气象学院学报,**21**(3):390-397.

1998.徐建军,朱乾根. 印度洋—太平洋海温长期变化的周期性及其年代际变化[J]. 热带气象学报,**14**(4):353-358.

1998.朱乾根,徐建军. ENSO 及其年代际异常对中国东部气候异常影响的观测分析[J]. 南京气象学院学报,**21**(4):615-623.

1999.徐建军,朱乾根,周铁汉. 近百年东亚冬季风的突变性和周期性[J]. 应用气象学报,**10**(1):1-8.

1999.徐建军,朱乾根. 印度与东亚夏季风环流对 ENSO 及其年代际异常响应的数值研究[J]. 大气科学,**23**(2):214-226.

1999.徐建军,朱乾根. ENSO 及其年代际异常对全球及亚洲季风降水影响的数值研究[J]. 气象学报,**57**(3):301-315.

1999.刘宣飞,朱乾根. 中国东部夏季降水的主相关型及其环流特征[J]. 南京气象学院学报,**22**(2):238-245.

1999.周伟灿,朱乾根,刘宣飞. 阻塞动力学研究进展与展望[J]. 南京气象学院学报,**22**(2):279-286.

1999.刘宣飞,朱乾根,郭品文. 南亚高压季节变化中的正斜压环流转换特征[J]. 南京气象学院学报,**22**(3):291-299.

1999.郭品文,朱乾根,刘宣飞. 亚洲热带地区对流爆发和推进的气候特征[J]. 南京气象学院学报,**22**(3):305-311.

2000. Liu Xuanfei, Zhu Qiangen, Guo Pinwen. Conversion Characteristics between Barotropic and Baroclinic Circulations of the SAH in Its Seasonal Evolution[J]. *Advances in Atmospheric Sciences*. **17**(1):129-139.

2000.朱乾根,盛春岩,陈敏. 青藏高原冬季 OLR 年际变化特征及其与我国夏季降水的联系[J]. 高原气象,**19**(1):75-83.

2000.朱乾根,滕莺,徐国强. 北太平洋中纬海温异常对中国东部夏季降水影响的可能途径[J]. 南京气象学院学报,**23**(1):1-8.

2000.滕莺,朱乾根. 影响中国东部夏季降水的前期海温关键区[J]. 南京气象学院学报,**23**(1):55-62.

2000.盛春岩,朱乾根. 用青藏高原 1—3 月 OLR 作我国夏季降水预报的探讨[J]. 山东气象,**20**(79):13-16.

2000. Zhu Qiangen, Liu Xuanfei. Barotropic and baroclinic patterns of atmospheric circulations related to monsoon types[J]. *Acta Meteorologica Sinica*,**14**(4):433-441.

2000.朱乾根,刘宣飞. 大气环流的正斜压流型特征与季风类型[J]. 气象学报,**58**(2):194-201.

2000.周伟灿,朱乾根,刘宣飞. 正、斜压流场演变及相互转换所伴随的偶极型阻塞生命史[J]. 南京气象学院学报,**23**(2):156-166.

2000.朱乾根,徐国强. 1998 年夏季青藏高原多时间尺度低频降水的活动和传播特征[J]. 南京气象学院学报,**23**(2):167-174.

2000.施能,朱乾根. 1873—1995 年东亚冬、夏季风强度指数[J]. 气象科技,(3):14-18.

2000.朱乾根,徐国强. 1998 年夏季中国南部低频降水特征与南海低频夏季风活动[J]. 气象科学,**20**(3):239-248.

2000.朱乾根,郭品文. 北半球春季大气臭氧变化特征及其对大气温度和环流场的影响[J]. 应用气象学报,**11**(4):448-454.

2000.朱乾根,徐国强. 南海夏季风爆发机制的数值实验研究[J].气候与环境研究,**5**(4):495-506.

2000.徐国强,朱乾根. 1998 年夏季青藏高原及其邻近地区低频降水分布和传播特征[J]. 高原气象,**19**(4):476-486.

2000.徐国强,朱乾根. 1998 年青藏高原大气低频振荡的结构特征分析[J]. 南京气象学院学报,**23**(4):505-513.

2000.朱乾根. 东亚季风区的季风类型[J]. 山东气象,**20**(4):3-6.

2001.朱乾根,周伟灿,张海霞. 高低空急流耦合对长江中游强暴雨形成的机理研究[J]. 南京气象学院学报,**24**(3):308-314.

2001.黄昌兴,朱乾根,周伟灿. 鄂霍次克海阻高发展过程的正斜压涡度和涡度拟能的演变特征[J]. 南京气象学院学报,**24**(3):356-363.

2001.郭品文,朱乾根,刘宣飞. 北半球春季大气臭氧年际变化特征及其对大气温度和环流场的影响[J]. 高原气象,**20**(3):245-251.

2001.徐国强,朱乾根,刘宣飞. 极区大气臭氧变化对中国气候影响的数值模拟[J]. 高原气象,**20**(3):275-282.

2002.徐国强,朱乾根. 1998 年我国东部大陆夏季风特征研究[J]. 气象,**28**(3):8-13.

2002.朱乾根,黄昌兴. 正、斜压涡度拟能相互作用所激发的乌拉尔山阻塞过程研究[J]. 科学技术与工程,**2**(3):17-19.

2002.徐国强,朱乾根. 青藏高原大气低频振荡的源、汇特征分析[J]. 南京气象学院学报,**25**(3):358-365.

2002.朱乾根. 阻塞过程中正斜压涡度拟能相互转换机制的重要性[J]. 山东气象,**22**(3):3-9.

2002.徐国强,朱乾根,冉玉芳. 1998 年南海及其附近地区夏季风的爆发特征及其机制分析[J]. 应用气象学报,**13**(5):535-549.

2002.徐国强,朱乾根. 1998 年南海夏季风低频振荡特征分析[J]. 热带气象学报,**18**(4):309-316.

2003.Zhu Qiangen,Huang Changxing. Barotropic and baroclinic enstrophy equations with their applications to a blocking circulation[J]. *Acta Meteorologica Sinica*,**17**(1):28-36.

2003.Zhu Qiangen,Huang Changxing,Zhou Weican. Features of variation in total,barotropic and baroclinic kinetic energy with the mechanism explored around the 1998 SCS summer monsoon onset[J]. *Acta Meteorologica Sinica*,**17**(S1):71-80.

2003.Xu Guoqiang,Zhu Qiangen. Analysis of low-frequency oscillations for the South China Sea summer monsoon in 1998[J]. *Journal of Tropical Meteorology*,**9**(1):49-56.

2003.徐国强,朱乾根. 大气低频振荡研究回顾与概述[J]. 气象科技,**31**(4):193-200.

2003.徐国强,朱乾根,白虎志. 1998 年青藏高原降水特征及大气 LFO 对长江流域低频降水的影响[J]. 气象科学,**23**(3):282-291.

2003.Zhu Qiangen,Huang Changxing. Barotropic and baroclinic divergence quasi energy equations and their application to a blocking event[J]. *Acta Meteorologica Sinica*,**17**(4):385-395.

2004.徐国强,朱乾根,李晓燕. 南北极区和青藏高原臭氧变化与中国降水和温度的联系[J]. 气象,**30**(1):8-12.

2004.徐国强,朱乾根,薛纪善,何金海. 1998 年中国区域降水低频变化的传播机制的初步分析[J]. 大气科学,**28**(5):736-746.

教材、专著

1.《天气学原理和方法》,第一作者和设计者;

2.《华南前汛期暴雨》,主要作者;

3.《东亚季风》,陈隆勋、罗会邦、朱乾根。

讲　义

1.《天气学》(1965 年)，独自编写，是南京气象学院第一本天气学教材；

2.《天气分析与预报》，作者之一；

3.《热带气象研究》，朱乾根、何金海、唐东昇；

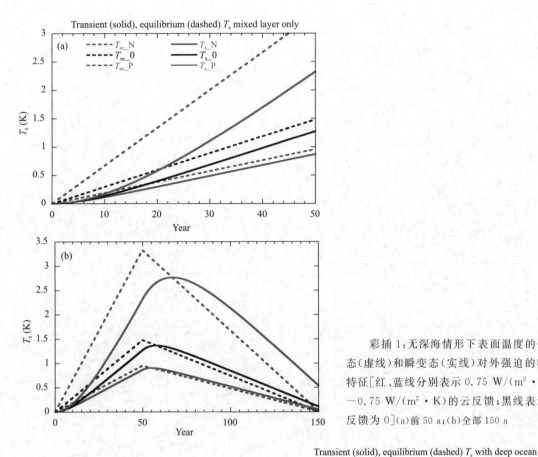

彩插 1:无深海情形下表面温度的平衡态(虚线)和瞬变态(实线)对外强迫的响应特征[红、蓝线分别表示 0.75 W/(m² · K)、−0.75 W/(m² · K)的云反馈;黑线表示云反馈为 0](a)前 50 a;(b)全部 150 a

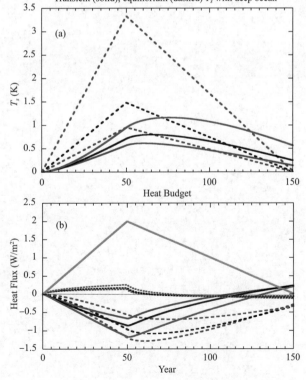

彩插 2:(a)有深海情形下表面温度的平衡态(虚线)和瞬变态(实线)对外强迫的响应特征[红、蓝线分别表示 0.75 W/(m² · K)的云反馈、−0.75 W/(m² · K);黑线表示云反馈为 0];(b)外强迫导致的热通量(绿色实线)、进入海洋的热通量(红色、黑色和蓝色实线)、大气损失的热通量(红色、黑色和蓝色虚线)以及混合层热储量(点线)[红、蓝线分别表示 0.75 W/(m² · K)、−0.75 W/(m² · K)的云反馈;黑线表示云反馈为 0]

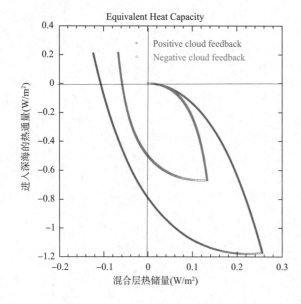

彩插 3:进入深海的热通量随混合层热储量的变化特征[红、蓝线分别表示 0.75 W/(m² · K)、−0.75 W/(m² · K)的云反馈]

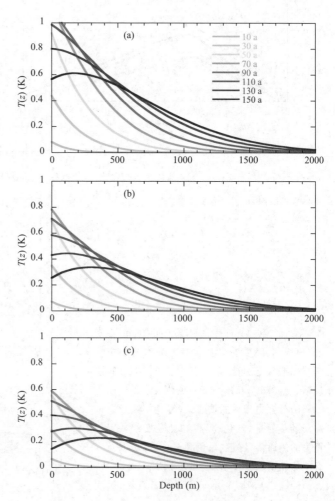

彩插 4:10～150 a(间隔为 20 a)深海温度的垂直分布(图中数字表示年份)

(a)0.75 W/(m² · K)的云反馈;(b)云反馈为 0;(c)−0.75 W/(m² · K)的云反馈

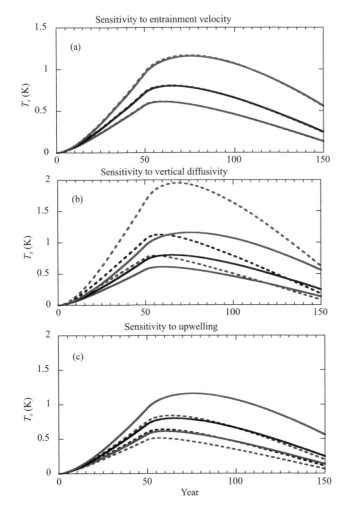

彩插 5：瞬变表面温度对模式参数的敏感性[实线表示控制试验参数；虚线表示扰动参数；红、蓝线分别表示 0.75 W/(m² · K)、−0.75 W/(m² · K)的云反馈；黑线表示云反馈为 0]

（a）夹卷速度 w_e 由 $10×10^{-6}$ m/s 减少至 $5×10^{-6}$ m/s；（b）热扩散率 k 由 $1×10^{-4}$ m/s 减少至 $0.5×10^{-4}$ m/s；（c）涌升速度从 0 增加至 10 m/a

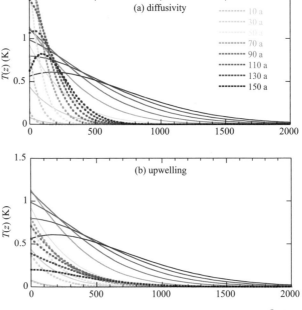

彩插 6：10～150 a（间隔为 20 a）深海温度的垂直分布[图中数字表示年份；实线：云反馈为 0.75 W/(m² · K)]

（a）减少热扩散率（虚线）；（b）增加涌升速度（虚线）